U0330611

住房和城乡建设领域专业人员岗位培训考核系列用书

施工员专业基础知识
（市政工程）

江苏省建设教育协会　组织编写

中国建筑工业出版社

图书在版编目(CIP)数据

施工员专业基础知识(市政工程)/江苏省建设教育协会
组织编写. —北京：中国建筑工业出版社，2014.4
住房和城乡建设领域专业人员岗位培训考核系列用书
ISBN 978-7-112-16558-2

Ⅰ. ①施⋯ Ⅱ. ①江⋯ Ⅲ. ①建筑工程—工程施工—
岗位培训—教材②市政工程—工程施工—岗位培训—教材
Ⅳ. ①TU74②TU99

中国版本图书馆 CIP 数据核字(2014)第 046282 号

本书是《住房和城乡建设领域专业人员岗位培训考核系列用书》中的一本，依据《建筑与市政工程施工现场专业人员职业标准》编写。全书共分 9 章，包括建筑识图、市政工程施工测量、力学基础知识、建筑材料、建筑结构基础、市政工程造价、计算机常用软件基础、工程建设相关法律法规基础和职业道德与职业标准。本书可作为市政工程施工员岗位考试的指导用书，又可作为施工现场相关专业人员的实用手册，也可供职业院校师生和相关专业技术人员参考使用。

责任编辑：刘　江　岳建光　周世明
责任设计：董建平
责任校对：张　颖　关　健

住房和城乡建设领域专业人员岗位培训考核系列用书
施工员专业基础知识
(市政工程)
江苏省建设教育协会　组织编写

＊

中国建筑工业出版社出版、发行(北京西郊百万庄)
各地新华书店、建筑书店经销
北京天成排版公司制版
北京云浩印刷有限责任公司印刷

＊

开本：787×1092毫米　1/16　印张：24¾　字数：600千字
2014 年 9 月第一版　　2015 年 6 月第五次印刷
定价：**64.00**元
ISBN 978-7-112-16558-2
(25334)

住房和城乡建设领域专业人员岗位培训考核系列用书

编 审 委 员 会

主　任：杜学伦

副主任：章小刚　　陈　曦　　曹达双　　漆贯学

　　　　金少军　　高　枫　　陈文志

委　员：王宇旻　　成　宁　　金孝权　　郭清平

　　　　马　记　　金广谦　　陈从建　　杨　志

　　　　魏僡燕　　惠文荣　　刘建忠　　冯汉国

　　　　金　强　　王　飞

出 版 说 明

为加强住房城乡建设领域人才队伍建设，住房和城乡建设部组织编制了住房城乡建设领域专业人员职业标准。实施新颁职业标准，有利于进一步完善建设领域生产一线岗位培训考核工作，不断提高建设从业人员队伍素质，更好地保障施工质量和安全生产。第一部职业标准——《建筑与市政工程施工现场专业人员职业标准》（以下简称《职业标准》），已于2012年1月1日实施，其余职业标准也在制定中，并将陆续发布实施。

为贯彻落实《职业标准》，受江苏省住房和城乡建设厅委托，江苏省建设教育协会组织了具有较高理论水平和丰富实践经验的专家和学者，以职业标准为指导，结合一线专业人员的岗位工作实际，按照综合性、实用性、科学性和前瞻性的要求，编写了这套《住房和城乡建设领域专业人员岗位培训考核系列用书》（以下简称《考核系列用书》）。

本套《考核系列用书》覆盖施工员、质量员、资料员、机械员、材料员、劳务员等《职业标准》涉及的岗位（其中，施工员、质量员分为土建施工、装饰装修、设备安装和市政工程四个子专业），并根据实际需求增加了试验员、城建档案管理员岗位；每个岗位结合其职业特点以及培训考核的要求，包括《专业基础知识》、《专业管理实务》和《考试大纲·习题集》三个分册。随着住房城乡建设领域专业人员职业标准的陆续发布实施和岗位的需求，本套《考核系列用书》还将不断补充和完善。

本套《考核系列用书》系统性、针对性较强，通俗易懂，图文并茂，深入浅出，配以考试大纲和习题集，力求做到易学、易懂、易记、易操作。既是相关岗位培训考核的指导用书，又是一线专业人员的实用手册；既可供建设单位、施工单位及相关高、中等职业院校教学培训使用，又可供相关专业技术人员自学参考使用。

本套《考核系列用书》在编写过程中，虽经多次推敲修改，但由于时间仓促，加之编者水平有限，如有疏漏之处，恳请广大读者批评指正（相关意见和建议请发送至JYXH05@163.com），以便我们认真加以修改，不断完善。

本书编写委员会

主　　　编：王敬东

副　主　编：金广谦

参加编写人员：连小莹　汪　莹　金　强　段壮志

前　言

为贯彻落实住房城乡建设领域专业人员新颁职业标准，受江苏省住房和城乡建设厅委托，江苏省建设教育协会组织编写了《住房和城乡建设领域专业人员岗位培训考核系列用书》，本书为其中的一本。

施工员（市政工程）培训考核用书包括《施工员专业基础知识（市政工程）》、《施工员专业管理实务（市政工程）》、《施工员考试大纲·习题集（市政工程）》三本，反映了国家现行规范、规程、标准，并以国家施工和验收规范为主线，不仅涵盖了现场施工人员应掌握的通用知识、基础知识和岗位知识，还涉及新技术、新设备、新工艺、新材料方面的知识等。

本书为《施工员专业基础知识（市政工程）》分册，全书共分9章，内容包括：建筑识图；市政工程施工测量；力学基础知识；建筑材料；建筑结构基础；市政工程造价；计算机常用软件基础；工程建设相关法律法规基础；职业道德与职业标准。

本书部分内容参考了江苏省建设专业管理人员岗位培训教材，对原培训教材作者的辛勤劳动和对本书出版工作的支持表示衷心感谢！

本书既可作为施工员（市政工程）岗位培训考核的指导用书，又可作为施工现场相关专业人员的实用手册，也可供职业院校师生和相关专业技术人员参考使用。

目　　录

第1章 建 筑 识 图

1.1 绘图的基本知识

1.1.1 建筑制图统一标准

1. 图幅、图框和标题栏

图幅是指图纸的幅面大小。对于一整套的图纸，为了便于装订、保存和合理使用，国家标准《房屋建筑制图统一标准》（GB/T 50001—2010）对图纸幅面进行了规定，共有 5 种，见表 1-1。

图幅及其图框尺寸（mm）　　　　表 1-1

尺寸代号＼幅面代号	A0	A1	A2	A3	A4
$b \times l$	841×1189	594×841	420×594	297×420	210×297
c	10			5	
a	25				

图纸的短边一般不应加长，长边可加长，但应符合表 1-2 的规定。

图纸长边加长尺寸（mm）　　　　表 1-2

幅面代号	长边尺寸	长边加长后的尺寸
A0	1189	1486（A0+1/4l）　1635（A0+3/8l）　1783（A0+1/2l） 1932（A0+5/8l）　2080（A0+3/4l）　2230（A0+7/8l）　2378（A0+l）
A1	841	1051（A1+1/4l）　1261（A1+1/2l）　1471（A1+3/4l） 1682（A1+l）　1892（A1+5/4l）　2102（A1+3/2l）
A2	594	743（A2+1/4l）　891（A2+1/2l）　1041（A2+3/4l） 1189（A2+l）　1338（A2+5/4l）　1486（A2+3/2l）　1635（A2+7/4l） 1783（A2+2l）　1932（A2+9/4l）　2080（A2+5/2l）
A3	420	630（A3+1/2l）　841（A3+l）　1051（A3+3/2l） 1261（A3+2l）　1471（A3+5/2l）　1682（A3+3l）　1892（A3+7/2l）

注：有特殊要求的图纸，可采用 $b \times l$ 为 841mm×891mm 与 1189mm×1261mm 的幅面。

在选用图幅时，应根据实际情况，以一种规格为主，尽量避免大小幅面混合使用。一般 A0～A3 图纸宜横式使用，如图 1-1(a) 所示，必要时也可立式使用，A4 图纸只能立式使用。

各号基本图纸幅面的尺寸关系如图 1-1(b)所示，沿某一号幅面的长边对裁，即为某号的下一号幅面的大小。

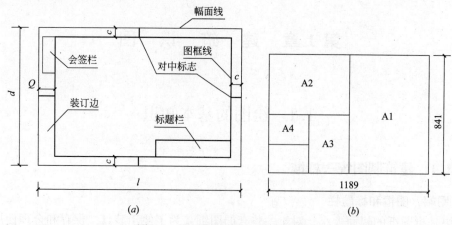

图 1-1　图纸幅面的幅面格式和划分

2. 标题栏和会签栏

每张图纸都必须有标题栏，如图 1-2(a)所示。标题栏的文字方向为看图方向。

需要会签的图纸应按图 1-2(b)所示的格式绘制会签栏，其位置如图 1-2(a)所示。栏内应填写会签人员所代表的专业、姓名、日期(年，月，日)；一个会签栏不够用时，可另加一个，两个会签栏应并列；不需会签的图纸，可不设会签栏。

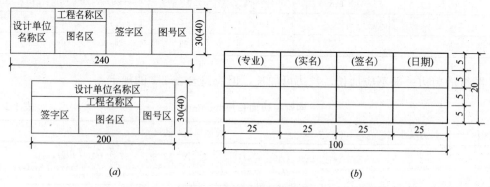

图 1-2　标题栏和会签栏

1.1.2　图线

1. 线宽

工程图样一般使用 3 种线宽，即粗线、中粗线、细线，三者的比例规定为 b：$0.5b$：$0.25b$。绘图时，应根据图样的复杂程度及比例大小，选用表 1-3 所示的线宽组合。

线　宽　组(mm)　　　　　　　　　　　　表 1-3

线宽比	线宽组			
b	1.4	1.0	0.7	0.5
$0.7b$	1.0	0.7	0.5	0.35

2

线宽比	线宽组			
0.5b	0.7	0.5	0.35	0.25
0.25b	0.35	0.25	0.18	0.13

注：1. 需要缩微的图纸，不宜采用 0.18 及更细的线宽；

2. 同一张图纸内，各不同线宽中的细线，可统一采用较细的线宽组的细线。

2. 线型

工程图是由不同种类的线型所构成，这些图线可表达图样的不同内容，以及分清图中的主次，工程图的图线线型、线宽和用途见表 1-4。

图线的类型及应用 表 1-4

名称		线型	线宽	一般用途
实线	粗		b	主要可见轮廓线
	中粗		0.7b	可见轮廓线
	中		0.5b	可见轮廓线、尺寸线、变更云线
	细		0.25b	图例填充线、家具线
虚线	粗		b	见各有关专业制图标准
	中粗		0.7b	不可见轮廓线
	中		0.5b	不可见轮廓线、图例线
	细		0.25b	图例填充线、家具线
单点长画线	粗		b	见各有关专业制图标准
	中		0.5b	见各有关专业制图标准
	细		0.25b	中心线、对称线、轴线等
双点长画线	粗		b	见各有关专业制图标准
	中		0.5b	见各有关专业制图标准
	细		0.25b	假想轮廓线、成型前原始轮廓线
折断线	细		0.25b	断开界线
波浪线	细		0.25b	断开界线

1.1.3　字体

在图样中经常需要用汉字、数字和字母来标注尺寸，以及对图示进行有关文字的说明。均应字体端正、笔画清晰、排列整齐，标点符号清楚正确，而且要求采用对顶的字体、规定的大小写。

1. 汉字

图样及说明中的汉字，宜采用长仿宋体。长仿宋体的宽度与高度的关系应符合表 1-5 的规定，且字高 h 不应小于 3.5mm。

字高	20	14	10	7	5	3.5
字宽	14	10	7	5	3.5	2.5

2. 数字和字母

数字和字母的笔画宽度宜为字高的 1/10。大写字母的字宽宜为字高的 2/3，小写字母的字宽宜为字高的 1/2。

数字和字母有直体和斜体之分，有一般字体和窄字体两种。

当图纸中有需要说明的事项时，宜在每张图纸的右下角标题栏上方处加以注释。该部分文字应采用"注"字表明，"注"写在叙述事项的左上角，每条注释的结尾应标以句号。如果说明事项需要划分层次时，第 1、2、3 层次的编号应分别用阿拉伯数字、带括号的阿拉伯数字及带圆圈的阿拉伯数字标注。当表示数量时，应采用阿拉伯数字书写，如五千零五十毫米应写成 5050mm，二十四小时应写成 24h。分数不得用数字与汉字混合表示，如三分之一应写成 1/3，不得写成 3 分之 1。不够整数的小数数字，小数点前应加 0 定位。

1.1.4　比例

比例是指图样中图形与实物相应线性尺寸之比。比例的大小，是指其比值的大小。比例宜注写在图名的右侧，字的基准线应取平；比例的字高宜比图名的字高小一号或二号，如图 1-3 所示。

平面图 1:100　　⑥ 1:20

绘图过程中，一般应遵循布图合理、均匀、美观的原则以

图 1-3　比例的注写

及以图形大小和图面复杂程度来选择相应的比例，从表 1-6 中选用，并优先选用表中常用比例。特殊情况下也可自选比例，这时除应注出绘图比例外，还必须在适当位置绘制出相应的比例尺。

绘图所用的比例　　　　　　　　　　　　　　　　　表 1-6

常用比例	1:1、1:2、1:5、1:10、1:20、1:30、1:50、1:100、1:150、1:200、1:500、1:1000、1:2000
可用比例	1:3、1:4、1:6、1:15、1:25、1:40、1:60、1:80、1:250、1:300、1:400、1:600、1:5000、1:10000、1:20000、1:50000、1:100000、1:200000

一般情况下，一个图样应选用一种比例，可在图标中的比例栏注明，也可以在图纸的适当位置标注。根据专业制图需要，同一图样可选用两种比例，当同一张图纸中各图比例不同时，则应分别标注，其位置应在各图名的右侧。

注意！无论用哪种比例绘制图形时，图中标注的尺寸都应是实物的实际尺寸。

1.1.5　尺寸标注

图形只能表示物体的形状，其大小及各组成部分的相对位置是通过尺寸标注来确定的。因此，尺寸标注是工程图必不可少的组成部分。

1. 基本规则

① 工程图上所有尺寸数字是物体的实际大小，与图形的比例及绘图的准确度无关。

② 在建筑制图中，图上的尺寸单位，除标高及总平面图以米为单位外，其他图上均以毫米为单位。

③ 在道路工程图中，线路的里程桩号以 km 为单位；标高、坡长和曲线要素均以 m 为单位；一般砖、石、混凝土等工程结构物以 cm 为单位；钢筋和钢材长度以 cm 为单位；钢筋和钢材断面尺寸以 mm 为单位。

④ 图上尺寸数字之后不必注写单位，但在注解及技术要求中要注明尺寸单位。

2. 尺寸组成

图上标注的尺寸由尺寸界线、尺寸线、尺寸起止符和尺寸数字 4 部分组成，如图 1-4 所示。

① 尺寸线

尺寸线用细实线绘制，应与被标注长度平行，且不应超出尺寸界线。任何图线都不能作为尺寸线。相互平行的尺寸线应从被标注的轮廓线由近向远排列，并且小尺寸在内，大尺寸在外。所有平行尺寸线的间距一般在 5～15mm。同一张图纸上这种间距应当保持一致。

② 尺寸界线

尺寸界线用细实线绘制，由一对垂直于被标注长度的平行线组成，其间距等于被标注线段的长度；当标注困难时，也可不垂直于被标注长度，但尺寸界线应互相平行。尺寸界线一端应靠近所注图形轮廓线，另一端应超出尺寸线 2～3mm。图形轮廓线、中心线也可作为尺寸界线，如图 1-5 所示。

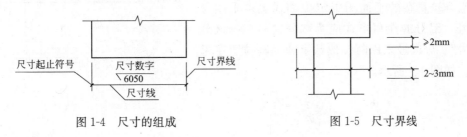

图 1-4 尺寸的组成　　　　　　　　　　图 1-5 尺寸界线

③ 尺寸起止符

尺寸起止符号一般用中粗斜短线绘制，其倾斜方向应与尺寸界线成顺时针 45°角，长度宜为 2～3mm。半径、直径、角度与弧长的尺寸起止符号，宜用箭头表示。

④ 尺寸数字

图上的尺寸，应以尺寸数字为准，不得从图上直接量取。

尺寸数字及文字注写方向如图 1-6 所示，即水平尺寸字头朝上图(a)，垂直尺寸字头朝左，倾斜尺寸的尺寸数字都应保持字头仍有朝上趋势图(b)。同一张图纸上，尺寸数字的大小应相同。

如没有足够的注写位置，最外边的尺寸数字可注写在尺寸界线的外侧，中间相邻的尺寸数字可错开注写，如图 1-7 所示。

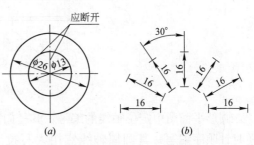

图 1-6 尺寸数字、文字的标注

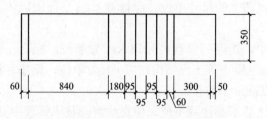

图 1-7　尺寸数字的注写位置

1.1.6　工程制图的基本规定

1. 定位轴线、附加轴线及编号

定位轴线是用来确定建筑物主要结构及构件位置的尺寸基准线，是房屋施工时砌筑墙身、浇筑柱梁、安装构件等施工定位的重要依据。

定位轴线用细的单点长画线表示，端部画细实线圆，直径 8～10mm。定位轴线圆的圆心应在定位轴线的延长线上或延长线的折线上，圆内注明编号。

平面图上定位轴线的编号，宜标注在图样的下方与左侧，如图 1-8 所示。

横向编号应用阿拉伯数字，从左至右顺序编写，竖向编号应用大写拉丁字母，从下至上顺序编写，但拉丁字母的 O、I、Z 不得用做轴线编号，以免与阿拉伯数字 0、1、2 混淆。

组合较复杂的平面图中定位轴线也可采用分区编号，编号的注写形式应为"分区号——该分区编号"。分区号采用阿拉伯数字或大写拉丁字母表示，如图 1-9 所示。

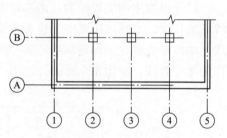

图 1-8　定位轴线的编号顺序

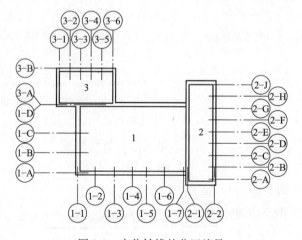

图 1-9　定位轴线的分区编号

圆形平面图中定位轴线的编号，其径向轴线宜用阿拉伯数字表示，从左下角开始，按逆时针顺序编写；其圆周轴线宜用大写拉丁字母表示，从外向内顺序编写，如图 1-10 所示。

折线形平面图中定位轴线的编号可按图 1-11 所示的形式编写。

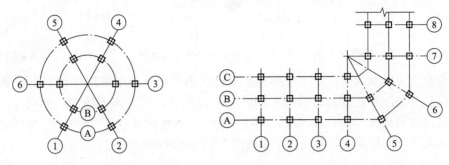

图 1-10　圆形平面定位轴线的编号　　　图 1-11　折线形平面定位轴线的编号

一个详图适用几根轴线时，应同时注明各有关轴线的编号，如图 1-12 所示。

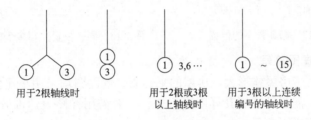

用于2根轴线时　　　用于2根或3根　用于3根以上连续
　　　　　　　　　以上轴线时　　编号的轴线时

图 1-12　详图的轴线编号

通用详图中的定位轴线，应只画圆，不注写轴线编号。

附加定位轴线的编号采用分数表示，如图 1-13 所示，并应按下列规定编写：

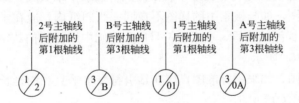

图 1-13　附加轴线的编号

（1）两根轴线间的附加轴线，应以分母表示前一轴线的编号，分子表示附加轴线的编号，编号宜用阿拉伯数字顺序编写，如分母表示前一轴线的编号，分子表示附加轴线编号。

（2）1 号轴线或 A 号轴线之前的附加轴线的分母应以 01 或 0A 表示。

2. 标高注法

标高是标注建筑物高度方向的一种尺寸形式，可分为绝对标高和相对标高，均以米为单位。绝对标高是以青岛市黄海平均海平面为基准而引出的标高。相对标高是根据工程需要自行选定基准面，由此引出的标高。

标高符号应以直角等腰三角形表示，如图 1-14 所示。总平面图室外地坪标高符号，宜用涂黑的三角形表示，如图 1-15 所示。标高符号的尖端应指至被注高度的位置。尖端一般应向下，也可向上，如图 1-16 所示。

图 1-14　标高符号　　图 1-15　总平面图上的室外标高符号　　图 1-16　标高的指向

标高数字应以米为单位，注写到小数点以后第三位，总平面图中注写到小数点后二位。标高数字应注写在标高符号的左侧或右侧按图形式用细实线绘制，如图 1-17 所示。零点标高应注写成±0.000，正数标高不注"＋"，负数标高应注"－"。在图样的同一位置需表示几个不同标高时，标高数字可按图 1-18 所示的形式注写。

图 1-17　标高数字的位置　　　　图 1-18　同一位置注写多个标高数字

3. 索引符号和详图符号

在施工图中，由于房屋体形大，房屋的平、立、剖面图均采用小比例绘制，因而某些局部无法表达清楚，需要另绘制其详图进行表达。对需用详图表达部分应标注索引符号，并在所绘详图处标注详图符号。

索引符号是由直径 10mm 的细实线圆和细实线的水平直径组成，如图 1-19(a)所示。

(1) 索引出的详图，如与被索引的详图同在一张图纸内，应在索引符号的上半圆中用阿拉伯数字注明该详图的编号，并在下半圆中间画一段水平细实线，如图 1-19(b)所示。

(2) 索引出的详图，如与被索引的详图不在同一张图纸内，应在索引符号的上半圆中用阿拉伯数字注明该详图的编号，在索引符号的下半圆中用阿拉伯数字注明该详图所在图纸的编号，如图 1-19(c)所示。

(3) 索引出的详图，如采用标准图，应在索引符号水平直径的延长线上加注该标准图册的编号，如图 1-19(d)所示。

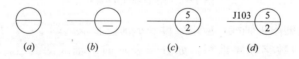

图 1-19　索引符号

索引符号用于索引剖视详图，除符合上述规定外。还应在被剖切的部位绘制剖切位置线，用引出线引出索引符号，引出线所在的一侧为投射方向，如图 1-20 所示。

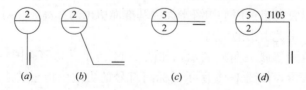

图 1-20　用于索引剖面详图的索引符号

详图的位置和编号，应以详图符号表示。详图符号的圆应以直径为 14mm 粗实线绘制。

详图与被索引的图样同在一张图纸内时，应在详图符号内用阿拉伯数字注明详图的编号，如图 1-21(a)所示。

详图与被索引的图样不在同一张图纸内，应用细实线在详图符号内画一水平直径，在上半圆中注明详图编号，在下半圆中注明被索引的图纸的编号，如图 1-21(b)所示。

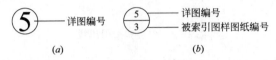

图 1-21　详图符号

(a) 详图与被索引的图样同在一张图纸；(b) 详图与被索引的图样不在同一张纸

4. 引出线与多层构造说明

(1) 引出线

图样中某些部位的具体内容或要求无法标注时，常采用引出线注出文字说明。引出线应以细实线绘制，宜采用水平方向的直线、与水平方向成 30°、45°、60°、90°的直线，或经过上述角度再折为水平线。文字说明宜注写在水平线的上方，如图 1-22(a)所示；也可注写在水平线的端部，如图 1-22(b)所示。索引符号的引出线，应与水平直径线相连接，如图 1-22(c)所示。

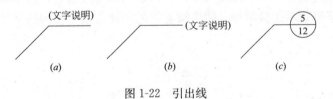

图 1-22　引出线

同时引出几个相同部分的引出线，宜互相平行，也可画成集中于一点的放射线，如图 1-23所示。

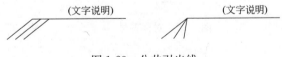

图 1-23　公共引出线

(2) 多层构造说明

多层构造或多层管道共用引出线，应通过被引出的各层。文字说明宜注写在水平线的上方，或注写在水平线的端部，说明的顺序应由上至下，并应与被说明的层次相互一致，如图 1-24(a)、(b)、(c)所示；如层次为横向排序，则由上至下的说明顺序应与左至右的层次相互一致，如图 1-24(d)所示。

5. 其他符号

(1) 指北针

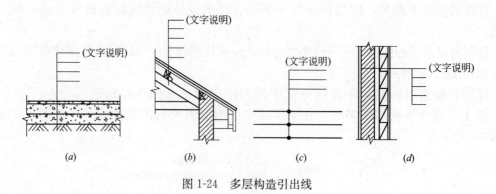

图 1-24　多层构造引出线

指北针的形状如图 1-25 所示。其圆的直径为 24mm，用细实线绘制；指针尾部的宽度为 3mm，指针头部应注"北"或"N"字。如需用较大直径绘制指北针时，指针尾部宽度宜为直径的 1/8。

（2）对称符号

对称符号由对称线和两端的两对平行线组成。对称线用细点画线绘制，对称符号用两条垂直于对称轴线、平行等长的细实线绘制，其长度为 6～10mm，间距为 2～3mm，画在对称轴线两端，且平行线在对称线两侧长度相等，对称轴线两端的平行线到投影图的距离也应相等。如图 1-26 所示。

（3）连接符号

连接符号应以折断线表示需连接的部位。两部位相距过远时，折断线两端靠图样一侧应标注大写拉丁字母表示连接编号。两个被连接的图样必须用相同的字母编号，如图 1-27 所示。

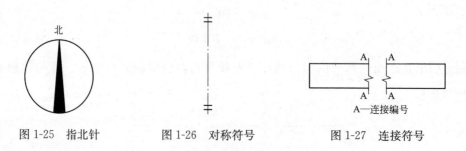

图 1-25　指北针　　　　图 1-26　对称符号　　　　图 1-27　连接符号

1.2　投影的基本知识

1.2.1　投影法、投射线、投影面、投影图的概念

在日常生活中人们注意到，当太阳光或灯光照射物体时，墙壁上或地面上会出现物体的阴影，这个阴影称为影子。投影法就源自这种自然现象。我们称光源为投影中心，把形成影子的光线称为投射线，把承受投影图的平面称为投影面，在投影面上所得到的图形称为投影图。

投射线、形体和投影面是形成投影的三要素，如图 1-28 所示，三者之间有着密切的关系。

1.2.2 投影的分类

按投射线的不同情况，投影可分为两大类：

（1）中心投影

所有投射线都从一点（投影中心）引出，称为中心投影，如图 1-29 所示。

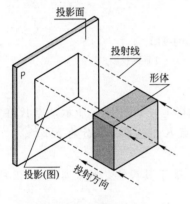

图 1-28 投影三要素

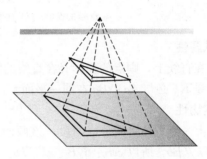

图 1-29 中心投影

（2）平行投影

所有投射线互相平行则称为平行投影。若投射线与投影面垂直，称为直角投影或正投影（图 1-30(*a*)）。若投射线与投影面斜交，则称为斜角投影或斜投影（图 1-30(*b*)）。

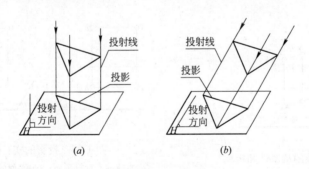

(*a*)   (*b*)

图 1-30 平行投影
(*a*)正投影；(*b*)斜投影

1.2.3 平行投影的特性

1. 类似性

（1）点的投影仍是点（图 1-31(*a*)）；

（2）直线的投影在一般情况下仍为直线，当直线段倾斜于投影面时，其正投影短于实长。如图 1-31(*b*)所示，通过直线 *AB* 上各点的投射线，形成一平面 *ABba*，它与投影面 *H* 的交线 *ab* 即为 *AB* 的投影。

11

（3）平面的投影在一般情况下仍为平面，当平面倾斜于投影面时，其正投影小于实形，如图 1-31(c)。

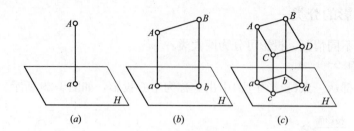

图 1-31　点、线、面的投影

(a) 点的投影；(b) 直线的投影；(c) 平面的投影

2. 从属性

若点在直线上，则点的投影必在直线的同面投影上。如图 1-32 所示，点 K 在直线 AB 上，投射线 Kk 必与 Aa、Bb 在同一平面上，因此点 K 的投影 k 一定在 ab 上。

3. 定比性

直线上一点把该直线分成两段，该两段之比，等于其投影之比。如图 1-32 所示，由于 $Aa /\!/ Kk /\!/ Bb$，所以 $AK : KB = ak : kb$。

4. 实形性

平行于投影面的直线和平面，其投影反应实长和实形。如图 1-33 所示，直线 AB 平行于水平投影面，其投影 $ab = AB$，即反应 AB 的真实长度。平面 ABCD 平行于 H 面，其投影 abcd 在 H 面内反映 ABCD 的真实大小。

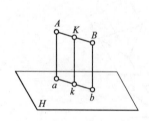

图 1-32　直线的从属性和定比

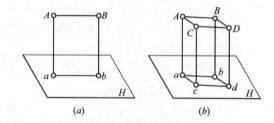

图 1-33　投影的实行性

(a) 直线的平行投影面；(b) 平面的平行投影面

5. 积聚性

垂直于投影面的直线，其投影积聚为一点；垂直于投影面的平面，其投影积聚为一条直线。如图 1-34 所示，直线 AB 垂直于投影面 H，其投影积聚为一点 a(b)。平面 ABCD 垂直于投影面 H，其投影积聚为一条直线 ab(dc)。

6. 平行性

两平行直线的投影仍互相平行，且其投影长度之比等于两平行线段长度之比。如图 1-35 所示：$AB /\!/ CD$，其投影 $ab /\!/ cd$，且 $ab : cd = AB : CD$。

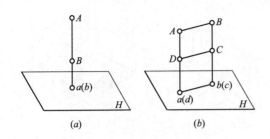

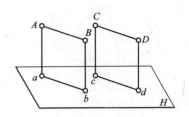

图 1-34　直线和平面的积聚线
（a）直线的积聚投影；（b）平面的积聚投影

图 1-35　两平行直线的投影

1.2.4　形体的三面投影图

1. 三面投影体系的建立与名称

只有一个正投影图是无法完整的反映出形体的形状和大小的，如图 1-36 所示的三个形体各不相同，但它们一个方向的正投影图是完全相同的。因此，形体必须有两个或两个以上方向的投影才能将形体的形状和大小反映清楚。

如果对一个较为复杂的形体，只向两个投影面做投影时，其投影就只能反映它两个面的形状和大小，亦不能确定形体的唯一形状，如图 1-37 所示。可见，若使正投影图唯一确定物体的形状，就必须采用多面正投影的方法，为此，我们设立了三面投影体系。

以三个相互垂直的平面作为投影面，三个投影面分别命名为水平投影面（又称 H 面）、正立投影面（又称 V 面）和侧立投影面（又称 W 面），如图 1-38 所示。空间立体在三个投影面上的投影分别为水平投影图（简称平面图）、立面投影图（简称立面图）和侧立面投影图（简称侧面图），其中水平投影面与正立投影面的交线为 OX 轴；水平投影面与侧立面的交线为 OY 轴；正立投影面与侧立投影面的交线为 OZ 轴；三个轴的交点为原点。

将物体放在三投影面体系内，分别向三个投影面投影，如图 1-39 所示。空间立体在正立投影面上的投影称为主视图；在水平投影面上的投影称为俯视图；在侧立面上的投影图称为左视图。

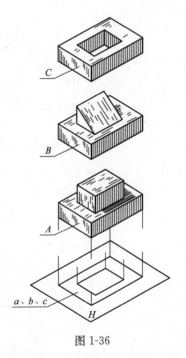

图 1-36

为了绘图方便，保持 V 面不动，将 H 面绕 OX 轴向下旋转 $90°$，W 面绕 OZ 轴向右旋转 $90°$，使 H 面、V 面与 W 面三个投影面处于同一平面上，如图 1-40(a) 所示，这样就得到在同一平面上的三面投影图。

三面投影图的位置关系是：以立面图为准，平面图在立面图的正下方，左侧面图在立面图的正右方。这种配置关系不能随意改变，如图 1-40(b) 所示。

13

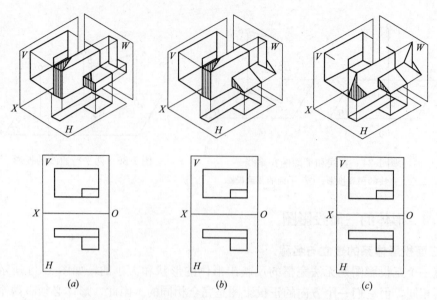

图 1-37　二个投影图也不一定能反映形体的空间形状

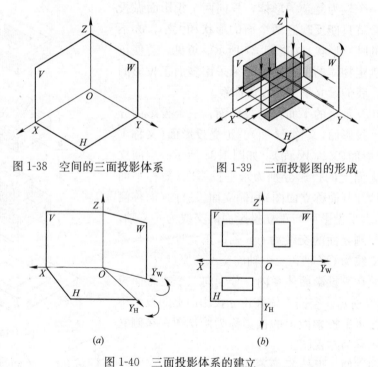

图 1-38　空间的三面投影体系　　　　图 1-39　三面投影图的形成

图 1-40　三面投影体系的建立

(a) 三面投影体系的形成；(b) 三面投影体系

2. 三视图中的相对位置关系

每个形体都有长度、宽度、高度或左右、上下、前后三个方向的形状和大小。形体左右两点之间平行于 OX 轴的距离称为长度；上下两点之间平行于 OZ 轴的距离称为高度；前后两点之间平行于 OY 轴的距离称为宽度。

每个投影图都能反映其中两个方向关系：H面投影反映形体的长度和宽度，同时也反映左右、前后位置；V面反映形体的长度和高度，同时也反映左右、上下位置；W面投影反映形体的高度和宽度，同时也反映上下、前后位置。如图1-41所示。

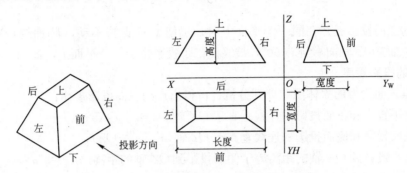

图1-41　三面投影图的长、宽、高及方位关系

3. 投影的三等关系

三面投影图是在形体安放位置不变的情况下，从三个不同方向投影所得到，根据三面投影图的形成过程可以总结出投影图的投影规律：长对正，高平齐，宽相等。

（1）长对正

物体的OX轴方向为长度方向，物体的立面图和侧面图均可以表达物体的长度，因此立面图和侧面图的对应点、线或面在OX轴方向应对齐，长度方向的距离应相等。

（2）高平齐

物体的OZ轴方向为高度方向，物体的立面图和侧面图均可以表达物体的高度，因此立面图与侧面图的对应点、线或面在OZ轴方向应对齐，高度方向的距离应相等。

（3）宽相等

物体的OY轴方向为宽度方向，物体的侧面图和平面图均可以表达物体的宽度，因此平面图与侧面图的对应点、线或面在OY轴方向应对齐，宽度方向的距离应相等。

1.2.5　点的三面投影及其规律

1. 三面正投影面的形成与展开

过空间点A分别向H、V、W投影面作垂线，所得垂足即为空间点A在该投影面的投影，如图1-42(a)所示。

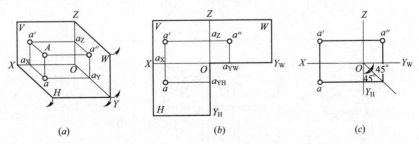

图1-42　点的三面投影
(a)立体图；(b)投影图展开；(c)投影图

15

一般情况下为区别空间点及其投影，在投影法中规定：空间点用大写字母表示，如 A、B、C……，H 面投影用同名小写字母表示，如 a，b，c……，V 面投影用同名小写字母右上角加一撇表示，如 a'，b'，c'……，W 面投影用同名小写字母右上角加两撇表示，如 a''，b''，c''……。

把点的三面投影展开在同一个平面上时，仍使 V 面保持不动，H 面绕 OX 轴向下旋转 $90°$，W 面绕 OZ 轴向右旋转 $90°$，最终使三个投影位于一个平面上，如图 1-42(b) 所示。

2. 点的投影规律

根据点三面投影的立体图和展开分析，可得出点的三面投影规律：

（1）水平投影和正面投影的连线垂直于 OX 轴（$aax a' \perp OX$）；

（2）正面投影和侧面投影的连线垂直于 OZ 轴（$a'az a'' \perp OZ$）；

（3）水平投影到 OX 轴的距离等于侧面投影到 OZ 轴的距离（$aax = a''az$）。

1.2.6 直线的投影

根据直线与投影面的相对位置可分为：

1. 投影面平行线

只平行于一个投影面，而对另外两个投影面倾斜的直线称为投影面平行线。

投影面平行线有三种情况，如表 1-7 所示。

投 影 面 平 行 线
表 1-7

名称	立体图	投影图	投影特性
正平线			1. $a'b'$ 反映实长和 α、γ 角。 2. $ab /\!/ OX$，$a''b'' /\!/ OZ$，且长度缩短。
水平线			1. cd 反映实长和 β、γ 角。 2. $c'd' /\!/ OX$，$c''d'' /\!/ OY_W$，且长度缩短。
侧平线			1. $e''f''$ 反映实长和 α、β 角。 2. $ef /\!/ OY_H$，$e'f' /\!/ OZ$，且长度缩短。

分析表 1-7，可以归纳出投影面平行线的投影特性：

（1）直线在它所平行的投影面上的投影反映实长，且反映对其他两投影面倾角的实形；

（2）该直线在其他两个投影面上的投影分别平行于相应的投影轴，且小于实长。

2. 投影面垂直线

垂直于一个投影面，平行于另外两个投影面的直线称为投影面垂直线。

投影面垂直线有三种情况，如表 1-8 所示。

分析表 1-8，可以归纳出投影面垂直线的投影特性：

（1）直线在它所垂直的投影面上的投影积聚成一点；

（2）该直线在另两个投影面上的投影分别垂直（同时平行）于相应的投影轴，且都等于该直线的实长。

投 影 面 垂 直 线 表 1-8

名称	立体图	投影图	投影特性
正垂线	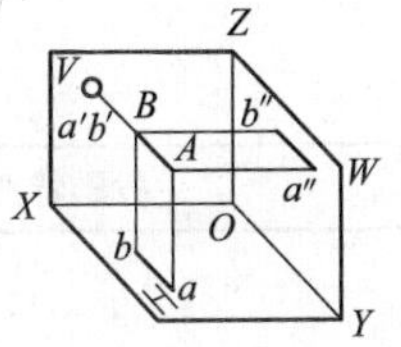	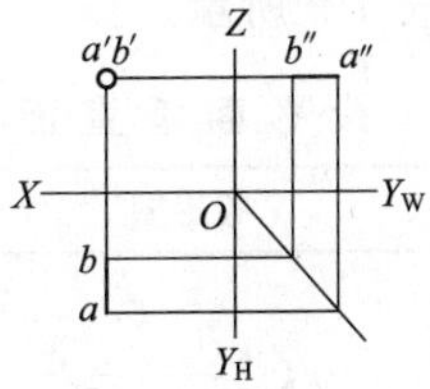	1. $a'b'$ 积聚成一点。 2. $ab \parallel OY_H$，$a''b'' \parallel OY_W$，且反映真长
铅垂线	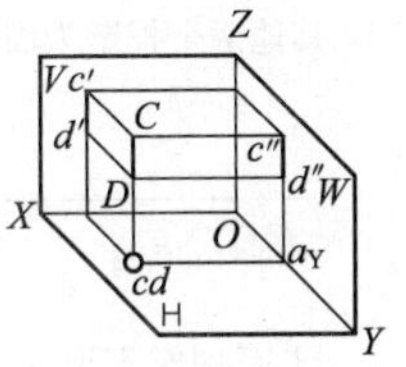	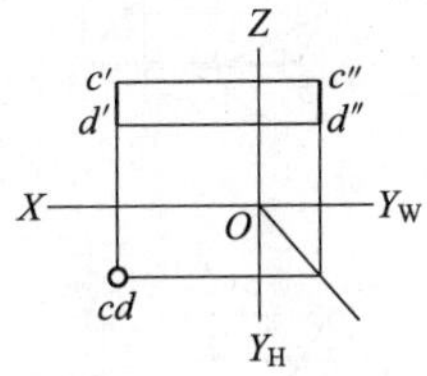	1. cd 积聚成一点。 2. $c'd' \parallel OZ$，$c''d'' \parallel OZ$，且反映真长
侧垂线	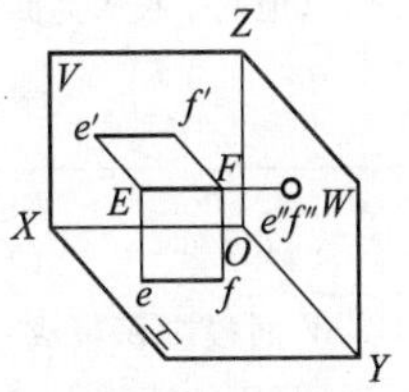	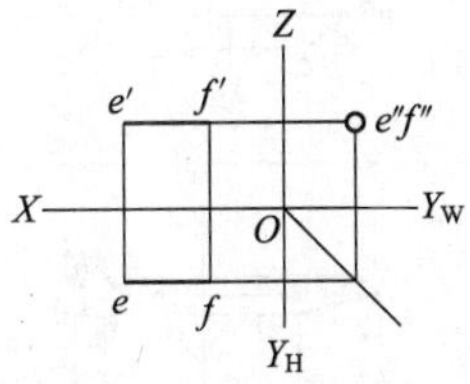	1. $e''f''$ 积聚成一点。 2. $ef \parallel OX$，$e'f' \parallel OX$，且反映真长

3. 一般位置直线

如图 1-43(a)所示，直线 AB 与三个投影面都倾斜，它与三个投影面 H、V、W 分别有一倾角，用 α、β、γ 表示，这种直线称为一般位置直线。

一般位置直线的投影特性如下：

（1）三个投影都倾斜于投影轴，长度缩短；

（2）不能直接反映直线与投影面的真实倾角。

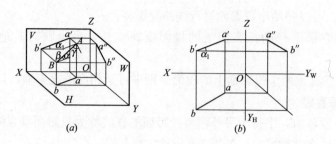

图 1-43　一般位置直线

(a)立体图；(b)投影图

1.2.7　平面的投影

根据平面与投影面的相对位置可分为：

1. 投影面垂直面

垂直于一个投影面，而倾斜于另外两个投影面的平面称为投影面垂直面。

投影面垂直面有三种情况，如表 1-9 所示。

投 影 面 垂 直 面　　　　　　　　　　　　　表 1-9

名称	轴测图	投影图	投影特性
正垂面			1. V 面投影积聚成一直线，并反映与 H、W 面的倾角 α、γ 2. 其他两个投影为面积缩小的类似形
铅垂面			1. H 面投影积聚成一直线，并反映与 V、W 面的倾角 β、γ 2. 其他两个投影为面积缩小的类似形
侧垂面			1. W 面投影积聚成一直线，并反映与 H、V 面的倾角 α、β 2. 其他两个投影为面积缩小的类似形

分析表 1-9，可以归纳出投影面垂直面的投影特性：

（1）平面在它所垂直的投影面上的投影积聚为一条斜线，该斜线与投影轴的夹角反映该平面与相应投影面的夹角；

（2）平面在另外两个投影面上的投影不反映实形，且变小。

2. 投影面平行面

平行于一个投影面，而平行于另外两个投影面的平面称为投影面平行面。

投影面平行面有三种情况，如表 1-10 所示。

投影面平行面　　　　　　　　　　　　　　　　　　表 1-10

名称	轴测图	投影图	投影特性
正平面			1. V 面投影反映真形。 2. H 面投影、W 面投影积聚成直线，分别平行于投影轴 OX、OZ
水平面			1. H 面投影反映真形。 2. V 面投影、W 面投影积聚成直线，分别平行于投影轴 OX、OY_W
侧平面			1. W 面投影反映真形。 2. V 面投影、H 面投影积聚成直线，分别平行于投影轴 OZ、OY_H

分析表 1-10，可以归纳出投影面平行面的投影特性：

（1）平面在它所平行的投影面上的投影为反映实形；

（2）平面在另外两个投影面上的投影积聚为两条直线，两直线同时垂直于同一轴线（分别平行另两轴线）。

3. 一般位置平面

如图 1-44(*a*)所示，与三个投影面 *H*、*V*、*W* 都倾斜的平面称为一般位置平面。

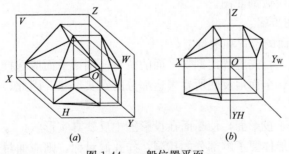

图 1-44　一般位置平面

(*a*) 立体图；(*b*) 投影图

一般位置平面的三个投影既不反映平面实形，又无积聚性。投影均为原图的类似形，且各投影的图形面积均小于实形。

1.3 剖面图和断面图

1.3.1 剖面图

1. 剖面图的形成

利用前面的正投影知识，作形体投影图时，可见轮廓线用实线表示，不可见轮廓线用虚线表示，这对于形状比较简单的形体，能够清楚地反映其形状。但是，对于较复杂的形体，如一幢建筑，作其水平投影，除了屋顶是可见轮廓，其余部分如建筑内部的房间、门窗、楼梯、梁、柱等都是不可见的，都应该用虚线表示，这样，在该建筑的平面图中必然形成虚线与虚线、虚线与实线交错而混淆不清的现象，既不利于标注尺寸，也不容易读图。为了解决这个问题，可以假想用一个平面将形体切开，让其内部构造暴露出来，使形体中不可见的部分变成可见部分，从而使虚线变成实线，这样既利于尺寸标注，又方便识图。如图 1-45 所示。

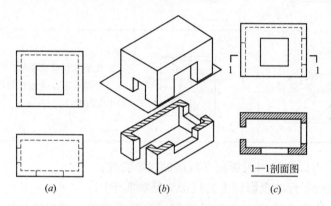

图 1-45　建筑形体正投影图与剖面图的比较

（a）正投影图；（b）直观图；（c）剖面图

用一个假想的剖切平面将形体剖切开，移去位于观察者和剖切平面之间的部分，作出剩余部分的正投影图叫做剖面图。

2. 剖面图的画图步骤

（1）确定剖切平面的位置和数量

作形体剖面图时，首先应确定剖切平面的位置，剖切平面应选择适当的位置，使剖切后画出的图形能确切、全面地反映所要表达部分的真实形状。因此，选择剖切平面应注意这样两点：

剖切平面应平行于投影面，使断面在投影图中反映真实形状。

剖切平面应通过形体要了解部分的孔洞，如孔洞对称，则应通过对称线或中心线，或有代表性的位置。

其次，确定剖切平面的数量。即要表达清楚一个形体，需要画几个剖面图的问题。剖面图的数量与形体自身的复杂程度有关，一般较复杂的形体，需要剖面图的数量也较多，而简单的形体则需要一个或两个剖面图，有些形体甚至不需要画剖面图，只用投影图就能表达清楚。因此，作形体投影图时，应具体问题具体对待。

（2）剖面图图线的使用

为了将形体中被剖切平面切到的部分和未切到部分区分开，《房屋建筑制图统一标准》（GB/T 50001—2010）规定，形体剖面图中，被剖切平面剖切到的部分轮廓线用粗实线绘制，未被剖切平面剖切到但可见部分的轮廓线用中粗实线绘制，不可见的部分可以不画。

画剖面图时，虽然用剖切平面将形体剖切开，但剖切是假想的，因此，画其他投影图时应完整地画出来，不受剖面图的影响。

（3）画剖切符号

由于剖面图本身不能反映清楚剖切平面的位置，而剖切平面的位置不同，剖面图的形状就不同，因此，必须在其他投影图上标出剖切平面的位置及剖切形式。《房屋建筑制图统一标准》（GB/T 50001—2010）中规定剖切符号由剖切位置线和剖视方向线组成，剖切位置线是长度为 6～10mm 的粗实线，剖视方向线是 4～6mm 的粗实线，剖切位置线与剖视方向线垂直相交，并应在剖视方向线旁边加注编号。如图 1-46 所示，在剖面图的下方应写上带有编号的图名，如"×-×剖面图"。

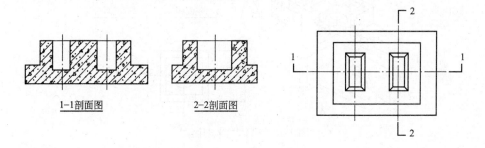

图 1-46　剖切符号的画法

3. 剖面图的种类和应用

由于建筑物的形状变化多样，作其剖面图时确定剖切平面的位置、剖视方向和剖切的范围就不相同。在建筑工程图中，常用的剖面图有全剖面图、半剖面图、阶梯剖面图、展开剖面图和局部剖面图等。

（1）全剖面图

用一个剖切平面将形体完整地剖切开，得到的剖面图，叫做全剖面图。全剖面图一般应用于不对称的建筑形体，或对称但较简单的建筑构件中。如图 1-47 所示，该形体虽然对称，但比较简单，分别用正平面、侧平面和水平面剖切，得到 1-1 剖面图、2-2 剖面图和 3-3 剖面图。

（2）半剖面图

如果形体对称，画图时常把投影图一半画成剖面图，另一半画成外观图，这样组合而成的投影图叫做半剖面图。这种作图方法可以节省投影图的数量，而且从一个投影图可以同时了解到形体的外形和内部构造。

如图 1-48 所示的形体，因形体的前后对称，用侧平面将形体的左前方剖切开，使得切面投影的一半为外视图，一半为剖面图。

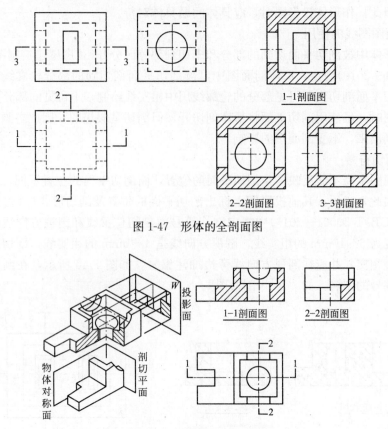

图 1-47　形体的全剖面图

1-1剖面图

2-2剖面图　　3-3剖面图

图 1-48　形体的半剖面图

1-1剖面图　　2-2剖面图

（3）阶梯剖面图

如图 1-49(a)所示，形体上有两个不在同一轴线上的孔洞，如果作一个全剖面图，不能同时剖切两个孔洞，因此，用两个相互平行的剖切平面通过该形体的两个孔洞剖切，如图 1-49(b)所示，同一个剖面图上将两个不在同一轴线上的孔洞同时表达出来。这种用两个或两个以上的互相平行的剖切平面将形体剖切开，得到的剖面图称为阶梯剖面图。在这里要注意，由于剖切是假想的，所以剖切平面转折处由于剖切而使形体产生的轮廓线不应在剖面图中画出。

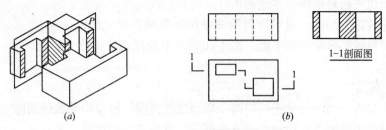

1-1剖面图

(a)　　　　　　　　　　　　(b)

图 1-49　阶梯剖面图

(a)直观图；(b)剖面图

（4）展开剖面图

用两个或两个以上相交剖切平面剖切形体，所得到的剖面图称作展开剖面图。

22

如图 1-50 所示的楼梯,由于楼梯的两个梯段在水平投影图上成一定夹角,用一个或两个互相平行的剖切平面都无法将楼梯清楚地反映出来,因此,用两个相交的剖切平面进行剖切,移去剖切平面前面的部分,将剩余楼梯的右面旋转至与正立投影面平行后,便可得到展开剖面图。展开剖面图的图名后应加注"展开"字样,剖切符号的画法如图 1-50 所示。

因展开剖面图将形体剖切开后需要将形体进行旋转,因此,有时也称为旋转剖面图。如图 1-50 所示,楼梯被剖切平面剖切后,为了使楼梯右半部分在剖面图中也能反映实形,将楼梯的右半部分向后转动(即两剖切平面的夹角),使右半部分楼梯也平行于正立投影面,这样,整部楼梯的投影图反映实形。

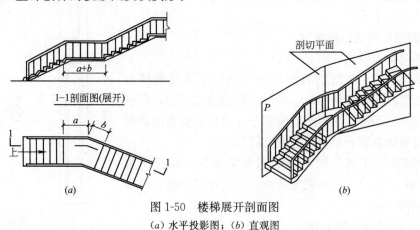

图 1-50　楼梯展开剖面图
(a) 水平投影图;(b) 直观图

(5) 局部剖面图

当仅仅需要表达形体的某局部内部构造时,可以只将该局部剖切开,只作该部分的剖面图,称为局部剖面图。

如图 1-51 所示的基础局部剖面图,从图 1-51(b)中不仅可以了解到该基础的形状、大小,而且从水平投影图上的局部剖面图还可以了解到该基础的配筋情况。局部剖面图在投影图上用波浪线作为剖切部分与未剖切部分的分界线,分界线相当于断裂面的投影,因此,波浪线不得超过图形轮廓线,也不能画成图形的延长线。

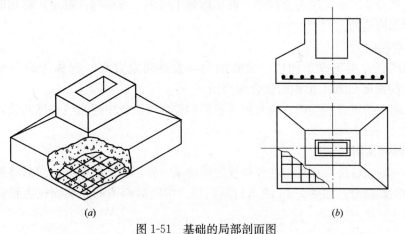

图 1-51　基础的局部剖面图
(a) 直观图;(b) 投影图

1.3.2 断面图

1. 断面图的形成

对于某些建筑构件，如构件形状呈杆件形，要表达其侧面形状以及内部构造时，可以用剖切平面剖切后，只画出形体与剖切平面剖切到的部分，其他部分不予表示，即用假想剖切平面将形体剖切后，仅画剖切平面与形体接触部分的正投影，称为断面图，简称断面或截面。如图 1-52 所示，带牛腿的工字形柱子的 1-1、2-2 断面图，从断面图中可知，该柱子上柱截面形状为矩形，下柱的截面形状为工字形。

2. 断面图与剖面图的区别

断面图与剖面图的区别有三点：

(1) 概念不同。断面图只画形体与剖切平面接触的部分，而剖面图画形体被剖切后，剩余部分的全部投影，即剖面图不仅画剖切平面与形体接触的部分，而且还要画出剖切平面后面没有被剖切平面切到的可见部分。

(2) 剖切符号不同。断面图的剖切符号是一条长度为 6~10mm 的粗实线，没有剖视方向线，剖切符号旁编号所在的一侧是剖视方向。

(3) 剖面图中包含断面图。

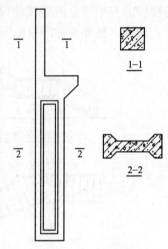

图 1-52　断面图

3. 断面图的种类

由于构件的形状不同，采用断面图的剖切位置和范围也不同，一般断面图有 3 种形式。

(1) 移出断面图

将形体某一部分剖切后所形成的断面移画于原投影图旁边的断面图称为移出断面图，如图 1-53 所示。移出断面图的轮廓线应用粗实线，轮廓线内也画相应的图例符号。移出断面图应尽可能地放在投影图的附近，以便识图。移出断面图也可以适当地放大比例，以利于标注尺寸和清晰地反映内部构造。在实际施工图中，很多构件都是用移出断面图表达其形状和内部构造的。

(2) 重合断面图

将断面图直接画于投影图中，使断面图与投影图重合在一起称为重合断面图。如图 1-54 所示的角钢和倒 T 形钢的重合断面图。

在施工图中的重合断面图，通常把原投影的轮廓线画成中粗实线或细实线，而断面图画成粗实线。

(3) 中断断面图

对于单一的长杆件，也可以在杆件投影图的某一处用折断线断开，然后将断面图画于其中，不画剖切符号，如图 1-55 的木材断面图。中断断面图的轮廓线也为粗实线，图名沿用原图名。

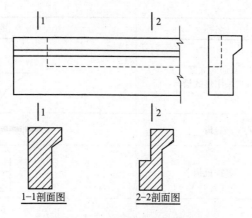

图 1-53　梁的移出断面图的画法

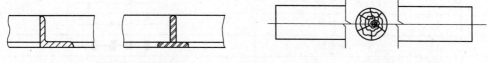

图 1-54　重合断面图的画法　　　　　图 1-55　中断断面图的画法

1.4　市政工程施工图图例

市政工程常用图例见表 1-11～表 1-13。

市政工程常用图例　　　　　　　　　　　　　表 1-11

项目	序号	名称		图例
平面	1	涵洞		
	2	通道		
	3	分离式 立交	a. 主线上跨	
			b. 主线下穿	
	4	桥梁 （大、中桥按实际长度绘）		

项目	序号	名称		图例
平面	5	互通式立交 （按采用形式绘）		
	6	隧道		
	7	养护机构		
	8	管理机构		
	9	防护网		
	10	防护栏		
	11	隔离墩		
纵断面	12	箱涵		
	13	管涵		
	14	盖板涵		
	15	拱涵		
	16	箱形通道		
	17	桥梁		
	18	分离式 立交	a. 主线上跨	
			b. 主线下穿	
	19	互通式 立交	a. 主线上跨	
			b. 主线下穿	
材料	20	细粒式沥青混凝土		
	21	中粒式沥青混凝土		

项目	序号	名称	图例
材料	22	粗粒式沥青混凝土	
	23	沥青碎石	
	24	沥青贯入碎砾石	
	25	沥青表面处置	
	26	水泥混凝土	
	27	钢筋混凝土	
	28	水泥稳定土	
	29	水泥稳定砂砾	
	30	水泥稳定碎砾石	
	31	石灰土	
	32	石灰粉煤灰	
	33	石灰粉煤灰土	
	34	石灰粉煤灰砂砾	

项目	序号	名称		图例
材料	35	石灰粉煤灰碎砾石		
	36	泥结碎砾石		
	37	泥灰结碎砾石		
	38	级配碎砾石		
	39	填隙碎石		
	40	天然砂砾		
	41	干砌片石		
	42	浆砌片石		
	43	浆砌块石		
	44	木材	横	
			纵	
	45	金属		
	46	橡胶		
	47	自然土		
	48	夯实土		

图例	名称	图例	名称
3mm 6mm n×3mm 2mm	平算式雨水口（单、双、多算）		干浆砌片石（大面积）
	偏沟式雨水口（单、双、多算）		拆房（拆除其他建筑物及刨除旧路面相同）
	联合式雨水口（单、双、多算）	3mm	护坡边坡加固
DN×× L=××m	雨水支管	6mm 2mm	边沟过道（长度超过规定时按实际长度绘）
		实际长度 实际宽度	大、中小桥（大比例尺时绘双线）
4mm 1mm 1mm 4mm	标注	2mm	涵洞（一字洞口）	（需绘洞口具体做法及导流措施时宽度按实际宽度绘制）
1mm 10mm 10mm 1mm	护栏	2mm	涵洞（八字洞口）	
实际长度 实际宽度 ≥4mm	台阶、坡道	4mm 实际长度 4mm 12mm	虹吸
1.5mm	盲沟	实际宽度 实际长度 实际净跨	过水路面混合式过水路面
4mm 实际长度 按管道图例	管道加固	1.5mm 1.5mm 实际宽度	铁路道口
	水簸箕、跌水	2mm 实际长度 5mm 5mm	渡槽
1.5mm	挡土墙、挡水墙	2mm 起止桩号	隧道
	铁路立交（长、宽角按实际绘）	实际长度 2mm 起止桩号	明洞
	边沟、排水沟及地区排水方向	实际长度	栈桥（大比例尺时绘双线）

图例	名称	图例	名称
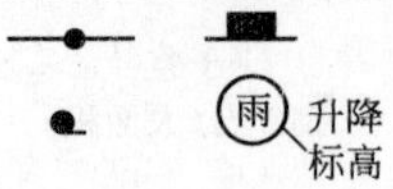 雨 升降标高	迁杆、伐树、迁移、升降雨水口、探井等	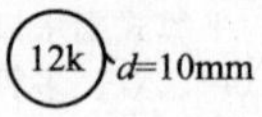 12k d=10mm	整公里桩号
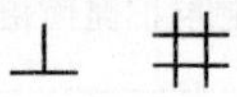 ⊥ 井	迁坟、收井等（加粗）	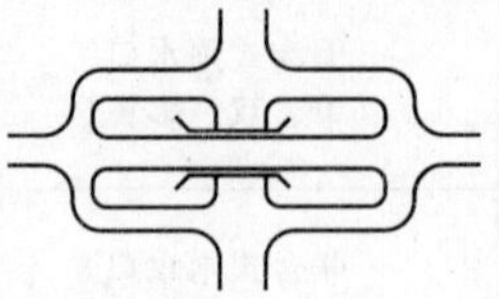	街道及公路立交按设计实际形状（绘制各部组成）参用有关图例

市政路面结构材料断面图例　　　　表 1-13

图例	名称	图例	名称	图例	名称
	单层式沥青表面处理		水泥混凝土		石灰土
	双层式沥青表面处理		加筋水泥混凝土		石灰焦渣土
	沥青砂黑色石屑（封面）		级配砾石	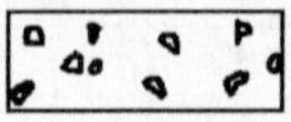	矿渣
	黑色石屑碎石		碎石、破碎砾石		级配砂石
	沥青碎石	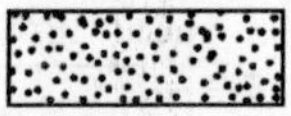	粗砂		水泥稳定土或其他加固土
	沥青混凝土	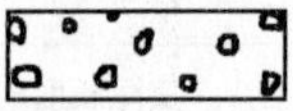	焦渣	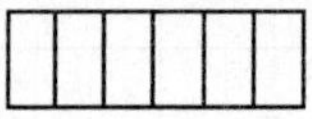	浆砌块石

1.5　市政工程施工图识读

1.5.1　道路工程图组成与识读

1. 道路工程施工图的组成

道路路线设计的最后结果是以平面图、纵断面图和横断面图来表达。道路路线工程图主要是用路线平面图、路线纵断面图、路线横断面图，综合起来表达路线的空间位置、线型和尺寸。

2. 道路工程平面图识读

（1）在道路工程平面图中设计路线应采用加粗的粗实线表示，比较线应采用加粗的粗虚线表示；道路中线应采用细点画线表示；中央分隔带边缘线应采用细实线表示；路基边缘线应采用粗实线表示；导线、边坡线、护坡道边缘线、边沟线、切线、引出线、原有道路边线等，应采用细实线表示；用地界线应采用中粗点画线表示；规划红线应采用粗双点画线表示。

（2）里程桩号的标注应在道路中线上从路线起点至终点，按从小到大，从左到右的顺序排列。公里桩宜标注在路线前进方向的左侧，用符号"O"表示；百米桩宜标注在路线前进方向的右侧，用垂直于路线的短线表示。也可在路线的同一侧，均采用垂直于路线的短线表示公里桩和百米桩。

（3）平曲线特殊点如第一缓和曲线起点、圆曲线起点、圆曲线中点，第二缓和曲线终点、第二缓和曲线起点、圆曲线终点的位置，宜在曲线内侧用引出线的形式表示，并应标注点的名称和桩号。

（4）在图纸的适当位置，应列表标注平曲线要素：交点编号、交点位置、圆曲线半径、缓和曲线长度、切线长度、曲线总长度、外距等。高等级公路应列出导线点坐标表。

（5）缩图（示意图）中的主要构造物可按图1-56标注。

（6）图中的文字说明除"注"外，宜采用引出线的形式标注（见图1-57）。

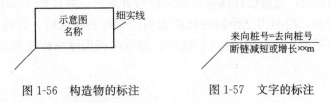

图1-56　构造物的标注　　　　图1-57　文字的标注

（7）图中原有管线应采用细实线表示，设计管线应采用粗实线表示，规划管线应采用虚线表示。边沟水流方向应采用单边箭头表示。水泥混凝土路面的胀缝应采用两条细实线表示；假缝应采用细虚线表示，其余应采用细实线表示。

3. 道路工程纵断面图

（1）纵断面图的图样应布置在图幅上部。测设数据应采用表格形式布置在图幅下部。高程标尺应布置在测设数据表的上方左侧（见图1-58）。

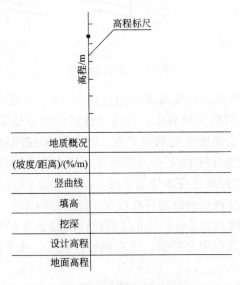

图1-58　纵断面图的布置

测设数据表宜按图 1-58 的顺序排列。表格可根据不同设计阶段和不同道路等级的要求而增减。纵断面图中的距离与高程宜按不同比例绘制。

（2）道路设计线应采用粗实线表示；原地面线应采用细实线表示；地下水位线应采用细双点画线及水位符号表示；地下水位测点可仅用水位符号表示（见图 1-59）。

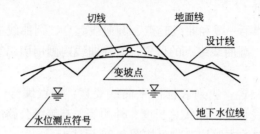

图 1-59　道路设计线、原地面线、地下水位线的标注

（3）当路线短链时，道路设计线应在相应桩号处断开，并按图 1-60(a)标注。路线局部改线而发生长链时，可利用已绘制的纵断面图。当高差较大时，宜按图 1-60(b)标注；当高差较小时，宜按图 1-60(c)标注。长链较长而不能利用原纵断面图时，应另绘制长链部分的纵断面图。

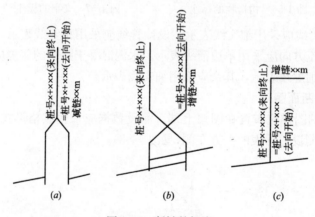

图 1-60　断链的标注

（4）当路线坡度发生变化时，变坡点应用直径为 2mm 中粗线圆圈表示；切线应采用细虚线表示；竖曲线应采用粗实线表示。标注竖曲线的竖直细实线应对准变坡点所在桩号；线左侧标注桩号；线右侧标注变坡点高程。水平细实线两端应对准竖曲线的始、终点。两端的短竖直细实线在水平线之上为凹曲线；反之为凸曲线。竖曲线要素（半径 R、切线长 T 外矩 E）的数值均应标注在水平细实线上方，见图 1-61(a)。竖曲线标注也可布置在测设数据表内。此时，变坡点的位置应在坡度、距离栏内示出，见图 1-61(b)。

（5）道路沿线的构造物、交叉口，可在道路设计线的上方，用竖直引出线标注。竖直引出线应对准构造物或交叉口中心位置。线左侧标注桩号，水平线上方标注构造物名称、规格、交叉口名称（图 1-62）。

（6）水准点宜按图 1-63 标注。竖直引出线应对准水准点桩号，线左侧标注桩号，水平线上方标注编号及高程；线下方标注水准点的位置。

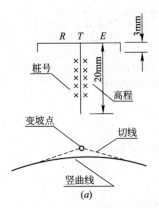
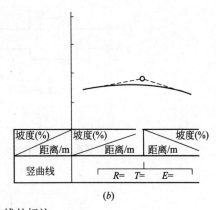

图 1-61 竖曲线的标注

（a）标注在水平细实线上方；（b）标注测设数据表内

（7）在纵断面图中可根据需要绘制地质柱状图，并示出岩土图例或代号。各地层高程应与高程标尺对应。

图 1-62 沿线构造物
及交叉口标注

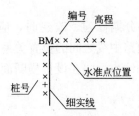

图 1-63 水准点的标注

探坑应按宽为 0.5、深为 1∶100 的比例绘制，在图样上标注高程及土壤类别图例。钻孔可按宽 0.2cm 绘制，仅标注编号及深度，深度过长时可采用折断线示出。

（8）纵断面图中，给排水管涵应标注规格及管内底的高程。地下管线横断面应采用相应图例。无图例时可自拟图例，并应在图纸中说明。在测设数据表中，设计高程、地面高程、填高、挖深的数值应对准其桩号，单位以米计。

（9）里程桩号应由左向右排列。应将所有固定桩（图 1-64 里程桩号的标注）及加桩桩号示出。桩号数值的字底应与所表示桩号位置对齐。整公里桩应标注"K"，其余桩号的公里数可省略（图 1-64）。

（10）在测设数据表中的平曲线栏中，道路左、右转弯应分别用凹、凸折线表示。当不设缓和曲线段时，按图 1-65（a）标注；当设缓和曲线段时，按图 1-65（b）标注。在曲线的一侧标注交点编号、桩号、偏角、半径、曲线长。

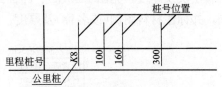

图 1-64 里程桩号的标注

4. 道路工程横断面图

在绘制道路工程横断面图时应注意：

（1）路面线、路肩线、边坡线、护坡线均应采用粗实线表示；路面厚度应采用中粗实线表示；原有地面线应采用细实线表示，设计或原有道路中线应采用细点画线表示（图 1-66）。

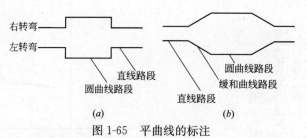

图 1-65　平曲线的标注

(a) 不设缓和曲线时平曲线标注；(b) 设缓和曲线时平曲线标注

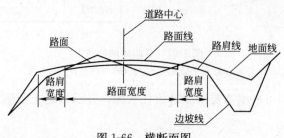

图 1-66　横断面图

(2) 当道路分期修建、改建时，应在同一张图纸中示出规划、设计、原有道路横断面，并注明各道路中线之间的位置关系。规划道路中线应采用细双点画线表示。规划红线应采用粗双点画线表示。在设计横断面图上，应注明路侧方向（图 1-67）。

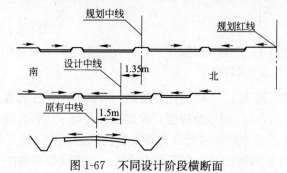

图 1-67　不同设计阶段横断面

(3) 绘制路面结构图时，若路面结构类型单一，可在横断面图上，用竖直引出线标注材料层次及厚度，见图 1-68(a)；路面结构类型较多，可按各路段不同的结构类型分别绘制，并标注材料图例（或名称）及厚度，见图 1-68(b)。

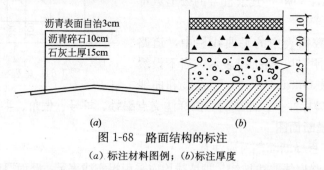

图 1-68　路面结构的标注

(a) 标注材料图例；(b) 标注厚度

(4) 在路拱曲线大样图的垂直和水平方向上，应按不同比例绘制（图 1-69）。

（5）当采用徒手绘制实物外形时，其轮廓应与实物外形相近。当采用计算机绘制此类实物时，可用数条间距相等的细实线组成与实物外形相近的图样（图1-70）。

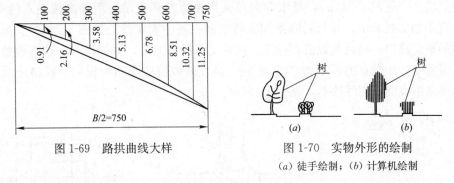

图 1-69　路拱曲线大样

图 1-70　实物外形的绘制

(*a*) 徒手绘制；(*b*) 计算机绘制

（6）在同一张图纸上的路基横断面，应按桩号的顺序排列，并从图纸的左下方开始，先由下向上，再由左向右排列（图1-71）。

（7）横断面图中，管涵、管线的高程应根据设计要求标注。管涵、管线横断面应采用相应图例（图1-72）。

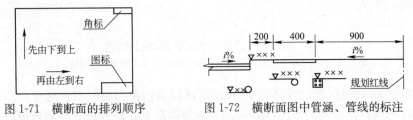

图 1-71　横断面的排列顺序

图 1-72　横断面图中管涵、管线的标注

（8）道路的超高、加宽应在横断面图中示出（图1-73）。

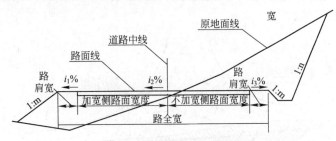

图 1-73　道路超高、加宽的标注

（9）用于施工放线及土方计算的断面图在图样下方标注框号，图样右侧应标注填高、挖深、填方、挖土面积，并采用中粗点画线示出征地界线，如图1-74所示。当防护工程设施标注材料名称时，可不画材料图例，其断面阴影线可省略，如图1-75所示。

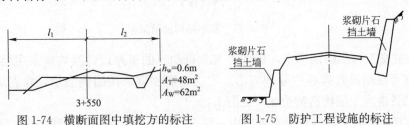

图 1-74　横断面图中填挖方的标注

图 1-75　防护工程设施的标注

5. 道口的平交与立交

（1）在标注交叉口竖向的设计高程时，较简单的交叉口可仅标注控制点的高程、排水方向及其坡度，见图1-76(a)，排水方向可采用单边箭头表示。用等高线表示的平交口，等高线宜用细实线表示，并每隔四条细实线绘制一条中粗实线，见图1-76(b)。用网格高程表示的平交路口，其高程数值宜标注在网格交点的右上方，并加括号。若高程整数值相同时，可省略。小数点前可不加"0"定位。高程整数值应在图中说明。网格应采用平行于设计道路中线的细实线绘制，见图1-76(c)。

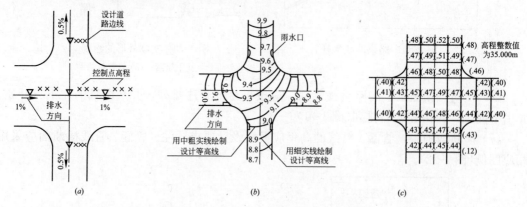

图1-76　交叉口竖向设计高程的标注

(a) 较简单的交叉口；(b) 用等高线表示的平交口；(c) 用网格高程表示的平交路口

（2）当交叉口改建(新旧道路衔接)及旧路面加铺新路面材料时，可采用图例表示不同贴补厚度及不同路面结构的范围(图1-77)。水泥混凝土路面的设计高程数值应标注在板角处，并加注括号。在同一张图纸中，当设计高程的整数部分相同时，可省略整数部分，但应在图中说明(图1-78)。

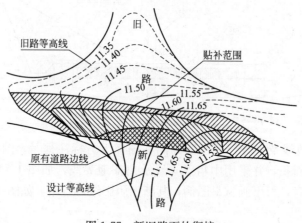

图1-77　新旧路面的衔接

（3）在立交工程纵断面图中，机动车与非机动车的道路设计线均应采用粗实线绘制，其测设数据可在测设数据表中分别列出。上层构造物宜采用图例表示，并表示出底部高程，图例的长度为上层构造物全宽，见图1-79。

（4）在互通式立交工程线形布置图中，匝道的设计线应采用粗实线表示，干道的道路

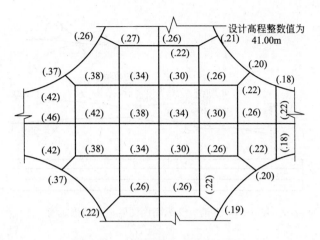

图 1-78 水泥混凝土路面高程标注

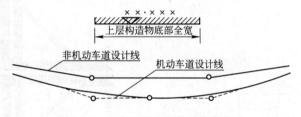

图 1-79 立交工程上层构造物的标注

中线应采用细点画线表示(图 1-80)。图中的交点、圆曲线半径、控制点位置、平曲线要素及匝道长度均应列表示出。在互通式立交工程纵断面图中,匝道端部的位置、框号应采用竖起引出线标注,并在图中适当位置中用中粗实线绘制线形示意图和标准各平交的代号(图 1-81)。

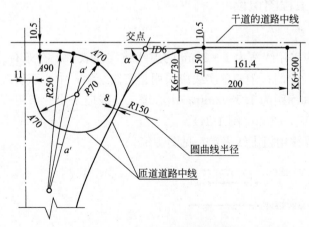

图 1-80 立交工程线形布置图

(5) 在简单立交工程纵断面图中,应标注低位道路的设计高程;其所在桩号用引出线标注。当构造物中心与道路变坡点在同一桩号时,构造物应采用引出线标注(图 1-82)。

(6) 在立交工程交通量示意图中(图 1-83)交通量的流向应采用涂黑的箭头表示。

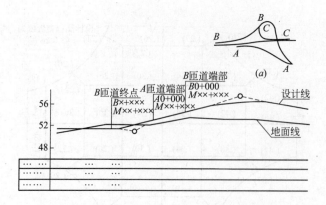

图 1-81　互通立交纵断面图匝道及线形示意

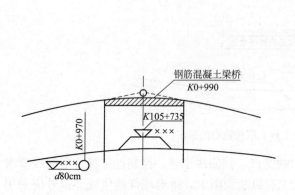

图 1-82　简单立交中低位道路及构造物标注

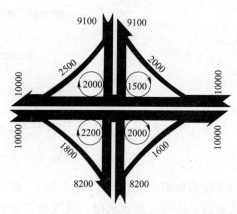

图 1-83　立交工程交通量示意图

1.5.2　交通工程图识读

1. 交通标线

（1）交通标线应采用线宽为 1～2mm 的虚线或实线表示。在车行道中心线的绘制中，中心线应采用粗虚线绘制；中心单实线应采用粗实线绘制；中心双实线应采用两条平行的粗实线绘制，两线间净距为 1.5～2mm；中心虚、实线应采用一条粗实线和一条粗虚线绘制，两线间净距为 1.5～2mm（图 1-84）。

（2）车行道分界线用粗虚线表示，见图 1-85。

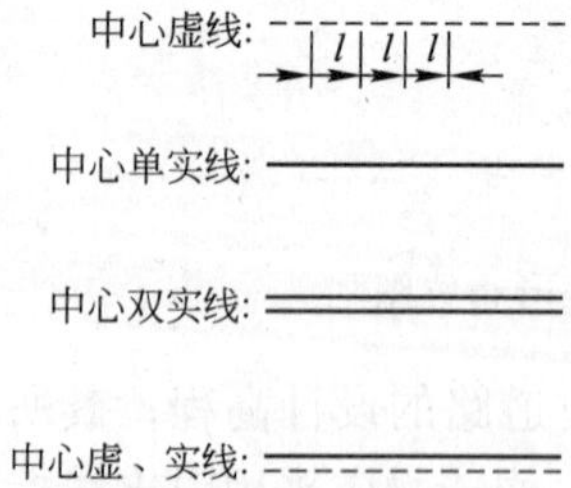

中心虚线：

中心单实线：

中心双实线：

中心虚、实线：

图 1-84　车行道中心线的画法 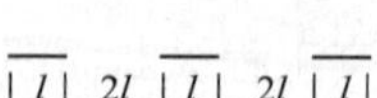　　　　图1-85　车行道分界线的画法

（3）车行道边缘线应采用粗实线表示。停止线应起于车行道中心线，止于路缘石边线。人行横道线应采用数条间隔 1～2mm 的平行细实线表示。减速让行线应采用两条粗虚线表示。粗虚线间净距宜采用 1.5～2mm。详图分别见图 1-86 和图 1-87。

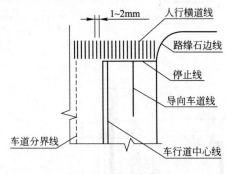

图 1-86　停止线位置　　　　　　　图 1-87　减速让行线的画法

（4）导流线应采用斑马线绘制，斑马线的线宽及间距采用 2～4m，斑马线的图案可采用平行式或折线式（图 1-88）；停车位标线应由中线与边线组成。中线采用一条粗虚线表示，边线采用两条粗虚线表示。中、边线倾斜的角度 α 值可按设计需要采用（图 1-89）；出口标线应采用指向匝道的黑粗双边箭头表示，见图 1-90（a）。入口标线应采用指向主干道的黑粗双边箭头表示，见图 1-90（b）。斑马线拐角尖的方向应与双边箭头的方向相反。

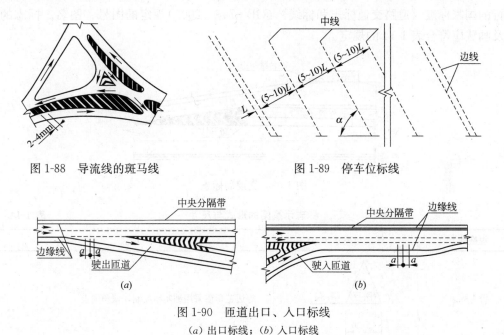

图 1-88　导流线的斑马线　　　　　　图 1-89　停车位标线

图 1-90　匝道出口、入口标线
（a）出口标线；（b）入口标线

（5）港式停靠站标线由数条斑马线组成（图 1-91），车流向标线采用黑粗双边箭头表示（图 1-92）。

2. 交通标志

在交通标志中交通岛用实线绘制，转角区用斑马线表示，见图 1-93，在路线式交叉口

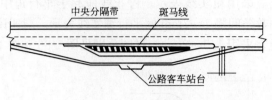

图 1-91　港式停靠站

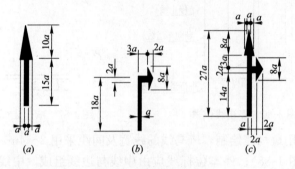

图 1-92　车流向标线
(a) 直行线；(b) 右转线；(c) 直行加右转线

平面图中应表示出交通标志的位置，标志宜采用细实线绘制。标志的图号、图名，应采用现行的国家标准《道路交通标志和标线》（GB 5768—2009）规定的图号、图名。标志的尺寸及画法应符合表 1-14 的规定。

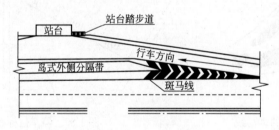

图 1-93　交通岛标志

标志示意图的形式与尺寸 表 1-14

规格种类	形式与尺寸（mm）	画法
警告标志	（图号）（图名）15~20	等边三角形采用细实线绘制，顶角向上
禁令标志	（图号）（图名）45°15~20	图采用细实线绘制，图内斜线采用粗实线绘制

规格种类	形式与尺寸(mm)	画法
指示标志	(图号) (图名) 15~20	图采用细实线绘制
指路标志	(图名) 9 (图号) 9 25~50	矩形框采用细实线绘制
高速公路指路标志	××高速 a/3 (图名) a/3 a (图名) a/3 a	正方形外框采用细实线绘制，边长为30~50mm。方形内的粗、细实线间距为1mm
辅助标志	(图名) 9 (图名) 9 30~50	长边采用粗实线绘制，短边采用细实线绘制

第2章　市政工程施工测量

2.1　施工测量的概念、任务及内容

2.1.1　施工测量的概念和任务

测量学的实质就是确定点的位置，并对点的位置信息进行处理、储存、管理。测量学的任务主要有两方面内容：测定和测设。测定就是采集描述空间点信息的工作；测设就是把设计好的建筑物（或者构筑物）细部点的信息标定在地面上的工作。施工测量学是研究工程建设和自然资源开发中各个阶段的控制和地形测绘、施工放样、变形监测的理论与技术的科学。

在当前信息社会中，测绘资料是管理机构重要的基础信息之一。测绘成果也是信息产业的重要内容。测绘技术及成果应用面很广，对于国民经济建设、国防建设和科学研究有着重要的作用。国民经济建设的总体规划、城市建设与改造、工矿企业建设、公路铁路修建、各种水利工程和输电线路的兴建、农业规划和管理、森林资源的保护和利用、地下矿产资源的勘探和开采都需要测量工作。在国防建设中，测绘技术不但对国防工程建设、作战战略部署和现代诸兵种协同作战起着重要的保证作用，而且对于现代化的武器装备，如远程导弹、空间武器及人造卫星和航天器的发射也起着重要作用。测量技术对于空间技术研究、地壳形变、地震预报、防灾减灾、地球动力学、地球与人类可持续发展研究等科学研究方面也是不可缺少的工具。

我们学习施工测量的主要任务是：

（1）学习测绘地形图的理论和方法

地形图是工程勘测、规划、设计的依据。施工测量学是研究确定地球表面局部区域建筑物、构筑物和天然地貌高低起伏形态的三维坐标的原理和方法，是研究局部地区地图投影理论以及将测量资料按比例绘制成地形图或制成电子地图的原理和方法。

（2）学习在地形图上进行规划设计的基本原理和方法

主要介绍在地形图上进行土地平整、土方计算、道路选线和区域规划的基本原理和方法。

（3）学习工程建（构）筑物施工放样、工程质量检测的技术方法

施工放样是工程施工的依据。施工测量学是研究将规划设计在图纸上的建筑物（或者构筑物）准确地标定在地面上的技术和方法，研究施工过程及大型金属结构物安装中的检测技术。

（4）对大型建筑物的安全进行变形监测

在大型建筑物施工过程中或竣工后，为确保建筑物的安全，应对建筑物进行位移和变

形监测。

2.1.2　施工测量的内容

1. 名词解释

测量放线中有许多术语，下面仅就这些术语作一些名词解释：

（1）高程

高程是高低程度的简称。

我国国家规定以山东青岛市验潮站所确定的黄海的常年平均海水面，作为我国计算高程的基准面，这个大地水准面（基准面）的高程为零。

有了高程的零点基准面，因此陆地上任何一点到此大地水准面的铅垂距离，就称为该点的绝对高程或海拔。

（2）建筑标高

标高，是指标志的高度。建筑标高是指房屋建造时的相对高度，它表示在建房屋上某点与该建筑所确定的起始基准点之间的高度差。房屋建筑时，一般将房屋首层的室内地面作为该房屋计算标高的基准零点，一般标成±0.000，其计量单位为 m，其他部位同它的高度差称为这个部位的建筑标高，简称标高。

建筑标高和大地高程（即绝对标高）之间的关系，是用建筑标高的零点等于绝对标高多少数量来联系的。

（3）高差

高差即高度之差。它是指某两点之间的高程之差或某两点（一幢房屋内的）之间建筑标高之差，而不能是高程与建筑标高之间的差或两栋不同建筑之间的标高之差。高差，在水准测量（施工中俗称抄平）中是常用到的术语。

（4）水准测量

水准测量是为确定地面上点的高程所进行的测量工作，在施工中称之为抄平放线。主要是用水准仪所提供的一条水平视线来直接测出地面上各点之间的高差，从已知某点的高程，可以由测出的高差推算出其他点的高程。水准测量是房屋施工中经常要进行的工作。

（5）角度

角度是测量中两条视线所形成的夹角大小，角度又分为水平角和竖直角。水平角是地面上两相交直线（或视线）在水平面上的投影所夹的角；竖直角是指在同一竖向平面内某方向的视线与水平线的夹角，竖直角又分为仰角和俯角。

角度的测量采用经纬仪来进行。在房屋建筑施工时，房屋一边沿与另一边沿相交的角度就是用经纬仪来进行测量的。

（6）水平距离

水平距离是确定地面点位关系的主要元素，是指地面上两点垂直投影到同一水平面上的直线距离。

（7）坐标

坐标是测量中用来确定地面上物体所在位置的准线，是人们假想的线。坐标分为平面直角坐标和空间直角坐标，平面直角坐标由两条互相垂直的轴线组成；空间直角坐标系由三条互相垂直的轴线组成。地球上的经纬度是最大的平面直角坐标。而区域性的由国家测绘部门定下来的坐标方格网，则是用来对房屋定位放线的测量依据。图 2-1 即为区域性的坐标方格网。

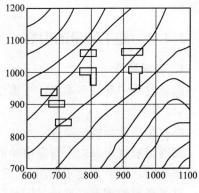

图 2-1　区域性坐标方格网

（8）距离测量

在三角测量、导线测量、地形测量和工程测量等工作中都需要进行距离测量。距离测量的精度用相对误差（相对精度）表示。即距离测量的误差同该距离长度的比值，用分子为 1 的公式 1/n 表示。比值越小，距离测量的精度越高。距离测量常用的方法有量尺量距、视距测量、视差法测距和电磁波测距等。

导线测量

（9）三角（三边）测量：

在地面选一系列控制点，相互连接成若干个三角形，构成各种网（锁）状图形。通过观测三角形的内角或（边长），再根据已知控制点的坐标、起始边的边长和坐标方位角，经解算三角形和坐标方位角推算可得到三角形各边的边长和坐标方位角，进而有直角坐标正算公式计算待定点的平面坐标。导线测量：将控制点用直线连接起来形成折线，成为导线，这些控制点为导线点，点间的折线便称为导线边，相邻边的夹角称为转折角。于坐标方位角已知的导线边线连接的转折角称为连接角。通过观测导线边的边长和转折角、根据起算数据经计算获得导线点的平面坐标，称为导线测量。

（10）高程测量

确定地面点高程的测量工作。一点的高程一般是指这点沿铅垂线方向到大地水准面的距离，又称海拔或绝对高程。测量高程通常采用的方法有：水准测量、三角高程测量和气压高程测量。

① 水准测量是测定两点间高差的主要方法，也是最精密的方法，主要用于建立国家或地区的高程控制网。

② 三角高程测量是确定两点间高差的简便方法，不受地形条件限制，传递高程迅速，但精度低于水准测量。主要用于传算大地点高程。

③ 气压高程测量是根据大气压力随高度变化的规律，用气压计测定两点的气压差，推算高层的方法。

精度低于水准测量、三角高程测量，主要用于丘陵地和山区的勘测工作。

水准测量又名"几何水准测量"，是用水准仪和水准尺测定地面上两点间高差的方法。在地面两点间安置水准仪，观测竖立在两点上的水准标尺，按尺上读数推算两点间的高差。通常由水准原点或任一已知高程点出发，沿选定的水准路线逐站测定各点的高程。由于不同高程的水准面不平行，沿不同路线测得的两点间高差将有差异，所以在整理国家水准测量成果时，须按所采用的正常高系统加以必要的改正，以求得正确的高程。

三角高程测量（trigonometric leveling），通过观测两点间的水平距离和天顶距（或高度角）求定两点间高差的方法。它观测方法简单，受地形条件限制小，是测定大地控制点高程的基本方法。

2. 施工测量放线的主要内容

测量学的范围太广，本章只结合市政工程施工的实际应用介绍以下几方面的内容：

(1) 测量需用的仪器和工具；

(2) 道路工程的定位放线；

(3) 桥梁的施工测量放线；

(4) 隧道工程的施工测量放线；

(5) 管道工程的施工测量放线。

2.2　测量放线使用的仪器及工具

2.2.1　水准测量的仪器和工具

水准测量所使用的仪器为水准仪，辅助工具为水准尺和尺垫。水准仪按其精度高低可分为 DS05、DS1、DS3 和 DS10 等 4 个等级（D、S 分别为"大地测量"和"水准仪"的汉语拼音的第一个字母；数字 05、1、3、10 表示该仪器的标称精度，是指用该仪器进行水准测量时，往返测 1km 高差中数字误差，其单位是 mm）；按结构可分为微倾式水准仪和自动安平式水准仪；按构造可分为光学水准仪和电子水准仪。本节着重介绍 DS3 水准仪，简单介绍精密水准仪和电子水准仪。

1. DS3 微倾式水准仪的构造

水准仪是测量高程、建筑标高用的主要仪器。根据水准测量的原理，水准仪的主要作用是提供一条水平视线，并能照准水准尺进行读数。因此，水准仪主要由望远镜、水准器及基座 3 部分构成。图 2-2 所示是我国生产的 DS3 微倾式水准仪。

2. 水准尺和尺垫

水准尺是水准测量时使用的标尺，其质量好坏直接影响水准测量的精度。因此，水准尺需用不易变形且干燥的优质木材制成，要求尺长稳定，分划准确。常用的水准尺有整尺（直尺）、折尺、塔尺三种。水准尺又可分为单面尺和双面尺。

塔尺多用于等外水准测量，其长度有 2m 和 5m 两种，用两节或三节套接在一起。尺的底部为零点，尺上黑白格相间，每格宽度为 1cm，有的为 0.5cm，每 1m 和 1dm 处均有注记。

双面水准尺多用于三、四等水准测量，其长度

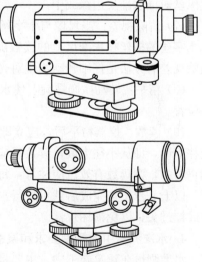

图 2-2　DS3 微倾式水准仪

有 2m 和 3m 两种，且两根尺为一对。尺的两面均有刻划，一面为红白相间称红面尺，另一面为黑白相间，称黑面尺（也称主尺），两面的刻画均为 1cm，并在分米处注字。两根尺的黑面均由零开始，而红面，一根尺由 4.687m 开始至 6.687m 或 7.687m，另一根由 4.787m 开始至 6.787m 或 7.787m。

尺垫是在转点处放置水准尺用的，它用生铁铸成，一般为三角形，中央有一突起的半球体，下方有三个支脚。用时将支脚牢固地插入土中，以防下沉，上方突起的半球形顶点作为竖立水准尺和标志转点之用。

3. 水准仪的使用

在进行水准测量前，即抄平前要将水准仪安置在适当位置，一般选在观测的两点的中间距离处，并没有遮挡视线的障碍物。其安置步骤如下：

（1）支三脚架：三脚架放置位置应行人少、振动小、地面坚实，支架高度以放上仪器后观测者测视合适为宜。支架的三角尖点形成等边三角形放置，支架上平面接近水平。

（2）安放水准仪：从仪器箱中取出水准仪放到三脚架上，用架上的固定螺栓与仪器的连接板拧牢。最后把三脚架尖踩入坚土中，使三脚架稳固在地面上。取放仪器注意轻拿轻放及仪器在箱内的摆放朝向。

（3）粗平：首先用双手按箭头所指的方向转动脚螺旋，使气泡移到这两个脚螺旋方向的中间，再用左手按箭头方向转动脚螺旋，使气泡居中，气泡移动方向与左手大拇指转动脚螺旋时的移动方向相同，故称"左手大拇指"规则。

（4）目镜对光：依个人视力将镜转向明亮背景如白色墙壁，旋动目镜对光螺旋，使在镜筒内看到的十字丝达到十分清晰为止。

（5）概略瞄准：利用镜筒上的准星和缺口大致瞄准目标后，用目镜来观察目标并固定制动螺旋，完成概略瞄准。

（6）物镜对光：转动物镜对光螺旋，使水准尺的像最清晰，再转动微动螺旋，使十字丝纵丝对准水准尺边缘或中央。

（7）清除视差：当尺像与十字丝网平面不重合时，眼睛靠近目镜微微上下移动，可看见十字丝的横丝在水准尺上的读数随之变动，这种现象叫视差，它将影响读数的正确性。消除视差的方法是仔细转动物镜对光螺旋，直至尺像与十字丝网面重合。

（8）精平：转动微倾螺旋，使水准管气泡严格居中，从而使望远镜的视线精确处于水平位置。

（9）读数：仪器精平后，应立即用十字丝的中横丝在水准尺上进行读数，读数时应从上往下读，即从小往大读，读数后应立即在水准管气泡观察镜内重新检验气泡是否居中，如仍居中，则读数有效。应注意：每次读数前都要精平。

以上9步工作完成后就可进行水准测量、抄平了。需注意的是在拧旋螺旋时，不要硬拧或拧过头，以免损坏仪器。

4. 水准测量中的精度要求和误差因素

水准测量在建筑施工中，主要是在引进水准标高点时应用。由于在多次转折测量中易产生较大误差，通过总结经验，规定了误差的允许范围。在普通建筑工程、河道工程中用于立模、填筑放样，水准测量中允许误差按下面公式计算：

$$f_{h容} = \pm 20\sqrt{L}\,(\text{mm}) \text{ 或 } f_{h容} = \pm 6\sqrt{n}\,(\text{mm})$$

式中，L 是测量水准路线单程长度，单位 km；n 是测量中单程测站次数。每 km 转折点少于 15 点时用前一个公式，反之用后一个公式。

例如水准基点离工地 1768m 远，中间转折了 16 次，那么其允许误差为：

$$\sum_n / \sum_L = 16 / 1.768 < 15；故\ f_{h容} = \pm 20 \sqrt{L} = \pm 20 \sqrt{1.768} = \pm 27 (\text{mm})$$

允许误差值有了，那么实测值是否有误差及误差是否在允许范围内？这要通过校核才知道。一般校核方法有往返法、闭合法、附合法等。往返法是由已知水准点测到工地后再按原线反向测回到原水准点；闭合法是由已知水准点测到工地后再另外循路闭合测至原水准点；附合法是由已知水准点测到工地后再附合至已知的第二个水准点。无论哪种校核方法，当所得误差值小于允许误差值时即为合格，反之为不合格需重测。

水准测量误差因素有以下几方面，在测量时应避免：

（1）仪器引起的误差：主要是视准轴与水准管轴不平行所引起，要修正仪器才能解决。

（2）自然环境引起的误差：如气候变化、视线不清、日照强烈、支架下沉等。

（3）操作不当引起的误差：如调平不准、持尺不垂直、仪器碰动、读数读错或不准等。

造成误差因素是多方面的，我们在做这项工作之前要检查仪器，排除不利因素，认真细致操作，以提高精度，减少误差。

5. 新型水准仪介绍

（1）自动安平水准仪

自动安平水准仪是不用微倾螺旋，只用圆水准器进行粗略整平，然后借助安平补偿器自动地把视准轴置平，读出视线水平时的读数。据统计，该仪器与普通水准仪比较能提高观测速度约 40%，从而显示了它的优越性。

（2）精密水准仪

精密水准仪主要用于国家一、二等水准测量和高精度的工程测量中，例如建筑物沉降观测、大型精密设备安装等测量工作。精密水准仪的构造与 DS3 水准仪基本相同，也是由望远镜、水准器和基座 3 部分组成。其不同之点是：水准管分划值较小，一般为 $10''/2\text{mm}$；望远镜放大率较大，一般不小于 40 倍；望远镜的亮度好，仪器结构稳定，受温度的变化影响小等。

精密水准仪的操作方法与一般水准仪基本相同，不同之处是用光学测微器测出不足一个分格的数值。即在仪器精确整平（用微倾螺旋使目镜视场左面的符合水准气泡半像吻合）后，十字丝横丝往往不恰好对准水准尺上某一整分画线，这时就要转动测微轮使视线上、下平行移动使十字丝的楔形丝正好夹住一个整分画线，如图 2-3 所示，被夹住的分画线读数是 1.97m。视线在对准整分划过程中平移的距离显示在目镜右下方的测微尺读数窗内，读数是 1.50mm。所以水准尺的全读数为 $1.97 + 0.0015 = 1.9715(\text{m})$，而其实际读数是全读数除以 2，即 0.98575m。

（3）电子水准仪简介

1990 年 3 月徕卡（Leica）公司推出世界上第一台数字水准仪 NA2000，它是由 Gachter，Braunecker，Muller

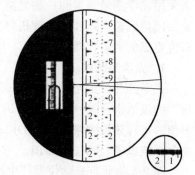

图 2-3　精密水准仪读数

博士和 P. Gold 组成的研究组研制成功的。他们在 NA2000 上首次采用数字图像技术处理标尺影像，并以行阵传感器取代观测员的肉眼获得成功。这种传感器可以识别水准标尺上的条码分划，并采用相关技术处理信号模型，自动显示与记录标尺读数和视距，从而实现观测自动化。

① 电子水准仪的特点

电子水准仪和传统水准仪相比较，其相同点是：电子水准仪具有与传统水准仪基本相同的光学、机械和补偿器结构；光学系统也是沿用光学水准仪的；水准标尺一面具有用于电子读数的条码，另一面具有传统水准标尺的 E 型分划；既可用于电子水准测量，也可用于传统水准测量、摩托化测量、形变监测和适当的工业测量。其不同点是：传统水准仪用人眼观测，电子水准仪用光电传感器（CCD 行阵，即探测镜）代替人眼；电子水准仪与其相应条码水准标尺配用。仪器内装有图像识别器，采用数字图像处理技术，这些都是传统水准仪所没有的；同一根编码标尺上的条码宽度不同，各型电子水准仪的条码尺有自己的编码规律，但均含有黑白两种条块，这与传统水准标尺不同。另外，对精密水准仪而言，传统的利用测微器读数，而电子水准仪没有测微器。

② 数字水准仪的基本原理

水准标尺上宽度不同的条码通过望远镜成像到像平面上的 CCD 传感器上，CCD 传感器将黑白相间的条码图像转换成模拟视频信号，再经仪器内部的数字图像处理，可获得望远镜中丝在条码标尺上的读数。此数据一方面显示在屏幕上，另一方面可存储在仪器内的存储器中。电子水准测量目前有三种测量原理，即相关法（徕卡）、几何法（蔡司）、相位法（拓普康、索佳）。

③ 电子水准仪的使用方法

电子水准仪的使用方法与一般水准测量大体相似，也包括以下几步：安置仪器、粗略整平、瞄准目标、观测。值得一提的是，第四步只需按一下测量键即可，我们便可从电子水准仪的显示屏上看到读数。

2.2.2 角度测量的仪器和工具

角度测量最常用的仪器是经纬仪，角度测量分为水平角测量与竖直角测量。水平角测量用于求算点的平面位置，竖直角测量用于测定高差或将倾斜距离改成水平距离。

经纬仪目前主要有光学经纬仪和电子经纬仪两大类。光学经纬仪为光学玻璃度盘，读数采用光学测微装置和一些光路系统，是目前应用较广泛的一种测角仪器；电子经纬仪则是采用角码转换器和微处理机将方向（或角度）值用数字形式自动显示出来，是一种自动化程度更高的测角仪器。

1. 光学经纬仪

光学经纬仪的型号为：DJ07、DJ2、DJ6、DJ15。DJ 分别为"大地测量"和"经纬仪"的汉语拼音第一个字母，07、2、6、15 分别为该仪器一测回方向观测值的中误差的秒值。工程建设中常用的是 DJ2、DJ6 两种，本节着重介绍光学经纬仪的构造和使用方法，简单介绍电子经纬仪的知识。

图 2-4 为北京光学仪器厂生产的 DJ6 型光学经纬仪，各部件名称的编号如图所注。它主要由照准部分、水平度盘和基座 3 部分构成，如图 2-4 所示。

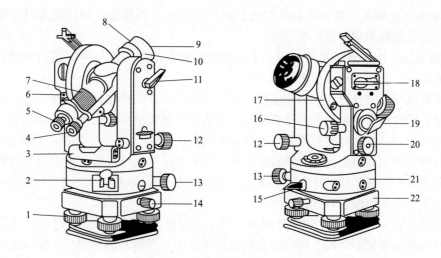

图 2-4　DJ6 型光学经纬仪

1—脚螺旋；2—复测扳手；3—照准部水准管；4—读数显微镜；5—目镜；6—照门；7—物镜调焦螺旋；
8—准星；9—物镜；10—望远镜；11—望远镜制动螺旋；12—望远镜微动螺旋；13—水平微动螺旋；
14—轴套固定螺丝；15—水平制动螺旋；16—指标水准管微动螺旋；17—竖直度盘；18—指标水准管；
19—反光镜；20—测微轮；21—水平度盘；22—基座

（1）照准部分

主要由望远镜、测微器和竖轴组成。望远镜可精确地照准目标，它和横轴垂直固结连在一起，并可绕横轴旋转。当仪器调平后，绕横轴旋转时，视准轴可以扫出一个竖直平面。在望远镜的边上有个读数显微镜，从中可以看到度盘的读数。为控制望远镜的竖向转动，设有竖向制动螺旋和微动螺旋。照准部分上还有竖直度盘和水准器。照准部分下面的竖轴插在筒状的曲座内，可以使整个照准部分绕竖轴做水平方向的转动。为控制水平向的转动，也设有水平制动螺旋和微动螺旋。

（2）水准度盘部分

水准度盘主要用来量度水平角值。

① 水准度盘：光学玻璃的圆环，圆环上按顺时针方向刻画，注记 0°～360°，每度注有数字。根据注记可判断度盘分划值，一般为 30′或 1′。

② 度盘离合器（又称复测器扳手）：用来控制水平度盘与照准部之间的离合器的装置。当离合器扳手扳上时，度盘与照准部分离，水平读盘停留不动，读数指标所指读数随照准部的转动而变化，即称"上变"。离合器扳手扳下时，度盘与照准部结合在一起，照准部转动时，水平度盘与照准部同时转动，读数不变，即称"下不变"。所以离合器扳手是按"上离下合"而起作用。

有些经纬仪是用拨盘手轮代替度盘离合器，达到度盘变位的目的，它的作用是配置度盘起始位置。当望远镜转动时，水平度盘不随之转动，当需要转动水平度盘时，可以拨动拨盘手轮来改变度盘位置，将水平度盘调至指定的读数位置。

（3）基座

主要用来整平和支撑上部结构。包括轴座、脚螺旋和连接板。

① 轴座固定螺旋：是时固定仪器的上部和基座的专用螺旋。使用仪器时万勿松动此螺旋，以防仪器脱离轴座而摔落受损。

② 脚螺旋：用来整平仪器。用三个脚螺旋使圆水准器气泡居中，达到竖轴铅垂；水准管气泡居中，达到水平度盘水平的目的。

用连接螺旋可将仪器与三脚架连接，在连接螺旋下方的垂球挂钩上挂垂球，可将水平度盘的中心安置在所测角顶点的铅垂线上。目前大多数光学经纬仪都装有光学对中器，与垂球对中相比，具有精度高和不受风吹摆动的优点。

度盘和它的测微器是测角时读数的依据。DJ6 型光学经纬仪度盘上刻画有分划度数的线条，刻度从 0°～360° 顺时针方向刻画的。测微器的分划刻度从 0°～60°。使用不同经纬仪之前应先学会如何读数，这很重要。

钢卷尺：它分为 30m 及 50m 长两种，用于丈量距离。钢卷尺购置时应有计量合格生产厂生产及质量保证书。尺上还应有 MC 的计量标志，否则不能使用。在建筑施工中主要用于定位，量轴线尺寸、开间尺寸、竖向距离等。

使用时要展平不得扭曲，还要根据气温做温度改正和使用拉力器拉住丈量，从而保证准确的尺寸。

此外还有量小尺寸的 2m、3m 的钢卷尺，这也必须符合计量要求。使用时要读数准确，在配合使用时要满足测量放线的要求。

2. 经纬仪的安置和使用

(1) 经纬仪的安置

经纬仪的安置主要包括定平和对中两项内容。

① 支架：三脚架，操作方法同水准仪支架，但是三脚架的中心必须对准下面测点桩位的中心，以便对中挂线锤时找正。

② 安放仪器：将经纬仪从箱中取出，安到三脚架上后拧紧固定螺旋，并在螺旋下端的小钩上挂好线锤，使锤尖与桩点中心大致对准，将三脚架踩入土中固定好。

③ 对中：根据线锤偏离桩点中心的程度来移动仪器，使之对中。偏得少时可以松开固定螺旋，移动上部的仪器来达到对中；若偏离过大须重新调整三脚架来对中。对中时观测人员必须在线锤垂挂的两个互相垂直的方向看是否对中，不能只看一侧。一般桩上都钉一小钉作中心，其偏离中心一般不允许超过 1mm。对中准确拧紧固定螺旋即完成对中操作。

④ 定平：目的是使仪器竖轴竖直和水平度盘水平。操作时，转动仪器照准部分，使水准管平行于任意一对脚螺旋的连线，然后用两手同时反方向转动两脚螺旋，使水准管气泡居中，注意气泡移动方向与左手大拇指移动方向一致；再将照准部分转动 90°，使水准管垂直于原两脚螺旋的连线，转动另一脚螺旋，使水准管气泡居中。如此重复进行，直到在这两个方向气泡都居中为止。居中误差一般不得大于一格。

(2) 经纬仪的使用

经纬仪的使用主要是水平方向的测角，竖直方向的观测。

① 水平角度的观测：经纬仪安置好后，将度盘的 $0°00'00''$ 读数对准，扳下离合器按钮，松开制定螺旋，转对仪器把望远镜照准目标，用十字丝双竖线夹住目标中心，固定度盘制动螺旋，对光看清目标后用微动螺旋使十字丝中心对准目标。

扳上离合器检查读数应为 $0°00'00''$，读数不为 0 应再调整直至为 0。再松开制动螺旋和转动仪器，看第二个目标并照准，读出转过的度数（即根据图纸上房屋的边交角的度数，转过需要的度数），再固定仪器，让配合者把望远镜中照准的点定下桩位，此即定位定点的方法，测角示意如图 2-5。

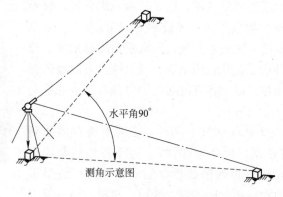

图 2-5　测角示意

② 竖直方向的观测：利用经纬仪进行竖向观测是利用望远镜的视准轴在绕横轴旋转时扫出的一个竖直平面的原理来测建筑物的竖向偏差。如构件吊装观测时，可将经纬仪放在观测物的对面，使其某构件轴线与仪器扫出的竖向平面大致对准，然后对准该构件根部的中心（或轴线）照准对好，再竖向向上转动望远镜，观测其上部中心是否在一个竖向平面中，如上部中心点偏离镜中十字丝中心，则构件不垂直，反之垂直。偏离超过规范允许偏差要返工重置。

（3）经纬仪观测的误差和原因

其误差有测角不准，90°角不垂直，竖向观测竖直面不垂直水平面，对中偏离过大等。原因是：

① 仪器本身的误差：如仪器受损、使用年限过久、检测维修不善、制造不精密、质量差等。

② 气候等因素：如风天、雾气、太阳过烈、支架下沉等，高精度测量时应避开这些因素。

③ 操作不良因素：定平、对中不认真，操作时手扶三脚架，身体碰架子或仪器，操作人随意走开受到其他因素影响等。

3. 电子经纬仪简介

电子经纬仪与光学经纬仪的根本区别在于：电子经纬仪是利用光电转换原理和微处理器自动测量度盘的读数并将测量结果显示在仪器显示窗上，如将其与电子手簿连接，可以自动储存测量结果。电子经纬仪的测角系统有 3 种：编码度盘测角系统、光栅度盘测角系统和动态测角系统。

世界上第一台电子经纬仪于 1968 年研制成功，20 世纪 80 年代初生产出商品化的电子经纬仪。目前市场上电子经纬仪的种类较多，不同国家或厂家生产的电子经纬仪，基本结构和工作原理大致相同，而在仪器的操作方面有一定的区别，因此在使用前，应仔细认真阅读使用说明书。

2.2.3　全站型电子速测仪介绍

全站型电子速测仪简称全站仪(图 2-6),它是一种可以同时进行角度(水平角、竖直角)测量、距离(斜距、平距、高差)测量和数据处理,由机械、光学、电子元件组合而成的测量仪器。由于只需一次安置,仪器便可以完成测站上所有的测量工作,故被称为"全站仪"。全站仪上半部分包含有测量的 4 大光电系统,即水平角测量系统、竖直角测量系统、水平补偿系统和测距系统。通过键盘可以输入操作指令、数据和设置参数。以上各系统通过 I/O 接口接入总线与微处理机联系起来。

图 2-6　STS-752 全站仪

微处理机(CPU)是全站仪的核心部件,主要有寄存器系列(缓冲寄存器、数据寄存器、指令寄存器)、运算器和控制器组成。微处理机的主要功能是根据键盘指令启动仪器进行测量工作,执行测量过程中的检核和数据传输、处理、显示、储存等工作,保证整个光电测量工作有条不紊地进行。输入输出设备是与外部设备连接的装置(接口),输入输出设备使全站仪能与磁卡和微机等设备交互通讯、传输数据。

不同型号的全站仪,其具体操作方法会有较大的差异。下面简要介绍全站仪的基本操作与使用方法。

1. 水平角测量

(1) 按角度测量键,使全站仪处于角度测量模式,照准第一个目标 A。

(2) 设置 A 方向的水平度盘读数为 $0°00'00''$。

(3) 照准第二个目标 B,此时显示的水平度盘读数即为两方向间的水平夹角。

2. 距离测量

(1) 设置棱镜常数。测距前须将棱镜常数输入仪器中,仪器会自动对所测距离进行改正。

(2) 设置大气改正值或气温、气压值。光在大气中的传播速度会随大气的温度和气压而变化,15℃和 760mmHg 是仪器设置的一个标准值,此时的大气改正为 0ppm。实测时,可输入温度和气压值,全站仪会自动计算大气改正值(也可直接输入大气改正值),并对测距结果进行改正。

(3) 量仪器高、棱镜高并输入全站仪。

(4) 距离测量。照准目标棱镜中心,按测距键,距离测量开始,测距完成时显示斜距、平距、高差。

全站仪的测距模式有精测模式、跟踪模式、粗测模式 3 种。精测模式是最常用的测距模式,测量时间约 2.5s,最小显示单位 1mm;跟踪模式,常用于跟踪移动目标或放样时连续测距,最小显示一般为 1cm,每次测距时间约 0.3s;粗测模式,测量时间约 0.7s,最小显示单位 1cm 或 1mm。在距离测量或坐标测量时,可按测距模式(MODE)键选择不同的测距模式。

应注意,有些型号的全站仪在距离测量时不能设定仪器高和棱镜高,显示的高差值是全站仪横轴中心与棱镜中心的高差。

3. 坐标测量

（1）设定测站点的三维坐标。

（2）设定后视点的坐标或设定后视方向的水平度盘读数为其方位角。当设定后视点的坐标时，全站仪会自动计算后视方向的方位角，并设定后视方向的水平度盘读数为其方位角。

（3）设置棱镜常数。

（4）设置大气改正值或气温、气压值。

（5）量仪器高、棱镜高并输入全站仪。

（6）照准目标棱镜，按坐标测量键，全站仪开始测距并计算显示测点的三维坐标。

2.2.4 测量仪器的管理和保养

测量放线工作是一项精密细致的工作，使用的测量仪器和工具也都要求精密。根据国家计具法规规定，测量所用的仪器和某些工具都属于计量器具，应符合计量要求，即生产该器具的厂必须具备计量验收合格的条件或资质，特别是经纬仪和水准仪的生产厂必须是经国家批准且具有生产许可证的计量合格单位。

在施工中为保证测量的精度，对测量的器具必须加强管理和进行维护保养。

1. 器具的管理

（1）采购时必须认真检查器具的合格证及计量合格证书、外观有无损坏、望远镜镜片有无磨损、各轴转动是否灵活等。

（2）建立测量器具台账、使用时的收发制度，专管专用。精密仪器定期送计量检测部门检验，确保其精度。

（3）用量较大的钢卷尺必须定期进行长度检定，检定送具有长度标准器的检定室进行，通过检定对名义长度进行改正。

（4）操作使用仪器者，要了解仪器型号、大致构造和性能，严禁乱操作。

（5）加强对自制测量工具的管理。

2. 器具的保养

（1）经纬仪和水准仪的保养：仪器开箱使用时，要记清仪器各部分的箱内位置。取出时要抱住基座部分轻轻取出，不能抓住望远镜部分。测量时支架要稳，防止倒架摔坏仪器，长距离转移时，应将仪器放入箱内搬运，近距离搬运应一手抱架，一手托住仪器竖直搬运。仪器箱不能坐人。仪器用完放入箱内前要用软毛刷掸去灰尘，并检查仪器有无损伤，零件是否齐全，然后放松各制动螺旋，轻轻放入箱中，卡住关好。使用中不能淋雨或曝晒，不要用手、破布或脏布擦镜头；操作时手动要轻。坐车要垫软物于箱下防振，骑自行车应把箱子背在身上骑车，不能放在后座架上颠簸运输。

（2）钢卷尺的保养：使用时防止受潮或水浸，丈量时应提起尺，携尺前进，不能拖尺走，用完后用干净布擦拭干净再回收入尺盒内，用后不能乱掷于地。使用一阵后要详细检查尺身有无裂缝、损伤、扭折等，并把尺全部拉出来擦拭干净。

（3）水准尺的保养：水准尺是多节内空的，使用时要拿稳不摔到地上，用后放于室内边角处避免碰倒摔裂，并防止雨淋曝晒。塔尺底部要注意加固保护，防止穿底损坏。

2.3 道路工程的定位放线

2.3.1 概述

1. 路线测量概述

道路、管线、铁路、输电线等工程统称为线性工程，在线性工程建设中所进行的测量称为路线工程测量，简称路线测量。

路线工程测量的主要任务有：

(1) 根据规划设计要求，在中小比例尺地形图上确定路线的走向及相应控制点位。

(2) 根据图上设计的线性工程走向进行控制测量(平面控制和高程控制)。

(3) 沿线性工程的基本走向进行带状地形图的测绘。

(4) 按规划设计要求将路线中线点位测设到实地。

(5) 测定路线中线点位的地面高程和垂直于中线方向的地面高低起伏状况，并绘制纵横断面图。

(6) 按线性工程的施工图设计进行施工测量。

2. 路线工程测量的基本过程

(1) 规划选线

规划选线是路线建设的初始设计工作，其工作内容有：

1) 图上选线。根据有关主管部门提出的路线(或路线总体规划)建设基本原则，利用中小比例尺(1：5000～1：50000)的地形图，在图上选取路线方案。图上选线，可以初步确定路线的多种走向，估算路线的长度，桥、涵的座数，车站位置等项目，测算各种图上选址方案的建设投资费用等。

2) 实地考察。根据图上选择的多种方案，进行野外实地视察，踏勘调查，收集路线沿途的实际情况。通过实地考察，论证并推荐路线的基本走向、主要技术指标、设计阶段和施工的原则意见，提出建设期限，作为上级编制和下达计划任务书的依据。

3) 方案论证比较。根据图上论证和实地考察的全部资料，结合主管部门的意见进行方案论证，确定规划路线的基本方案。

(2) 勘测设计

勘测设计是规划路线上进行路线勘测与设计的整个过程，分一阶段设计和两阶段设计。

1) 二阶段勘测设计

① 初测，即在所定的规划路线上进行勘测工作。主要工作内容有：控制测量和带状地形图的测绘。目的是为路线纸上定线提供详细的地形资料及统一的地形基准。

a. 控制测量：包括平面控制测量和高程控制测量

平面控制测量：在路线工程中常用 GPS 定位技术和导线测量方式进行平面控制测量。

当前路线平面控制测量施测方案基本上有两个：一是路线所有控制点全部采用 GPS 技术施测，即沿线相隔一定距离布设一对 GPS 点(一对点包括一个控制点和一个定向点)作为路线的基本控制；二是在此基础上，用光电测距导线加密。

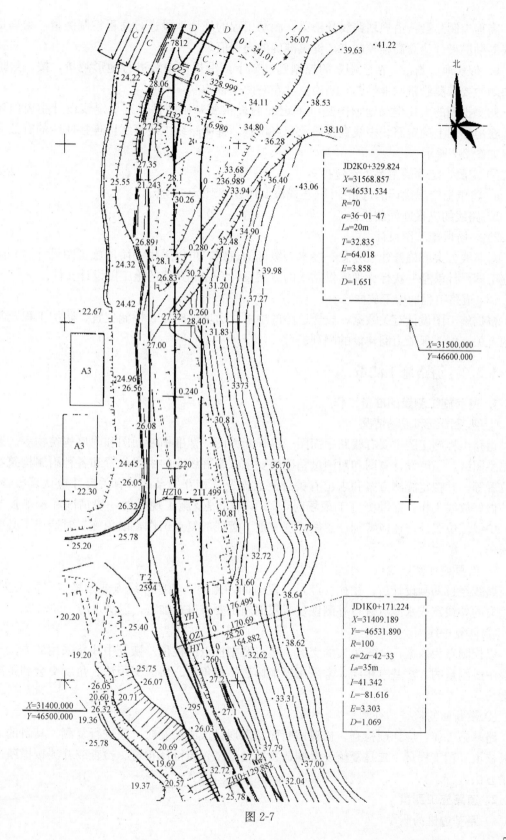

图 2-7

高程控制测量：沿规划路线及桥梁、涵洞工程的规划地段进行高程控制测量，为满足路线的勘测设计建立高程控制点，提供准确的高程值。

b. 带状地形测量：在已建立的控制网基础上，沿规划中线进行地形测量，按一般地形图测绘要求测绘带状地形图，测绘宽度左右两侧各 100~200m。

初测得到的大比例尺地形图是纸上定线的最重要基础图件。纸上定线设计主要内容有：在地形图上确定路线中线直线段及交点位置，标明路线中线直线段连接曲线的有效参数。如图 2-7 所示。

② 定测，定测的主要工作包括：

a. 将纸上定线设计的道路中线（直线段及曲线）测设于实地。

b. 路线的纵横断面测量。

2）一阶段施工图设计

对路线方案明确修建任务急、技术等级低的道路，可以采用一阶段施工图设计。一阶段施工图设计就是一次性详细提供路线的方案设计，完成路线的施工图设计文件。

（3）道路工程的施工放样

根据施工图设计有关数据，放样道路的中桩、边坡、路面、桥涵位置、防护工程及其他的有关点位，保证道路建设的顺利进行。

2.3.2 道路施工测量

1. 道路施工测量的准备工作

① 熟悉图纸和现场情况

道路工程施工图主要有线路平面图、纵横断面图、标准横断面图和附属构筑物等。通过熟悉图纸，了解设计意图和对测量精度的要求，掌握线路的中线位置和各种附属构筑物的位置等。并拟定施测方案和求出有关施测数据及其相互关系。对有关尺寸应认真校核，以便做好放线工作；在勘测施工现场时，除了解工程及施工现场的一般情况和校测控制点、中线桩位置外，还应特别注意做好现有地下管线的复查工作，以免施工时造成不必要的损失。

② 恢复或加密导线点、水准点

路线经过勘测设计后，往往要经过一段时间才施工，某些导线点或水准点可能丢失。对丢失的导线点或水准点进行补测恢复或根据施工要求进行加密，以满足施工的需要。

③ 恢复中线

以控制点为依据，恢复丢失的交点、转点及中桩点的桩位。恢复中线所采用的方法与路线中线测量的方法基本相同，常采用极坐标法、偏角法、切线支距法、角度交会和距离交会法。

④ 横断面的检查和补测

路基施工前，应详细检查、校对横断面，发现错误或怀疑时，应进行复测。其目的一是复核填、挖工程量；二是复核设置构造物处地形是否与设计相符。检查或补测按横断面测量方法进行。

2. 道路施工测量

1）路基边桩的测设

路基边桩测设是在地面上将每一个横断面的路基边坡线与地面的交点用木桩标定出来。边桩的位置由中桩至两侧边桩的距离来确定。常用的边桩测设方法如下：

① 图解法

直接在横断面上量取中桩至边桩的距离，然后在实地用尺沿横断面方向测定其位置，当填、挖方量不大时，采用此法。

② 解析法

路基边桩至中桩平距通过计算求得。

如图 2-8 所示，路堤边桩至中桩的距离为：

$$斜坡上侧 \ D_{上} = B/2 + m(h_{中} - h_{上})$$
$$斜坡下侧 \ D_{下} = B/2 + m(h_{中} + h_{下}) \qquad 式(2-1)$$

如图 2-9 所示，路堑边桩至中桩的距离为：

$$斜坡上侧 \ D_{上} = B/2 + S + m(h_{中} + h_{上})$$
$$斜坡下侧 \ D_{下} = B/2 + S + m(h_{中} - h_{下}) \qquad 式(2-2)$$

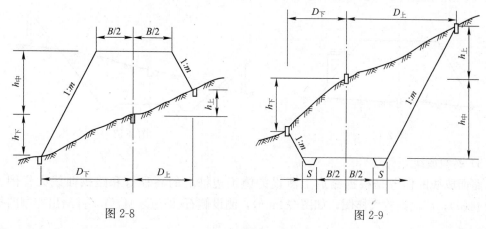

图 2-8   图 2-9

式中，B、S 和 m 为已知，$h_{中}$ 为中桩处的填挖高度，亦为已知。$h_{上}$、$h_{下}$ 为斜坡上、下侧边桩与中桩的高差，在边桩未定出前为未知数。因此在实际工作中采用逐步趋近法测设边桩。先根据地面实际情况，参考路基横断面图，估计边桩的位置，然后测出边桩估计位置与中桩的高差，并以此作为 $h_{上}$、$h_{下}$ 带入式(2-1)或式(2-2)，计算 $D_{上}$、$D_{下}$，并据此在实地定出其位置。若估计与其相符，即得边桩位置。否则应按实测资料重新估计边桩位置，逐次趋近，直至相符为止。

2）路堤边坡的放样

当边桩位置确定后，为了保证填、挖的边坡达到设计要求，还应把设计边坡在实地标定出来，以方便施工。

① 用竹竿、绳索放样边坡

如图 2-10 所示，O 为中桩，A、B 为边桩，CD 为路基宽度。放样时应在 C、D 处竖立竹竿，于高度等于中桩填土高度 H 处的 C′、D′ 点用绳索连接，同时连接到边桩 A、B 上。则设计边坡就展现于实地。

当路堤填土较高时，可随路基分层填筑分层挂线，如图 2-11 所示。

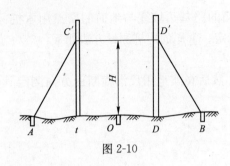

图 2-10

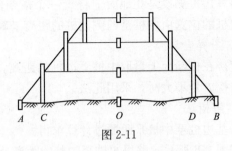

图 2-11

② 用边坡样板放样边坡

施工前按照设计边坡坡度做好边坡样板，施工时，用边坡样板进行放样。

用活动边坡尺放样边坡：做法如图 2-12 所示，当水准气泡居中时，边坡尺的斜坡所指的坡度正好为设计坡度。

用固定边坡样板放样边坡：做法如图 2-13 所示，在开挖路堑时，于坡顶桩外侧按设计坡度设立固定样板，施工时可随时指示并检核开挖和整修情况。

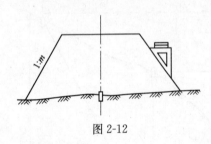

图 2-12

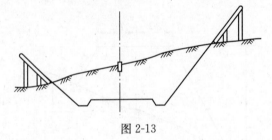

图 2-13

3）路面放线

路面放线的任务是根据路肩上测设的施工边桩上的高程钉和路拱曲线大样图。如图 2-14(a)，路面结构大样图，如图 2-14(b)，测设侧石（即道牙）位置，并给出控制路拱的标志。

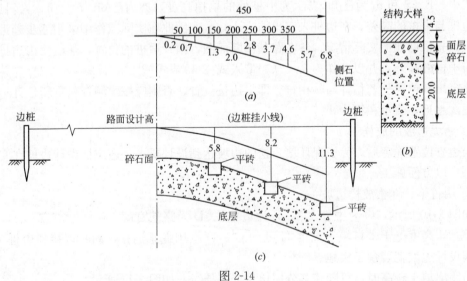

图 2-14

58

放线时，由路两侧的施工边桩线向中线量出至侧石的距离，钉小木桩并将相邻木桩用小线连接，即得侧石的内侧边线。侧石的高程为：在边桩上按路中心高程拉上水平线后，自水平线下返路拱高度得到，如图 2-14(a)中的 6.8cm。

施工时可采用"平砖"法控制路拱形状，即在边桩上依路中心高程挂拉线后，按路拱曲线大样图中所注尺寸，在路中线两侧一定距离处，如图 2-14(c)中是在距中线 1.5、3.0 和 4.5m 处分别放置平砖，并使平砖顶面正处拱面高度，铺撒碎石时，以平砖为标志即可找出拱形。在曲线部分测设侧石和下平砖时，应根据设计图纸做好内侧路面加宽和外侧路拱超高的放样工作。

路口或广场的路面施工，则根据设计图先加钉方格桩，方格桩距为 5～20m，再于各桩上测设设计高程，以便分块施工和验收。

4）竣工测量

路基土石方工程完成后，应进行全线的竣工测量，包括中线测量、中平测量及横断面测量。路面完工后，应检测路面高程和宽度等，并编制竣工资料。

2.4　桥梁的施工测量放线

2.4.1　概述

在现代化的城市建设中，由于道路网的扩充，跨河桥梁、立交桥梁和高架桥梁的修建，使桥梁工程日益增多。桥梁施工测量是桥梁施工过程中不可缺少的工作之一，其最终目的是按设计、计划配合施工，完成桥梁主体建设。

桥梁施工测量主要任务是：

（1）控制网的建立或复测，检查和施工控制点的加密；

（2）补充施工过程中所需要的中线桩；

（3）根据施工条件粗冲水准点；

（4）测定墩、台的中线和基础桩的中线位置；

（5）测定并检查各施工部位的平面位置、高程、几何尺寸等。

2.4.2　桥梁施工控制网

1. 平面控制测量

在施工阶段，平面控制点主要用来测定桥梁墩、台及其他构造物的位置。因此，平面控制点在密度和精度上都应满足施工的要求。

桥梁平面控制网的等级，应根据桥长按表 2-1 确定，同时应满足桥轴线相对误差的要求。对特殊的桥梁结构，应根据结构特点，确定桥梁控制网的等级与精度。

桥梁控制网的等级　　　　　　　　　　　　　　表 2-1

平面控制测量等级	桥长（m）	桥轴线相对中误差
四等三角、导线	1000～2000 特大桥	1/40000
一级小三角、导线	500～1000 特大桥	1/20000
二级小三角、导线	<500 大中桥	1/10000

桥梁平面控制网，可根据现场及设备情况采用边角测量、池测量或 GPS 测量等方法来建立。图 2-15 是桥梁三角网的集中布设形式。布设桥梁三角网时，除满足三角测量本身的需要外，还要求控制点布设在不被水淹、不受施工干扰的地方。桥轴线应与基线一端连接且尽可能正交。基线长度一般不小于桥轴线长度的 0.7 倍，困难地段不小于 0.5 倍。

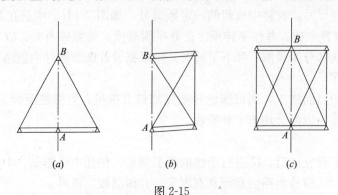

图 2-15

（a）双三角形；（b）四边形；（c）双四边形（较宽河流上采用）

2. 高程控制测量

桥梁的高程控制测量，一般在路线基平测量时建立，施工阶段只需复测与加密。2000m 以上特大桥应采用三等水准测量，2000m 以下桥梁可采用四等水准测量。桥梁高程控制测量采用高程基准必须与其连接的两端路线所采用的高程基准完全一致。

水准点应在河两岸各设置 1～2 个；河宽小于 100m 的桥梁可只在一岸设置 1 个，桥头接线部分宜每隔 1km 设置 1 个。

若跨河视线长度超过 200m 时，应根据跨河宽度和设备等情况，选用相应等级的光电测距三角高程测量或跨河水准测量方法进行观测。

下面只介绍跨河水准测量的观测方法：

（1）跨河水准测量的场地布设

当水准测量路线通过宽度为各等级水准测量的标准视线长度两倍以上的河面、山谷等障碍物时，则应按跨河水准测量要求进行。图 2-16 为跨河水准测量的三种布设形式。

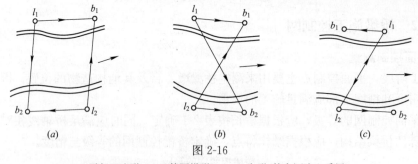

图 2-16

（a）平行四边形；（b）等腰梯形；（c）Z 字形（较宽河流上采用）

图中 l_1、l_2 和 b_1、b_2 分别为两岸置镜点和置尺点。视线 $l_1 b_2$ 和 $l_2 b_1$ 应接近相等，且视线应高出水面 2～3m，岸上视线 $l_1 b_1$、$l_2 b_2$ 不应短于 10m，且彼此等长，两岸置镜点亦接近等高。

图 2-16(c)中，l_1、l_2 均为置镜点或置尺点，而 b_1、b_2 仍为置尺点。b_1、b_2 两侧点间上下半测间的高差，应分为由两岸所测 $b_1 l_2$、$b_2 l_1$ 的高差加上对岸的量置尺点间联测时所测高差求得。各等级跨河水准测量时，置尺点均应设置木桩。木桩不短于 0.3m，桩顶应与地面齐平，并钉以圆帽钉。

（2）直接法跨河水准测量

以图 2-16(c)的布设形式为例，采用一台水准仪观测，观测步骤如下：

1）按常规测站观测方法在 l_1、b_1 之间测量高差，即测得高差为 h_1；

2）在 l_1 设水准仪，按中丝法观测 b_1 近尺的读数；

3）照准（并调焦）l_2 远尺，按中丝法观测 l_2 远尺的读数，测得高差为 h_2；

4）确保焦距不变，立即搬设测站于来 l_2，b_1 点标尺于 l_1，水平仪照准 l_1 远标尺，按步骤 3）读数，并观测 b_2 读数，测得高差为 h_3；

5）水平仪在 l_2、b_2 之间设站，测得高差为 h_4；

以上 1）、2）、3）为上半测回，4）、5）为下半测回。

6）高差计算：

上半测回计算高差：$h_上 = h_1 + h_3$；

下半测回计算高差：$h_下 = h_2 + h_4$；

检核计算：$\triangle h = h_上 + h_下$

$h = (h_上 - h_下)/2$

每一跨河水准测量需要观测两个测回。若用两台仪器观测时，则两岸各设一台仪器，同时观测一个测回。两侧回间高差不符值，三等水准测量不应大于 8mm，四等水准测量不应大于 16mm。在限差以内时，取两侧回高差平均值作为最后结果；若超过限差应检查纠正或重测。

2.5 隧道工程的施工测量放线

2.5.1 地面控制测量

1. 地面控制测量的前期准备

（1）收集资料

在布设地面控制网之前，通常收集隧道所在地区的 1：2000、1：5000 大比例尺地形图，隧道所在地段的路线平面图，隧道的纵、横断面图，各竖井、斜井、水平坑道以及隧道的相互关系位置图，隧道施工的技术设计及各个洞口的机械、房屋布置的总平面图等。此外，还应收集该地区原有的测量资料，地面控制资料以及气象、水文、地质和交通运输等方面的资料。

（2）现场踏勘

对所收集到的资料进行阅读、研究之后，为了进一步判定已有资料的正确性和全面、具体地了解实地情况，要对隧道所穿越的地区进行详细踏勘。踏勘路线一般是沿着隧道路线的中线、以一端洞口向着另一端洞口前进，观察和了解隧道两侧的地形、水源、居民点和人行便道的分布情况。应特别留意两端洞口路线的走向、地形和施工设施的布置情况。

结合现场，对地面控制布设方案进行具体、深入的研究。另外，勘测设计人员还要对路线上的一些主要桩点如交点、转点、曲线主点等进行交接。

（3）选点布设

如果隧道地区有大比例尺地形图，则在图上选点布网，然后将其测设到实地上。如果没有大比例尺地形图，就只能到现场踏勘进行实地选点，确定布设方案。隧道地面控制网怎样布设为宜，应根据隧道的长短、隧道经过的地区地形情况、横向贯通误差的大小、所用仪器情况和建网费用等方面进行综合考虑。

1）隧道平面测量控制网采用的坐标系宜与路线控制测量相同，但当路线测量坐标系的长度投影变形对隧道控制测量的精度产生影响时，应采用独立坐标系，其投影面宜采用隧道纵面设计高程的平均高程面。

2）隧道平面测量控制网应采用自由网的形式，选定基本平行于隧道轴线的一条长边作为基线边与路线控制点联测，作为控制网的起算数据。联测的方法和精度与隧道控制网的要求相同。

3）各洞口附近设置 2 个以上相互通视平面控制点，点位应便于引测进洞。

4）控制网的选点，应结合隧道平面线形及施工时放线洞口（包括辅助道口）投点的需要布设；结合地形、地物，力求图形简单、坚强；在确保精度的前提下，充分考虑观测条件、测站稳固、交通方便等因素。

2. 地面导线测量

（1）在直线隧道中，为减少导线测距的误差对隧道横向贯通的影响，当尽可能地将导线沿着隧道的中线布设。

（2）导线点数不宜过多，以减少测角误差对横向贯通的影响。

（3）对于曲线隧道，导线应沿两端洞口连线布设成直伸导线为宜，并应将曲线的起、终点和曲线切线上的两点包含在导线中。这样，曲线的转角就可根据导线测量结果计算出来，以此便可将路线定测时所测得的转角加以修正，从而获得更为精确的曲线测设元素。

（4）在有横洞、斜井和竖井的情况下，导线应经过这些洞口，以减少洞口投点。为增加校核条件，提高导线测量的精度，通常都使其组成闭合环，也可以采用主、副导线闭合环，副导线只观测转折角。

（5）为了便于检查，保证导线的测角精度，应考虑增加闭合环个数以减少闭合环中的导线点数。

（6）为减小仪器误差对测角的影响，导线点之间的高差不宜过大，视线应高出障碍物或地面 1m 以上，以减小地面折光和旁折光的影响。对于高差较大的测站，常采用每次观测都重新整平仪器的方法进行多组观测，取多组观测值的均值作为该站的最后结果。导线环的水平角观测，应以总测回数的奇数测回和偶数测回分别观测导线的左角和右角，并在测左角起始方向配置度盘位置。

3. 地面三角测量

（1）地面三角测量通常布设成线形三角锁，测量一条或两条基线。由于光电测距仪的广泛使用，常采用测数条边或全部边的边角网。

（2）在布设三角网时，以满足隧道横向贯通的精度要求为准，而不以最弱边和相对精度为准。三角网尽可能布设为垂直于贯通面方向的直伸三角锁，并且要使三角锁的一侧靠近隧道线路中线。除此之外还应将隧道两端洞外的主要控制点纳入网中。可以减少起始点、起始方向以及测边误差对横向贯通的影响。

（3）三角锁的图形一般为三角形，传距角一般不小于 $30°$。个别图形强度过差，可用大地四边形。三角形的个数及推算路线上的三角点点数宜少，因此可适当降低图形强度。每个洞口附近应设不少于三个三角点，如果个别点直接作为三角点有困难，也可用插点的方式。三角锁与插点是主网和附网的关系，属于同级。插点应以与主网相同的精度进行观测，并与主网一起平差。布网时还须考虑与路线中线控制桩的联测方式。

（4）观测时要在测站观测的各目标中选择一个距离适中、成像清晰、竖直角较小的方向作为零方向。这样在各测回的观测中便于找到零方向，以此为参考从而找到其他方向。

（5）在观测过程中，每 $2 \sim 3$ 测回将仪器和目标重新对中一次。这样做会使方向观测值中包含仪器和目标对中的误差，因而在各测回同一方向值互差中，比不重新对中更容易超限。但将各测回的同一方向取平均值后，能减弱仪器对中误差和目标偏心差的影响，从而最终提高了方向的观测精度。

4. 地面水准测量

地面水准测量等级的确定分为以下几种方法。

（1）首先求出每公里高差中数的中误差：

$$M_\Delta = \pm \frac{18}{\sqrt{R}} \text{mm}$$

式中　R——水准路线的长度，以 km 计。然后按 M_Δ 值的大小及规范规定值选定水准测量等级。

（2）隧道水准点的高程，应与路线水准点采用统一高程。所以，一般是采用洞口附近一个路线水准点的高程作为起算高程。如遇特殊情况，也可暂时假定一个水准点的高程作为起算高程，待与路线水准点联测后，再将高程系统统一起来。

（3）布设水准点时，每个洞口附近埋设的水准点不应少于两个。两个水准点之间的高差，以安置一次仪器即可联测为宜。并且，水准点的埋设位置应尽可能选在能避开施工干扰、稳定坚实的地方。

（4）通过现场踏勘将洞口水准点间的水准路线大致确定之后，估出（可借助于地形图）水准路线的长度（指单程长度），利用表 2-2 确定，并可由此知道应该选用的水准仪的级别及所用水准尺的类型。

地面水准测量的等级确定　　　　　　　　　　　　　　　表 2-2

等级	两洞口间水准路线长度(km)	水准仪型号	标尺类型
二	>36	$S_{0.5}$，S_1	因瓦精密水准尺
三	13～36	S_1	因瓦精密水准尺
		S_3	木质普通水准尺
四	5～13	S_3	木质普通水准尺

2.5.2　洞内控制测量及中线测设

平面控制和高程控制是洞内控制测量的两个主要部分，洞内控制测量的目的是为隧道施工测量提供依据。

1. 洞内控制测量

（1）洞内导线测量

1）洞内导线的布设形式

① 洞内导线最大限度地提高导线临时端点的点位精度，新设立的导线点必须有可靠的检核，避免发生任何错误。在把导线向前延伸的同时，对已设立的导线点应设法进行检查，及时察觉由于山体压力或洞内施工、运输等影响而产生的点位位移。

② 洞内导线的布设形式分为单导线主副、环导线和导线网三种。

A 单导线。单导线一般用于短隧道，如图 2-17 所示，A 点为地面平面控制点，1、2、3、4 为洞内导线点。单导线的角度可采用左、右角观测法，即在一个导线点上，用半数测回观测左角（图中 α 角），半数测回观测右角（图中 β 角）。计算时再将所测角度统一归算为左角或右角，然后取平均值。观测右角时，同样以左角起始方向配置度盘位置。在左角和右角分别取平均值后，应计算该点的圆周角闭合差：

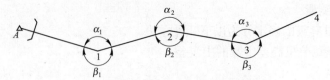

图 2-17　单导线左、右角观测法

$$\Delta = \alpha_{i平} + \beta_{i平} - 360°$$

式中　$\alpha_{i平}$——导线点 i 左角观测值的平均值；

$\beta_{i平}$——导线点 i 右角观测值的平均值。

B 主、副导线环。如图 2-18 所示，主导线为 A—1—2—3—⋯⋯，副导线为 A—1′—2′—3′—⋯⋯。主、副导线每隔 2～3 条边组成一个闭合环。主导线既测角，同时又测边，而副导线则只测角，不测边。通过角度闭合差可以评定角度观测的质量以及提高测角的精度，对提高导线端点的横向点位精度有利。但导线点坐标只能沿主导线进行传算。

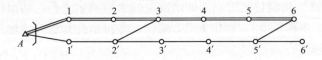

图 2-18　洞内主、副导线环

C 导线网。导线网一般布设成若干个彼此相连的带状导线环，如图 2-19 所示。网中所有边、角全部观测。导线网除可对角度进行检核外，因为测量了全部边长，所以计算坐标有两条传算路线，对导线点坐标亦能进行检核。

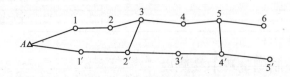

图 2-19　洞内导线网

2）洞内导线点的埋设

洞内导线点一般采用地下挖坑，然后浇灌混凝土并埋入铁制标心的方法。这与一般导线点的埋设方法基本相同。但是由于洞内狭窄，施工及运输繁忙，且照明差，桩志露出地面极易撞坏，所以标石顶面应埋在坑道底面以下 10～20cm 处，上面盖上铁板或厚木板。为便于找点使用，应在边墙上用红油漆注明点号，并以箭头指示桩位。导线点兼作高程点使用时，标心顶面应高出桩面 5mm。

3）洞内导线测角和测边

对洞内导线的测角，我们应给予足够的重视，洞的内外两个测站的测角，应安排在最有利的观测时间进行。通常可选在大气稳定的夜间或阴天。由于洞内导线边短，仪器对中和目标偏心对测角的影响较大，所以，测角时在测回之间，仪器和目标均应重新对中，以减弱此项误差的影响。为了减小照准误差和读数误差，在观测时通常采用瞄准两次，读数两次的方法。洞内测角的照准目标，通常采用垂球线。将垂球线悬挂在三脚架上对点作为观测目标。对洞内的目标必须照明，常用的做法是制作一木框，内置电灯，框的前面贴上透明描图纸，衬在垂球线的后方。洞内每次爆破之后，会产生大量烟尘，影响成像，所以，测角必须等通风排烟，成像清晰后方能进行。对于隧道内有水的情况，要做好排水工作。即在导线点桩志周围用黏土扎成围堰，将堰内积水排除，堰外积水引流排放。

洞内导线测边的常用方法是钢尺精密量距。丈量通常应使用检定过的钢尺，检定可采用室内比长或在现场建立比尺场进行比长，使洞内外长度标准统一。通过比长，可得到标准拉力、标准温度下的尺长改正系数。在钢尺量距过程中首先要定线、概量，每个尺段应比钢尺的名义长度略短，以 5cm 左右为宜，然后在地上打下桩点。由于木桩不易打进地面，常采用 20cm 的铁线钉。将铁线钉打入地下，在钉帽中心钻一小眼准确表示点位。丈量为悬空丈量，尺的零端挂上弹簧秤，末端连接紧线器。弹簧秤和紧线器分别用绳索套在两端插入地面用作张拉的花杆上，升降两端绳索调整尺的高度，用木工水平尺使尺呈水平，弹簧秤显示标准拉力，尺上分划靠近垂球线，此时尺的两端即可同时读取读数。并同时记录温度。这样完成了一组读数。接着再将尺向前或向后移动几个厘米，读取第二组读数。一般读取三组读数，互差不应超过 3mm。根据洞内丈量精度的要求，一般需测数测回。

（2）陀螺经纬仪在洞内导线测量中的应用

用陀螺经纬仪不仅可以测定井下定向边的坐标方位角，还可以用于洞内导线，加测一定数量导线边的陀螺方位角，用以限制测角误差的积累，提高横向精度。

洞内导线加测陀螺方位角的数目、位置以及对导线横向精度的增益，取决于洞内导线起始边方位角中误差 $m_{a始}$ 与洞内导线测角中误差 m_β 的比值。

（3）洞内水准测量

洞内水准测量的方法与地面水准测量基本相同，但由于隧道施工的具体情况，又具有如下特点：

1）在隧道贯通之前，洞内水准路线均为支水准路线，故须用往返测进行检核。由于洞内施工场地狭小，运输频繁、施工繁忙，还有水的浸害，经常影响到水准标志的稳定性，所以应经常性地由地面水准点向洞内进行重复的水准测量，根据观测结果以分析水准标志有无变动。

2）为了满足洞内衬砌施工的需要，水准点的密度一般要达到安置仪器后，可直接后视水准点就能进行施工放线而不需要迁站。洞内导线点亦可用作水准点。通常情况下，水准点的间距不大于 200m。

3）隧道贯通后，在贯通面附近设置一个水准点 E，如图 2-20 所示。由进、出口水准点引进的两水准路线均连测至 E 点上。这样 E 点就得到两个高程值 H_{JE} 和 H_{CE}，实际的高程贯通误差为：$f_h = H_{JE} - H_{CE}$

2. 隧道内中线的测设

隧道洞内中线的测设有导线法和中线法两种。

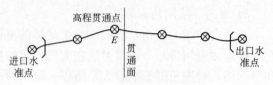

图 2-20　隧道贯通水准测量

（1）导线法

用导线作为洞内控制的隧道，其中线应根据导线来测设，常见做法是：

1）根据欲测设的中线点的里程桩号，计算其坐标。

2）选定用来测设中线点的导线点作为置镜点。

3）根据置镜点与中线点的坐标，计算以置镜点为极点的极坐标。

4）将仪器置于置镜点上，用极坐标法测设中线点。

（2）中线法

用中线法测设中线点，如果为直线，通常采用正、倒镜分中法进行测设；如果为曲线，由于洞内空间狭窄，则多采用测设灵活的偏角法，或弦线支距法、弦线偏距法等。

2.5.3　洞外控制测量

1. 洞外平面控制测量

（1）洞外平面控制测量的任务

洞外平面控制测量的任务是测定各洞口控制点的相对位置，作为引测进洞和测设洞内中线的依据。

（2）洞外平面控制的建立

1）精密导线法。在洞外沿隧道线形布设精密光电测距导线来测定各洞口控制点的平面坐标，精密导线一般采用正、副导线组成的若干导线环构成控制网（图 2-21）。

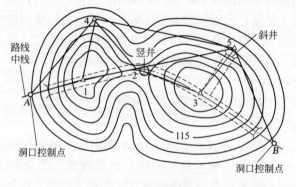

图 2-21　精密导线法

66

2）GPS 法适合于长隧道及山岭隧道，原因是控制点之间不能通视，没有测量的误差积累。

2. 洞外高程控制测量

（1）洞外高程控制测量的任务

洞外高程控制测量的任务，是按照测量设计中规定的精度要求，施测隧道洞口（包括隧道的进出口、竖井口、斜井口和坑道口）附近水准点的高程，作为高程引测进洞的依据。

（2）高程控制测量

高程控制一般采用三、四等水准测量，当两洞口之间的距离大于 1km 时，应在中间增设临时水准点。

如果隧道不长，高程控制测量等级在四等以下时，也可采用光电测距三角高程测量的方法进行观测。三角高程测量中，光电测距的最大边长不应超过 600m，且每条边均应进行对向观测。高差计算时，应加入地球曲率改正。

2.5.4 隧道施工放线

1. 开挖断面的放线测量

开挖断面必须确定断面各部位的高程，经常采用腰线法。如图 2-22 所示，将水准仪置于开挖面附近，后视已知水准点 P 读数 a 即仪器视线高程：

$$H_i = H_p + a$$

根据腰线点 A、B 的设计高程，分别计算出 A、B 点与仪器视线间的高差 Δh_A、Δh_B

$$\Delta h_A = H_A - Hi$$

$$\Delta h_B = H_B - Hi$$

先在边墙上用水准仪放出与视线等高的两点 A′、B′，然后分别量测 Δh_A、Δh_B，即可定出点 A、B。A、B 两点间的连线即是腰

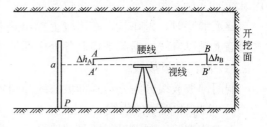

图 2-22　腰线法确定开挖断面高程

线。根据腰线就可以定出断面各部位的高程及隧道的坡度。

在隧道的直线地段，隧道中线与路线中线重合一致，开挖断面的轮廓左、右支距亦相等。在曲线地段，隧道中线由路线中线向圆心方向内移一 d 值，如图 2-23 所示。由于标定在开挖面上的中线是依路线中线标定的，所以在标绘轮廓线时，内侧支距应比外侧支距大 2d。

拱部断面的轮廓线一般用五寸台法测出。如图 2-23 所示，自拱顶外线高程起，沿路线中线向下每隔 1/2m 向左、右两侧量其设计支距，然后将各支距端点连接起来，即为拱部断面的轮廓线。

墙部的放线采用支距法，如图 2-24 所示，曲墙地段自起拱线高程起，沿路线中线向下每隔 1/2m 向左、右两侧按设计尺寸量支距。直

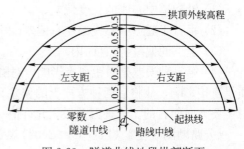

图 2-23　隧道曲线地段拱部断面

墙地段间隔可大些，可每隔 1m 量支距定点。

2. 衬砌放线

（1）拱部衬砌放线

拱部衬砌的放线主要是将拱架安置在正确位置上。
拱部分段进行衬砌，一般按 5～10m 进行分段，地质不良
地段可缩短至 1～2m。拱部放线根据路线中线点及水准
点，用经纬仪和水准仪放出拱架顶、起拱线的位置以及
十字线，然后将分段两端的两个拱架定位。拱架定位时，
应将拱架顶与放出的拱架顶位置对齐，并将拱架两侧拱
脚与起拱线的相对位置放置正确。两端拱架定位并固定
后，在两端拱架的拱顶及两侧拱脚之间绷上麻线，据以
固定其间的拱架。在拱架逐个检查调整后，即可铺设模
板衬砌。

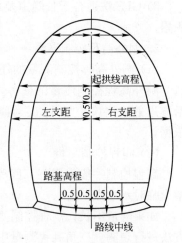

图 2-24 隧道断面

（2）边墙及避人洞的衬砌放线

边墙衬砌先根据路线中线点和水准点，按施工断面各部位的高程，用仪器放出路基高
程、边墙基底高程和边墙顶高程，对已放过起拱线高程的，应对起拱线高程进行检核。

（3）仰拱和铺底放线

仰拱砌筑时的放线，先按设计尺寸制好模型板，然后在路基高程位置绷上麻线，最后
由麻线向下量支距，定出模型板位置。

隧道铺底时，先在左、右边墙上标出路基高程，由此向下放出设计尺寸，然后在左、
右边墙上绷以麻线，据此来控制各处底部是否挖够了尺寸，之后即可铺底。

（4）洞门仰坡放线

洞门仰坡放线分为方角式仰坡放线和圆角式仰坡放线。

（5）端墙和翼墙的放线

直立式端墙，洞门里程即是端墙里程。放线时需将仪器置于洞门里程中线桩上，放出
十字线（或斜交线）即是端墙位置。

2.5.5 隧道贯通测量与贯通误差估计

所谓贯通是指两端施工的隧道按设计要求掘进到指定地点使其相通。为正确贯通而进
行的测量工作和计算工作则称为贯通测量。

贯通测量的误差来源：

（1）沿隧道中心线的长度偏差。

（2）垂直于隧道中心线的左右偏差（水平在内）。

（3）上下的偏差（竖直面内）。

（4）第一种误差是对距离有影响，对隧道性质没有影响，而后两种方向的偏差对隧道
质量直接影响，故将后两种方向上的偏差又称为贯通重要方向偏差。贯通的允许偏差是针
对主要方向而言的。这种偏差最大允许值一般为 0.5～0.2m。

《公路勘测规范》（JTG C10-2007）规定，隧道内相向施工中线的贯通中误差应符合
表 2-3 的规定。

	贯 通 中 误 差			表 2-3
测量部位	两开挖洞口间长度(m)			高程中误差(mm)
	＜3000	3000～6000	＞6000	
	贯通中误差(mm)			
洞外	≤±45	≤±60	≤±90	≤±25
洞内	≤±60	≤±80	≤±120	≤±25
全部隧道	≤±75	≤±100	≤±150	≤±35

1. 隧道贯通测量

隧道贯通后,应进行实际偏差的测定,以检查其是否超限,必要时还要作一些调整。贯通后的实际偏差常用以下方法测定。

(1) 中线延伸法

隧道贯通后把两个不同掘进面各自引测的地下中线延伸至贯通面,并各钉一临时桩。

如图 2-25(a)所示的 A、B 两点,丈量出 A、B 两点之间的距离,即为隧道的实际横向偏差。A、B 两临时桩的里程之差,即为隧道的实际纵向偏差。

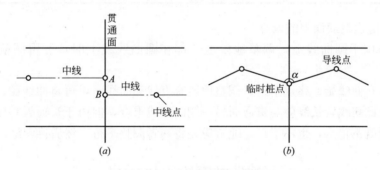

图 2-25　隧道贯通误差测量

(2) 求坐标法

隧道贯通后,两不同的掘进面共同设一临时桩点,由两个掘进面方向各自对该临时点进行测角、量边,如图 2-25(b)所示。然后计算临时桩点的坐标,其坐标 x 的差值即为隧道的实际横向偏差,其坐标 y 的差值即为隧道的实际纵向偏差。

贯通后的高程偏差,可按水准测量的方法,测定同一临时点的高程,由高差闭合差求得。

2. 隧道贯通误差的调整

贯通偏差调整工作,原则上应在未衬砌隧道段上进行。对于曲线隧道还应注意尽量不改变曲线半径和缓和曲线长度。为了找出较好的调整曲线,应将相向两个方向设的中线,各自向前延伸适当距离。如果贯通面附近有曲线始(终)点时,应延伸至曲线的始(终)点。

(1) 直线隧道的调整

调线地段为直线,一般采用折线法进行调整。

如图 2-26 所示,在调线地段两端各选一中线点 A 和 B,连接 AB 而形成折线。如果由此而产生的转折角 β_1 和 β_2 在 5′之内,即可将此折线视为直线;如果转折角在 5′～25′时,则按表 2-4 中的内移量将 A、B 两点内移；如果转折角大于 25′时，则应加设半径为 4000m 的圆曲线。

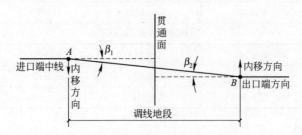

图 2-26　中线法贯通调线地段为直线

转折角在 5′～25′时的内移量　　　　　　　　　　　　　　　　　　表 2-4

转折角(′)	内移量(mm)	转折角(′)	内移量(mm)
5	1	20	17
10	4	25	26
15	10		

（2）曲线隧道贯通误差的调整

当贯通面位于圆曲线上，调整地段也全部在圆曲线线上时，可用调整偏角法进行调整。

当贯通点在曲线始、终点附近，调整地段有直线和曲线时，可将曲线始、终点的切线延伸，理论上此切线延长线应与贯通面另一侧的直线重合，但由于贯通误差的存在，实际上，此两直线既不重合，也不平行。通常应先将两者调整平行，然后再调整，使其重合。

2.6　管道工程的施工测量放线

2.6.1　概述

1. 管道工程测量的意义

管道工程是指给水、排水（污、雨水）、燃气、热力（蒸汽、热水）、工业管道（氧、氢、石油等）、电力（供电、路灯、电车）、电信等管（沟）道和电力、电信等直埋电缆工程。随着国家经济建设的发展，各种管线、管道越来越多，也越来越复杂，管线工程测量日显重要。

管道工程多属地下构筑物工程，在城镇及大型工矿企业中，各种管道常互相上下穿插，纵横交错。如果在测量、设计和施工中出现差错，一经埋设，将会造成严重后果。事实上，由于缺乏管线资料加上工程施工部门对管线情况的了解重视不够，致使因工程施工而挖断各种管线造成巨大经济损失的事情时有发生。因此，为了各种管线的管理、维护的需要，也为了城市规划、建设的设计及施工的需要，应该加强对管线工程测量的管理。同时测量工作必须采用城市或厂区的统一坐标和高程系统，严格按设计要求进行测量工作，做到"步步有校核"，这样才能保证施工质量。

2. 管道工程测量的主要任务

在管线勘察设计阶段，设计部门首先是在设计区域已有 1：10000～1：1000 地形图及原有管道平面图、断面图等资料的基础上，进行初步设计工作。在此阶段的测量工作主要有：大比例尺地形图的测绘或修测原有地形图；管线中线的定线测量；纵、横断面图测量。

管线施工阶段的测量工作，是根据设计要求和管线定线成果，测设出管线施工时所必须的各种桩位或测量标志，即将管道敷设于实地所需进行的测量工作。

管道竣工测量工作，是将施工后的管道位置，通过测量绘制成图，以反映实际施工情况，并作为管道使用期间维护、管理以及今后管道扩建的依据。

2.6.2 管线施工测量

管线施工测量前，应首先熟悉并认真分析管线平面图、断面图及施工总平面图等有关资料，核对有关测设数据，做好管线施工测量的准备工作。

1. 地下管线施工测量

（1）主点桩的检查与测设

如果设计阶段在地面所标定的管道中线位置，与管线施工时所需的管道中线位置一致，且主点各桩在地面上完好无损，则只需进行桩位检查。否则就需要重新测设管线中线。

（2）检查井位的测设

无论何种地下管线，每隔一段距离都会设计一个井位以便于管理检查及维修。各种地下管道的井位的布设距离如表 2-5。测量人员应根据设计数据测设到实物，并用木桩在地面上进行标定。

地下管道井位布设距离（m）　　　　　　　　　　　　　　表 2-5

排水雨水井	40～100	煤气检查井(低压)	200
排水排风孔	200～250	暖气人孔	300～500
给水阀	400～500	电信电缆检查井	150
煤气检查井(中压)	100	电力电缆检查井	120～150

（3）控制桩测设

施工时，管道中线上的各种桩位将被挖掉，为了在施工开挖后能方便地恢复中线和检查井的位置，应在管道主点处的中线延长线上设置中线控制桩，在每个检查井的垂直中线方向上，设置检查井位控制桩，如图 2-27。

控制桩的桩位应选择在引测方便，不易被破坏的地方。一般来说，为了施工方便，检查井控制桩离中线的距离最好是一个整数米。

（4）管道中线及高程施工测量

根据管径大小、埋置深度以及土质情况，决定开槽宽度，并在地面上定出槽边线的位置，若断面上坡度较平缓，则管道开挖宽度可按下式计算：

$$B = b + 2mh$$

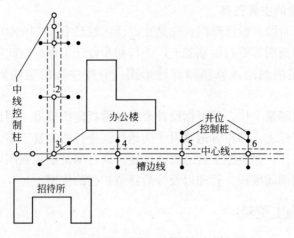

图 2-27 控制桩测设

式中：b 为槽底宽度；h 为中线上挖土深度；m 为放坡系数。

槽边线定出后，即可进行施工开挖。

施工过程中，管道的中线和高程的控制，可采用龙门板法。在管径较小、坡度较大、精度要求较低的管道施工中，也可采用水平桩法（亦称平行轴腰桩法）来控制管道的中线和高程。

① 龙门板法

龙门板由坡度板和高程板组成，如图 2-28，一般沿中线每 10～20m 和检查井处设置龙门板，中线放样时，根据中线控制桩，用经纬仪将管道中线投影至各坡度板上，以一小钉作为中线钉标记（如图 2-29）。在各中线桩处挂上垂球，即可将中线位置投影在管槽底层。

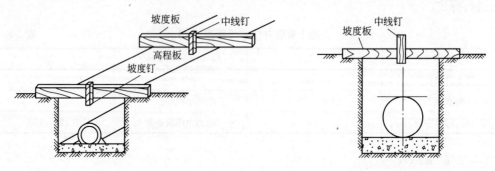

图 2-28 龙门板组成　　　　　　　图 2-29 龙门板法

管槽开挖深度的控制，一般是将水准点高程引测到各坡度板顶。根据管道坡度计算出所测之处管道的设计高程，则坡度板顶与管道设计高程之差再加上管壁与垫层的厚度即为坡度板顶起算应向下开挖的深度，称为下返数。

此时计算出的下返数一般是非整数，并且每个坡度板的下返数各不相同，不便于施工检查，故实际工作时，一般是使下返数为一预先确定的整数，由下式计算出每一坡度板顶应向下量的调整数。

调整数＝预先确定的下返数-（板顶高程-管底设计高程）

根据计算出的调整数，在高程板上钉上一个小钉作为坡度钉，则相邻坡度钉的连线即与设计管底平行。

在坡度钉钉好后，应重新用水平仪检查一次各坡度钉高程。龙门板的中线位置和高程都应定期检查。

② 水平桩法

在管槽挖到一定深度以后，每隔 10～20m 在管槽两侧和在检查井处打入带小钉的木桩，并用水平仪测量其高程。在竖直方向上量出与预先确定的下返数的差值，再钉上带小钉的水平桩。各水平桩的连线应与设计管底坡度平行。

2. 架空管道的施工测量

架空管道的施工测量的主要任务是：主点的测设、支架基础开挖测量和支架安装测量等。其主点测设与地下管道相同。基础开挖中的测量工作和基础板定位于建筑高程测量中的桩子基础相同。

2.6.3 顶管施工测量

当所铺设的地下管道需要穿过铁路、公路或重要建筑物时，一般需要采用顶管施工方法以避免因开挖沟槽而影响交通和进行大量的拆迁工作。

1. 顶管施工原理

如图 2-30 所示。在管道一端先挖好工作坑，在于坑内安置导轨，将管筒放在导轨上，用千斤顶将管筒沿管线方向顶入土中，并挖出管内泥土，以此形成连线管道。因此，顶管施工测量的主要任务是控制管道顶进的中线方向、管底高程和坡度。

2. 顶管施工测量

（1）顶管工作坑施工测量

① 顶管中线桩测设：按设计图纸要求，于工作坑前后测设两个中线控制桩（如图 2-30 中的 A、B），在开挖到设计深度后，再用经纬仪从中线控制桩上将中线引测到坑壁上，用大铁钉或木桩标示，即得顶管中线桩。

② 临时水准点测设：在坑内布设两个可供互相检校的临时水准点，以控制管道按设计高程和坡度顶进。

③ 导轨安装测量：导轨一般安装在木基础或混凝土基础垫层上，如图 2-31，垫层面的高程及纵坡都应符合设计要求（中线高程应稍低，以利于排水和防止摩擦管壁），根据管顶中线桩引测中线到工作坑基础垫层上，在以中线及导轨的宽度来安装导轨，最后依据顶管中心桩及临时水准点检查中心线和高程，无误后，将导轨固定。

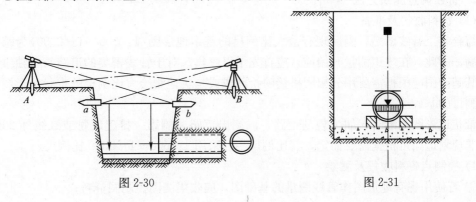

图 2-30   图 2-31

（2）顶管施工测量

① 中线控制。将经纬仪置于工作坑内距离管口尽可能远的管线的中线上，定出管线方向线，在管道内前端横放一长度等于或略小于管径的直尺，用管水准器将木尺置平。用望远镜十字丝检查管子中心线是否在管线的设计方向上。其偏差值直接在木尺上读出。管子每顶进 0.5m，应进行一次中线测量，当偏差超过限制±1.5cm，就需对管子进行校正。

如需要穿越的长度超过 100m 时，须进行贯通测量，即在管道中线每 100m 设一个工作坑，分段进行对顶施工。要求贯通对接时，管子错口不得超过 3cm。

② 管底高程测量。将水准仪安置在工作坑内，以临时水准点为后视，以顶管内待测点为前视（使用一根高度小于管子直径的标尺），测出待测点的高程，计算其与管底的设计高程之差，若差值超过±1cm，需要校正管子。

在管子的顶进过程中，每 0.5m 进行一次高程测量，以保证施工质量。当顶管距离太长，直径较大，采用机械化施工时，可用激光水准仪或激光经纬仪进行导向。

2.6.4　管线竣工测量

管线工程完工后，应向管理部门提交竣工时所测的各种管线的平面位置和高程，并绘制成管线竣工图。

管线竣工图一般分为管线竣工平面图和管线竣工断面图。每一单项管线竣工完成，都需要编制单项管线竣工平面图。随着建设的发展，管道种类很多，为了方便管理，还应将所有单项管线竣工图综合，测绘编制成综合管线竣工图。

1. 综合管线竣工图的主要内容

管线的竣工测量一般分为旧有管线的普查整理测量（又称整测）和新埋设管线的竣工测量（又称新测）。

其测绘的主要内容有各种管线的主点、管径或断面、管偏及各种附属建筑物与构件施工后的实际平面位置和高程。

在管线工程中，构筑物是指各种管线的检查井、暗井、进出水口、水源井、闸阀、消防栓、水表、排气阀、抽水缸及小室等；管件是指三通、四通、变径管、弯管等。

综合管线竣工图测绘时，对于给水、燃气、无沟道热力、直埋电缆、其他压力管道等需测量管外顶高或轴线标高，而对排水、有沟道热力、电力电信沟道、工业自流管道则需测量管（沟）道内底高。

2. 管线调查测绘方法

（1）资料收集及准备

综合竣工管线图是以测区现有最大比例尺的基本地形图（1：500～1：2000）为基础进行绘制，因此，在竣工测量开始前，应首先予以收集。对于管线密集的道路与单独重要管线，其基础图应根据需要用分幅图拼接映绘而成或是实地测绘大比例尺的带状地形图作为管线测量的基础图。

带状地形图测绘时，如为规划道路，以测出道路两侧第一排建筑物或红线外 20m 为宜；非规划道路可根据需要而定，其比例尺一般采用 1：500～1：2000 比例尺。

（2）控制点资料收集及测绘

① 若使用现有地形图作管线测量的基础图，应收集测图控制网资料；

② 对于新测管线，应收集施工控制网资料；

③ 若施工控制网及测图控制网均不能满足管线测量要求，应重新布设控制网。

2）现有旧管线资料收集

调查绘制前，应首先向各单位收集现有管线资料，并到实地踏勘，弄清其来龙去脉。对于实在无法核实的直埋管线，应在最后的综合图上以虚线标记。

（2）管线调查测绘

整测管线需要在认真分析现有资料的基础上进行调查测绘，新测管线需要在填土前调查测绘。如果检修井足够多，能控制其曲折的管线，新测管线也可在竣工后交付使用前调查测绘。

① 管线调查与探测：根据具体情况采用下井调查和不下井调查两种。一般用检验过的 5m 钢卷尺、直角尺、垂球等测量工具，量取管内直径、管底（或管顶）至井盖的高度和偏距（管道中心线与检查井中心的垂直距离），以求得管道中心线与检查井处的管道高度。如井中有多个方向的管道，要逐个量取并测量其方向，以便连线，若有预留口也要注明。

② 管线测量：各种管线测点应选择在交叉点、转折点、分支点、变径点、边坡点、电力、电信的电缆入地、出地电杆以及每隔适当距离的直线点等。测量时，应测其管线的中心以及井盖的中心位置和高程。

管线点坐标一般采用解析法和图解法进行。解析法施测可采用导线测量或极坐标法，图解法可采用距离交会法、方向交会法等设站施测。进行交会时，其交会角应在 30°~150°之间。

（3）综合竣工管线图绘制

管线点坐标和高程测量计算完毕后，一般是展绘在地形二底图上。展绘时，根据井位展出管偏，各种小室在图上按实际大小绘出，然后连线。

管线点高程注记可根据管线图和管线、地物的距离情况进行，一般可选用在图边垂直或平行点号进行注记，或是用图边表格、资料卡片及扯旗形式等表示。

综合管线图的各种井位及管线均应按规范表示。管线的颜色一般采用分色表示的方法进行，单项管线可用黑色表示。

新测及整测工作完成后，均应填写工作说明，资料应整理装订成册归档。

第3章 力学基础知识

3.1 静力学基础

3.1.1 静力学的概念与公理

1. 静力学的基本概念

力是物体之间的相互机械作用，这种作用的效果会使物体的运动状态发生变化（外效应），或者使物体发生变形（内效应）。

在任何外力作用下，大小和形状保持不变的物体，称为刚体。许多物体受力前后的形状改变比较小，可以忽略不计，因而我们可将这些物体看成是不变形的。在静力学部分，我们把所讨论的物体都看作是刚体。

同时作用在一个研究对象上的若干个力或力偶，称为一个力系。若这些力或力偶都来自于研究对象的外部，则称为外力或外力系。外力系中一般可能有：集中力、分布力、集中力偶、分布力偶。

若一个力系作用于物体与另一个力系作用时的作用效果相同，则称这两个力系互为等效力系。

若物体在力系作用下处于平衡状态，则这个力系称为平衡力系。

2. 二力平衡公理

作用于同一刚体上的两个力使刚体平衡的必要与充分条件是：两个力作用在同一直线上，大小相等，方向相反。这一性质也称为二力平衡公理。

当一个构件只受到两个力作用而保持平衡，这个构件称为二力构件。二力构件是工程中常见的一种构件形式。由二力平衡公理可知，二力构件的平衡条件是：两个力必定沿着二力作用点的连线，且等值、反向。

3. 加减平衡公理

在作用于某物体的力系中，加入或减去一个平衡力系，并不改变原力系对物体的作用效果。

推论　力的可传性原理：作用在物体上的力可沿其作用线移到物体的任一点，而不改变该力对物体的运动效果。

4. 力的平行四边形法则

力的平行四边形法则：作用在物体上同一点的两个力的合力，其作用点仍是该点，其方向和大小由以这两个力的力矢为邻边所构成的平行四边形的对角线确定。

推论　三力平衡汇交定理：由三个力组成的力系若为平衡力系，其必要的条件是这三个力的作用线共面且汇交于一点。

5. 作用力与反作用力公理

两个物体间的作用力和反作用力，总是大小相等，方向相反，沿同一直线，并分别作用在这两个物体上。

3.1.2 约束和约束反力

1. 约束和约束反力

工程中，任何构件都受到与它相联的其他构件的限制，不能自由运动。例如，大梁受到柱子限制，柱子受到基础的限制，桥梁受到桥墩的限制，等等。

对一个物体的运动趋势起制约作用的装置，我们称之为该物体的约束。例如上面所提到的柱子是大梁的约束，基础是柱子的约束，桥墩是桥梁的约束。

物体受到的力一般可以分为两类。一类是使物体运动或使物体有运动趋势的力，称为主动力，例如重力、水压力、土压力等。主动力在工程上称为荷载。另一类是约束对物体的运动起限制作用时产生的力。物体受到主动力作用时，会产生运动趋势，约束则因其阻碍物体的运动必然产生对物体的作用力，这种作用力因主动力的存在而被动产生，并随着主动力的变化而改变，故我们称之为约束反力，简称反力。约束反力的方向总是和该约束所能阻碍物体的运动方向相反。

2. 几种常见的约束及其反力

（1）柔体约束

绳索、链条、皮带等用于阻碍物体的运动，是一种约束；这类约束只能承受拉力，不能承受压力，且只能限制物体沿着这类约束伸长的方向运动。这类约束叫做柔体约束。柔体对物体的约束反力是作用于接触点、沿柔体中心线、背向物体的拉力，常用 T 表示，如图 3-1 和图 3-2 所示。

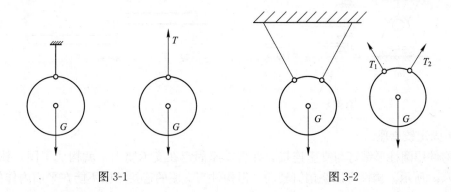

图 3-1   图 3-2

（2）光滑接触面约束

当约束与物体的接触面之间摩擦力很小，可以略去不计时，就是光滑接触面约束。这种约束只能限制物体沿着接触面的公法线并指向光滑面的运动，而不能限制物体沿着接触面的公切线或离开接触面的运动。所以，光滑接触面的约束反力是作用于接触点、沿接触面公法线方向、指向物体的压力，常用 N 表示，如图 3-3 和图 3-4所示。

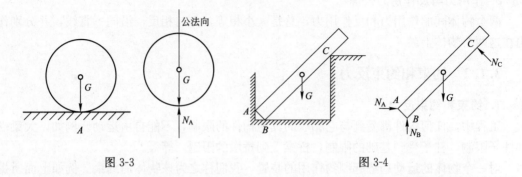

图 3-3   图 3-4

（3）可动铰支座

工程上将构件连接在墙、柱、基础等支承物上的装置叫做支座。用销钉把构件与支座连接，并将支座置于可沿支承面滚动的辊轴上，如图 3-5(a)所示，这种支座叫做可动铰支座。这种约束，不能限制构件绕销钉的转动和沿支承面方向的移动，只能限制构件沿垂直于支承面方向的移动。所以，它的约束反力通过销钉中心，垂直于支承面。这种支座的计算简图如图 3-5(b)所示，支座反力如图 3-5(c)所示。房屋建筑中将横梁支承在砖墙上，砖墙对横梁的约束可看成可动铰支座约束。

与可动铰支座约束性能相同的还有链杆约束。链杆是不计自重两端用光滑销钉与物体相连的直杆。在图 3-6(a)中，可以将砖墙看成对搁置其上的梁为链杆约束。链杆只能限制物体沿链杆的轴线方向的运动，而不能限制其他方向的运动。所以，链杆的约束反力沿着链杆轴线，指向不定。链杆约束的简图及反力表示，如图 3-6(b)所示。

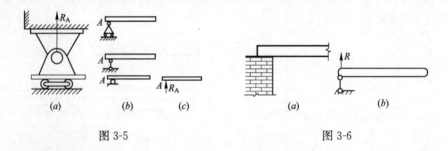

图 3-5   图 3-6

（4）固定铰支座

将构件用圆柱形销钉与支座连接，并将支座固定在支承物上，就构成了固定铰支座，如图 3-7(a)所示。构件可以绕销钉转动，但构件与支座的连接处则不能在平面内作任何方向的移动。当构件有运动趋势时，构件与销钉将在某处接触，产生约束反力；这个接触点的位置随构件不同受力情况而变化，故反力的大小、方向均为未知。如图 3-7(a)中所示的 RA。固定铰支座的计算简图见图 3-7(b)，其约束性能相当于交于 A 点的两根不平行的链杆。固定铰支座的反力 RA 是一个不知大小和方向的量（见图 3-7(c)），为了解析的方便，我们将该反力用两个互相垂直、已知方向、未知大小的反力 XA、YA 表示，见图 3-7(d)。

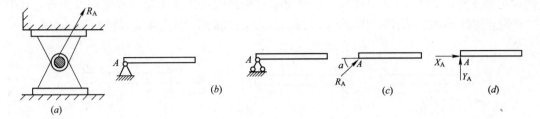

图 3-7

在工程上经常采用固定铰支座。如图 3-8(a)中的柱子插入杯形基础，基础允许柱子作微小的转动，但不允许柱子底部作任何方向的移动。因此这种基础也可看成固定铰支座，如图 3-8(b)所示。

如将一个圆柱形光滑销钉插入两个物体的圆孔中，就构成了限制该两个物体作某些相对运动的约束，这种约束被称之为圆柱铰链，简称为铰链。门窗用的合页就是圆柱铰链的实例。铰链不能限制由它连接的两个物体绕销钉作相对转动，但能限制该两个物体在连接点处沿任意方向的相对移动(图 3-9(a))。可见圆柱铰链的约束性能与固定铰支座性质相同。圆柱铰链对其中一个物体的约束反力也是通过销钉中心且大小、方向不定，如图 3-9(b)中所示的 R_c。我们仍将该反力用两个互相垂直、已知方向、未知大小的反力 X_c、Y_c 表示。圆柱铰链的计算简图和约束反力分别如图 3-9(c)和(d)所示。

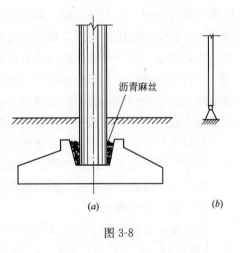

图 3-8

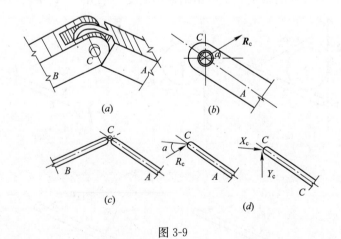

图 3-9

（5）固定端支座

构件与支承物固定在一起，构件在固定端既不能沿任何方向移动，也不能转动，这种支承叫做固定端支座。房屋建筑中的外阳台和雨篷，其嵌入墙身的挑梁的嵌入端就是典型的固定端支座，如图 3-10(a)所示。这种支座对构件除产生水平反力和竖向反力外，还有一个阻止构件转动的反力偶。图 3-10(b)是固定端支座的简图，其支座反力如图 3-10(c)所示。

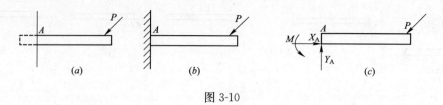

图 3-10

3.1.3 受力分析与受力图

建筑力学要研究的结构和构件力学问题，首先需分析结构或构件的受力情况，这个过程称为受力分析；受力分析时，将结构或构件所受的各力画在结构或构件的简图上。所受力已画好的结构或构件简图，称为受力图。要解决结构和构件的力学问题，首先必须正确画出它们的受力图，并以此作为计算的依据。

进行受力分析时，首先选择我们要研究的结构或构件——研究对象，然后在研究对象的简图上，正确画出其所受的全部外力。这包括荷载和约束反力。荷载是可以事先确定的已知力，而约束反力则是按约束情况而定的未知力。

从与之相联的物体中隔离开来的研究对象，称为隔离体。

由以上所述可见，画受力图的一般步骤为：

第一步：选取研究对象，画出隔离体简图；

第二步：画出荷载；

第三步：分析各种约束，画出各个约束反力。

【例 3-1】 如图 3-11(a)所示，圆柱体的重力 W 作用在圆心 O；杆的 B 点处由绳系着，A 端与墙相铰接；不计杆的自重。试画出圆柱体的受力图和杆 AB 的受力图。

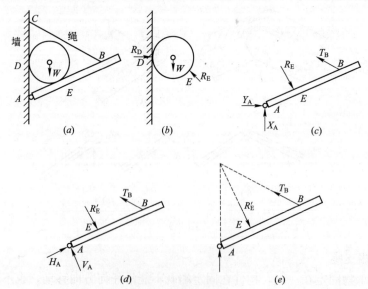

图 3-11

80

解：(1) 画圆柱体的受力图(图 3-11(*b*))：

第一步：选圆柱体为研究对象，画出圆柱体；

第二步：画出荷载 W_x；

第三步：画约束反力。圆柱体在 *D*、*E* 两点处受光滑面约束反力 *RD* 和 *RE*，它们沿公法线指向圆柱体，即力矢的延长线一定过圆心 *O*。

(2)画杆 *AB* 的受力图

解法一：(图 3-11(*c*))

画出杆 *AB*。

参照图 3-11(*b*)上的 RE，按作用反作用关系画出它的反作用力 RE′。

拆去绳索，画 *B* 点处约束反力 *TB*。*TB* 的方向沿绳索背离 *AB* 杆，即拉力。

铰链 *A* 处的支座反力可画出两个相互垂直的分力：一个是沿水平方位的 *XA*、一个是沿竖直方位的 *YA*。

解法二：(图 3-11(*d*))

与解法一的不同之处，两个相互垂直分力的方位换成了沿杆件的轴向和横向，设为 *HA* 和 *VA*。

解法三：(图 3-11(*e*))

根据三力平衡汇交定理可知，铰链 *A* 处的支座反力 *RA* 的作用线也必通过 *RE* 和 *T* 的作用线的交点，并结合二力平衡公理确定，因此可直接画出 *RA*。

【例 3-2】　如图 3-12 所示结构的两杆 *AC* 和 *BC* 在 *C* 处相铰接，*A* 处和 *B* 处都是固定铰支座。*D* 点处受荷载 *P* 作用，不计两杆的自重。试画结构整体的受力图、*AC* 杆的受力图以及 *BC* 杆的受力图。

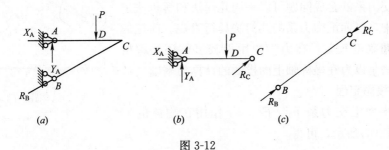

图 3-12

解：(1) 整体的受力图(图 3-12(*a*))

画受力图时保留与基础直接相连的支座是可行的习惯做法，所以这里直接利用题目的原图来画整体的受力图，而不必另画整体的隔离体图。于是这里只需在图 3-12(*a*)上画出 *A*、*B* 两处的支座反力。

A 处固定铰支座反力用水平、竖向的两个分力 *HA*、*VA* 画出，指向任意预设。

画 *B* 处固定铰支座反力时，首先应该注意到 *BC* 杆是二力杆。于是应直接画出沿杆件轴线方位的 *RB*，指向任意预设，这里是按 *BC* 杆为受压杆预设的。

(2) *AC* 杆的受力图(图 3-12(*b*))

A 端按习惯保留了支座 *A*；*C* 端必须拆去 *BC* 杆。

A 处照抄图 3-12(a)中的 *XA* 和 *YA*。*XA* 的作用点是 *A* 点，但为图面清晰起见，也可

画成如图 3-12(b)中所示。

画 C 处圆柱铰约束反力 RC 时，其方位应和画图 3-12(a)的 RB 一样，注意到 BC 杆是二力直杆，则 RC 沿 BC 杆轴向；其指向也已不可再任意预设，也必须保持与原有图 3-12(a)的统一，使 BC 杆被预设为受压杆，则 RC 是指向 AC 杆的 C 点。

（3）BC 杆的受力图（图 3-12(c)）

由图 3-12(a)中 RN 的预设，已确定了 BC 杆是被预设为受压杆，则 BC 杆的受力图如图 3-12(c)所示。图 3-12(b)和图 3-12(c)两图上 C 铰处的力是作用力和反作用力，这里按通常习惯简略地使用了相同的名称 RC。

图 3-12(a)和(c)上 B 铰处的 RB 若画成它的两个分力 HB 和 VB，以及图 3-12(b)和(c)上 C 铰处的 RC 若画成它的两个分力 HC 和 VC，也是正确的画法，但在本题 BC 杆为二力直杆，RB、RC 既可直接画出，又不难计算的情况下，画成两个分力是不必要的。

3.2 平 面 力 系

3.2.1 平面汇交力系

1. 概念

凡各力的作用线都在同一平面内的力系称为平面力系；凡各力的作用线不在同一平面内力系，称为空间力系。在平面力系中，各力作用线交于一点的力系，称为平面汇交力系；各力作用线互相平行的力系，称为平面平行力系；各力作用线任意分布的力系，称为平面一般力系。

平面汇交力系的合成问题可以采用几何法和解析法进行研究。其中，平面汇交力系的几何法具行直观、简捷的优点，但其精度较差，在力学中用得较多的还是解析法。这种方法是以力在坐标轴上的投影的计算为基础。

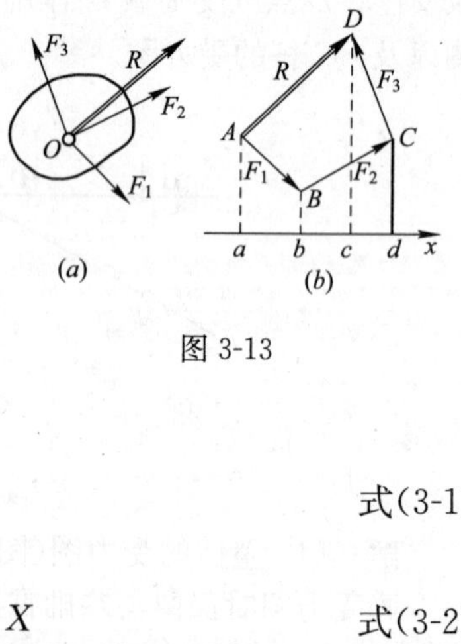

2. 合力投影定理

设有一平面汇交力系 F_1、F_2、F_3 作用在物体的 O 点，如图 3-13(a)所示，可得

$$R_x = X_1 + X_2 + X_3 \qquad 式(3-1)$$

这一关系可推广到任意汇交力的情形，即

$$R_x = X_1 + X_2 + \cdots + X_n = \sum X \qquad 式(3-2)$$

由此可见，合力在任一轴上的投影，等于各分力在同一轴上投影的代数和。这就是合力投影定理。

3. 用解析法求平面汇交力系的合力

当平面汇交力系为已知时，我们可选直角坐标系，求出力系中各力在 x 轴和 y 轴上的投影，再根据合力投影定理求得合力 R 在 x、y 轴上的投影 Rx、Ry，合力 R 的大小和方向可由下式确定：

图 3-13

$$R=\sqrt{R_x^2+R_y^2}=\sqrt{(\sum X)^2+(\sum Y)^2}$$
$$\tan a=\frac{|R_y|}{|R_x|}=\frac{|\sum Y|}{|\sum X|}$$

式(3-3)

式中 a 为合力 R 与 x 轴所夹的锐角；a 角在哪个象限由 $\sum X$ 和 $\sum Y$ 的正负号来确定。合力的作用线通过力系的汇交点 O。

4. 平面汇交力系平衡条件

平面汇交力系平衡的必要和充分条件是平面汇交力系的合力等于零。而根据式(3-3)的第一式可知

$$R=\sqrt{(\sum X)^2+(\sum Y)^2}=0$$

上式 $(\sum X)^2$ 与 $(\sum Y)^2$ 恒为正数，要使 $R=0$，必须且只须

$$\sum X=0$$
$$\sum Y=0$$

式(3-4)

所以平面汇交力系平衡的必要和充分的解析条件是：力系中所有各力在两个坐标轴中每一轴上的投影的代数和都等于零。式(3-4)称为平面汇交力系的平衡方程。应用这两个独立的平衡方程可以求解两个未知量。

3.2.2 力矩和平面力偶系

1. 力对点的矩

力对点的矩是很早以前人们在使用杠杆、滑车、绞盘等机械搬运或提升重物时所形成的一个概念。我们用 F 与 d 的乘积再冠以适当的正负号来表示力 F 使物体绕 O 点转动的效应，并称为力 F 对 O 点之矩，简称力矩，以符号 $M_O(F)$ 表示。O 点称为转动中心，简称矩心。矩心 O 到力作用线的垂直距离 d 称为力臂。通常规定：力使物体绕矩心作逆时针方向转动时，力矩为正，反之为负。在平面力系中，力矩或为正值，或为负值，因此，力矩可视为代数量。

2. 合力矩定理

我们知道平面汇交力系对物体的作用效应可以用它的合力 R 来代替。这里的作用效应包括物体绕某点转动的效应，而力使物体绕某点的转动效应由力对该点之矩来度量，因此，平面汇交力系的合力对平面内任一点之矩等于该力系的各分力对该点之矩的代数和，这就是合力矩定理。

$$M_O(R)=M_O(F_1)+M_O(F_2)+\cdots+M_O(F_n)=\sum M_O(F)$$

式(3-5)

3. 力偶和力偶矩

在生产实践和日常生活中，经常遇到大小相等、方向相反、作用线不重合的两个平行力所组成的力系。这种力系只能使物体产生转动效应而不能使物体产生移动效应。这种大小相等、方向相反、作用线不重合的两个平行力称为力偶，用符号 (F, F') 表示。力偶的两个力作用线间的垂直距离 d 称为力偶臂，力偶的两个力所构成的平面称为力偶作用面。

实践表明，当力偶的力 F 越大，或力偶臂越大，则力偶使物体的转动效应就越强；反之就越弱。因此，与力矩类似，我们用 F 与 d 的乘积来度量力偶对物体的转动效应，并把这一乘积冠以适当的正负号称为力偶矩，用 m 表示，即：

$$m = \pm Fd \qquad\qquad 式(3-6)$$

式中正负号表示力偶矩的转向。通常规定：若力偶使物体作逆时针方向转动时，力偶矩为正，反之为负。在平面力系中，力偶矩是代数量。力偶矩的单位与力矩相同。

4. 力偶的基本性质

力偶不同于力，它具有一些特殊的性质，现分述如下：

① 力偶没有合力，不能用一个力来代替。

② 力偶对其作用面内任一点之矩都等于力偶矩，与矩心位置无关。

③ 同一平面内的两个力偶，如果它们的力偶矩大小相等、转向相同，则这两个力偶等效，称为力偶的等效性。

从以上性质还可得出两个推论：力偶可在其作用面内任意移转，而不会改变它对物体的转动效应。

力偶对于物体的转动效应完全取决于力偶矩的大小、力偶的转向及力偶作用面，即力偶的三要素。因此，在力学计算中，有时也用一带箭头的弧线表示力偶，如图 3-14 所示，其中箭头表示力偶的转向，m 表示力偶矩的大小。

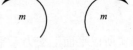

图 3-14

5. 平面力偶系的合成和平衡条件

作用在同一平面内的一群力偶称为平面力偶系。平面力偶系合成可以根据力偶等效性来进行。合成的结果是：平面力偶系可以合成为一个合力偶，其力偶矩等于各分力偶矩的代数和。即：

$$M = m_1 + m_2 + \cdots + m_n = \sum m_i \qquad\qquad 式(3-7)$$

平面力偶系可以合成为一个合力偶，当合力偶矩等于零时，则力偶系中的各力偶对物体的转动效应相互抵消，物体处于平衡状态。因此，平面力偶系平衡的必要和充分条件是：力偶系中所有各力偶矩的代数和等于零。用式子表示为：

$$\sum m_i = 0 \qquad\qquad 式(3-8)$$

上式称为平面力偶系的平衡方程。

3.2.3 平面一般力系

1. 平面一般力系的概念

平面一般力系是各力的作用线在同一平面内，既不全部汇交于一点也不全部互相平行的力系。

如图 3-15(a)所示的挡土墙，考虑到它沿长度方向受力情况大致相同，通常取 1m 长度的墙身作为研究对象，它所受到的重力 G、土压力 P 和地基反力 R 也都可简化到 1m 长墙身的对称面上，组成平面力系，如图 3-15(b)所示。

在平面结构上作用的力系，可以看成为平面一般力系。

还有些结构虽然明显不是受平面力系作用，但如果本身(包括支座)及其所承受的荷载有一个共同的对称面，那么，作用在结构上的力系就可以简化为在对称面内的平面力系，例如图 3-16 所示沿直线行驶的汽车，车受到的重力 G、空气阻力 F 以及地面对左右轮的约束反力的合力 RA、RB，都可简化到汽车的对称面内，组成平面一般力系。

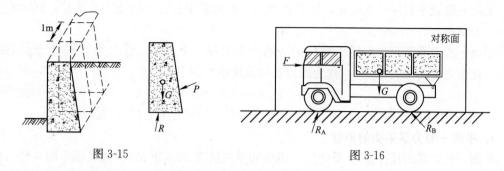

图 3-15   图 3-16

2. 力的平移定理

有一个力 F 作用在某刚体的 A 点，如图 3-17(a)所示。若在刚体的 O 点加上两个共线、反向、等值的力 F' 和 F''，且作用线与力 F 平行，大小与力 F 的大小相等，如图 3-17(b)所示，并不影响力 F 对刚体单独作用时产生的运动效果。进一步分析可以看出，力 F 与 F'' 构成一个力偶，其力偶矩为 $M=F \cdot d=M_O(F)$，而作用在点 O 的力 F'，其大小和方向与原力 F 相同，即相当于把原来的力 F 从点 A 平移到点 O，如图 3-17(c)所示。

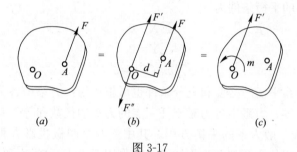

(a) (b) (c)

图 3-17

于是，得到力的平移定理：作用于刚体上的力 F，可以平移到同一刚体上的任一点 O，同时附加一个力偶，其力偶矩等于原力 F 对于新作用点 O 的矩。

3. 平面一般力系向一点的简化

设在物体上作用有平面一般力系 F_1、F_2、$\cdots$、F_n，如图 3-18(a)所示。为了将这一力系简化，在其作用面内取任意一点 O，根据力的平移定理，将力系中各力都平移到 O 点，就得到平面汇交力系 F_1'、F_2'、$\cdots$、F_n' 和附加的各力偶矩分别为 m_1、m_2、$\cdots$、m_n 的平面力偶系，如图 3-18(b)所示。平面汇交力系可合成为作用在 O 点的一个力，附加的平面力偶系可合成为一个力偶，如图 3-18(c)所示。任选的 O 点，称为简化中心。

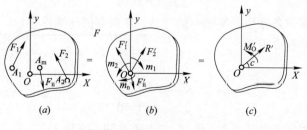

(a) (b) (c)

图 3-18

平面一般力系向任一点简化，就是将平面一般力系中各力向简化中心平移，同时附加上一个力偶系。

平面一般力系简化为作用于简化中心的一个力和一个力偶。这个力 R' 称为原力系的主矢，这个力偶的力偶矩 M_O，称为原力系对简化中心的主矩。

$$R'=F_1+F_2+\cdots+F_n=\sum F$$

$$M_O'=M_O(F_1)+M_O(F_2)+\cdots+M_O(F_n)=\sum M_O(F)=\sum M_O$$

4. 平面一般力系平衡的条件

平面一般力系向任一点 O 简化后，得到的主矢量 R' 和主矩 M_O。如果该平面一般力系使物体保持平衡，则必然有 $R'=0$，$M_O=0$。反之，如果 $R'=0$，$M_O=0$，则说明原力系就是平衡力系。

因此，平面一般力系平衡的必要和充分条件是力系的主矢量及力系对任一点的主矩均为零，即 $R'=0$，$M_O=0$

由于

$$R'=\sqrt{(\sum X)^2+(\sum Y)^2}$$

$$M_O=\sum m_O(F)$$

故平面一般力系的平衡条件为

$$\sum X=0$$
$$\sum Y=0 \hspace{4cm} 式(3-9)$$
$$\sum m_O(F)=0$$

即，平面一般力系平衡的必要和充分条件也可叙述为：力系中各力在两个坐标轴上投影的代数和分别等于零；力系中各力对于任一点的力矩的代数和等于零。

式(3-9)叫做平面一般力系的平衡方程，其中前两个叫做投影方程，后一个叫做力矩方程。可以把投影方程的含意理解为物体在力系作用下沿坐标轴 X 和 Y 方向不可能移动；将力矩方程的含意理解为物体在力系作用下绕任一矩心均不能转动。当满足平衡方程时，物体既不能移动，也不能转动，这就保证了物体处于平衡状态。当物体处于平衡状态时，可应用这三个平衡方程求解三个未知量。

式(3-9)是平面一般力系平衡方程的基本形式。除了这种形式外，还可将平衡方程表示为二力矩形式或三力矩形式。

二力矩形式的平衡方程是：

$$\sum X=0$$
$$\sum m_A(F)=0 \hspace{4cm} 式(3-10)$$
$$\sum m_B(F)=0$$

该平衡方程的限制条件是：X 轴不能与 A、B 两点的连线垂直。

三力矩形式的平衡方程是：

$$\sum m_A(F)=0$$
$$\sum m_B(F)=0 \hspace{4cm} 式(3-11)$$
$$\sum m_C(F)=0$$

该平衡方程的限制条件是：A、B、C 三点不在同一直线上。

平面一般力系的平衡方程虽有三种形式，但不论采用哪种形式，都能够写出、且只能写出三个独立的平衡方程。所以，对于平面一般力系来说，应用平衡方程，只能求解三个未知量。

在实际解题时，所选的平衡方程形式应尽可能使计算简便，力求在一个方程中只包含一个未知量，避免求解联立方程。

求解平面一般力系平衡问题的解题步骤和方法归纳如下：

（1）根据题意选取适当的研究对象。

（2）对研究对象进行受力分析，画出受力图。要根据各种约束的性质来画约束反力。当反力的指向不能确定时，可以任意假设其指向。若计算结果为正，则表示假设的指向与实际指向一致；若计算结果为负，则表示假设的指向与实际指向相反。画受力图时，注意不要遗漏作用在研究物体上的主动力。

（3）选用适当形式的平衡方程，最好是一个方程只包含一个未知量，这样可免于解联立方程，简化计算。为此，要选取适当的坐标轴和矩心，当所选的坐标轴与未知力作用线垂直时，该未知力在此轴上的投影为零，可使所建立的投影方程中未知量个数减少，但也要照顾到计算各力投影的方便。尽可能将矩心选在两个未知力的交点上，这样，通过矩心的这两个未知力的力矩等于零，可使力矩方程中含的未知量减少；当然，按上述做法时，也应照顾到计算各力对所选矩心的力臂简便。

（4）求出所有未知量后，可利用其他形式的平衡方程对计算结果进行校核。

【例 3-3】 一钢筋混凝土刚架受荷载作用及支承情况如图 3-19（a）所示。已知 $P=5$kN，$m=2$kN·m，刚架自重不计，试求 A、B 处的支座反力。

解：取刚架为研究对象，刚架的受力图

如图 3-19（b）所示。作用在刚架上的有已知的力 P 和力偶 m，未知的支座反力 RA 和 XB、YB，它们组成一个平面一般力系。刚架在力系作用下平衡，可用三个独立的平衡方程求解三个未知力。作用在刚架上有一个力偶荷载。由于力偶在任一轴上的投影均为零，因此，力偶在投影方程中不出现；由于力偶对平面内任一点之矩等于力偶矩，而与矩心位置无关，因此，在力矩方程中可直接将力偶矩列入。

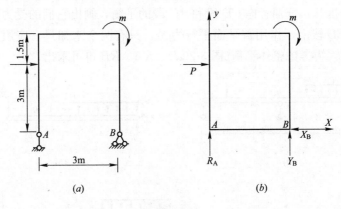

图 3-19

取坐标系如图 3-19（b）所示，则

由 $\sum X=0$，$P-XB=0$　得 $XB=P=5$kN（←）

由 $\sum m_{\mathrm{A}}(F)=0$，$-P\times 3-m+YB\times 3=0$ 得 $YB=(3P+m)/3=(3\times 5+2)/3=$ 5.67kN($\uparrow$)

由 $\sum Y=0$，$RA+YB=0$ 得 $RA=-YB=-5.67$kN($\downarrow$)

本题中 RA 值为负，说明 RA 的实际指向与假设指向相反，在答案后面的括号内应标注出实际指向；XB 和 YB 值为正，说明 XB、YB 的实际指向与假设指向一致。

5. 平面一般力系平衡方程的应用

在工程中，常常遇到由多个物体通过一定的约束联系在一起的系统，这种系统称为物体系统。研究物体系统的平衡问题，不仅要求解支座反力，而且还需要计算系统内各物体之间的相互作用力。

我们把作用在物体系统上的力分为外力和内力。所谓外力，就是系统以外的物体作用在这系统上的力；所谓内力，就是在系统内各物体之间相互作用的力。

求解物体系统的平衡问题，就是计算出物体系统的内、外约束反力。解决问题的关键在于恰当地选取研究对象，一般有两种选取的方法：

（1）先取整个物体系统作为研究对象，求得某些未知量；再取其中某部分物体（一个物体或几个物体的组合）作为研究对象，求出其他未知量。

（2）先取某部分物体作为研究对象，再取其他部分物体或整体作为研究对象，逐步求得所有的未知量。

不论取整个物体系统或是系统中某一部分作为研究对象。都可根据研究对象所受的力系的类别列出相应的平衡方程去求解未知量。

下面举例说明求解物体系统平衡问题的方法。

【例 3-4】 组合梁受荷载如图 3-20（a）所示。已知 $q=5$kN/m，$P=30$kN，梁自重不计，求支座 A、B、D 的反力。

解： 组合梁由两段 AC、CD 在 C 处用铰链连接并支承于三个支座上而构成；若取整个梁为研究对象，画其受力图如图 3-20（d）所示。由受力图可知，它在平面平行力系作用下平衡，有 RA、RB 和 RD 三个未知量，而独立的平衡方程只有两个，不能求解。因而需要将梁从铰 C 处拆开，分别考虑 CD 段和 AC 段的平衡，画出它们的受力图如图 3-20（b）、（c）所示。在梁 CD 段上，作用着平面平行力系，只有两个未知量，应用平衡方程可求得 RD，RD 求出后，再考虑整体平衡（图 3-20d），RA、RB 也可求出。

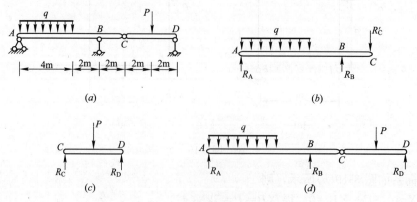

图 3-20

综上分析，求法如下：

（1）取梁 CD 段为研究对象（图 3-20b）

$$\sum M_C = 0, \quad RD \times 4 - P \times 2 = 0 \quad RD = 2P/4 = 2 \times 30/4 = 15\text{kN}(\uparrow)$$

（2）取整个组合梁为研究对象（图 3-20d）

$$\sum M_A = 0$$

$$RB \times 6 + RD \times 12 - q \times 4 \times 2 - P \times 10 = 0$$

$$RB = (8q + 10P - 12RD)/6 = (8 \times 5 + 10 \times 30 - 12 \times 15)/6 = 26.7\text{kN}(\uparrow)$$

$$\sum M_B = 0$$

$$q \times 4 \times 4 - P \times 4 - RA \times 6 + RD \times 6 = 0$$

$$RA = (16q - 4p + 6RD)/6 = (16 \times 5 - 4 \times 30 + 6 \times 15)/6 = 8.33\text{kN}(\uparrow)$$

校核：对整个组合梁，列出

$$\sum Y = RA + RB + RD - q \times 4 - P = 8.33 + 26.7 + 15 - 5 \times 4 - 30 \approx 0$$

可见计算正确。

本题还可先取梁 CD 段为研究对象，求解 RC 和 RD；再取梁 AC 段为研究对象，求解 RA 和 RB。但这一种解法不如上述解法简单。

3.3　杆件的强度、位移和稳定性计算

3.3.1　轴向拉伸和压缩的强度

1. 轴向拉（压）杆的内力——轴力

轴向拉压杆的受力特点是：杆两端作用着大小相等、方向相反、作用线与杆轴线重合的一对外力。其变形特点是：杆产生轴向伸长或缩短。当作用力背离杆端时，杆件产生伸长变形；当作用力指向杆端时，杆件产生压缩变形。

由外力引起的杆件内各部分间的相互作用力叫做内力。内力与杆件的强度、刚度等有着密切的关系。讨论杆件强度、刚度和稳定性问题，必须先求出杆件的内力。

求内力的基本方法是截面法。为了计算杆件的内力，首先需要把内力显示出来，所以假想用一个平面将杆件"截开"，使杆件在被切开位置处的内力显示出来，然后取杆件的任一部分作为研究对象，利用这部分的平衡条件求出杆件在被切开处的内力，这种求内力的方法称为截面法。截面法是求杆件内力的基本方法。不管杆件产生何种变形，都可以用截面法求出内力。

对于轴向拉压杆件，同样也可以通过截面法求任一截面上的内力。如图 3-21 所示杆件，受轴向拉力 P 的作用，现欲求横截面 m—m 上的内力，计算步骤如下：

（1）用假想的截面 m—m，在要求内力的位置处将杆件截开，把杆件分为两部分，如图 3-21(a)。

（2）取截开后的任一部分（左端）为研究对象，画受力图(b)，在截开的截面处用该截

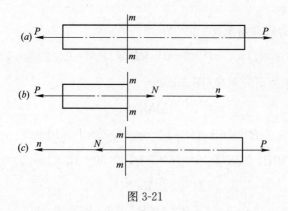

图 3-21

面上的内力代替另一部分对研究部分的作用。由平衡条件知，截面 m—m 上的内力与杆轴线重合。

（3）列出研究对象的平衡方程，求出内力。

$$\sum Fx = 0, \qquad N - P = 0$$
$$N = P$$

注：本处所讲的内力是这些分布内力的合力。因此，画受力图时在被截开的截面处，只画分布内力的合力即可。

由图 3-21 知：轴向拉(压)杆的内力是一个作用线与杆件轴线重合的力，把与杆件轴线相重合的内力称为轴力。并用符号 N 表示。通常规定：拉力(轴力 N 的方向背离该力的作用截面)为正；压力(轴力 N 的方向指向该力的作用截面)为负。

轴力的常用单位是牛顿或千牛，记为 N 或 kN。

2. 轴向拉(压)杆的应力

轴向拉(压)杆横截面上的内力是轴力，它的方向与横截面垂直。由内力与应力的关系，我们知道：在轴向拉(压)杆横截面上与轴力相应的应力只能是垂直于截面的正应力。而要确定正应力，必须了解内力在横截面上的变化规律，不能由主观推断。由于应力与变形有关，因此要研究应力，可以先从较直观的杆件变形入手。

取一等截面直杆，在杆的表面均匀地画一些与轴线相平行的纵向线和与轴线相垂直的横向线(如图 3-22(a)所示)，然后在杆的两端加一对与轴线相重合的外力，使杆产生轴向拉伸变形(如图 3-22(b)所示)。

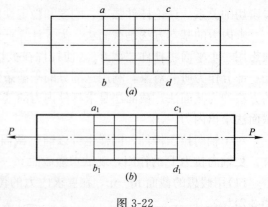

图 3-22

可以看到所有的纵向线都仍为直线，都伸长相等的长度；所有的横向线也仍为直线，保持与纵向线垂直，只是它们之间的相对距离增大了。由此，可以作出平面假设：变形前为平面的横截面，变形后仍为平面，但沿轴线发生了平移。由材料的均匀连续性假设可知，横截面上的内力是均匀分布的，即各点的应力相等(图 3-23)。

通过上述分析，已经知道：轴向拉(压)
杆横截面上只有一种应力——正应力，并且
正应力在横截面上是均匀分布的，所以横截
面上的平均应力就是任一点的应力。即拉
(压)杆横截面上正应力的计算公式为

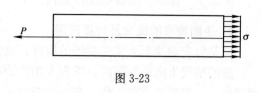

图 3-23

$$\sigma = \frac{N}{A}$$ 式(3-12)

式中　A——拉(压)杆横截面的面积；

　　　N——轴力。

由式(3-12)知，σ 的正负号与轴力相同，当轴力为拉力时，正应力也为拉应力，取正
号；当轴力为压力时，正应力也为压应力，取负号。

对于等截面直杆，最大正应力一定发生在轴力最大的截面上。$\sigma_{max} = \dfrac{N_{max}}{A}$

3. 轴向拉(压)杆的强度条件及其应用

为了保证轴向拉(压)杆在承受外力作用时能够安全可靠地工作，必须使构件截面上的
最大工作应力 σ_{max} 不超过材料的许用应力，即

$$\sigma_{max} = \frac{N_{max}}{A} \leqslant [\sigma]$$ 式(3-13)

式(3-13)称为构件在轴向拉伸或压缩时的强度条件。

产生最大正应力的截面称为危险截面。对于等截面直杆，轴力最大的截面即为危险截
面。对于变截面直杆，危险截面要结合轴力 N 和对应截面面积 A 通过计算来确定。

根据强度条件，可以解决强度计算的三类问题：

(1)强度校核

已知杆件所用材料($[\sigma]$ 已知)，杆件的截面形状及尺寸(A 已知)，杆件所受的外力
(可以求出轴力)，判断杆件在实际荷载作用下是否会破坏，即校核杆的强度是否满足要
求。若计算结果是 $\sigma_{max} \leqslant [\sigma]$，则杆的强度满足要求，杆能安全正常使用；若计算结果是
$\sigma_{max} > [\sigma]$，则杆的强度不满足要求。

(2)设计截面

已知杆件所用材料($[\sigma]$ 已知)，杆所受的外荷载(轴力可以求出)，确定杆件不发
生破坏(即满足强度要求)时，杆件应该选用的横截面面积或与横截面有关的尺寸。满
足强度要求时面积的计算式为：$A \geqslant \dfrac{N}{[\sigma]}$，求出面积后可进一步根据截面形状求出有
关尺寸。

(3)计算许用荷载

已知杆件所用材料($[\sigma]$ 已知)，杆所受外荷载的情况(可建立轴力与外荷载之间的关
系)，杆的横截面情况(A 已知)，求杆件满足强度要求时，能够承担的最大荷载值，即许
用荷载。满足强度时轴力的计算式为：$N \leqslant A[\sigma]$。求出满足强度要求时的轴力值后，再
根据轴力与实际情况下外荷载的平衡关系，进一步求出许用荷载。

3.3.2 梁的弯曲问题的强度

1. 平面弯曲的概念及计算简图

凡是以弯曲变形为主要变形的构件，通常称为梁。

梁的轴线方向称为纵向，垂直于轴线的方向称为横向。梁的横截面是指垂直于梁轴线的截面，一般都具有对称性，存在着至少一个对称轴。我们在这里只讨论有纵向对称面的梁。所谓纵向对称面，是指梁的横截面的对称轴与梁的轴线这两条正交直线所构成的平面。如果梁的外力和外力偶都作用在梁的纵向对称面内，那么梁的轴线变形后所形成的曲线仍在该平面（即纵向对称面）内。这样的弯曲变形，我们称之为平面弯曲。产生平面弯曲变形的梁，称为平面弯曲梁。

梁是在工程结构中应用非常广泛的一种构件。例如图 3-24(a)、(b) 所示的梁式桥的主梁、房屋建筑中的梁等。它们的主要变形就是弯曲变形。

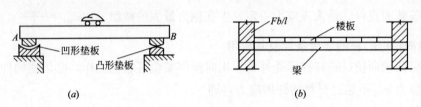

(a) $\qquad\qquad\qquad\qquad\qquad$ (b)

图 3-24

在进行梁的工程分析和受力计算时，不必把梁的复杂工程图按实际画出来，而是以能够代表梁的结构、荷载情况及作用效果的简化的图形来代替，这种简化后的图形称为梁的计算简图。

梁的计算简图也可称为梁的受力图。在计算简图上应包括梁的本身、梁的荷载、支座或支座反力。梁的本身可用其轴线来表示，但要在图上标明梁的结构尺寸数据，有时也需要把梁的截面尺寸表示出来。梁上的荷载因其作用在梁的纵向对称面内，可以认为就作用在轴线上，因而可以直接画在轴线上，并标明荷载的性质和大小。一般来讲，梁的荷载有均布荷载、集中力和集中力偶，分别用 q、F、M_e 表示，如图 3-25 所示。梁的支座最常见的有三种，即固定端支座、固定铰支座和活动铰支座。

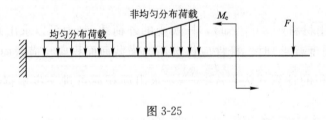

图 3-25

2. 剪力与弯矩

梁在横向荷载作用下，将同时产生变形和内力。梁横截面处的内力是指横截面以左、以右梁段的相互作用，内力专指横截面上分布内力的合力。当作用在梁上的外力（荷载和支座反力）已知时，可用截面法求梁某截面处的内力。以图 3-26(a) 所示简支梁为例，梁上作用有集中力荷载，现利用截面法求任意截面 m—m 的内力。

第一步，取梁整体为隔离体，求出两端支座的约束反力 F_A 和 F_B。

第二步，用 m—m 截断杆件，取左半部分或右半部分为隔离体，并在隔离体上以正的方向标出截面的内力，如图 3-26(b)、(c)所示。

第三步，在隔离体上建立平衡方程，根据静力平衡条件求出截面的内力。

取左半部分为隔离体，可求得：

$$\sum Y = 0 \quad F_A - F_S = 0$$

得
$$F_S = F_A$$

F_S 称为剪力，是作用在隔体上的集中力（包括外荷载（图 3-26）和约束反力）向截面形心简化的主矢。

$$\sum M_o = 0 \quad M - F_A \cdot x = 0$$

得
$$M = F_A x$$

力偶矩称为弯矩，是作用在隔离体上全部的力（包括外荷载、约束反力和力偶）向截面形心简化的主矩。

取右半部分为隔离体，可求得：

$$F_S = F_A$$

$$M = F_A x$$

从上述的计算中可以看出，无论是取截面的左半部分还是右半部分为隔离体，截面内力的计算结果都是一致的。但图 3-26 中取左、右隔离体为研究对象求得的剪力和弯矩是大小相等、方向相反的作用力与反作用力。为使同一截面的剪力和弯矩不仅大小相等，而且正负号一致。根据变形规定剪力和弯矩的正负号，如图 3-27 所示。

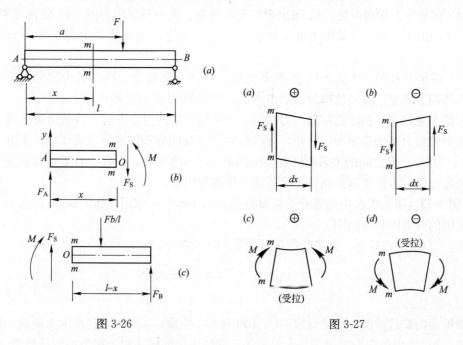

图 3-26   图 3-27

93

剪力使隔离体产生顺时针方向旋转时为正，反之为负；弯矩使隔离体产生上侧纤维受压、下侧纤维受拉，即隔离体的轴线产生上凹下凸的变形时为正，反之为负。

3. 剪力图和弯矩图

梁在外力作用下，各截面上的剪力和弯矩沿轴线方向是变化的。如果用横坐标 x（其方向可以向左也可以向右）表示横截面沿梁轴线的位置，则剪力和弯矩都可以表示为坐标 x 的函数，即

$$F_S = F_S(x) \quad M = M(x)$$

这两个方程分别称为梁的剪力方程和弯矩方程。

与绘制轴力图或扭矩图一样，可用图线表示梁的各横截面上剪力和弯矩沿梁轴线的变化情况，称为剪力图和弯矩图。剪力图的绘制与轴力图和扭矩图的绘制方法基本相同，正剪力画在 x 轴的上方，负剪力画在 x 轴的下方，并标明正负号。弯矩图绘制的规定和弯矩正负号的规定，弯矩画在梁的受拉侧，即正弯矩画在 x 轴的下方，负弯矩却画在 x 轴的上方，而不须标明正负号。

剪力图和弯矩图的分布规律：

(1) 梁上无均布荷载作用的区段，即 $q(x) = 0$ 的区段，F_S 图为一条平行于梁轴线的水平直线，M 图为一斜直线，当 $F_S(x) = 0$ 时，弯矩图为水平直线；当 $F_S(x) > 0$ 时，弯矩图为向右下倾斜的直线；当 $F_S(x) < 0$ 时，弯矩图为向右上倾斜的直线。

(2) 梁上有均布荷载作用的区段，即 $q(x) = (c)$ 的区段，剪力图为斜直线，M 图为二次抛物线。当 $q(x) > 0$（荷载向上）时，剪力图为向右上倾斜的直线，弯矩图为向上凸的抛物线；当 $q(x) < 0$（荷载向下），剪力图为向右下倾斜的直线，弯矩图为向下凸的抛物线。

(3) 梁上有按线性规律分布的荷载作用的区段，即 $q(x)$ 为一次线性函数的区段，F_S 图为二次抛物线，M 图为三次抛物线。

(4) 在集中力作用点处，F_S 图出现突变，方向、大小与集中力同，而 M 图没有突变，但由于 F_S 值的突变，在集中力的作用点处形成了尖点，突变成的尖角与集中力的箭头同向。

(5) 在集中力偶作用处，F_S 图没有变化，M 图发生突变，顺时针力偶向下突变，逆时针力偶向上突变，其差值即为该集中力偶，但两侧 M 图的切线应相互平行。

根据上述结论，在绘制梁的内力图时，不必写出梁的内力方程，直接由梁的荷载图就能定出梁的剪力图和弯矩图。因而，可以将梁按荷载的分布情况分成若干段，利用 $q(x)$、$F_S(x)$、$M(x)$ 三者之间的关系判断各段梁的剪力图和弯矩图的形状，计算特殊截面上的剪力值和弯矩值，进而可以绘制整个梁的剪力图和弯矩图。

【例 3-5】 简支梁在中间部分受均布荷载 $q = 100$kN/m 作用，如图 3-28(a) 所示。试绘制简支梁的剪力图和弯矩图。

解：(1)求支座反力。此梁的荷载及约束力均与跨中对称，故反力 F_A、F_B 为

$$F_A = F_B = \frac{1}{2} \times 100 \times 2 = 100 \text{kN}$$

(2) 绘剪力图

根据梁的荷载情况，将梁分成 AC、CD 和 DB 三段。该梁的 AC 段内无荷载，根据规律可知，AC 段内的剪力图应当是水平直线。该段内梁的横截面上剪力的值显然为

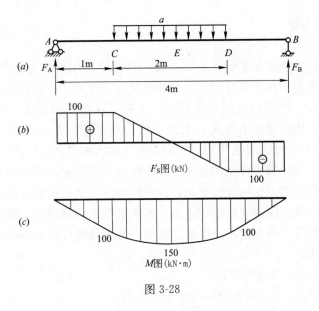

图 3-28

$$F_S = F_A = 100\text{kN}$$

对于该梁的 CD 段，分布荷载 q 为常量，因荷载向下，即 $q(x) < 0$，剪力图为向右下倾斜的直线。由 C 点处无集中力作用，剪力图在该处无突变，故斜直线左端的剪力值，即

$$F_{Sc} = F_A = 100\text{kN}$$

D 截面处的剪力值为

$$F_{SD} = 100 - 100 \times 2 = -100\text{kN}$$

梁的 DB 段，梁上无荷载，剪力图为水平直线；且由于 B 点处无集中力作用，剪力图在该处无突变，故该水平直线的剪力值为 -100kN。截面 B 受支座反力 F_B 作用，剪力图向上突变，突变值为 F_B 的大小。梁的剪力图如图 3-28(b)所示。

（3）绘弯矩图

梁的 AC 段内无荷载，且 $F_S(x) > 0$ 时，弯矩图为向右下倾斜的直线。支座(a)处横截面上的弯矩为零。C 截面处的弯矩为

$$M_C = M_A + 100 \times 1 = 100\text{kN} \cdot \text{m}$$

100×1 为 AC 段剪力图的面积（两截面之间的弯矩差值等于该段剪力图的面积）。

梁的 CD 段，有均布荷载作用且 $q(x) < 0$（荷载向下），则弯矩图为向下凸的抛物线。因为梁上 C 点处无集中力偶作用，故弯矩图在 C 截面处没有突变；在剪力为零的跨中截面 E 处，弯矩有极限值，其值为

$$M_E = M_C + \frac{1}{2} \times 100 \times 1 = 100 + 50 = 150\text{kN} \cdot \text{m}$$

$$M_D = M_E + \frac{1}{2} \times (-100) \times 1 = 150 + (-50) = 100\text{kN} \cdot \text{m}$$

（4）点的弯矩为

梁的 DB 段，由于剪力为负值的常量，故弯矩图应为向右上倾斜的斜直线。因为梁上 D 点处无集中力偶作用，故弯矩图在 D 截面处不应有突变，B 支座处弯矩为零。梁的弯矩

图如图 3-28(c)所示。

4. 叠加法作内力图

（1）叠加原理

在小变形和线弹性假设的基础上，梁上任一荷载所产生的内力不受其他荷载的影响。也就是说，认为各荷载的作用及作用效应是相互独立、互不干扰的。可以先分别计算出各荷载单独作用下效应，再求出它们的代数和。这种方法可以归纳为一个带有普遍性的原理，即叠加原理，其内容可以表述为：由几个外力所引起的某一参数（包括内力、应力、位移等），其值等于各个外力单独作用时所引起的该参数的值之总和。

弯矩可以利用叠加原理来作梁的弯矩图，即先分别作出梁在各项荷载单独作用下的弯矩图，然后将其相对应的纵坐标线性叠加，就可得出梁在所有荷载共同作用下的弯矩图。

对梁的整体运用叠加原理来绘制弯矩图，事实上是比较繁琐的，并不实用。如果先对梁进行分段处理，然后，再在每一个区段上运用叠加原理进行弯矩图的线性叠加，这种方法常称为区段叠加法。

（2）区段叠加法绘制梁的弯矩图

首先讨论图 3-29(a)所示简支梁的弯矩图的绘制。

如图 3-29(a)所示，简支梁上作用的荷载分两部分：跨间均布荷载 q 和端部集中力偶荷载 M_A 和 M_B。当端部力偶荷载 M_A 和 M_B 单独作用时，梁的弯矩图为一直线，如图 3-29(b)所示。当跨间均布荷载 q 单独作用时，梁的弯矩图为一条二次抛物线，如图 3-29(c)所示。当跨间均布荷载 q 和端部集中力偶 M_A 和 M_B 共同作用时，梁的弯矩图如图 3-29(d)所示，是图 3-29(b)和图 3-29(c)两个图形的叠加。

值得注意的是：弯矩图的叠加，是指纵坐标的叠加，即在图 3-29(d)中，纵坐标垂直于杆轴线 AB，而不垂直图中虚线。

采用区段叠加法绘制梁的弯矩图，可归结成如下的两个主要步骤：

① 在梁上选定外力的不连续点（如集中力作用点、集中力偶作用点、分布荷载作用的起点和终点等）作为控制截面，并求出控制截面的弯矩值。

② 区段叠加法画弯矩图。如控制截面间无荷载作用时，用直线连接两控制截面的弯矩值就作出了此段的弯矩图。如控制截面间有均布荷载作用时，先用虚直线连接两控制截面的弯矩值，然后以此虚直线为基线，叠加上该段在该均布荷载单独作用下的相应的简支梁的弯矩图，从而绘制出该段的弯矩图。

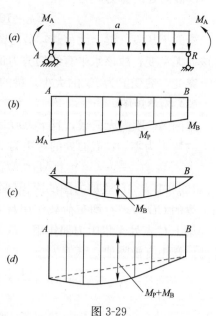

图 3-29

5. 梁的弯曲正应力

在平面弯曲梁的横截面上，存在着两种内力——剪力和弯矩。横截面上既有弯矩又有剪力的弯曲称为横力弯曲。如果梁横截面上只有弯矩而无剪力，这种弯曲称为纯弯曲。

只有切向分布的内力才能构成剪力，只有法向分布的内力才能构成弯矩，因面在梁的横截面上同时存在着切应力 τ 和正应力 σ。

（1）纯弯曲梁横截面上的正应力计算

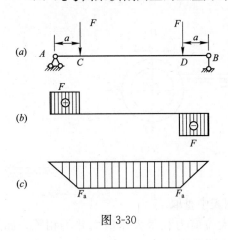

图 3-30

图 3-30 所示的简支梁的 CD 段，因其只有弯矩存在而无剪力存在，是一种纯弯曲变形情况。纯弯曲是弯曲中最基本的情况，纯弯曲梁横截面上的正应力计算公式可以推广到横力弯曲中使用。因此，研究弯曲正应力从纯弯曲开始。

$$\sigma = \frac{My}{I_z} \qquad \text{式}(3\text{-}14)$$

式(3-14)称为纯弯曲梁横截面上正应力计算公式。

式中：y——横截面上所求应力点至中性轴的距离。

几点说明：

① 公式(3-14)的适用范围为线弹性范围。

② 计算应力时可以用弯矩 M 和距离 y 的绝对值代入式中计算出正应力的数值，再根据变形形状来判断是拉应力还是压应力。

③ 在应力计算公式中没有弹性模量 E，说明正应力的大小与材料无关。

从式(3-14)可以看出，梁横截面某点的正应力 σ 与该横截面上弯矩 M 和该点到中性轴的距离 y 成正比，与该横截面对中性轴的惯性矩成反比。当横截面上弯矩 M 和惯性矩 I_z 为定值时，弯曲正应力 σ 与 y 成正比。当 $y=0$ 时，$\sigma=0$，中性轴各点正应力为零，即中性层纤维不受拉伸和压缩。中性轴两侧，一侧受拉，另一侧受压，距离中性轴越远，正应力越大。到上下边缘 $y=y_{max}$ 正应力最大，一侧为最大拉应力 σ_{tmax}，而另一侧为最大压应力 σ_{cmax}。正应力分布规律如图 3-31 所示，横截面上 y 值相同的各点正应力相同。

最大应力值为：

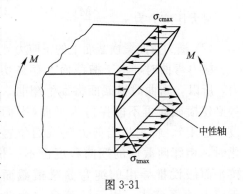

图 3-31

$$\sigma_{max} = \frac{My_{max}}{I_z} = \frac{M}{\dfrac{I_z}{y_{max}}} = \frac{M}{W_z} \qquad \text{式}(3\text{-}15)$$

式中：$W_z = \dfrac{I_z}{y_{max}}$——弯曲截面系数(抗弯截面系数或抵抗矩)，它仅与横截面的形状尺寸有关，衡量截面抗弯能力的几何参数，常用单位是 mm^3 或 m^3。

对于高为 h，宽为 b 的矩形截面(图 3-32(a))：$I_z = \dfrac{bh^3}{12}$　$W_z = \dfrac{bh^2}{6}$

对于直径为 d 的圆形截面(图 3-32(b))：$I_z = \dfrac{\pi D^4}{64}$　$W_z = \dfrac{\pi D^3}{32}$

对于空心圆形截面（图 3-32(c)）：

$$I_z = \frac{\pi D^4}{64}(1-\alpha^4) \quad W_z = \frac{\pi D^3}{32}(1-\alpha^4) \quad \alpha = \frac{d}{D}$$

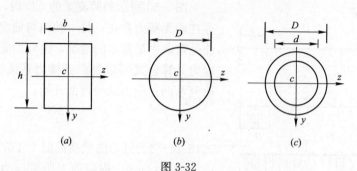

图 3-32

各种常用型钢的惯性矩和弯曲截面系数可从型钢表中查取。

当梁的横截面不对称于中性轴时，截面上的最大拉应力和最大压应力并不相等，如图 3-33 所示中的 T 形截面。这时，应把 y_1 和 y_2 分别代入公式，计算截面上的最大正应力。

最大拉应力为 $\sigma_{t\,max} = \dfrac{My_1}{I_z}$

最大压应力为 $\sigma_{c\,max} = \dfrac{My_2}{I_z}$

（2）横力弯曲梁横截面上的正应力计算

横力弯曲时，由于横截面上存在切应力，所以，弯曲时横截面将发生翘曲，这势必使横截面再不能保持为平面（平面假设不适用）。特别是当剪力随截面位置变化时，相邻两截面的翘曲程度也不一样。按平面假设推导出的纯弯曲梁横截面上正应力计算公式，用于计算横力弯曲梁横截面上的正应力是有一些误差的。但是当梁的跨度和梁高比大于 5 时，其误差在工程上是可以接受的。这时可以采用纯弯曲时梁横截面上的正应力公式来近似计算。

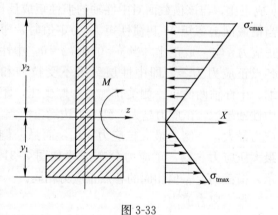

图 3-33

6. 梁的弯曲切应力

梁在横力弯曲时，梁的横截面上同时有弯矩 M 和剪力 F_s。因此，横截面上不仅有弯矩 M 对应的 σ，还有剪力 F_s 对应的切应力 τ。

（1）公式推导

图 3-34 所示的矩形截面梁高度为 h，宽度为 b，沿截面的对称轴 y 截面上有剪力 F_s。因为梁的侧面没有切应力，根据切应力互等定理，在横截面上靠近两侧面边缘的切应力方

向一定平行于横截面的侧边。一般矩形截面梁的宽度相对于高度是比较窄的，可以认为沿截面宽度方向切应力的大小和方向都不会有明显变化。所以对横截面上切应力分布作如下的假设：横截面上各点处的切应力都平行于横截面的侧边，沿截面宽度均匀分布。

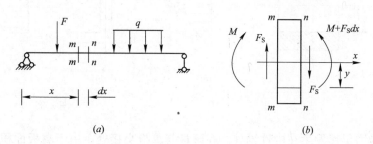

图 3-34

① 用相距 dx 的两个横截面 m—m 和 n—n 从梁中切一微段（图 3-34(a)）。为研究方便，设在微段上无横向外力作用，则由弯矩、剪力和荷载集度间的关系可知：横截面 m—m 上和 n—n 上剪力相等，均为 F_s。但弯矩不同，分别为 M 和 $M+F_s dx$（图 3-34(b)）。由平衡方程 $\Sigma X=0$，导出（过程从略）矩形截面梁横截面上切应力公式：

$$\tau=\frac{F_s S_z^*}{I_z b} \qquad \text{式}(3\text{-}16)$$

式中：F_s——横截面上的剪力；

$\quad I_z$——整个截面对中性轴的惯性矩；

$\quad S_z^*$——横截面上求切应力处的水平线以下(以上)部分面积 A^* 对中性轴的静矩；

$\quad b$——矩形截面宽度。

② 切应力分布规律及最大应力

对于矩形截面（图 3-35），求得距中性轴 y 处横线上的切应力 τ 为

$$\tau(y)=\frac{3}{2} \cdot \frac{F_s}{bh}\left(1-\frac{4y^2}{h^2}\right) \qquad \text{式}(3\text{-}17)$$

由式(3-17)看出矩形截面弯曲切应力沿截面高度按抛物线规律变化（图 3-35）

在上、下边缘 $y=\pm\dfrac{h}{2}$，　$\tau=0$

在中性轴处($y=0$)

$$\tau_{\max}=\frac{3}{2} \cdot \frac{F_s}{bh} \qquad \text{式}(3\text{-}18)$$

(2) 其他形状截面的切应力

① 工字形截面梁

工字形梁的横截面由上、下翼缘和中间腹板组成。腹板是矩形截面，所以腹板上切应力计算可按式(3-16)进行，翼板上的切应力的数值比腹板上切应力的数值小许多，一般忽略不计。其切应力分布如图 3-36 所示。

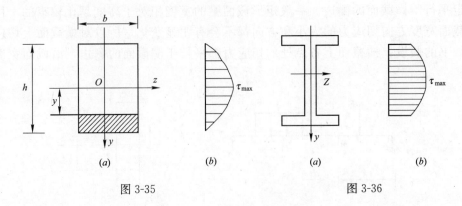

图 3-35   图 3-36

最大切应力仍然发生在中性轴处。在腹板与翼板交接处，由于翼板面积对中性轴的静矩仍然有一定值，所以切应力较大。

$$\tau_{max} = \frac{F_S S_{zmax}^*}{I_z b}$$

式中：S_{zmax}^*——半个截面对中性轴的静矩。

② 圆形截面梁和圆环形截面梁

圆形截面梁和和圆环形截面梁，它们的最大切应力均发生在中性轴处，沿中性轴均匀分布，计算公式分别为：

圆形截面： $\tau_{max} = \frac{4}{3} \cdot \frac{F_S}{A}$ 圆环形截面： $\tau_{max} = 2 \cdot \frac{F_S}{A}$

式中：F_S——横截面上的剪力；A——为横截面面积。

3.3.3 位移

1. 结构的变形和位移的概念

实际工程中任何结构都是由可变形固体材料组成的，在荷载作用下将会产生应力和应变，从而导致杆件尺寸和形状的改变，这种改变称之为变形，变形是结构（或其中的一部分）各点的位置发生相应的改变。同时，由于外荷载的作用下引起的结构各点的位置的改变称为结构的位移，结构的位移一般可分为线位移和角位移。

例如图 3-37(a)所示的刚架在外荷载 P 作用下发生如虚线所示的变形，截面 A 的形心沿某一方向移到了 A'，则线段 AA' 称为 A 点的线位移，用 $\triangle A$ 表示。也可以用竖向位移 $\triangle A_y$ 和水平位移 $\triangle A_z$ 两个位移分量表示，如图 3-37(b) 所示。同时，截面 A 还转动了一个角度 φ_A，称为截面 A 的转角位移。

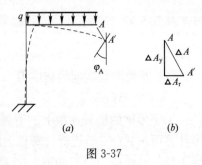

图 3-37

计算结构位移的主要目的有如下三个方面：

（1）校核结构的刚度

结构的刚度是指发生单位变形的条件下结构所受到的外荷载作用。为保证结构在使用过程中不致发生过大的变形而影响结构的正常使用，需要校核结构的刚度。例如，当车辆通过桥梁时，假如桥梁挠度过大，将会导致线路不平，在车辆动荷载的作用下将会引起较大的冲击和振动，轻则引起乘客的不适，重则影响车辆的安全运行。

（2）便于结构、构件的制作和施工

某些结构、构件在制作、施工架设等过程中需要预先知道该结构、构件可能发生的位移，以便采取必要的防范和加固措施，确保结构或构件将来的正常使用。

（3）为分析超静定结构创造条件

因为超静定结构的内力计算单凭静力平衡条件是不能够完全确定的，还必须考虑变形条件才能求解，建立变形条件就需要进行结构位移的计算。

另外，在结构的动力计算和稳定性计算中均要用到结构位移的计算。所以，结构位移计算在结构分析和实践中都具有重要的意义。

应该指出的是，这里所研究的结构仅限于线弹性变形体结构，或者说，结构的位移是与荷载成正比直线关系增减的。因此，计算位移时荷载的影响可以应用叠加原理。换句话说，结构必须具备如下条件：

（1）材料的受力是在弹性范围内，应力和应变的关系满足胡克定律；

（2）结构的变形（或者位移）是微小的。

线性变形结构也称为线性弹性结构，简称弹性结构。对于位移与荷载不成正比变化的结构，叫做非线性变形结构。线性和非线性变形结构，统称为变形体结构。

2. 计算静定杆系结构位移的单位荷载法——图乘法

运用图乘法时结构的各杆段符合下列条件：

（1）杆段的弯曲刚度 EI 为常数；

（2）杆段的轴线为直线；

（3）M_i 和 M_p 两个弯矩图中至少有一个为直线图形。

对如图 3-38 所示的一等截面直杆段 AB 上的两个弯矩图，其中 M_i 图形为直线图形，M_p 图为任意形状的图形，选直线图 M_i 的基线（平行杆轴）为坐标轴 x 轴，它与 M_i 图的直线的延长线的交点 o 为原点，建立 xoy 坐标系如图所示。

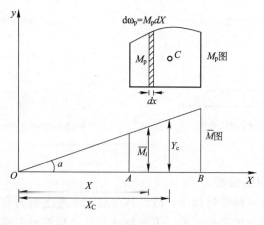

图 3-38

可推导得：

$$\int_A^B \overline{M_i}M_p ds = \frac{1}{EI}\omega \cdot y_c \qquad \text{式}(3\text{-}19)$$

由此可见，上述积分运算等于一个弯矩图的面积 ω 乘以其形心处所对应另一个直线图弯矩图上的纵距 y_c，再除以 EI。这就是所谓的图形互乘法，简称为图乘法。

若结构所有各杆件都符合图乘条件，则对式(3-19)求和即得计算结构位移的图乘法公式：

$$\Delta = \sum \int \frac{\overline{M_i}M_p}{EI}dx = \sum \frac{\omega \cdot y_c}{EI} \qquad \text{式}(3\text{-}20)$$

根据推导图乘法计算位移公式的过程，可见在使用图乘法时应注意如下几点：

(1) 结构必须符合上述的三个条件；

(2) 纵距 y_c 的值必须从直线图形上选取，且与另一图形面积形心相对应；

(3) 图乘法的正负号规定是：面积 ω 和纵距 y_c 若在杆件的同一侧，其乘积取正号，否则取负号。

图 3-39 给出了位移计算中几种常见图形的面积和形心的位置。在应用抛物线图形的公式时，必须注意在顶点处的切线应与基线平行。

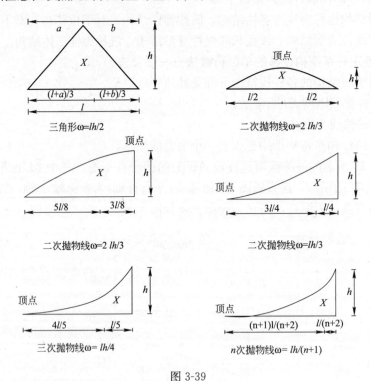

图 3-39

3. 用图乘法计算梁的位移

对于梁而言，它是一种受弯构件，故计算位移时不考虑剪力和轴力的影响。从而计算梁的位移时，只考虑对弯矩进行图乘。下面将通过几个算例对图乘法的使用予以说明。

【例3-6】 试用图乘法求图 3-40 所示悬臂梁端点 B 和中点 C 的竖向位移 $\triangle$ 和截面 B 的

转角 ϕ，（图中杆截面的 EI 为常数）

解：（1）在 B、C 点施加竖向单位荷载 $\overline{P}_1=1$ 和 $\overline{P}_2=1$，求 B、C 点的竖向位移 Δ_1、Δ_2，在 B 点施加单位力偶 $\overline{M}=1$，求 B 点的转角 ϕ。

（2）分别作出梁在实际荷载作用下的 M_p 图、虚单位力和虚单位力偶作用下的 $\overline{M}_1$ 图、$\overline{M}_2$ 图和 $\overline{M}_3$ 图如图 3-40 所示。

（3）计算 B 端的竖向位移 Δ_1。

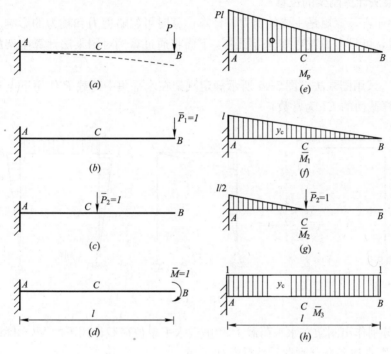

图 3-40

取图中的 M_p 图作为面积，$\omega_\rho=\dfrac{1}{2}\times\rho l\times l=\dfrac{pl^2}{2}$

再从图 $\overline{M}_1$ 中取形心对应的纵距 $y_c=\dfrac{2}{3}l$。应用图乘法便得

$$\Delta_1=\frac{1}{EI}\ (\omega_p\cdot y_c)\ =\frac{1}{EI}\Big(\frac{pl^2}{2}\times\frac{2}{3}l\Big)=\frac{pl^3}{3EI}(\downarrow)$$

由于 M_p、M_1 图都在基线同一边取正值，即位移向下。

（4）计算 C 端的竖向位移 Δ_2

取图中的 $\overline{M}_2$ 作为面积，$\omega_p=\dfrac{1}{2}\times\dfrac{l}{2}\times\dfrac{1}{2}\times\dfrac{l^2}{8}$

再从图 M_p 中取形心对应的纵距 $y_c=\dfrac{5}{6}l$。应用图乘法便得

$$\Delta_2=\frac{1}{EI}\ (\omega_p\cdot y_c)\ =\frac{1}{EI}\Big(\frac{l^2}{8}\times\frac{5}{6}l\Big)=\frac{5l^3}{48EI}(\downarrow)$$

（5）计算 B 端截面的转角 φ

仍取图中的 M_p 图为面积 $\omega_P = \dfrac{1}{2} \times \rho l \times l = \dfrac{\rho l^2}{2}$

又从图 $\overline{M}_3$ 中取形心对应的纵距 $y_c = 1$

$$\varphi = \frac{1}{EI} \ (\omega_p \cdot y_c) = \frac{1}{EI} \left(\frac{\rho l^2}{2} \times 1 \right) (\searrow)$$

由于 M_p、M_3 图形均在基线同一边取正值，故转角 φ 顺时针转动。

4. 用图乘法计算刚架的位移

对于刚架而言，弯矩是主要的内力，计算位移时可忽略剪力和轴力的影响。从而计算刚架的位移时，可只考虑对弯矩进行图乘。下面将通过算例对图乘法计算刚架的位移来进行说明。

【例 3-7】 试用图乘法求图 3-41 所示静定刚架在水平集中荷载 P 作用下点 B 的水平位移△。（图中杆截面的 EI 为常数）

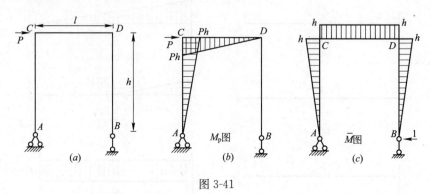

图 3-41

解：（1）分别作出刚架在水平荷载 P 和虚设水平单位荷载作用下的 M_p 图和 $\overline{M}$ 图
（2）根据图乘法各杆分别图乘然后叠加，得

$$\Delta = \frac{1}{EI} \sum \omega_p \cdot y_c = -\frac{1}{EI} \left(\frac{1}{2} \times Ph \times l \times h + \frac{1}{2} \times Ph \times h \times \frac{2h}{3} \right)$$

$$= -\frac{Ph^2}{6EI}(3l + 2h)(\rightarrow)$$

计算结果为负值，表明 B 点的实际位移与假设单位荷载指向相反，即位移向右。

3.3.4 压杆稳定

1. 压杆稳定的概念

工程中把承受轴向压力的直杆称为压杆。前面各章中我们从强度的观点出发，认为轴向受压杆，只要其横截面上的正应力不超过材料的极限应力，就不会因其强度不足而失去承载能力。但实践告诉我们，对于细长的杆件，在轴向压力的作用下，杆内应力并没有达到材料的极限应力，甚至还远低于材料的比例极限 σ_p 时，就会引起侧向弯曲而破坏。杆的破坏，并非抗压强度不足，而是杆件的突然弯曲，改变了它原来的变形性质，即由压缩变形转化为压弯变形，杆件此时的荷载远小于按抗压强度所确定的荷载。我们将细长压杆所发生的这种情形称为"丧失稳定"，简称"失稳"，而把这一类性质的问题称为"稳定问题"。所谓压杆的稳定，就是指受压杆件其平衡状态的稳定性。

作用在细长压杆上的轴向压力 P 的量变，将会引起压杆平衡状态稳定性的质变。也就是说，对于一根压杆所能承受的轴向压力 P，总存在着一个临界值 P_{cr}，当 $P<P_{cr}$ 时，压杆处于稳定平衡状态；当 $P>P_{cr}$ 时，压杆处于不稳定平衡状态；当 $P=P_{cr}$ 时，压杆处于临界平衡状态。我们把与临界平衡状态相对应的临界值 P_{cr} 称为临界力。工程中要求压杆在外力作用下应始终保持稳定平衡，否则将会导致建筑物的倒塌。

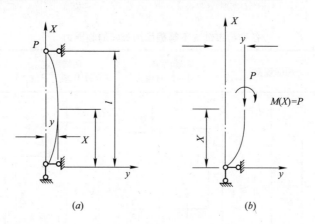

图 3-42

2. 两端铰支细长压杆的临界力

两端铰支的细长压杆受轴向压力 P 的作用，当 $P=P_{cr}$ 时，若在轻微的侧向干扰力解除后压杆处于微弯形状的平衡状态(图 3-42(a)所示)。设压杆距离铰 A 为 x 的任意横截面上的位移为 y，则该截面上的弯矩为 $M(x)=P_{cr}y$(图 3-42(a)所示)。将弯矩 $M(x)$ 代入压杆的挠曲线近似微分方程：$EI\dfrac{d^2y}{dx^2}=M(x)=-P_{cr}y$

利用压杆两端已知的变形条件(边界条件)，即 $x=0$ 时，$y=0$；$x=1$ 时，$y=0$，可推导出临界力公式

$$P_{cr}=\frac{\pi 2EI}{l^2} \tag{式(3-21)}$$

因为上式由欧拉公式首先导出，习惯上称为两端铰支压杆的欧拉公式。

应当注意的是，公式(3-21)中的 EI 表示压杆失稳时在弯曲平面内的抗弯刚度。压杆总是在它抗弯能力最小的纵向平面内失稳，所以 I 应取截面的最小形心主惯矩，即取 $I=I_{min}$。

公式(3-21)为两端铰支压杆的临界力公式，但压杆的临界力还与其杆端的约束情况有关。因为杆端的约束情况改变了，边界条件也随之改变，所得的临界力也就具有不同的结果。表 3-1 为几种不同杆端约束情况下细长杆件的临界力公式。从表中可看出，各临界力公式中，只是分母中 l^2 前的系数不同，因此可将它们写成下面的统一形式：

$$P_{cr}=\frac{\pi^2 EI}{(\mu l)^2}=\frac{\pi^2 EI}{l_0^2} \tag{式(3-22)}$$

式(2-22)中的 $l_0 = \mu l$，称为压杆的计算长度，而 μ 称为长度系数。按不同的杆端约束情况，归纳压杆的长度系数如下：

两端铰支：$\qquad\qquad\qquad\mu = 1$

一端固定，另一端自由：$\qquad\mu = 2$

两端固定：$\qquad\qquad\qquad\mu = 0.5$

一端固定，另一端铰支：$\qquad\mu = 0.7$

对于杆端约束情况不同的各种压杆，只要引入相应的长度系数 μ，就可按式(3-22)来计算临界力。

各种约束情况下等截面细长杆的临界力 表 3-1

杆端约束情况	两端铰支	一端固定，另一端自由	两端固定（允许 B 端上下位移）	一端固定，另一端铰支
压杆失稳时挠曲线形状				
临界力	$P_{cr} = \dfrac{\pi^2 EI}{l^2}$	$P_{cr} = \dfrac{\pi^2 EI}{(2l)^2}$	$P_{cr} = \dfrac{\pi^2 EI}{(0.5l)^2}$	$P_{cr} = \dfrac{\pi^2 EI}{(0.7l)^2}$
长度系数	$\mu = 1$	$\mu = 2$	$\mu = 0.5$	$\mu = 0.7$

3. 压杆的临界力计算

（1）临界应力

所谓临界应力，就是在临界力作用下，压杆横截面上的平均正应力。假定压杆的横截面面积为 A，则由欧拉公式得到的临界应力为

$$\sigma_{cr} = \frac{P_{cr}}{A} = \frac{\pi^2 EI}{(\mu l)^2 A}$$

令 $\dfrac{I}{A} = i^2$，则

$$\sigma_{cr} = \frac{\pi^2 E}{(\mu l)^2} \times i^2 = \frac{\pi^2 E}{\left(\dfrac{\mu l}{i}\right)^2} = \frac{\pi^2 E}{\lambda^2} \qquad\qquad 式(3\text{-}23)$$

式中 i 称为惯性半径，$i = \sqrt{\dfrac{I}{A}}$，$\lambda = \dfrac{\mu l}{i}$ 称为压杆的长细比（或柔度）。λ 综合反映了压杆杆端的约束情况(μ)、压杆的长度、尺寸及截面形状等因素对临界应力的影响。λ 越大，杆越细长，其临界应力 σ_{cr} 就越小，压杆就越容易失稳。反之，λ 越小，杆越粗短，其临界应力就越大，压杆就越稳定。

（2）欧拉公式的适用范围

欧拉临界力公式是以压杆的挠曲线近似微分方程式为依据而推导得出的，而这个微分方程式只是在材料服从胡克定律的条件下才成立。因此只有在压杆内的应力不超过材料的比例极限时，才能用欧拉公式来计算临界力，即应用欧拉公式的条件可表达为：

$$\sigma_{cr} = \frac{\pi^2 E}{\lambda^2} \leqslant \sigma_P$$

亦即：

$$\lambda \geqslant \sqrt{\frac{\pi^2 E}{\sigma_p}} = \pi \sqrt{\frac{E}{\sigma_p}} \qquad \text{式(3-24)}$$

式（3-24）是欧拉公式试用范围内用压杆的细长比（柔度）λ 来表示的形式，即只有当压杆的柔度大于或等于极限值 $\lambda_p = \pi \sqrt{\dfrac{E}{\sigma_p}}$ 时，欧拉公式才是正确的，也就是说，欧拉公式的适用条件是 $\lambda \geqslant \lambda_p$。工程中把 $\lambda \geqslant \lambda_p$ 的压杆称为细长压杆，即只有细长压杆才能应用欧拉公式来计算临界力和临界应力。

【例 3-8】 钢制的空心圆管，内、外径分别为 10mm 和 12mm，杆长 380mm，钢材的 $E = 210$Gpa。试用欧拉公式求钢管的临界力。已知在实际使用时，其承受的最大工作压力 $P_{max} = 2250$N，规定的稳定安全系数为 $n_w = 3.0$，试校核钢管的稳定性（两端作铰支考虑）。

解： 钢管横截面的惯矩

$$I = \frac{\pi}{64}(D^4 - d^4) = \frac{\pi}{64}(0.012^2 - 0.01^2) = 0.0527 \times 10^{-8} \text{m}^4$$

应用欧拉公式，钢管的临界力为：

$$P_{cr} = \frac{\pi^2 EI}{l^2} = \frac{\pi^2 \times 210 \times 10^9 \times 0.0527 \times 10^{-8}}{0.38^2} = 7564\text{N}$$

临界压力与实际最大工作压力之比，即为压杆工作时的安全系数，

$$n_I = \frac{P_{cr}}{P_{max}} = \frac{7564}{2250} = 3.36 > n_w = 3.0$$

因此钢管满足稳定性要求。

4. 压杆稳定的实用计算

（1）压杆的稳定许用应力折减系数 φ

当压杆的实际工作应力达到其临界应力时，压杆将丧失稳定。因此，正常工作的压杆，其横截面上的应力应小于临界应力。为了安全地工作，应确定一个适当地低于临界应力的许用应力，也就是应选择一个稳定安全系数 n_w。由于工程实际中的受压杆件都不同程度地存在着某些缺陷，如杆件的初弯曲、压力的初偏心、材质欠均匀等，都严重地影响了压杆的稳定性，降低了临界力的数值。因此，稳定安全系数 n_{st} 一般规定得比强度安全系数 n 要高。于是，压杆的稳定许用应力 $[\sigma_{cr}]$ 为：$[\sigma_{cr}] = \dfrac{\sigma_{cr}}{n_{st}}$

为计算方便，令 $\dfrac{\sigma_{cr}}{[\sigma_{cr}] n_{st}} = \varphi$ 则：$[\sigma_{cr}] = \dfrac{\sigma_{cr}}{n_{st}} = \varphi[\sigma]$

式中 $[\sigma]$ 为强度计算时的许用应力，φ 称为折减系数，其值小于 1，并随 λ 而异。几种常用材料的折减系数列于表 3-2 中。

长细比 $\lambda = \mu l / i$	φ 值			
	A3 钢	16 锰钢	铸铁	木材
0	1.000	1.000	1.00	1.000
10	0.995	0.993	0.97	0.971
20	0.981	0.973	0.91	0.932
30	0.958	0.940	0.81	0.883
40	0.927	0.895	0.69	0.822
50	0.888	0.840	0.57	0.757
60	0.842	0.776	0.44	0.668
70	0.789	0.705	0.34	0.575
80	0.731	0.627	0.26	0.470
90	0.669	0.546	0.20	0.370
100	0.604	0.462	0.16	0.300
110	0.536	0.384	-	0.248
120	0.466	0.325	-	0.208
130	0.401	0.279	-	0.178
140	0.349	0.242	-	0.153
150	0.306	0.213	-	0.133
160	0.272	0.188	-	0.117
170	0.243	0.168	-	0.104
180	0.218	0.151	-	0.093
190	0.197	0.136	-	0.083
200	0.180	0.124	-	0.075

（2）压杆的稳定条件

压杆的稳定条件，就是考虑压杆的实际工作压应力不能超过、最多等于稳定许用应力 $[\sigma_{cr}]$，即 $\sigma = \dfrac{P}{A} \leqslant [\sigma_{cr}]$

引用折减系数 φ 进行压杆的稳定计算时，其稳定条件是：

$$\sigma = \frac{P}{A} \leqslant [\sigma_{cr}] = \varphi [\sigma] \qquad \text{式（3-25）}$$

式中 $\sigma = \dfrac{P}{A}$ 是压杆的工作应力，P 是工作压力。

应用式(3-25)的稳定条件，与前面强度条件一样，可以用来解决以下三类问题：

① 验算压杆的稳定性

即验算给定的压杆在已知的工作压力作用下是否满足稳定条件。为此，首先按压杆给定的约束情况确定 μ 的值，然后由已知的横截面形状和尺寸计算面积 A、惯性矩 I、柔度 λ，再根据压杆的材料及 λ 值，以表 3-2 中查出的 φ 值，最后验算是否满足 $\sigma = \dfrac{P}{A} \leqslant [\sigma_{cr}]$ 这一稳定条件。

② 确定容许荷载(稳定承载能力)

首先根据压杆的支承情况、截面形状和尺寸，确定 μ 值，计算 A、I、i、λ 的值，然后根据材料和 λ 值，查表得 φ 值。最后按稳定条件计算 $P=\varphi[\sigma]A$，进而确定容许荷载值，即稳定承载能力。

③ 选择截面

即当杆的长度、所用材料、杆端约束情况及压杆的工作压力已知时，按稳定条件选择杆的截面尺寸。由于设计截面时，稳定条件式中的 A、φ 都是未知的，所以需采用试算法进行计算。即先假定一个 $\varphi1$ 值(一般取 $\varphi1=0.5$)，根据工作压力 P 和允许应力 $[\sigma]$，由稳定条件算出截面面积的第一次近似值 $A1$，并根据 $A1$ 值初选一个截面，然后计算 $I1$、$i1$ 和 $\lambda1$，再由表查出相应的 φ 值。如果查得的 φ 值与原先假定的 $\varphi1$ 值相差较大，可在二者之间再假定一个 $\varphi2$ 值，并重新计算一次。重复上述的计算，直到从表查得的 φ 值与假定者非常接近时为止，这样便可得到满足压杆稳定条件的结果。

【例 3-9】 两端铰支圆截面木柱高为 6m，直径为 20cm，承受轴向压力 $P=50$kN。已知木材的许用应力 $[\sigma]=10$MPa，试校核其稳定性。

解：圆截面的惯性半径和长细比：

$$i=\sqrt{\frac{I}{A}}=\frac{d}{4}=5\text{cm}$$

$$\lambda=\frac{ul}{i}=1\times6/(5\times10-2)=120$$

查表得：$\varphi=0.208$
稳定校核：

$$\sigma=\frac{P}{A}=\frac{50\times10^3}{\frac{\pi}{4}\times200^2}=1.59\text{MPa}$$

$$\varphi[\sigma]=0.208\times10=2.08\text{MPa}$$

$\sigma<\varphi[\sigma]$，柱子满足稳定性要求。

【例 3-10】 截面为 I40a 的压杆，材料为 16Mn 钢，许用应力 $[\sigma]=230$MPa，杆长 $l=5.6$m，在 oxz 平面内失稳时杆端约束情况接近于两端固定，则长度系数可取为 $\mu_y=0.65$；在 oxy 平面内失稳时为两端铰支，$\mu_z=1.0$，截面形状如图 3-43 所示。试计算压杆所允许承受的轴向压力 $[P]$。

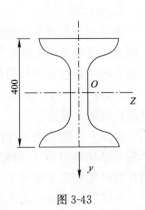

图 3-43

解：查型钢表 I40a 得：$A=86.1\text{cm}^2$，$i_y=2.77$cm，$i_z=15.9$cm

计算长细比：$\lambda_y=\mu_y l/i_y=0.65\times5.6\times10^2/2.77=131.4$

$$\lambda_z=\mu_z l/i_z=1\times5.6\times10^2/15.9=35.2$$

在 λ_y 与 λ_z 中应取大的长细比 $\lambda_y=131.4$ 来确定折减系数 φ，查表 3-2，并用线性插入法求得：

$$\varphi=0.279+1.4/1.0(0.242-0.279)=0.274$$

压杆允许承受的轴向压力为：
$$[P] = A\varphi[\sigma] = 86.1 \times 10^{-2} \times 0.274 \times 230 \times 10^6 = 543\text{kN}$$

3.4 平面体系的几何组成分析

3.4.1 平面体系几何组成分析的目的

1. 几何不变体系和几何可变体系

结构是由构件相互联结而组成的体系，其主要作用是承受并传递荷载。体系可以分为两类：

(1)几何不变体系

在不考虑材料应变的条件下，几何形状和位置保持不变的体系称为几何不变体系。

(2)几何可变体系

在不考虑材料应变的条件下，几何形状和位置可以改变的体系称为几何可变体系。

2. 平面体系几何组成分析的目的

工程结构必须是几何不变体系。在对结构进行分析计算时，首先必须分析判别它是不是几何不变体系，这种分析判别的过程称为体系的几何组成分析，其目的在于：

(1)判别某一体系是否几何不变，从而决定它能否作为结构。

(2)根据体系的几何组成，确定结构是静定的还是超静定的，从而选择相应的计算方法。

(3) 明确结构中各部分之间的联系，从而选择结构受力分析的顺序。

在对体系进行几何组成分析时，由于不考虑材料的应变，因此体系中的某一杆件或已知是几何不变的部分，均可视为刚体。在平面体系中又将刚体称为刚片。

3.4.2 平面体系的自由度和约束

1. 自由度

对平面体系进行几何组成分析时，判别一个体系是否几何不变可先计算它的自由度。所谓自由度是指确定体系位置所必需的独立坐标的个数；也可以说是一个体系运动时，可以独立改变其位置的几何参数的个数。

平面内的一个点，要确定它的位置，需要有 x、y 两个独立的坐标，因此，一个点在平面内有两个自由度。

确定一个刚片在平面内的位置则需要有三个独立的几何参数。在刚片上先用 x、y 两个独立坐标确定 A 点的位置，再用倾角 φ 确定通过 A 点的任一直线 AB 的位置，这样，刚片的位置便完全确定了。因此，一个刚片在平面内有三个自由度。

凡体系的自由度大于零，则体系是可以发生运动的，即自由度大于零的体系是几何可变体系。

2. 约束

在刚片之间加入某些联结装置，可以减少它们的自由度。能使体系减少自由度的装置称为约束(或称联系)。减少一个自由度的装置，称为一个约束；减少 n 个自由度的装置，

称为 n 个约束。下面分析几种联结装置的约束作用。

（1）链杆。图 3-44(a) 表示用一根链杆将一个刚片与基础相联结，此时刚片可随链杆绕 C 点转动又可绕 A 点转动。刚片的位置可以用如图 3-44(a) 所示的两个独立的参数 φ_1 和 φ_2 确定，其自由度由 3 减少为 2。可见一根链杆可减少一个自由度，故一根链杆相当于一个约束。

（2）铰。联结两个刚片的铰称为单铰。图 3-44(b) 表示刚片 Ⅰ 和 Ⅱ 用一个铰 B 联结。未联结前，两个刚片在平面内共有六个自由度。用铰 B 联结后，若认为刚片 Ⅰ 的位置由 A 点坐标 x、y 及倾角 φ_1 确定，而刚片 Ⅱ 则只能绕铰 B 作相对转动，其位置可再用一个独立的参数 φ_2 即可确定，因此减少了两个自由度。所以，两刚片用一个铰联结后其自由度由 6 减少为 4。故单铰的作用相当于两个约束，或相当于两根链杆的作用。

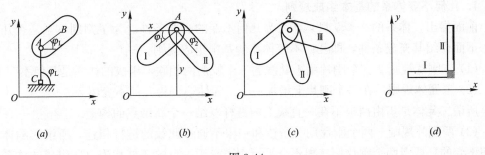

图 3-44

联结两个以上刚片的铰称为复铰。图 3-44(c) 为三个刚片用复铰 A 相连，设刚片 Ⅰ 的位置已确定，则刚片 Ⅱ、Ⅲ 都只能绕 A 点转动，从而各减少了两个自由度。因此，联结三个刚片的复铰相当于两个单铰的作用。由此可知，联结 n 个刚片的复铰相当于 $(n-1)$ 个单铰。

（3）刚性联结。所谓刚性联结如图 3-44(d) 所示，它的作用是使两个刚片不能有相对的移动及转动。未联结前，刚片 Ⅰ 和 Ⅱ 在平面内共有六个自由度。刚性联结后，刚片 Ⅰ 仍有三个自由度，而刚片 Ⅱ 相对于刚片 Ⅰ 既不能移动也不能转动。可见，刚性联结能减少三个自由度，相当于三个约束。

工程实际中，对于常见的由若干个刚片彼此用铰相连并用支座链杆与基础相连而组成的平面体系，设其刚片数为 m，单铰数为 h，支座链杆数为 r，则理论上该体系的自由度为

$$W = 3m - 2h - r \qquad\qquad 式(3\text{-}26)$$

但因体系中各构件的具体位置不同，致使每个约束不一定都能减少一个自由度，即 W 不一定为体系的真实自由度，故将 W 称为体系的计算自由度。

如果 $W > 0$，则表明体系缺少足够的约束，因此体系是几何可变的。

如果 $W \leqslant 0$，则体系不一定就是几何不变的。如图 3-45 和图 3-46 所示的体系，虽然两者的 W 均为零，但前者是几何不变体系，而后者是几何可变体系。由此可知，W≤0 只是体系为几何不变的必要条件。

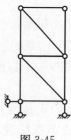

图 3-45

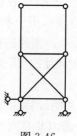

图 3-46

3.4.3 平面体系几何组成分析

1. 几何不变体系的基本组成规则

前面指出，体系的 $W \leqslant 0$ 只是体系为几何不变的必要条件。为了判别体系是否几何不变，下面介绍其充分条件，即几何不变体系的基本组成规则。

（1）三刚片规则　三个刚片用不共线的三个铰两两相联，组成的体系是几何不变的。

（2）二元体规则　在一个刚片上增加一个二元体，仍为几何不变体系。

所谓二元体是指由两根不在一直线上的链杆联结一个新结点的构造。

（3）两刚片规则　两个刚片用一个铰和一根不通过此铰的链杆相连，所组成的体系是几何不变的；或者两个刚片用三根不全平行也不交于一点的链杆相连，所组成的体系是几何不变的。

此规则的前一种叙述，实际是将三刚片规则中的任意一个刚片代之以链杆，如图 3-47 所示，显然体系是几何不变的。

这里需要对后一种叙述作一说明：在图 3-48 中，刚片 Ⅰ 和 Ⅱ 用两根不平行的链杆 AB 和 CD 相连。假定刚片 Ⅰ 不动，则刚片 Ⅱ 可绕 AB 与 CD 两杆的延长线的交点 O 转动，因此，联结两刚片的两根链杆的作用相当于在其交点的一个铰，但这个铰的位置是随着链杆的位置变动而变动的，这种铰称为虚铰。图 3-49 所示为两个刚片用三根不全平行也不交于一点的链杆相连的情形。此时可把链杆 AB、CD 看作是在其交点 O 处的一个铰，则两刚片就相当于用铰 O 和链杆 EF 相连，且链杆不通过铰 O，故为几何不变体系。

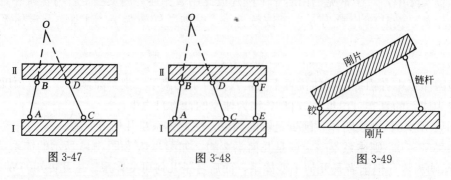

图 3-47　　　　　图 3-48　　　　　图 3-49

2. 瞬变体系

在上述三刚片规则中要求三个铰不共线，若三个铰共线，如图 3-50 所示的情形：铰 C 可沿图示两圆弧公切线作微小移动，因而是几何可变的。不过一旦发生微小移动后，三个铰将不再共线，即又转化成一个几何不变体系。这种原为几何可变，经微小位移后即转化为几何不变的体系，称为瞬变体系。当两刚片用交于一点或相互平行的三根链杆相连时，则所组成的体系或是瞬变体系(图 3-51)，或是几何可变体系(图 3-52)。

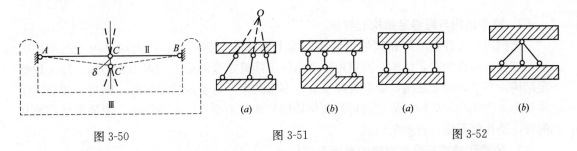

图 3-50　　　　　　　图 3-51　　　　　　　图 3-52

瞬变体系是几何可变体系的特殊情况，不能作为工程结构使用。为区别起见，又将经微小位移后仍能继续发生运动的几何可变体系称为常变体系(图 3-52)。

3. 平面体系几何组成分析示例

下面举例说明如何应用这些规则对平面体系进行几何组成分析。

【例 3-11】 试对图 3-53(a)所示体系进行几何组成分析。

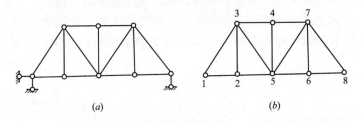

图 3-53

解： 体系本身与地基是按两刚片规则相连的，因此只需对体系本身进行几何组成分析即可。如图 3-53(b)所示，对该部分可按结点 1、2、3……的顺序依次拆除二元体，最后只剩下刚片 7—8。故原体系是几何不变体系。

【例 3-12】 试对图 3-54(a)所示体系进行几何组成分析。

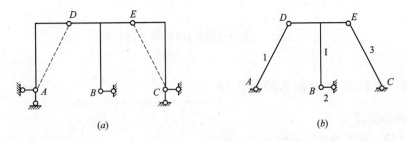

图 3-54

解： 对体系进行几何组成分析时，体系中凡是用两个铰联结的刚片，均可视为链杆。因此，图 3-54(a)中的刚片 AD、CE 可分别视为链杆 1、3，如图 3-54(b)所示。在图 3-54(b)中，把 BDE 部分视为刚片 I、地基视为刚片 II，这两个刚片用三根不全平行也不交于一点的链杆相连，故原体系是几何不变体系。

3.4.4　静定结构与超静定结构

1. 静定结构与超静定结构的概念

结构可分为静定结构和超静定结构。如果结构的全部反力和内力都可由平衡条件确定，这种结构称为静定结构；而只由平衡条件不能确定全部反力和内力的结构，称为超静定结构。一个超静定结构，如果去掉了 n 个多余约束才可变成静定结构，则这个超静定结构称为 n 次超静定结构。静定结构的几何特征是几何不变且无多余约束，超静定结构的几何特征是几何不变且有多余约束。

2. 超静定结构超静定次数的确定方法

超静定结构中多余约束的数目称为超静定次数。确定超静定次数的方法一般是：去掉多余约束使原结构变成静定结构，所去掉的多余约束的数目即为原结构的超静定次数。

从超静定结构中去掉多余约束的方式通常有以下几种：

(1)去掉一根支座链杆或切断一根链杆，相当于去掉一个约束。

(2)去掉一个铰支座或拆开联结两刚片的单铰，相当于去掉两个约束。

(3)将固定端支座改成铰支座或将刚性联结改成单铰联结，相当于去掉一个约束。

(4)去掉一个固定端支座或切开刚性联结，相当于去掉三个约束。

如图 3-55 所示用两种方式得到了两种不同的静定结构，但它们都是去掉了三个多余约束。

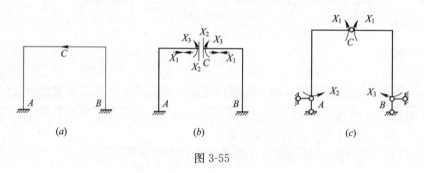

图 3-55

3.5　静定结构的内力计算

3.5.1　单跨静定梁和多跨静定梁

1. 单跨静定梁

【例 3-13】　钢板梁设计示例设计资料

(1) 计算跨径 $l=16.0$m，全长 16.40m；

(2) 梁上可变荷载 $q=55$kN/m(单根梁)冲击系数$(1+\mu)=1.091$，工字形截面钢梁翼缘板 $2-350\times20$，腹板采用 $1-1150\times10$，弹性模量 $E=2.06\times10^5$MPa

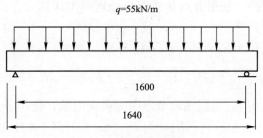

图 3-56 简支梁计算简图

2. 验算

惯性矩：$I_x=\dfrac{1}{12}\times 1\times 115^3+2\times(2\times 35\times 58.5^2)=605855\text{cm}^4$

抵抗矩：$W_x=\dfrac{I_x\cdot 2}{h}=\dfrac{605855\times 2}{119}=10182\text{cm}^3$

中性轴的面积矩：$S=350\times 20\times 585+575\times 10\times 575/2=5.748\times 10^6\text{mm}^3$

截面面积及自重：$A=115\times 1+2\times 2\times 35=255\text{cm}^2$

$$g_1=78.5\times 255\times 10^{-4}=2.0\text{kN/m}$$

跨中最大弯矩：$M_{max}=\dfrac{1}{8}\times[(1+\mu)q+g]l^2=\dfrac{1}{8}\times[1.091\times 55+2.0]\times 16^2=1984\text{kN}\cdot\text{m}$

支座处最大剪力：$Q_{0max}=\dfrac{1}{2}\times[(1+\mu)q+g]l=\dfrac{1}{2}\times[1.091\times 55+2.0]\times 16=496\text{kN}$

最大挠度发生在跨中

$$f=\dfrac{5ql^4}{384EI}=\dfrac{5}{384}\dfrac{55\times 16000^4}{2.06\times 10^5\times 605855\times 10^4}=37.6\text{mm}$$

【例 3-14】 单跨静定桁架内力计算

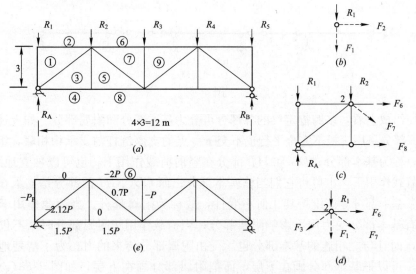

图 3-57 桁架杆件内力解析计算法示意

(*a*) 结构简图 (*b*) 节点法 (*c*) 截面法 (*d*) 节点法 (*e*) 内力图

根据力学的平衡条件，利用节点和截面法分别列出计算方程式，并联立或逐一求解，得出桁架各杆件的内力。

如图 7-9(a)所示，$R_1=R_2=R_3=R_4=R_5=P$，

由 $\sum M_B=0$ 得，$R_A=\dfrac{1}{12}\times[R_1\times12+R_2\times9+R_3\times6+R_4\times3]=2.5P$

在计算 1♯杆件内力时，可以用取节点 1 为研究对象，应用节点法按节点平衡条件计算出 1♯、2♯杆件的内力为 $F_1=-R_1$，为 $F_2=0$。在计算 8♯杆件内力时，则可采用截面法来计算。取图 7-9(c)所示的结构为研究对象，并由平衡条件来计算，其中包括 $\sum X=0$，$\sum Y=0$，$\sum M=0$。若按 $\sum X=0$，$\sum Y=0$ 计算，要联立求解；而利用 $\sum M_2=0$ 则在一个方程中仅包括一个未知数，可以直接求得 8♯杆件的内力：

$$F_8=\frac{1}{3}\times[R_A\times3-R_1\times3]=R_A-R_1=1.5P$$

3. 多跨静定梁

多跨静定梁是由若干根梁用铰相连，并用若干支座与基础相联而组成的结构。这种梁常被用于桥梁和房屋中的檩条梁。图 3-58(a)为一用于房屋檩条的多跨静定梁，图 3-56(b)为其计算简图。

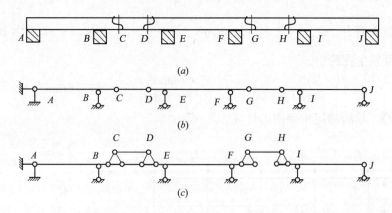

图 3-58

从几何组成上看，多跨静定梁的各部分可分为基本部分和附属部分。如上述多跨静定梁，其 AC 部分是用三根不完全平行也不交于一点的支座链杆与支承物相联，组成一几何不变体系，称为基本部分；DG 和 HJ 部分在竖向荷载作用下，也可以独立地维持平衡，故在竖向荷载作用下，也可将它们当作基本部分；而 CD、GH 两部分是支承在基本部分上，需依靠基本部分才能维持其几何不变性，故称为附属部分。当荷载作用于基本部分上时，只有基本部分受力而不影响附属部分；当荷载作用于附属部分时，不仅附属部分直接受力，而且与之相连的基本部分也承受由附属部分传来的力。为了清楚地表示这种传力关系，可以把基本部分画在下层，而把附属部分画在上层，如图 3-58(c)所示，称为层次图。

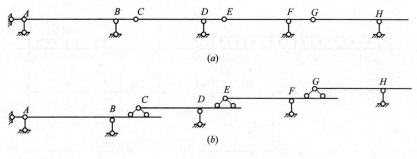

图 3-59

多跨静定梁有两种基本形式，第一种如图 3-58(b)所示，其特点是基本部分与附属部分交互排列；第二种基本形式如图 3-59(a)所示，其特点是除左边第一跨为基本部分外，其余各跨均分别为其左边部分的附属部分，其层次图如图 3-59(b)所示。

由上述基本部分与附属部分的传力关系可知，计算多跨静定梁的顺序应该是先计算附属部分，后计算基本部分。具体计算时，应首先分析绘制多跨静定梁的层次图，然后按照"先附属、后基本"的顺序计算各部分的约束反力，亦即各段梁的约束反力，然后绘制各段梁的内力图，最后将各段梁的内力图联成一体，即为多跨静定梁的内力图。

【例 3-15】 试作出图 3-60(a)所示多跨静定梁的内力图。

解：(1) 根据传力途径绘制层次图，如图 3-60(b)所示。

(2) 计算各段梁的约束反力。先从高层次的附属部分开始，逐层向下计算：

1) 取 EK 段为隔离体(图 3-60(c))

由 $\sum M_E=0$ 得

$$F_K \times 4m-10kN \times 2m=0$$
$$F_K=5kN$$

由 $\sum Y=0$ 得

$$F_E+F_K-20kN-10kN=0$$
$$F_E=25kN$$

2) 取 CE 段为隔离体(图 3-60(d))

由 $\sum M_C=0$ 得

$$F_D \times 4m-25kN \times 5m-4kN/m \times 4m \times 2m=0$$
$$F_D=39.25kN$$

由 $\sum Y=0$ 得

$$F_C+F_D-4kN/m \times 4m-25kN=0$$
$$F_C=1.75kN$$

3) 取 KH 段为隔离体(图 3-60(e))

由 $\sum M_H=0$ 得

$$F_G \times 4m-5kN \times 5m-3kN/m \times 4m \times 2m=0$$
$$F_G=12.25kN$$

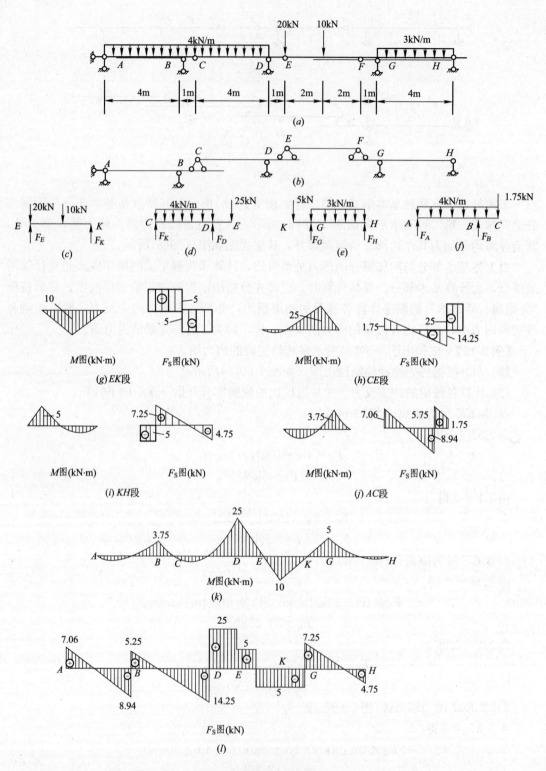

图 3-60

由 $\sum Y=0$ 得

$$F_H+F_G-5kN-3kN/m\times 4m=0$$

$$F_H=4.75kN$$

4）取 AC 段为隔离体（图 3-60(f)）

由 $\sum M_A=0$ 得

$$F_B\times 4m-1.75kN\times 5m-4kN/m\times 5m\times 2.5m=0$$

$$F_B=14.69kN$$

由 $\sum Y=0$ 得

$$F_A+F_B-4kN/m\times 5m-1.75kN=0$$

$$F_A=7.06kN$$

（3）计算内力并绘制内力图

各段梁的约束反力求出后，不难求出其各控制截面的内力，然后绘制各段梁的内力图，如图 3-60(g)、(h)、(i)、(j)所示。最后将它们联成一体，得到多跨静定梁的弯矩图（图 3-60k）和剪力图（图 3-60l）。

3.5.2　静定平面刚架

刚架是由直杆组成的具有刚结点的结构。当组成刚架的各杆轴线与荷载位于同一平面内时，称为平面刚架。静定平面刚架常见的形式有悬臂刚架（图 3-61(a)）、简支刚架（图 3-61(b)）、三铰刚架（图 3-61(c)）和组合刚架（图 3-61(d)）。在刚架的刚结点处，刚结的各杆端连成整体，结构变形时它们的夹角保持不变。一般情况下，刚架中的杆件内力有弯矩、剪力和轴力。

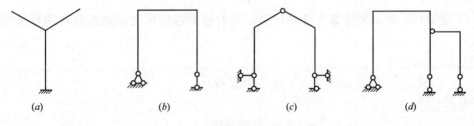

| (a) | (b) | (c) | (d) |

图 3-61

求解刚架内力的一般步骤是：先求出支座反力，然后按分析单跨静定梁内力的方法逐杆绘制内力图，即得整个刚架的内力图。

在计算内力时，弯矩的正负号可自行规定，剪力和轴力的正负号规定同前。绘制内力图时通常规定弯矩图绘制在杆件的受拉一侧，不标正负号；剪力图和轴力图可绘在杆件的任一侧，但必须标明正负号。

为了区别汇交于同一结点处不同杆件的杆端内力，在内力符号中增添了两个下标：第一个表示内力所属的截面，第二个表示该截面所属杆件（或杆段）的另一端。例如 M_{AB} 表示 AB 杆 A 端截面的弯矩，M_{BA} 则表示 AB 杆 B 端截面的弯矩。

下面举例说明刚架内力图的绘制方法。

【例 3-16】　试绘制图 3-62(a)所示刚架的内力图。

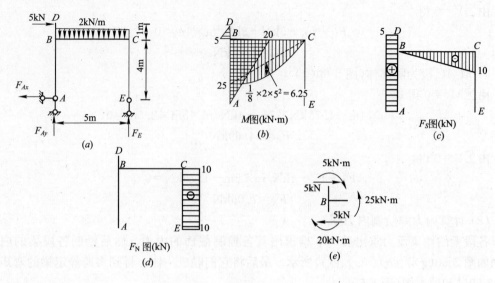

图 3-62

解：(1)求支座反力。取整个刚架为隔离体，由

$$\sum X=0, \quad -F_{Ax}+5kN=0$$

得 $F_{Ax}=5kN$

由 $\sum M_A=0, \quad F_E\times5m-q\times5m\times2.5m-5kN\times5m=0$

得 $F_E=10kN$

由 $\sum Y=0, \quad F_{Ay}+F_E-q\times5m=0$

得 $F_{Ay}=0$

(2) 绘制弯矩图。先计算各杆端弯矩，然后根据各杆所受荷载及弯矩图特征绘制弯矩图。

BD 杆：$M_{DB}=0$

$M_{BD}=5kN\times1m=5kN\cdot m$（左侧受拉）

AB 杆：$M_{AB}=0$

$M_{BA}=F_{Ax}\times4m=20kN\cdot m$（右侧受拉）

BC 杆：$M_{BC}=F_{Ax}\times4m+5kN\times1m=25kN\cdot m$（下侧受拉）

$M_{CB}=0$

CE 杆：$M_{CE}=M_{EC}=0$

BD 杆和 AB 杆上均无荷载，其弯矩图均为斜直线。而 CE 杆上虽然也无荷载，但它的两杆端弯矩均为零，故该杆各截面弯矩为零。AC 杆上有均布荷载，其弯矩图应为二次抛物线，绘制该杆的弯矩图时，可以将以上求得的杆端弯矩画出并连以直线，再以此直线为基线叠加相应简支梁在均布荷载作用下的弯矩图即可。根据以上分析计算，绘制刚架的弯矩图如图 3-62(b)所示。

（3）绘制剪力图

BD 杆：$F_{SBD}=5kN$

因为 BD 杆中间无荷载，故剪力为常数，剪力图为平行于 BD 的直线

AB 杆：$F_{SAB}=F_{Ax}=5kN$

AB 杆的剪力图为平行于 AB 的直线

BC 杆：$F_{SBC}=F_{Ay}=0$

$$F_{SCB}=-F_E=-10kN$$

BC 杆上有均布荷载，剪力图应为斜直线。

CE 杆：因为支座 E 的反力 FE 通过 CE 杆轴线，且杆上无荷载作用，所以 CE 杆各截面剪力均为零。

根据以上分析计算，绘制刚架的剪力图如图 3-62(c)所示。

(4)绘制轴力图。由图 3-62(a)显然可得

$$F_{NBD}=0, \quad F_{NBA}=0, \quad F_{NBC}=0$$

$$F_{NCE}=-F_E=-10kN$$

刚架的轴力图如图 3-62(d)所示。

(5) 校核。内力图作出后应进行校核，现取结点 B 为隔离体，如图 3-62(e)所示。由

$$\sum X=5kN-5kN=0$$

$$\sum M_B=25kN\cdot m-5kN\cdot m-20kN\cdot m=0$$

及 $\sum Y$ 恒为零，可知结点 B 满足平衡条件。

3.5.3　三铰拱

1. 概述

拱是杆轴线为曲线并且在竖向荷载作用下会产生水平反力的结构。这种水平反力又称为推力。是否产生推力是区别拱式结构与梁式结构的主要标志，如图 3-63(a)所示的结构，其轴线虽为曲线，但在竖向荷载作用下并无推力产生，所以它不是拱式结构而是梁式结构，通常将其称为曲梁；而图 3-63(b)所示的结构在竖向荷载作用下将产生推力，故属于拱式结构。

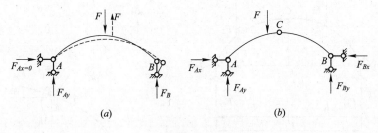

图 3-63

在拱式结构中，由于存在推力，所以拱截面上的弯矩将比相应梁的弯矩小得多，使拱主要承受压力作用。因此拱式结构往往采用抗拉强度较低而抗压强度较高的砖、石、混凝土等来建造。但设计时要注意：必须保证拱比梁具有更加坚固的基础或支承结构。

拱的形式一般有为无铰拱(图 3-64a)、两铰拱(图 3-64b)和三铰拱(图 3-64c)。其中三铰拱是静定的，两铰拱和无铰拱是超静定的。有时在拱的两支座间设置拉杆来代替支座承

受水平推力，成为带拉杆的拱，如图 3-64(d) 所示。这种拱的优点在于：拱在竖向荷载作用下，其支座只产生竖向反力，从而消除了推力对支承结构的影响。为了增加拱下的净空，有时将拉杆做成折线形，并用吊杆悬挂，如图 3-64(e) 所示。

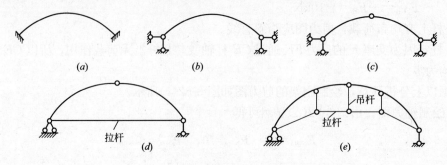

图 3-64

拱的各部分名称如图 3-65 所示。拱身各横截面形心的连线称为拱轴线，拱的两端支座处称为拱趾，两拱趾间的水平距离 l 称为拱的跨度，两拱趾的连线称为起拱线，拱轴上距起拱线最远的一点称为拱顶，三铰拱通常在拱顶处设置铰，拱顶到起拱线的竖直距离 f 称为拱高，拱高与跨度之比 f/l 称为高跨比。两拱趾在同一水平线上的拱称为平拱，不在同一水平线上的称为斜拱。

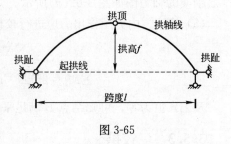

图 3-65

2. 三铰拱的内力计算

现以图 3-66(a) 所示的三铰平拱为例，说明在竖向荷载作用下三铰拱的内力计算方法。

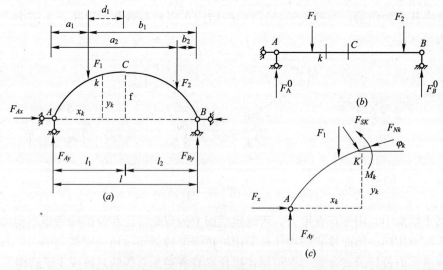

图 3-66

122

（1）支座反力的计算

首先取整个结构为隔离体，由

$$\sum M_B = 0, \quad F_{Ay}l - F_1 b_1 - F_2 b_2 = 0$$

得

$$F_{Ay} = \frac{F_1 b_1 + F_2 b_2}{l} \qquad\qquad 式(a)$$

由

$$\sum M_A = 0, \quad F_{By}l - F_1 a_1 - F_2 a_2 = 0$$

得

$$F_{By} = \frac{F_1 a_1 + F_2 a_2}{l} \qquad\qquad 式(b)$$

由

$$\sum X = 0$$

得

$$F_{Ax} = F_{Bx} = F_x \qquad\qquad 式(c)$$

再取左半拱为隔离体，由

$$\sum M_C = 0, \quad F_{Ay}l_1 - F_{Ax}f - F_1 d_1 = 0$$

得

$$F_{Ax} = \frac{F_{Ay}l_1 - F_1 d_1}{f}$$

即

$$F_x = \frac{F_{Ay}l_1 - F_1 d_1}{f} \qquad\qquad 式(d)$$

为了说明拱的反力特性，取与三铰拱同跨度、同荷载的简支梁如图 3-66(b) 所示。由平衡条件可得简支梁的支座反力及截面 C 的弯矩分别为

$$F_A^0 = \frac{F_1 b_1 + F_2 b_2}{l} \qquad\qquad 式(e)$$

$$F_B^0 = \frac{F_1 a_1 + F_2 a_2}{l} \qquad\qquad 式(f)$$

$$M_C^0 = F_A^0 l_1 - F_1 d_1 \qquad\qquad 式(g)$$

比较式(a)与(e)、(b)与(f)及(d)与(g)得

$$\left. \begin{array}{l} F_{Ay} = F_A^0 \\ F_{By} = F_B^0 \\ F_{Ax} = F_{Bx} = F_x = \dfrac{M_C^0}{f} \end{array} \right\} \qquad\qquad 式(3\text{-}27)$$

由上式可知，拱的竖向反力与相应简支梁的竖向反力相等，推力等于相应简支梁上与拱中间铰处对应截面上的弯矩除以拱高。当荷载与拱的跨度给定时，M_C^0 为定值，其推力 F_x 与拱高 f 成反比，拱越高即 f 越大时，推力越小，反之，拱越平坦即 f 越小时，推力越大。

（2）内力的计算

为了计算图 3-66(a) 所示三铰拱任一横截面 K 的内力，可取 K 截面以左部分为隔离体，如图 3-66(c) 所示。通常规定弯矩以使拱的内侧受拉为正、剪力以绕隔离体顺时针转动为正、轴力以压力为正。图 3-66(c) 中所设截面 K 的内力均是正的。又设截面 K 的形心坐标为 x_k、y_k，拱轴线在 K 处的切线倾角为 φ_k。考虑隔离体的平衡，由

$$\sum M_K = 0$$

得

$$M_K = [F_{Ay}x_K - F_1(x_K - a_1)] - F_x y_K \qquad\qquad 式(a)$$

相应简支梁（图 3-66(b)）对应截面 K 处的弯矩为

$$M_K^0 = F_A^0 x_K - F_1(x_K - a_1)$$

因为 $\qquad\qquad\qquad\qquad F_{Ay} = F_A^0$

所以式(a)为 $\qquad M_K = [F_{Ay} x_K - F_1(x_K - a_1)] - F_x y_K$

$$= [F_A^0 x_K - F_1(x_K - a_1)] - F_x y_K$$

$$= M_K^0 - F_x y_K$$

因剪力等于截面一侧所有外力在该截面方向投影的代数和,所以有

$$F_{SK} = F_{Ay} \cos\varphi_K - F_1 \cos\varphi_K - F_x \sin\varphi_K$$

即 $\qquad\qquad F_{SK} = (F_{Ay} - F_1)\cos\varphi_K - F_x \sin\varphi_K \qquad\qquad$ 式(b)

相应简支梁在截面 K 处的剪力 F_{SK}^0 为

$$F_{SK}^0 = F_A^0 - F_1$$

又因为 $\qquad\qquad\qquad F_{Ay} = F_A^0$

所以式(b)为 $\qquad F_{SK} = (F_{Ay} - F_1)\cos\varphi_K - F_x \sin\varphi_K$

$$= (F_A^0 - F_1)\cos\varphi_K - F_x \sin\varphi_K$$

$$= F_{SK}^0 \cos\varphi_K - F_x \sin\varphi_K$$

又因轴力等于截面一侧所有外力在该截面法线方向投影的代数和,所以有

$$F_{NK} = F_{Ay} \sin\varphi_K - F_1 \sin\varphi_K + F_x \cos\varphi_K$$

即 $\qquad\qquad F_{NK} = (F_{Ay} - F_1)\sin\varphi_K + F_x \cos\varphi_K$

$$= F_{SK}^0 \sin\varphi_K + F_x \cos\varphi_K$$

综上所述,三铰平拱在竖向荷载作用下任一截面 K 上的内力计算公式为

$$\left. \begin{array}{l} M_K = M_K^0 - F_x y_K \\[2mm] F_{SK} = F_{SK}^0 \cos\varphi_K - F_x \sin\varphi_K \\[2mm] F_{NK} = F_{SK}^0 \sin\varphi_K + F_x \cos\varphi_K \end{array} \right\} \qquad 式(3\text{-}28)$$

当拱轴线方程给定时,利用上述公式即可求解拱任一截面的内力。

【例 3-17】 试作出图 3-67 所示三铰拱的内力图。已知拱轴线方程为 $y = 4fx(l-x)/l^2$。

解: (1) 求支座反力。由式(3-27)得

$$F_{AY} = F_A^0 = \frac{1}{8} \times (50 \times 7 + 50 \times 2 + 20 \times 3 \times 4.5)\text{kN} = 90\text{kN}$$

$$F_{BY} = F_B^0 = \frac{1}{8} \times (50 \times 1 + 50 \times 6 + 20 \times 3 \times 3.5)\text{kN} = 70\text{kN}$$

$$F_{Ax} = F_{Bx} = F_x = \frac{M_C^0}{f} = \frac{1}{2} \times (90 \times 4 - 50 \times 3 - 20 \times 2 \times 1)\text{kN} = 85\text{kN}$$

(2) 确定控制截面并计算控制截面的内力

将拱沿跨度分成 8 等份,以各等分点所对应的截面作为控制截面,分别计算这些截面上的内力。现以截面 1 为例,说明其内力的方法。

1) 求截面 1 的纵坐标 y_1。因为 $x_1 = 1\text{m}$,所以有

$$y_1 = \frac{4f}{l^2} x_1(l - x_1) = \frac{4 \times 2 \times 1}{8^2} \times (8 - 1)\text{m} = 0.875\text{m}$$

2) 求 $\sin\varphi_1$ 和 $\cos\varphi_1$。

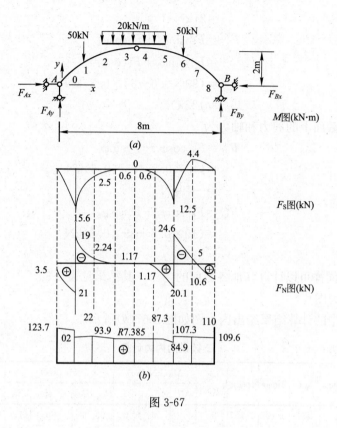

图 3-67

因为

$$\tan\varphi = \frac{dy}{dx} = \frac{4f}{l^2}(l-2x)$$

所以

$$\tan\varphi_1 = \frac{4f}{l^2}(l-2x_1) = \frac{4\times2}{8^2}\times(8-2\times1) = 0.75$$

得

$$\varphi_1 = 36.87°$$

故

$$\sin\varphi_1 = 0.6 \quad \cos\varphi_1 = 0.8$$

3) 求截面 1 上的内力。

由式(3-28)得截面 1 上的弯矩为

$$M_1 = M_1^0 - F_x y_1 = (90\times1 - 85\times0.875)\text{kN}\cdot\text{m} = 15.6\text{kN}\cdot\text{m}$$

因为截面 1 处受集中荷载作用,其剪力和轴力有突变,所以要分别计算截面 1 左、右两侧截面上的剪力和轴力。

截面 1 左侧截面上的剪力和轴力为

$$\begin{aligned}
F_{S1}^L &= F_{S1}^{0L}\cos\varphi_1 - F_x\sin\varphi_1 \\
&= F_{AY}\cos\varphi_1 - F_x\sin\varphi_1 \\
&= (90\times0.8 - 85\times0.6)\text{kN}
\end{aligned}$$

125

$$=21\text{kN}$$
$$F_{\text{N1}}^{\text{L}}=F_{\text{S1}}^{\text{0L}}\sin\varphi_1+F_x\cos\varphi_1$$
$$=F_{\text{Ay}}\sin\varphi_1+F_x\cos\varphi_1$$
$$=(90\times0.6+85\times0.8)\text{kN}$$
$$=122\text{kN}$$

截面 1 右侧截面上的剪力和轴力为

$$F_{\text{S1}}^{\text{R}}=F_{\text{S1}}^{\text{0R}}\cos\varphi_1-F_x\sin\varphi_1$$
$$=(40\times0.8-85\times0.6)\text{kN}$$
$$=-19\text{kN}$$
$$F_{\text{N1}}^{\text{R}}=F_{\text{S1}}^{\text{0R}}\sin\varphi_1+F_x\cos\varphi_1$$
$$=(40\times0.6+85\times0.8)\text{kN}$$
$$=92\text{kN}$$

用以上方法同样可以计算其他各截面的内力，其结果见表 3-3。

（3）绘制内力图

根据表 3-3 中的计算结果绘出内力图如图 3-67(b)所示。

三铰拱的内力计算 表 3-3

拱轴分点	横坐标 $x(m)$	纵坐标 $y(m)$	$\tan\varphi x$	φx	$\sin\varphi x$	$\cos\varphi K$	F_{SK}^0 (KN)	$M_k(\text{kN}\cdot m)$			$F_{\text{sk}}(\text{kN})$			$F_{\text{Nk}}(\text{kN})$		
								M_{K}^0	$-F_x y_K$	M_x	$F_{\text{SK}}^0\cos\varphi_K$	$-F_x\sin\varphi_K$	F_{sk}	$F_{\text{SK}}^0\sin\varphi_K$	$F_x\cos\varphi_K$	F_{Nk}
0	0	0	1	45°	0.707	0.707	90	0	0	0	63.63	−60.1	3.5	63.63	60.1	123.7
1左	1	0.875	0.75	36.87°	0.6	0.8	90	90	−74.4	15.6	72	−51	21	54	68	122
1右	1	0.875	0.75	36.87°	0.6	0.8	40	90	−74.4	15.6	32	−51	−1.9	24	68	92
2	2	1.5	0.5	26.57°	0.447	0.894	40	130	−127.5	2.5	35.76	−38	−2.24	17.88	76	93.9
3	3	1.875	0.25	14.04°	0.242	0.97	20	160	−159.4	0.6	19.4	−20.57	−1.17	4.84	82.45	87.3
4	4	2	0	0°	0	1	0	170	−170	0	0	0	0	0	85	85
5	5	1.875	−0.25	−14.04°	−0.242	+0.97	−20	160	−159.4	0.6	−19.4	20.57	L17	4.84	82.45	87.3
6左	6	1.5	−0.5	−26.57°	−0.447	+0.894	−20	140	−127.5	12.5	−17.88	38	20.1	8.94	76	84.9
6右	6	1.5	−0.5	−26.57°	−0.447	+0.894	−70	140	−127.5	12.5	−62.58	38	−24.6	31.3	76	107.3
7	7	0.875	−0.75	−36.87°	−0.6	+0.8	−70	70	−74.4	−4.4	−56	51	−5	42	68	110
8	8	0	−1	−45°	−0.707	+0.707	−70	0	0	0	−49.49	80.1	10.6	49.49	60.1	109.6

3. 三铰拱的合理拱轴线

前面指出：拱主要承受压力作用，并通常用抗压强度较高的材料制成。为充分发挥材料的力学性能，可以通过调整拱的轴线，使拱在确定的荷载作用下各截面上的弯矩都为零（从而剪力也为零），这时拱截面上只有通过截面形心的轴向压力作用，其压应力沿截面均匀分布，此时的材料能得以充分利用。这种在固定荷载作用下，使拱处于无弯矩状态的拱轴线称为该荷载作用下的合理拱轴线。

合理拱轴线可根据弯矩为零的条件确定。在竖向荷载作用下，三铰拱任一截面的弯矩为

$$M_K = M_K^0 - F_x y_K$$

令其等于零得三铰拱的合理拱轴线方程为

$$y_K = \frac{M_K^0}{F_x}$$　　　　　　　　　　　式(3-29)

由此可知，当三铰拱所受荷载为已知时，只要求出相应简支梁的弯矩方程和拱的水平推力，然后用弯矩方程除以水平推力即可求得其合理拱轴线方程。

3.5.4　静定平面桁架

1. 静定平面桁架的组成及特点

桁架是指由若干根直杆在两端用铰联结而组成的结构。

在平面桁架的计算中，通常采用如下假定：

(1) 各结点都是无摩擦的理想铰。

(2) 各杆轴线都是直线，且都在同一平面内通过铰的中心。

(3) 荷载只作用在结点上，并位于桁架的平面内。

符合上述假定的桁架，称为理想桁架。理想桁架中的各杆只受轴力，截面上的应力分布均匀，材料可以得到充分利用。与梁相比，桁架的用料较省，并能跨越更大的跨度。

实际的桁架与上述假定存在一些差别。如桁架的各杆轴线不可能绝对平直，在结点处也不可能准确交于一点，荷载并非作用在结点上等等。但理论计算和实际测量结果表明，在一般情况下，忽略这些差别的影响，可以满足计算精度的要求。

2. 静定平面桁架的内力计算

(1) 结点法

所谓结点法，是指以截取桁架的结点为隔离体，利用各结点的静力平衡条件计算杆件内力的方法。

计算桁架的内力时，一般将杆件内力设为拉力，并经常需要将斜杆的内力 F_N 分解为水平分力 F_{Nx} 和竖直分力 F_{Ny}，如图 3-68 所示。设该斜杆 AB 的长为 l，相应的水平投影和竖直投影为 l_x 和 l_y，由相似三角形的比例关系可知：$\dfrac{F_N}{l} = \dfrac{F_{Nx}}{lx} = \dfrac{F_{Ny}}{ly}$

利用这个比例关系，在 F_N、F_{Nx} 和 F_{Ny} 中，任知其一便可很方便地推算出其余两个。

桁架中常有一些特殊情形的结点，利用这些结点平衡的特殊情形，可使计算得到简化，现把几种主要的特殊结点列举如下：

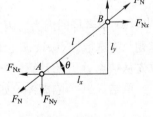

图 3-68

① 1 形结点（图 3-69a），即不共线的两杆结点。当结点上无荷载时，则两杆内力均为零。

② T 形结点（图 3-69b），即由三杆汇交且有两杆共线的结点。当结点上无荷载时，共线的两杆内力必相等且符号相同（即同为拉力或压力），而不共线的第三根杆内力必为零。

③ X 形结点（图 3-69c），即由四杆汇交，其中两杆在一直线上，而其他两杆又在另一直线上的结点。当结点上无荷载时，则共线的两杆内力必相等且符号相同。

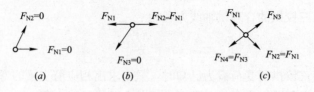

(a) (b) (c)

图 3-69

桁架中内力为零的杆件，称为零杆。

应用以上结论，不难判断图 3-70 及图 3-71 中虚线所示的杆件均为零杆；图 3-71 中，上弦杆各杆内力相同，下弦杆各杆内力也相同，于是计算工作得到简化。

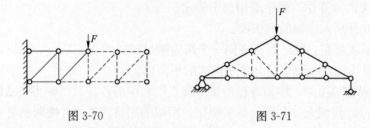

图 3-70   图 3-71

由于桁架中各结点所受力系都是平面汇交力系，而平面汇交力系可以建立两个平衡方程，求解两个未知力。因此，应用结点法时，应从不多于两个未知力的结点开始计算，且在计算过程中应尽量使每次选取的结点其未知力不超过两个。

现举例说明结点法的应用。

【例 3-18】 试求图 3-72(a)所示桁架各杆的内力。

解： 由于桁架和荷载都是对称的，故只需求出杆 EF 及其左（或右）半部分各杆内力即可。

（1）求支座反力。取整个桁架为隔离体，由对称性得

$$F_A = F_B = 40\text{kN}$$

（2）求各杆的内力。因为结点 C 为 T 形结点，所以有 $F_{CD} = 0$，$F_{AC} = F_{CF}$。由此可知，本题只需选取结点 A、D、F（或 E）便可求得各杆内力。又因为结点 A 只有两个未知力，故先从结点 A 开始计算。

取结点 A 为隔离体，如图 3-72(b)所示。由

$$\sum Y = 0, \quad F_{ADy} + 40\text{kN} - 10\text{kN} = 0$$

得

$$F_{ADy} = -30\text{kN}$$

又由比例关系

$$\frac{F_{AD}}{AD} = \frac{F_{ADy}}{CD}$$

即

$$\frac{F_{AD}}{\sqrt{5}m} = \frac{F_{ADy}}{1m}$$

得

$$F_{AD} = \sqrt{5} F_{ADy} = -67.1\text{kN}$$

因为

$$F_{ADx} = 2F_{ADy} = -60\text{kN}$$

$$\sum X = 0, \quad F_{AC} + F_{ADx} = 0$$

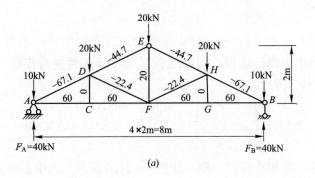

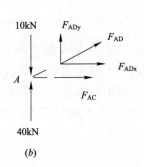

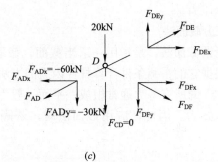

(b)   (c)

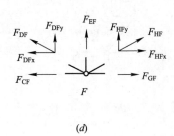

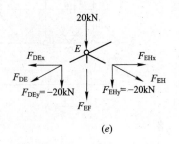

(d)   (e)

图 3-72

所以 $\qquad F_{AC}=-F_{ADx}=60\text{kN}$

取结点 D 为隔离体，如图 3-72(c)所示。列平衡方程

$$\sum X=0, \quad F_{DEx}+F_{DFx}+60\text{kN}=0 \qquad \text{式(a)}$$

$$\sum Y=0, \quad F_{DEy}-F_{DFy}+10\text{kN}=0 \qquad \text{式(b)}$$

由比例关系得 $\qquad F_{DEx}=2F_{DEy} \qquad \text{式(c)}$

$$F_{DFx}=2F_{DFy} \qquad \text{式(d)}$$

将式(c)、(d)代入式(a)，得

$$2F_{DEy}+2F_{DFy}+60\text{kN}=0 \qquad \text{式(e)}$$

由式(e)、(b)联立解得

$$F_{DEy}=-20\text{kN}, \quad F_{DFy}=-10\text{kN}$$

由比例关系得

$$F_{DE}=\sqrt{5}F_{DEy}=-44.7\text{kN}$$

$$F_{DF}=\sqrt{5}F_{DFy}=-22.4\text{kN}$$

取结点 F 为隔离体，如图 3-72(d)所示。由

$$\sum Y = 0, \quad F_{EF} + 2F_{DFy} = 0$$

得
$$F_{EF} = -2F_{DFy} = 20\text{kN}$$

至此，桁架中各杆的内力都已求得，现以结点 E 的平衡条件进行校核。取结点 E 为隔离体，如图 3-72(e)所示。因

$$\sum X = F_{EHx} - F_{DEx} = -40\text{kN} + 40\text{kN} = 0$$

$$\sum Y = -20\text{kN} - F_{EF} - 2F_{DEy} = -20\text{kN} - 20\text{kN} + 40\text{kN} = 0$$

所以满足平衡条件。

最后，将各杆轴力标注在相应杆的一侧，如图 3-72(a)所示，其中正的表示拉力，负的表示压力。

(2) 截面法

所谓截面法，是指用一适当截面，截取桁架的某一部分(至少包含两个结点)为隔离体，根据它的平衡条件计算杆件内力的方法。由于隔离体至少包含两个结点，所以作用在隔离体上的所有各力通常组成一平面一般力系。平面一般力系可建立三个平衡方程，求解三个未知力。因此，应用截面法时，若隔离体上的未知力不超过三个，可将他们全部求出。

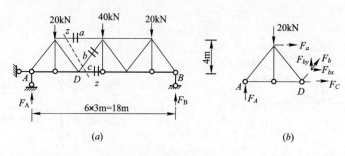

图 3-73

【例 3-19】 试求图 3-73(a)所示桁架中 a、b、c 三杆的内力。

解：(1)求支座反力。取整个桁架为隔离体，由对称性得

$$F_A = F_B = 40\text{kN}$$

(2) 求 a、b、c 三杆的内力。作截面 I—I 并取其左部分为隔离体，如图 3-73(b)所示。由

$$\sum M_D = 0, \quad F_a \times 4\text{m} + F_A \times 6\text{m} - 20\text{kN} \times 3\text{m} = 0$$

得
$$F_a = -45\text{kN}$$

由
$$\sum Y = 0, \quad F_A + F_{by} - 20\text{kN} = 0$$

得
$$F_{by} = 20\text{kN} - F_A = 20\text{kN} - 40\text{kN} = -20\text{kN}$$

因为
$$\frac{F_b}{5\text{m}} = \frac{F_{by}}{4\text{m}}$$

所以
$$F_b = \frac{5}{4} F_{by} = \frac{5}{4} \times (-20\text{kN}) = -25\text{kN}$$

由
$$\sum X = 0, \quad F_c + F_a + F_{bx} = 0$$

得
$$F_c = -F_a - F_{bx}$$

而
$$\frac{F_b}{5m} = \frac{F_{bx}}{3m}$$

即
$$F_{bx} = \frac{3}{5}F_b = \frac{3}{5} \times (-25\text{kN}) = -15\text{kN}$$

故
$$F_c = -F_a - F_{bx} = 45\text{kN} + 15\text{kN} = 60\text{kN}$$

以上分别介绍了结点法和截面法，工程实际中往往需要将这两种方法联合起来使用，例如，欲求图 3-74 所示桁架各杆内力时，如果只用结点法计算，则由图 3-74 可见，除 1、2、3、13、14、15 各结点以外，其他各结点的未知力均超过三个，不易求出。但如果先用截面 I—I 截取其左部分，求出杆件 5—12 的内力后，其余杆件内力即可用结点法方便求出。由此可见，对某些桁架联合应用结点法和截面法可方便计算各杆内力。

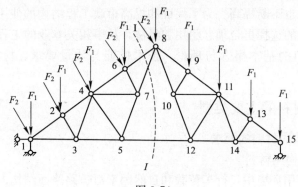

图 3-74

第4章 建筑材料

4.1 材料的基础知识

随着交通运输基础设施建设规模的迅速发展以及交通量和车辆荷载与日俱增，对市政工程的使用性能要求也不断提高。为了保证和提高市政工程结构的使用质量，降低工程建设造价，使建筑材料的选择更合理、耐用和经济，从事相关专业的工程技术人员应该全面了解和掌握建筑材料的基本概念与理论、技术性能与质量要求、检测手段方面的系统知识。

4.1.1 建筑材料的主要类型

1. 市政工程结构对材料的要求

（1）道路工程结构用材料

在道路工程的使用环境中，行车荷载和自然因素对道路路面结构的作用程度随着深度的增加而逐渐减弱，对建筑材料的强度、承载能力和稳定性要求也随着深度的增加而逐渐降低。为此，通常在路基顶面以上分别采用不同质量、不同规格的材料，将路面结构从下而上铺筑成垫层、基层和面层等结构层次组成的多层体系。

面层结构直接承受行车荷载作用，并受到自然环境温度和湿度变化的直接影响，因此面层结构的材料应有足够的强度、稳定性、耐久性和良好的表面特性。道路面层结构中的常用材料主要是：沥青混合料、水泥混凝土、粒料和块料等。

基层位于面层之下，主要承受面层传递下来的车辆荷载的竖向应力，并将这种应力向下扩散到垫层和路基中，为此基层材料应有足够的强度、刚度及扩散应力的能力。环境因素对基层的作用虽然小于面层，但基层材料仍应具有足够的水稳定性和耐冲刷性，以保证面层结构的稳定性。常用的基层材料有：结合料稳定类混合料、碎石或砾石混合料、天然砂砾、碾压混凝土和贫混凝土、沥青稳定集料等。

垫层是介于基层和路基之间的结构层次，通常于季节性冰冻地区或土基水温状况不良的路段中设置，主要作用是改善路基的湿度和温度状况，扩散由基层传来的荷载应力，减少路基变形。以保证面层和基层的强度、稳定性及抗震能力。对垫层材料的强度要求虽然不高，但其应具备足够的水稳定性。常用的垫层材料有：碎石或砾石混合料、结合料稳定类混合料等。

（2）桥梁工程结构用材料

桥梁的墩、桩结构应具有足够的强度和承载能力，以支撑桥梁上部结构及其传递的荷载，并具有良好的抗渗透性、抗冻性和抗腐蚀能力，以抵抗环境介质的侵蚀作用。桥梁的上部结构将直接承受车辆荷载、自然环境因素的作用，应具有足够的强度、抗冲击性、耐久性等。用于桥梁结构的主要材料有：钢材、水泥混凝土、钢筋混凝土，用于桥面铺装层的沥青混合料及各种防水材料等。

（3）管道工程结构用材料

管道工程结构应具有一定的强度和耐腐蚀能力，所选用的材料主要分为金属材料和非金属材料。管道安装工程常用的金属材料主要有管材、管件、阀门、法兰、型钢等。管道安装工程常用的非金属材料主要有砌筑材料、绝热材料、防腐材料和非金属管材、塑料及复合材料水管等。

2. 市政工程建筑材料的主要类型

综上所述，市政工程常用建筑材料可以归纳为以下几类：

（1）石料与集料

石料与集料包括人工开采的岩石或轧制的碎石、天然砂砾石及各种性能稳定的工业冶金矿渣如煤渣、高炉渣和钢渣等。这类材料是道路桥梁工程结构中使用量最大的一宗材料；其中尺寸较大的块状石料经加工后，可以直接用于砌筑道路、桥梁工程结构及附属构造物；性能稳定的岩石集料可制成沥青混合料或水泥混凝土，用于铺筑沥青路面或水泥路面，也可直接用于铺筑道路基层、垫层或低级道路面层；一些具有活性的矿质材料或工业废渣，如粒化高炉矿渣、粉煤灰等经加工后可作为水泥原料，也可以作为水泥混凝土和沥青混合料中的掺合料使用。

（2）胶结料和聚合物类

沥青、水泥和石灰等是建筑材料中常用的胶结料，它们的作用是将松散的集料颗粒胶结成具有一定强度和稳定性的整体材料。此外，塑料（合成树脂）、橡胶和纤维等聚合物材料，除了可用作混凝土路面的填缝料外，也可以作为胶结料配制改性沥青、制作聚合物水泥混凝土等，用于改善建筑材料的技术性能。

（3）沥青混合料

沥青混合料是由矿质集料和沥青材料组成的复合材料，具有较高的强度、柔韧性和耐久性，所铺筑的沥青路面连续、平整、具有弹性和柔韧性，适合于车辆的高速行驶，是高等级道路特别是高速公路和城市快速路面层结构及桥梁桥面铺装层的重要材料。

（4）水泥混凝土与砂浆

水泥混凝土是由水泥与矿质集料组成的复合材料，它具有较高的强度和刚度，能承受较繁重的车辆荷载作用，故主要用于桥梁结构和高等级道路面层结构。水泥砂浆主要由水泥和细集料组成，用于结构物的砌筑和抹面。

（5）无机结合料稳定类混合料

无机结合料稳定类混合料是以石灰（粉煤灰）、少量水泥（石灰）或土壤固化剂作为稳定材料，将松散的土、碎砾石集料稳定、固化形成的复合材料，具有一定的强度、板体性和扩散应力的能力，但耐磨性和耐久性略差，通常用于道路路面基层结构或低级道路面层结构。

（6）其他建筑材料

在市政工程结构中，其他常用材料包括钢材、填缝料、合成塑料等。钢材主要应用于桥梁结构、钢筋混凝土结构、管道中；填缝料则主要应用于水泥混凝土路面接缝构造中；合成塑料主要用于管道结构中。

4.1.2　建筑材料的作用及其应具备的性质

1. 建筑材料的作用

材料是工程结构物的物质基础。材料质量的优劣、配制是否合理以及选用是否适当等等，均直接影响结构物的质量。在工程结构的修建费用中，用于材料的费用约占 30%～50%，某些重要工程甚至可达 70%～80%。所以，要节约工程投资，降低工程造价，认真合理地选配和应用材料是很重要的一个环节。

2. 建筑材料应具备的性质

市政工程的绝大多数部分都是一种承受频繁交通瞬时动荷载的反复作用的结构物，同时又是一种无覆盖而裸露于自然界的结构物。它不仅受到交通车辆施加的极其复杂的力系的作用，同时也受到各种复杂的自然因素的恶劣影响。所以，用于修筑市政工程结构的材料，不仅需要具有抵抗复杂应力复合作用下的综合力学性能，同时还要保证在各种自然因素的长时期恶劣影响下综合力学性能不产生明显的衰减，这就是所谓持久稳定性。

基于上述原因，市政工程用的建筑材料要求具备下列 4 个方面的性质。只有全面地掌握这些性能的主要影响因素、变化规律，正确评价材料性能，才能合理地选择和使用材料，这也是保证工程中所用材料的综合力学强度和稳定性，满足设计、施工和使用要求的关键所在。

（1）物理性质

材料的力学强度随其环境条件而改变，影响材料力学性质的物理因素主要是温度和湿度。材料的强度随着温度的升高或含水率的增加而显著降低，通常用热稳性或水稳性等来表征其强度变化的程度。优质材料，其强度随着环境条件的变化应当较小。此外，通常还要测定一些物理常数，如密度、空隙率和孔隙率等。这些物理常数取决于材料的基本组成及其构造，是材料内部组织结构的反映，既与材料的吸水性、抗冻性及抗渗性有关，也与材料的力学性质及耐久性之间有着显著的关系，可用于混合料配合比设计、材料体积与质量之间的换算等。

（2）力学性质

力学性质是材料抵抗车辆荷载复杂力系综合作用的性能。各项力学性能指标也是选择材料、进行组成设计和结构分析的重要参数。目前对建筑材料力学性质的测定，主要是测定各种静态的强度，如抗压、拉、弯、剪等强度；或者某些特殊设计的经验指标，如磨耗、冲击等。有时假定材料的各种强度之间存在一定关系，以抗压强度作为基准，按其抗压强度折算为其他强度。

（3）化学性质

化学性质是材料抵抗各种周围环境对其化学作用的性能。裸露于自然环境中的市政工程结构物，除了可受到周围介质(如桥墩在工业污水中)或者其他侵蚀作用外，通常还受到大气因素，如气温的交替变化、日光中的紫外线、空气中的氧气以及湿度变化等综合作用，引起材料的"老化"，特别是各种有机材料比如沥青材料等更为显著。为此应根据材料所处的结构部位及环境条件，综合考虑引起材料性质衰变的外界条件和材料自身的内在原因，从而全面了解材料抵抗破坏的能力，保证材料的使用性能。

（4）工艺性质

工艺性质是指材料适合于按照一定工艺流程加工的性能。例如，水泥混凝土在成型以前要求有一定的流动性，以便制作成一定形状的构件，但是加工工艺不同，要求的流动性亦不同。能否在现行的施工条件下，通过必要操作工序，使所选择材料或混合料的技术性能达到预期的目标，并满足使用要求，这是选择材料和确定设计参数时必须考虑的重要因素。

建筑材料这四方面性能是互相联系、互相制约的。在研究材料性能时，应注重把这四个方面性能联系在一起统一考虑。

4.1.3 技术标准

材料的技术标准是有关部门根据材料自身固有特性，结合研究条件和工程特点，对材料的规格、质量标准、技术指标及相关的试验方法所做出的详尽而明确的规定。科研、生产、设计与施工单位，应以这些标准为依据进行材料的性能评价、生产、设计和施工。为了保证建筑材料的质量，我国对各种材料制定了专门的技术标准。目前我国的建筑材料标准分为：国家标准、行业标准、地方标准和企业标准等四类。

国家标准是由国家有关主管部门颁布的全国性指导技术文件，简称"国标"，代号GB；国标由有关单位起草经批准后由国家有关主管部门如中华人民共和国住房和城乡建设部、国家质量监督检验检疫总局等发布，并确定实施日期。在国标代号中，除注明国标外，还写明标准编号和批准年份。

行业标准由国务院有关行政主管部门制定和颁布，也为全国性指导技术文件，在国家标准颁布之后，相关的行业标准即行作废；企业标准适用于企业自身，凡没有制定国家标准或行业标准的材料或制品，均应制定企业标准。

4.2 石灰和水泥

在建筑工程中，能以自身的物理化学作用将松散材料(如砂、石)胶结成为具有一定强度的整体结构的材料，统称为胶凝材料(胶结料)。

胶凝材料按其化学成分不同分为有机胶凝材料(如各种沥青和树脂)和无机胶凝材料两大类。无机胶凝材料根据其硬化条件不同又分为水硬性胶凝材料和气硬性胶凝材料。气硬性胶凝材料只能在空气中硬化、保持或继续提高强度(如石灰、石膏、菱苦土和水玻璃等)。水硬性胶凝材料则不仅能在空气中硬化，而且能更好地在水中硬化，且可在水中或适宜的环境中保持并继续提高强度，各种水泥都属于水硬性胶凝材料。

4.2.1 石灰

1. 组成与分类

将主要成分为碳酸钙的天然岩石，在适当温度下煅烧，排除分解出的二氧化碳后，所得的以氧化钙(CaO)为主要成分的产品即为石灰，又称生石灰或白灰。

根据成品加工方法的不同，可分为：

(1) 块状生石灰：由原料煅烧而成的原产品，主要成分为 CaO。

(2) 生石灰粉：由块状生石灰磨细而得到的细粉，其主要成分亦为 CaO。

（3）消石灰：将生石灰用适量的水消化而得到的粉末，亦称熟石灰，其主要成分 Ca(OH)₂。

（4）石灰浆：将生石灰与多量的水（约为石灰体积的 3～4 倍）消化而得可塑性浆体，称为石灰膏，主要成分为 $Ca(OH)_2$ 和水。如果水分加得更多，则呈白色悬浮液，称为石灰乳。

2. 生产工艺

将主要成分为碳酸钙和碳酸镁的岩石经高温煅烧（加热至 900℃ 以上），逸出 CO_2 气体，得到白色或灰白色的块状材料即为生石灰，其主要化学成分为氧化钙（CaO）和氧化镁（MgO）。

优质的石灰，色质洁白或略带灰色，质量较轻，其堆积密度为 $800～1000kg/m^3$。石灰在烧制过程中，往往由于石灰石原料尺寸过大或窑中温度不匀等原因，使得石灰中含有未烧透的内核，这种石灰即称为"欠火石灰"。"欠火石灰"的颜色发青且未消化残渣含量高，有效氧化钙和氧化镁含量低，使用时缺乏粘结力。另一种情况是由于煅烧温度过高、时间过长而使石灰表面出现裂缝或玻璃状的外壳，体积收缩明显，颜色呈灰黑色，块体密度大，消化缓慢，这种石灰称"过火石灰"。"过火石灰"使用时则消解缓慢，甚至用于建筑结构物中仍能继续消化，以致引起体积膨胀，导致灰层表面剥落或产生裂缝等破坏现象，故危害极大。

3. 消化与硬化

（1）石灰的消化（熟化）

生石灰在使用前一般都需加水消解，这一过程称为"消化"或"熟化"。消化后的石灰称为"消石灰"或"熟石灰"，见式（4-1）。

$$CaO+H_2O \rightarrow Ca(OH)_2+Q(64.9KJ/mol) \qquad 式（4-1）$$

此反应为放热反应，消化过程体积增大 1～2.5 倍。消解石灰的理论加水量为石灰质量的 32%，但由于消化过程中水分的损失，实际加水量需达 70% 以上。在石灰的消解期间应严格控制加水量和加水速度。

石灰在消化时，如含有过火石灰，因过火石灰消化慢，在正常石灰已经消化后，过火石灰颗粒才逐渐消化，体积膨胀，从而引起结构物隆起和开裂。为了消除过火石灰的危害，石灰消化时间要"陈伏"半月左右，使得过火石灰充分消化，然后才能使用。石灰浆在陈伏期间，在其表面应有一层水分，使之与空气隔绝，以防止碳化。

（2）石灰的硬化

石灰的硬化过程包括干燥硬化和碳酸化两部分。

① 石灰浆的干燥硬化（结晶作用）

石灰浆在干燥过程中游离水逐渐蒸发，或被周围砌体吸收，氢氧化钙从饱和溶液中结晶析出，固体颗粒互相靠拢粘紧，强度也随之提高，见式（4-2）。

$$Ca(OH)_2+nH_2O \rightarrow Ca(OH)_2 \cdot nH_2O \qquad 式（4-2）$$

② 石灰浆的碳化硬化（碳化作用）

氢氧化钙与空气中的二氧化碳作用生成碳酸钙晶体。石灰碳化作用只在有水条件下才能进行，见式（4-3）。

$$Ca(OH)_2+CO_2+H_2O \rightarrow CaCO_3+(n+1)H_2O \qquad 式（4-3）$$

石灰浆体的硬化包括上面两个同时进行的过程，即表层以碳化为主，内部则以干燥硬化为主。纯石灰浆硬化时发生收缩开裂，所以工程上常配制成石灰砂浆使用。

4. 石灰的特性

(1) 可塑性和保水性好

生石灰熟化后形成的石灰浆，是球状颗粒高度分散的胶体，表面附有较厚的水膜，降低了颗粒之间的摩擦力，具有良好的塑性，易铺摊成均匀的薄层。在水泥砂浆中加入石灰浆，可使可塑性和保水性显著提高。

(2) 生石灰水化时水化热大，体积增大。

(3) 硬化缓慢

石灰水化后凝结硬化时，结晶作用和碳化作用同时进行，由于碳化作用主要发生在与空气接触的表层，且生成的 $CaCO_3$ 膜层较致密，阻碍了空气中 CO_2 的渗入，也阻碍了内部水分向外蒸发，因而硬化缓慢。

(4) 硬化时体积收缩大

由于石灰浆中存在大量的游离水分，硬化时大量水分蒸发，导致内部毛细管失水紧缩，引起显著的体积收缩变形，使硬化的石灰浆体出现干缩裂纹。所以，除调成石灰乳作薄层粉刷外，不宜单独使用。通常施工时要掺入一定量的骨料（如砂子等）或纤维材料。

(5) 硬化后强度低

石灰消化时理论用水量为生石灰质量的 32%，但为了使石灰浆具一定的可塑性便于应用，同时考虑到一部分水分因消化时水化热大而被蒸发掉，故实际用水量很大，达 70% 以上，多余水分在硬化后蒸发，将留下大量孔隙，因而石灰体密实度小，强度低。

(6) 耐水性差

由于石灰浆硬化慢、强度低，在石灰硬化体中，大部分仍是尚未碳化的 $Ca(OH)_2$，$Ca(OH)_2$ 易溶于水，这会使得硬化石灰体遇水后产生溃散，故石灰不宜用于潮湿环境。

5. 石灰的技术性质

(1) 有效氧化钙和氧化镁含量

石灰中产生粘结性的有效成分是活性氧化钙和氧化镁。它们的含量是评价石灰质量的主要指标，其含量愈多，活性愈高，质量也愈好。

(2) 生石灰产浆量和未消化残渣含量

产浆量是单位质量（1kg）的生石灰经消化后所产石灰浆体的体积（L）。石灰产浆量愈高，则表示其质量越好。未消化残渣含量是生石灰消化后，未能消化而存留在 5mm 圆孔筛上的残渣占试样的百分率。其含量愈多，石灰质量愈差，须加以限制。

(3) 二氧化碳（CO_2）含量

控制生石灰或生石灰粉中 CO_2 的含量，是为了检测石灰石在煅烧时"欠火"造成产品中未分解完成的碳酸盐的含量。CO_2 含量越高，即表示未分解完全的碳酸盐含量越高，则（$CaO+MgO$）含量相对降低，导致石灰的胶结性能的下降。

(4) 消石灰游离水含量

游离水含量，指化学结合水以外的含水量。生石灰在消化过程中加入的水是理论需水量的 2~3 倍，除部分水被石灰消化过程中放出的热蒸发掉外，多加的水分残留于氢氧化钙（除结合水外）中。残余水分蒸发后，留下孔隙会加剧消石灰粉的碳化作用，以致影响石灰的质量，因此对消石灰粉的游离水含量需加以限制。

（5）细度

细度与石灰的质量有密切联系，过量的筛余物影响石灰的粘结性。现行标准规定以 0.9mm 和 0.125mm 筛余百分率控制。

4.2.2 水泥

水泥是一种水硬性无机胶凝材料。水泥与水混合后，经过一系列物理化学作用，由可塑性浆体变成坚硬的石状体，就硬化条件而言，水泥既能够在空气中硬化，而且能够在水中更好地硬化，保持并继续发展其强度。所以水泥材料既可用于地上工程，也可用于水下工程。

1. 水泥的分类

水泥按化学成分可分为硅酸盐、铝酸盐、硫铝酸盐等多种系列水泥，其中应用最为广泛的是硅酸盐系列水泥。而硅酸盐系列水泥按其性能和用途，分为通用水泥和特种水泥，通用水泥包括硅酸盐水泥、普通水泥、矿渣水泥、火山灰水泥、粉煤灰水泥、复合水泥等。特种水泥是指具有独特的性能，用于各类有特殊要求的工程中的水泥。

我国通用水泥的主要品种有硅酸盐水泥（分Ⅰ型、Ⅱ型，代号为 P·Ⅰ、P·Ⅱ），普通硅酸盐水泥（简称普通水泥，代号 P·O），矿渣硅酸盐水泥（简称矿渣水泥，代号 P·S），火山灰质硅酸盐水泥（简称火山灰水泥，代号 P·P），粉煤灰硅酸盐水泥（简称粉煤灰水泥，代号 P·F）和复合硅酸盐水泥（简称复合水泥，代号 P·C）等。

2. 通用水泥的生产及熟料组成

通用水泥的生产有两大步骤：由生料烧制成硅酸盐水泥熟料和磨制硅酸盐系列水泥成品。其生产过程可概括为"两磨一烧"，如下图 4-1 所示。

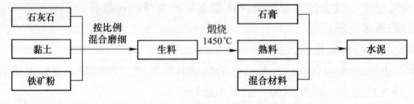

图 4-1

（1）水泥熟料的烧成

烧制硅酸盐水泥熟料的原材料主要是：提供 CaO 的石灰质原料，如石灰石、白垩等；提供 SiO_2、Al_2O_3 和少量 Fe_2O_3 的黏土质原料，如黏土、页岩等；此外，有时还配入铁矿粉等辅助原料。

将上述几种原材料按适当比例混合后在磨机中磨细，制成生料，再将生料入窑进行煅烧，便烧制成黑色球状的水泥熟料。

硅酸盐水泥熟料主要由四种矿物组成，其名称、含量范围和性质如下：

① 硅酸三钙（$3CaO \cdot SiO_2$，简写为 C_3S），含量 $36\% \sim 60\%$，它对硅酸盐水泥性质有重要的影响。硅酸三钙水化速度较快，水化热高，且早期强度高，28d 强度可达一年强度的 $70\% \sim 80\%$。

② 硅酸二钙（$2CaO \cdot SiO_2$，简写为 C_2S），含量 $15\% \sim 37\%$，它遇水时对水反应较慢，

水化热很低；硅酸二钙的早期强度较低而后期强度高，耐化学侵蚀性和干缩性较好。

③ 铝酸三钙（$3CaO \cdot Al_2O_3$，简写为 C_3A），含量 $7\% \sim 15\%$，它是四种组分中遇水反应速度最快，水化热最高的组分。硅酸三钙的含量决定水泥的凝结速度和释热量，对水泥早期强度起一定作用，耐化学侵蚀性差，干缩性大。

④ 铁铝酸四钙（$4CaO \cdot Al_2O_3 \cdot Fe_2O_3$，简写为 C_4AF），含量 $10\% \sim 18\%$，遇水反应较快、水化热较高，强度较低，但对水泥抗折强度起重要作用，耐化学侵蚀性好，干缩性小。

前两种矿物称硅酸盐矿物，一般占总量的 $75\% \sim 82\%$，所以该种水泥熟料被命名为硅酸盐水泥熟料，由此熟料组成的水泥被命名为硅酸盐系列水泥。

（2）磨制水泥成品

磨制水泥成品时的原材料包括水泥熟料、石膏和混合材料。用于水泥中的石膏一般是二水石膏或无水石膏。其主要作用是调节水泥的凝结时间。

用于水泥中的混合材料分为活性混合材料和非活性混合材料两大类。

活性混合材料是指那些与石灰、石膏一起，加水拌和后在常温下能形成水硬性胶凝材料的混合材料。活性混合材料中的主要活性成分是活性氧化硅和活性氧化铝。水泥生产中常用的活性混合材料有粒化高炉矿渣、火山灰质混合材料和粉煤灰等。

非活性混合材料是指不具活性或活性甚低的人工或天然的矿物质，如石英砂、石灰石、黏土及不符合质量标准的活性混合材料等。它们掺入水泥中仅起调节水泥性质，降低水化热，降低强度等级和增加产量的作用。

3. 通用水泥的特点

（1）硅酸盐水泥

凡由硅酸盐水泥熟料、$0 \sim 5\%$ 石灰石或粒化高炉矿渣、适量石膏磨细制成的水硬性胶凝材料，称为硅酸盐水泥。

由于硅酸盐水泥中即使有混合材料，掺量也很少，因此硅酸盐水泥的特性基本上由水泥熟料确定。其主要特性为：

① 水化凝结硬化快、强度高，尤其是早期强度高

② 水化热大

③ 耐腐蚀性差

④ 抗冻性好、干缩性小

⑤ 耐热性差

（2）普通水泥

普通水泥中混合材料的掺加量较少，其矿物组成的比例仍与硅酸盐水泥相似，所以普通水泥的性能、应用范围与同强度等级的硅酸盐水泥相近。由于普通水泥中掺入少量混合材料的主要作用是调节水泥的强度等级，因此它的强度等级比硅酸盐水泥少了 62.5 和 62.5R 两个等级。与硅酸盐水泥相比，普通水泥的早期凝结硬化速度略微慢些，3d 强度稍低，其他如抗冻性及耐磨性等也稍差些。

（3）矿渣水泥

矿渣水泥中熟料的含量比硅酸盐水泥少，掺入的粒化高炉矿渣量比较多，因此，与硅酸盐水泥相比有以下几方面特点：

① 矿渣水泥加水后的水化分两步进行：首先是水泥熟料颗粒水化，接着矿渣受熟料水化时析出的 $Ca(OH)_2$ 及外掺石膏的激发，其玻璃体中的活性氧化硅和活性氧化铝进入溶液，与 $Ca(OH)_2$ 反应生成新的水化硅酸钙和水化铝酸钙，因为石膏存在，还生成水化硫铝酸钙。

② 矿渣水泥中熟料的减少，使水化时发热量高的 C_3S 和 C_3A 含量相对减少，故水化热较低，可在大体积混凝土工程中优先选用。

③ 矿渣水泥水化产物中氢氧化钙含量少，碱度低，抗碳化能力较差，但抗溶出性侵蚀及抗硫酸盐侵蚀的能力较强。

④ 矿渣颗粒亲水性较小，故矿渣水泥保水性较差，泌水性较大，容易在水泥石内部形成毛细通道，增加水分蒸发。因此，矿渣水泥干缩性较大，抗渗性、抗冻性和抗干湿交替作用的性能均较差，不宜用于有抗渗要求的混凝土工程中。

⑤ 矿渣水泥的水化产物中氢氧化钙含量低，而且矿渣本身是水泥的耐火掺料，因此其耐热性较好，可用于耐热混凝土工程中。

⑥ 矿渣水泥水化硬化过程中，对环境的温度、湿度条件较为敏感。低温下凝结硬化缓慢，但在湿热条件下强度发展很快，故适于采用蒸汽养护。

（4）火山灰水泥

火山灰水泥和矿渣水泥在性能方面有许多共同点，如水化反应分两步进行，早期强度低，后期强度增长率较大，水化热低，耐蚀性强，抗冻性差，易碳化等。

由于火山灰水泥在硬化过程中的干缩较矿渣水泥更为显著，在干热环境中易产生干缩裂缝。因此，使用时须加强养护，使其在较长时间内保持潮湿状态。在表面则由于水化硅酸钙抗碳化能力差，使水泥石表面产生"起粉"现象，因此火山灰水泥不宜用于干燥环境中的地上工程。

火山灰水泥颗粒较细，泌水性小，故具有较高抗渗性，宜用于有抗渗要求的混凝土工程中。

（5）粉煤灰水泥

粉煤灰本身就是一种火山灰质混合材料，因此，粉煤灰水泥实质上就是一种火山灰水泥，其水化硬化过程及其他诸方面性能与火山灰水泥极为相似。

粉煤灰水泥的主要特点是水化垫低、干缩性较小，其干缩性甚至比硅酸盐水泥和普通水泥还小，因而抗裂性较好。另外，粉煤灰颗粒较致密，故吸水少，且呈球形，所以粉煤灰水泥的需水量小，配制成的混凝土和易性较好。

（6）复合水泥

复合水泥中含有两种或两种以上规定的混合材料，因此复合水泥的特性与其所掺混合材料的种类、掺量及相对比例有密切关系。总体上其特性与矿渣水泥、火山灰水泥、粉煤灰水泥有不同程度的相似之处。

实际工程使用时，一般根据上述六大常用水泥的特性，针对各类工程的工程性质、结构部位、施工要求和使用环境条件等，按照规范进行水泥的选用。

4. 通用水泥的技术性质

（1）细度

指水泥颗粒的粗细程度，它对水泥的凝结时间、强度、需水量和安定性有较大影响，是鉴定水泥品质的主要项目之一。

测定方法：80μm 筛筛析法和勃氏法（透气式比表面积仪）。

（2）标准稠度用水量

指水泥拌制成特定的塑性状态（标准稠度）时所需的用水量（以占水泥重量的百分数表示），也称需水量。由于用水量多少对水泥的一些技术性质（如凝结时间）有很大影响，所以测定这些性质必须采用标准稠度用水量，这样测定的结果才有可比性。

测定方法：水泥净浆稠度采用标准法维卡仪测定。

（3）凝结时间

水泥的凝结时间在施工中具有重要意义。为了保证有足够的时间在初凝之前完成混凝土成型等各工序的操作，初凝时间不宜过短，通常为 45min；为了使混凝土浇捣完成后尽早凝结硬化，以利于下道工序及早进行，终凝时间不宜过长，通常为 10h。

测定方法：用凝结时间测定仪测定。

（4）体积安定性

是指水泥在凝结硬化过程中，体积变化的均匀性。如果水泥硬化后产生不均匀的体积变化，会使水泥混凝土构筑物产生膨胀性裂缝，降低建筑工程质量，甚至引起严重事故，此即体积安定性不良。

引起水泥体积安定性不良的原因是水泥熟料矿物组成中含有过多游离氧化钙（f－CaO）、游离氧化镁（f－MgO），或者水泥粉磨时石膏掺量过多。f－CaO 和 f－MgO 是在高温下生成的，处于过烧状态，水化很慢，它们在水泥凝结硬化后还在慢慢水化并产生体积膨胀，从而导致硬化水泥石开裂，而过量的石膏会与已固化的水化铝酸钙作用，生成水化硫铝酸钙，产生体积膨胀，造成硬化水泥石开裂。

测定方法：由游离氧化钙引起的水泥体积安定性不良可采用沸煮法检验；由游离氧化镁和三氧化硫引起的水泥体积安定性不良可采用含量限定来检验。

（5）强度

水泥强度是选用水泥时的主要技术指标，也是划分水泥强度等级的依据。

测定方法：软练胶砂法（水泥：ISO 标准砂＝1：3，水灰比 0.5）

国家标准规定：硅酸盐水泥分为 42.5、42.5R、52.5、52.5R、62.5、62.5R 六个强度等级；其他五种水泥分为 32.5、32.5R、42.5、42.5R、52.5、52.5R 六个强度等级。其中有代号 R 者为早强型水泥。

（6）碱含量

是指水泥中 Na_2O 和 K_2O 的含量。若水泥中碱含量过高，遇到有活性的骨料，易产生碱—骨料反应，造成工程危害。

国家标准规定：水泥中碱含量按（$Na_2O＋0.685K_2O$）计算值来表示。若使用活性骨料，用户要求提供低碱水泥时，水泥中碱含量不得大于 0.60% 或由供需双方商定。

对于以上五项（细度、标准稠度用水量、凝结时间、体积安定性、强度）水泥的主要技术质量要求，国家标准还规定，凡强度等级、安定性（指游离 CaO）、凝结时间中任一项不符合标准规定时，均为废品，废品是禁止在工程中使用的。

5. 特种水泥简介

特种水泥是特性水泥和专用水泥的统称，指通用水泥以外的水泥。

特种水泥按照所含矿物分类通常可分为六大系列产品：硅酸盐水泥系列（通用水泥除外）、铝酸盐水泥系列、硫铝酸盐水泥系列、铁铝酸盐水泥系列、氟铝酸盐水泥系列、其他（包括无熟料、少熟料）水泥系列。

特种水泥按照功能或用途分类通常也可分为六大系列产品：快硬高强水泥、水工水泥、油井水泥、装饰水泥、膨胀和自应力水泥、其他水泥。

① 快硬硅酸盐水泥

快硬硅酸盐水泥早期强度高，1d 抗压强度为 28d 的 30％～35％，后期强度呈持续增长趋势；其凝结时间正常，一般初凝时间为 2～3h；水泥的水化热较高，早期干缩率亦较大。

主要用于抢修工程、军事工程、预应力混凝土制件。

② 快硬硫铝酸盐水泥

以无水硫铝酸钙和硅酸二钙为主要矿物成分的熟料，加入适量石膏和 0～10％的石灰石，磨细制成的早期强度高的水硬性胶凝材料，称为快硬硫铝酸盐水泥，代号 R·SAC。快硬硫铝酸盐水泥的标号以 3d 抗压强度表示，分 425、525、625、725 四个标号。JC 714—1996 规定，初凝时间不早于 25min，终凝时间不晚于 3h；长期强度稳定，并有所增长。低温性能较好，气温在 −5℃ 以上时，不必采取任何特殊措施，就可以正常施工。

可用于紧急抢修工程，如接缝、堵漏、锚喷、抢修飞机跑道、公路等，适合于冬季施工工程、地下工程、配制膨胀水泥和自应力水泥以及玻璃纤维砂浆等，但不适应于 100℃ 以上环境使用。

③ 快硬氟铝酸盐水泥

以矾土、石灰石、萤石（或再加石膏）经配料煅烧得到的以氟铝酸钙（C11A7·CaF2）为主要矿物的熟料，再与石膏一起磨细而成的水泥为快硬氟铝酸盐水泥。

快硬氟铝酸盐水泥快凝快硬，具有小时强度：5min 以内即初凝，终凝也只需十几分钟，2～3h 的抗压强度就可达 20MPa。

可用于抢修工程，如作喷锚用的喷射水泥。由于其水化产物钙矾石在高温迅速脱水分解，可用于铸造业的型砂水泥。

④ 快硬铁铝酸盐水泥

以适当成分的生料，经煅烧所得以铁相、无水硫铝酸钙和硅酸钙为主要矿物的熟料，加入适量石灰石和石膏，磨细制成的早期强度高的水硬性胶凝材料。

快硬铁铝酸盐水泥的特性有早强高强、抗冻性好、耐蚀性能好、高抗渗性能。

快硬铁铝酸盐水泥适合于冬季施工工程、抢修工程、配制喷射混凝土及生产预制构件等。

⑤ 道路水泥

由道路硅酸盐水泥熟料，0～10％活性材料和适量石膏磨细制成的水硬性胶凝材料，称为道路盐硅酸盐水泥（简称道路水泥），水泥粉磨时允许加入不超过水泥质量的 1％且不损害水泥性能的助磨剂。

主要性能特点有耐磨性好、强度高、干缩性小、水化热低，耐久性好。

道路水泥最适宜各类混凝土路面工程，使用于耐磨、抗干缩等性能要求较高的其他工程。

近年开发出的超快硬水泥，5min即可硬化，1h的抗压强度就能达到30MPa，而1d的强度可达其28d强度的90％。在高强度方面，水泥强度等级已经突破100级。

4.3 砂石材料

砂石材料是路桥建筑中用量最大的一种建筑材料。它可以直接（或经加工后）用于道路与桥梁工程，亦可加工为各种尺寸的集料，作为水泥（或沥青）混凝土的骨料。石料或集料都应具备一定的技术性质，以适应不同工程建筑的技术要求。特别是作为水泥（或沥青）混凝土用集料，应按级配理论组成一定要求的矿质混合料。

4.3.1 石料的技术性质

石料的技术性质主要从物理性质、化学性质和力学性质三方面进行评价。

1. 物理性质

石料的物理性质包括：物理常数（如真实密度、表现密度和孔隙率等）；关于水的性质（如吸水率、饱水率等）；气候稳定性（耐冻性、坚固性等）。

（1）物理常数

石料的物理常数是石料矿物组成结构状态的反映，它与石料的技术性质有着密切的联系。石料可由各种矿物形成不同排列的各种结构，但是从质量和密度的物理观点出发，石料的内部组成结构，主要是由矿物实体、闭口（不与外界连通的）孔隙和开口（与外界连通的）孔隙3部分所组成，可示意如图4-2(a)。各部分的质量与体积的关系可示意如图4-2(b)。

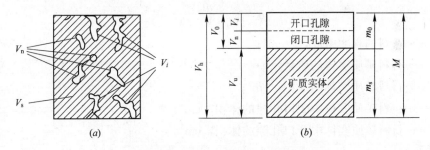

图4-2 石料组成部分的质量与体积关系示意图
(a)石料结构剖面；(b)石料的体积与质量的关系

为了反映石料的组成结构以及它与物理—力学性质间的关系，通常采用一些物理常数来表征它。在路桥工程用块状石料中，最常用的物理常数主要是真实密度、表现密度和孔隙率。这些物理常数在一定程度上表征材料的内部组织结构，可以间接预测石料的有关物理性质和力学性质。此外，在计算混合料组成设计时，这些物理常数也是重要的原始资料。

1）密度

密度是指在规定条件下，石料矿质实体单位体积的质量。根据体积的定义不同，石料的密度包括真实密度、表观密度和毛体积密度等。

① 真实密度

真实密度是在规定条件（干燥、试验温度为 20℃）下石料矿质实体单位真实体积（不包括孔隙和空隙体积）的质量。真实密度简称真密度。通常真实密度以 ρ_t 表示，以公式(4-4)计算：

$$\rho_t = \frac{m_s}{V_s}$$ 式(4-4)

式中：ρ_t——石料的真实密度，g/cm³；

$\quad m_s$——石料矿质实体的质量，g；

$\quad V_s$——石料矿质实体的体积，cm³。

② 表观密度

表观密度是在规定条件（干燥、试验温度为 20℃）下石料矿质实体单位表观体积（包括闭口孔隙在内）的质量。通常表观密度以 ρ_a 表示，以公式(4-5)计算：

$$\rho_a = \frac{m_s}{V_s + V_n}$$ 式(4-5)

式中：ρ_a——石料的真实密度，g/cm³；

$\quad m_s$——石料矿质实体的质量，g；

$\quad V_s$——石料矿质实体的体积，cm³；

$\quad V_n$——石料矿质实体中闭口孔隙的体积，cm³。

③ 毛体积密度

毛体积密度是在规定条件（干燥、试验温度为 20℃）下石料矿质实体单位毛体积（包括闭口孔隙和开口孔隙在内）的质量。通常表观密度以 ρ_h 表示，以公式(4-6)计算：

$$\rho_h = \frac{m_s}{V_s + V_n + V_i}$$ 式(4-6)

式中：ρ_h——石料的真实密度，g/cm³；

$\quad m_s$——石料矿质实体的质量，g；

$\quad V_s$——石料矿质实体的体积，cm³；

$\quad V_n$——石料矿质实体中闭口孔隙的体积，cm³；

$\quad V_i$——石料矿质实体中开口孔隙的体积，cm³。

2) 孔隙率

孔隙率是指石料孔隙体积占石料总体积（包括开口孔隙和闭口孔隙体积）的百分率。由公式(4-7)计算：

$$n = \frac{V_n + V_i}{V_h} \times 100\%$$ 式(4-7)

式中：n——石料的孔隙率，%；

$\quad V_n$——石料矿质实体中闭口孔隙的体积，cm³；

$\quad V_i$——石料矿质实体中开口孔隙的体积，cm³；

$\quad V_h$——石料的毛体积，cm³。

将式(4-4)和式(4-6)代入式(4-7)可得式(4-8)，即采用石料的真实密度和毛体积密度计算其孔隙率。

$$n=\left(1-\frac{\rho_\mathrm{h}}{\rho_\mathrm{t}}\right)\times100\%$$ 式(4-8)

石料技术性能不仅受孔隙率总量的影响，还取决于孔隙的构造。孔隙构造可分为连通的与封闭的两种，前者彼此贯通且与外界相通。封闭孔隙相互独立且与外界隔绝。孔隙按尺寸大小又分为极细微孔隙、细小孔隙和较粗大孔隙。在孔隙率相同的条件下，连通且粗大孔隙对石料性能的影响显著。

（2）吸水性

石料吸水性是石料在规定的条件下吸水的能力。由于石料的孔结构（孔隙尺寸和分布状态）的差异，在不同试验条件下吸水能力不同。为此，我国规范规定，采用吸水率和饱和吸水率两项指标来表征石料的吸水性。

① 吸水率

石料的吸水性是指在室内常温（20℃±2℃）和大气压条件下，石料试件最大的吸水质量占烘干（105℃±5℃干燥至恒重）石料试件质量的百分率。石料吸水率按式(4-9)计算：

$$\omega_\mathrm{x}=\frac{m_1-m}{m}\times100\%$$ 式(4-9)

式中：ω_x——石料试样的吸水率，%；

　　m——烘干至恒重时的试样质量，g；

　　m_1——吸水至恒重时试样质量，g。

② 饱和吸水率

石料饱和吸水率是在试件强制饱和室内常温（20℃±2℃）和真空抽气（抽至真空度为20mmHg）后的条件下，石料试件最大吸水率的质量占烘干石料试件质量的百分率。石料饱水率按式(4-10)计算：

$$\omega_\mathrm{sx}=\frac{m_2-m}{m}\times100\%$$ 式(4-10)

式中：ω_sx——石料试样的吸水率，%；

　　m——烘干至恒重时的试样质量，g；

　　m_2——饱水至恒重时试样质量，g。

吸水率与饱和吸水率的之比称为饱水系数，用 Kw 表示。它是评价石料抗冻性的一种指标。饱水系数愈大，说明常压下吸水后留余的空间有限，岩石愈容易被冻胀破坏，因而岩石的抗冻性就差。

（3）耐候性

市政工程大多数都是暴露于大自然中无遮盖的建筑物，经常受到各种自然因素的影响。用于市政工程的石料抵抗大自然因素作用的性能称为耐候性。

天然石料在结构物中，长期受到各种自然因素的综合作用，力学强度逐渐衰降。在工程使用中引起石料组织结构的破坏而导致力学强度降低的因素，首先是温度的升降（由于温度应力的作用，引起石料内部的破坏）；其次是石料在潮湿条件下，受到正、负气温的交替冻融作用，引起石料内部组织结构的破坏。在这两种因素中究竟何者为主要，需根据气候条件决定。在大多数地区，后者占有主导地位。测试方法有：抗冻性和坚固性。

① 抗冻性

石料由于在潮湿状态受正负温度交替循环而产生破坏的机理是基于石料经自然饱水后，它与外界连通的开口孔隙大部分被水充满。当温度降低时水分体积缩小，水分积聚于部分孔隙中，直至 4℃时体积达到最小；当温度再继续降低时水的体积又逐渐胀大，小部分水迁移至其他无水的孔隙中。但是当达到 0℃以后，由于固态水的移动困难，随温度的下降，冰的体积继续胀大，而对石料孔壁周围施加张应力，如此多次冻融循环后，石料逐渐产生裂缝、掉边、缺角或表面松散等破坏现象。

我国现行抗冻性的试验方法是采用直接冻融法。该方法是将石料加工为规则的块状试样，在常温条件下(20℃±5℃)，让试件自由吸水饱和，擦去表面水分，采用逐渐浸水的方法，使开口孔隙吸饱水分，然后置于负温(通常采用-15℃)的冰箱中冻结 4h，最后在常温条件下融解，如此为一冻融循环。经过 10 次、15 次、25 次或 50 次循环后，测量其强度和重量损失情况，并加以记录。采用经过规定冻融循环后的重量和强度损失百分率表征其抗冻性 L 小于 5％，强度损失小于 25％为合格。抗冻质量损失率按式(4-11)计算：

$$L = \frac{m_s - m_f}{m_s} \times 100\% \qquad \text{式}(4\text{-}11)$$

式中：L——抗冻质量损失率，％；

　　　m_s——冻融循环前试样的自由饱水质量，g；

　　　m_f——冻融循环后试样的质量，g。

② 坚固性

石料的坚固性是采用硫酸钠侵蚀法来测定。该法是将烘干并已称量过的规则试件，浸入饱和的硫酸钠溶液中经 20h 后，取出置于 105℃～110℃的烘箱中烘 4h。然后取出冷却至室温，这样作为一个循环。如此重复浸烘 5 次。最后一个循环后，用蒸馏水沸煮洗净，烘干称量，与直接冻融法的同样方法计算其质量损失率。此方法的机理是基于硫酸钠饱和溶液浸入石料孔隙后，经烘干，硫酸钠结晶体积膨胀，产生如水结冻相似的作用，使石料孔隙周壁受到张应力，经过多次循环，引起石料破坏；坚固性是测定石料耐候性的一种简易、快速的方法。有设备条件的单位应采用直接冻融法试验。

2. 力学性质

市政工程所用石料在力学性质方面的要求，除了一般材料力学中所述及的抗压、抗拉、抗剪、抗弯、弹性模量等纯粹力学性质外，还有一些为路用性能特殊设计的力学指标，如抗磨光性、抗冲击性、抗磨耗性等。

（1）单轴抗压强度

石料的（单轴）抗压强度，按我国现行规范，是将石料(岩块)制备成 70mm×70mm×70mm 的正方体(或直径和高度均为 50mm 的圆柱体或直径为 50mm 高径比为 2∶1 的圆柱体)试件，经吸水饱和后，在单轴受压并按规定的加载条件下，达到极限破坏时，单位承压面积的强度。

（2）磨耗性

磨耗性是石料抵抗撞击、剪切和摩擦等综合作用的性能，用磨耗损失(％)表示。石料的磨耗性测定用洛杉矶式磨耗试验法。

3. 化学性质

各种矿质集料是与结合料(水泥或沥青)组成混合料而用于结构物中。早年的研究认为，矿质集料是一种惰性材料，它在混合料中只起物理作用。随着近代研究的发展，认为矿质集料在混合料中与结合料起着复杂的物理—化学作用，矿质集料的化学性质很大程度地影响着混合料的物理—力学性质。在沥青混合料中，由于矿质集料的化学性质变化，对沥青混合料的物理—力学性质起着极为重要的作用。在其他条件完全相同的情况下，仅是矿质集料的矿物成分不同时，沥青混合料的强度和浸水后的强度以及强度降低百分率均有显著差别。石灰石矿质混合料强度最高，浸水强度降低最少；花岗石矿质混合料次之；石英石矿质混合料最差。

4.3.2　集料的技术性质

集料的分类方法：

(1) 根据集料的形成过程分：自然风化和地质作用形成的卵石和人工机械加工的碎石。

(2) 根据粒径大小分为：粗集料和细集料。

(3) 根据化学成分分为：酸性集料和碱性集料。

1. 粗集料

(1) 粗集料的定义

在工程使用中，根据粒径大小划分，在沥青混合料中，凡粒径大于 2.36mm 者称为粗集料；在水泥混凝土中，凡粒径大于 4.75mm 者称为粗集料。

(2) 密度

密度是粗集料最重要的物理性质，它反映了质量和体积的关系。

1) 表观密度——在规定的条件下($105℃\pm5℃$烘干至恒重)，单位体积(含矿质实体及其闭口孔隙的体积)物质颗粒的质量，见式(4-12)：

理论表达式：

$$\rho_a = \frac{m_s}{V_s + V_n} \qquad 式(4\text{-}12)$$

测定方法：网篮法

试验室表达式：

$$\rho_a = \frac{m_a}{m_a - m_w}\rho_T \qquad 式(4\text{-}13)$$

2) 毛体积密度——在规定的条件下，单位毛体积(含矿质实体、闭口孔隙及开口孔隙的体积)物质颗粒的质量，见式(4-14)：

理论表达式：

$$\rho_b = \frac{m_s}{V_s + V_n + V_i} \qquad 式(4\text{-}14)$$

测定方法：网篮法

试验室表达式：

$$\rho_b = \frac{m_a}{m_f - m_w}\rho_T \qquad 式(4\text{-}15)$$

3) 表干密度(饱和面干密度)——在规定的条件下，单位毛体积(含矿质实体、闭口孔隙及开口孔隙的体积)物质颗粒的饱和面干质量，见式(4-16)。

理论表达式：

$$\rho_s = \frac{m_f}{V_s + V_n + V_i} \qquad \text{式(4-16)}$$

测定方法：网篮法

试验室表达式：

$$\rho_s = \frac{m_f}{m_f - m_w} \rho_T \qquad \text{式(4-17)}$$

4）堆积密度——在规定的条件下，单位体积(含矿质实体、闭口孔隙、开口孔隙及颗粒间空隙的体积)物质颗粒的质量，见式(4-17)。

粗集料的堆积密度有三种不同状态：自然堆积状态、振实状态、捣实状态。

① 自然堆积密度是干燥的粗集料用平头铁锹离筒口 50mm 左右装入规定容积的容量筒的单位体积的质量；

② 振实状态密度是将装满试样的容量筒在振动台上振动 3min 后单位体积的质量；

③ 捣实状态密度是将试样分三次装入容量筒，每层用捣棒均匀捣实 25 次的单位体积的质量。

理论表达式：

$$\rho = \frac{m_s}{v_s + v_n + V_p} \qquad \text{式(4-18)}$$

测定方法：容量筒法

试验室表达式：

$$\rho = \frac{m_2 - m_1}{V} \qquad \text{式(4-19)}$$

沥青混合料用粗集料间隙率：

$$VCA_{DRC} = \left(1 - \frac{\rho}{\rho_b}\right) \times 100\% \qquad \text{式(4-20)}$$

水泥混凝土用粗集料空隙率：

$$V_c = \left(1 - \frac{\rho}{\rho_a}\right) \times 100\% \qquad \text{式(4-21)}$$

5）含水率——粗集料在自然状态条件下的含水量的大小，见式(4-22)：

$$\omega = \frac{m_1 - m_2}{m_2 - m_0} \qquad \text{式(4-22)}$$

（3）集料粒径与筛孔

① 集料最大粒径——指集料 100% 都要求通过的最小的标准筛孔尺寸。

② 集料最大公称粒径——指集料可能全部通过或允许有少量不通过(一般容许筛余不超过 10%)的最小标准筛筛孔尺寸，通常是集料最大粒径的下一个粒径。

③ 标准筛——对颗粒材料进行筛分试验应用符合标准形状和尺寸规格要求的系列样品筛。

标准筛（方孔）筛孔尺寸为 75mm、63mm、53mm、37.5mm、31.5mm、26.5mm、19mm、16mm、13.2mm、9.5mm、4.75mm、2.36mm、1.18mm、0.6mm、0.3mm、0.15mm、0.075mm。

（4）级配

粗集料中各组成颗粒的分级和搭配。一般通过筛分试验确定，根据集料试样的质量与存留在各筛孔尺寸标准筛上的集料质量，求得下列和级配有关的参数。

① 分计筛余百分率——指某号筛上的筛余质量占试样总质量百分率，见式（4-23）：

$$a_i = \frac{m_i}{M} \times 100\%$$ 式（4-23）

② 累计筛余百分率——指某号筛的分计筛余百分率和大于该号筛的各筛分计筛余百分率之总和，见式（4-24）：

$$A_i = a_1 + a_2 + \cdots + a_i$$ 式（4-24）

③ 通过百分率——指通过某号筛的试样质量占试样总质量的百分率，即 100 与某号筛累计筛余百分率之差，见式（4-25）：

$$P_i = 100 - A_i$$ 式（4-25）

（5）针片状颗粒含量

粗集料的颗粒形状以正立方体为佳，不宜含有过多的针、片状颗粒，否则将显著影响混合料的强度和施工。针状颗粒是指颗粒长度大于平均粒径的 2.4 倍的颗粒，片状颗粒是指颗粒厚度小于平均粒径的 0.4 倍的颗粒（平均粒径指该粒级上、下粒径的平均值）。

针片状颗粒的存在影响了粗集料的力学性能，是不良因素，因此在工程应用中要加以限制。

（6）粗集料的力学性能

粗集料的力学性质，主要是压碎值和磨耗损失，其次是磨光值、道端磨耗值和冲击值。

① 压碎值——碎石和卵石（在连续增加的荷载下）抵抗压碎的能力。它作为衡量石材强度的一个相对指标，用以评价石料在公路工程中的适用性，见式（4-26）。

试验室表达式：

$$Q'_a = \frac{m_1}{m_0} \times 100\%$$ 式（4-26）

② 磨光值

现代高速交通的条件对路面的抗滑性提出了更高的要求。作为高速公路沥青路面用的集料，在车辆轮胎的作用下，不仅要求具有高的抗磨耗性，而且要求具有高的抗磨光性。集料磨光值愈高，表示其抗滑性愈好。

③ 冲击值——集料抵抗多次连续重复冲击荷载的性能（抗冲韧性）。冲击值越小，表示集料的抗冲击性越好。

④ 磨耗度（Abrasiveness）——集料磨耗值愈高，表示集料的耐磨性愈差。高速公路、一级公路抗滑层用集料的 AAV 应不大于 14。

测定方法：道端磨耗试验、洛杉矶式磨耗试验。

2. 细集料

细集料可按其形成方式或来源的不同，分为天然砂和人工砂两种，目前工程中主要以天然砂用的居多。（注意：由于天然砂也属于不可再生资源，所以目前也面临着天然砂告急的现象，开发和使用人工砂是必然的发展趋势）

(1) 细集料的定义

由于集料在不同的混合料中所起作用不同，因此在工程使用中，根据粒径大小划分，在沥青混合料中，凡粒径小于 2.36mm 者称为细集料；在水泥混凝土中，凡粒径小于 4.75mm 者称为细集料。

(2) 密度——材料最重要的物理性质，反映质量和体积的关系。（结论：质量不同，体积不同，密度也不一样）

内部组成结构：矿质实体、闭口（不与外界连通）孔隙和开口（与外界连通）孔隙。

① 表观密度——在规定的条件下（105℃±5℃烘干至恒重），单位体积（含矿质实体及其闭口孔隙的体积）物质颗粒的质量，见式（4-27）。

理论表达式：

$$\rho_a = m_s/(v_s + v_n) \qquad\qquad 式（4-27）$$

测定方法：容量瓶法。

试验室表达式：

$$\rho_a = \frac{m_0}{m_0 + m_1 - m_2}\rho_T \qquad\qquad 式（4-28）$$

② 毛体积密度——在规定的条件下，单位毛体积（含矿质实体、闭口孔隙及开口孔隙的体积）物质颗粒的质量，见式（4-29）。

理论表达式：

$$\rho_b = m_s/v_s + v_n + v_i \qquad\qquad 式（4-29）$$

测定方法：容量瓶法。

试验室表达式：

$$\rho_b = \frac{m_0}{m_3 + m_1 - m_2}\rho_T \qquad\qquad 式（4-30）$$

③ 表干密度（饱和面干密度）——在规定的条件下，单位毛体积（含矿质实体、闭口孔隙及开口孔隙的体积）物质颗粒的饱和面干质量，见式（4-31）。

理论表达式：

$$\rho_s = m_f/v_s + v_n + v_i \qquad\qquad 式（4-31）$$

测定方法：容量瓶法。

试验室表达式：

$$\rho_s = \frac{m_3}{m_3 + m_1 - m_2}\rho_T \qquad\qquad 式（4-32）$$

④ 堆积密度——在规定的条件下，单位体积（含矿质实体、闭口孔隙、开口孔隙及颗粒间空隙的体积）物质颗粒的质量，见式（4-33）。

理论表达式：

$$\rho_s = m_s/v_s + v_p + v_v \qquad\qquad 式（4-33）$$

测定方法：容量筒法。

试验室表达式：

$$\rho = (m_1 - m_0)/V \qquad\qquad 式（4-34）$$

空隙率：

$$n = \left(1 - \frac{\rho}{\rho_a}\right) \times 100\% \qquad\qquad 式（4-35）$$

(3) 集料粒径与筛孔

① 集料最大粒径（Maximum Size of Aggregate）

指集料 100% 都要求通过的最小的标准筛孔尺寸。

② 集料最大公称粒径（No minal Maximum Size of Aggregate）

指集料可能全部通过或允许有少量不通过(一般容许筛余不超过10%)的最小标准筛筛孔尺寸,通常是集料最大粒径的下一个粒径。

③ 标准筛

对颗粒材料进行筛分试验应用符合标准形状和尺寸规格要求的系列样品筛。

标准筛(方孔)筛孔尺寸为 75mm、63mm、53mm、37.5mm、31.5mm、26.5mm、19mm、16mm、13.2mm、9.5mm、4.75mm、2.36mm、1.18mm、0.6mm、0.3mm、0.15mm、0.075mm。

(4)级配:材料各组成颗粒的分级和搭配。一般通过筛分试验确定,根据集料试样的质量与存留在各筛孔尺寸标准筛上的集料质量,求得下列和级配有关的参数。

(5)粗度(Coarseness)——评价细集料粗细程度的一种指标,用细度模数(Fineness Modulus)表示,见式(4-35):

$$M_x = \frac{A_{2.36} + A_{1.18} + A_{0.6} + A_{0.3} + A_{0.15} - 5A_{4.75}}{100 - A_{4.75}} \qquad \text{式(4-36)}$$

细度模数愈大,表示细集料愈粗。砂的粗度按细度模数一般可分为下列三级:

$M_x = 3.7 \sim 3.1$ 为粗砂

$M_x = 3.0 \sim 2.3$ 为中砂

$M_x = 2.2 \sim 1.6$ 为细砂

细度模数的数值主要决定于累计筛余量。由于在累计筛余的总和中,粗颗粒分计筛余的"权"比细颗粒大,所以它的数值很大程度上取决于粗颗粒含量。另外,细度模数的值与小于0.15mm的颗粒含量无关,所以虽然细度模数在一定程度上能反映砂的粗细概念,但并未能全面反映砂的粒径分布情况,因为不同级配的砂可以具有相同的细度模数。

4.3.3 砖的分类及应用

1. 砖的概念

砖是最常用的砌体材料,是建筑用的人造小型块材,分烧结砖(主要指黏土砖)和非烧结砖(灰砂砖、粉煤灰砖等)。黏土砖以黏土(包括页岩、煤矸石等粉料)为主要原料,经泥料处理、成型、干燥和焙烧而成。目前已由黏土为主要原料逐步向利用页岩、煤矸石、粉煤灰、湖塘污泥等多种材料发展,同时由实心向多孔、空心发展,由烧结向非烧结发展。

根据建筑工程中使用部位的不同,砖分为砌墙砖、楼板砖、拱壳砖、地面砖、下水道砖和烟囱砖等。

2. 砖的分类及应用

根据生产工艺的特点,砖分为烧结制品与非烧结制品两类。

根据使用的原料不同,砖分为黏土砖、页岩砖、煤矸石砖、粉煤灰砖、炉渣砖、灰砂砖等。

根据外形,砖又可分为实心砖、微孔砖、多孔砖和空心砖等。

砌墙砖根据不同的建筑性能分为承重砖、非承重砖、保温砖、吸声砖、饰面砖等。

烧结普通砖的强度等级分为:MU30、MU25、MU20、MU15、MU10、五级。

砖作为最常用的砌体材料,广泛应用于各类建筑墙体,在市政工程中广泛用于沟渠、井室、人行道路面等处。

4.4 混凝土和砂浆

4.4.1 混凝土

1. 概念及分类

凡由胶凝材料、骨料和水（或不加水）按适当的比例配合、拌合制成混合物，经一定时间后硬化而成的人造石材，称为混凝土。

水泥混凝土可按其组成、特性和功能等分类。

（1）按强度大小分类

可分为一般混凝土（抗压强度≥25MPa）、高强混凝土（抗压强度≥60 MPa）、超高强混凝土（抗压强度≥100 MPa）。

（2）按工作性质分类

有特干硬性混凝土、干硬性混凝土、低流动性混凝土、流动性混凝土、大流动性混凝土。

（3）按表现密度分类

普通混凝土（干表观密度约为 2400kg/m³）、轻混凝土（干表观密度可达 1900kg/m³）、重混凝土（干表观密度可达 3200kg/m³）。

2. 组成材料及其质量要求

普通混凝土主要由水泥、骨料（粗骨料：石子，细骨料：砂）、水组成。其中粗骨料主要起总体的骨架作用，水泥砂浆即可用于填充粗骨料的空隙，还能包裹于粗骨料的表面，在水泥砂浆中，砂起骨架作用，水泥浆起填充砂的空隙和包裹砂的表面作用，并通过水泥的水化、凝结和硬化将砂石胶结成为一个具有一定强度的整体。

（1）水泥

水泥是影响混凝土施工性质、强度和耐久性的重要材料，在选择混凝土组成材料时，对水泥的品种和强度必须合理加以选择。

① 水泥的品种：应根据工程所处的环境和工程的性质来选择。

② 水泥的强度等级：应与混凝土强度等级相适应。

正确选择水泥的强度，使水泥的强度等级与所配制的混凝土强度等级相匹配。如果选用高强度等级水泥配制低强度等级的混凝土，会使水泥用量偏低，影响混凝土的工作性及密实度；如果采用低强度等级水泥配制高强度等级混凝土时，会使水泥用量过多，不仅不经济，还将影响混凝土的其他技术性质。

（2）细骨料

在混凝土工程中，粒径小于 4.75mm 的集料称为细集料（即砂），砂按来源分：河砂、海砂和山砂及人工砂。

① 有害杂质的含量要低

有害杂质包括：泥土和泥块、云母、轻物质、硫酸盐和硫化物以及有机质。

② 压碎值和坚固性

混凝土要求砂坚固耐久，压碎值和坚固性试验可用于衡量其性能。

③ 颗粒级配和粗细程度

细集料的级配应满足技术规范的规定，其中Ⅱ区由中砂和部分偏粗的细砂组成，是配制混凝土时优先选用的级配类型；Ⅰ区属于粗砂范畴，当采用Ⅰ区砂配制混凝土时，应较Ⅱ区砂提高砂率，并保持足够的水泥用量，否则混凝土拌合物的内摩擦力较大，保水性差，不易捣实成型；Ⅲ区砂是由细砂和部分偏细的中砂组成，当采用Ⅲ区砂配制混凝土时，应较Ⅱ区砂适当降低砂率，以保证混凝土强度。

（3）粗骨料

在混凝土工程中，凡粒径大于 4.75mm 的集料称为粗集料。粗集料按其表面特征不同，有碎石和卵石之分。粗集料是混凝土的主要组成材料，也是影响混凝土强度的重要因素之一，对粗集料技术性能的主要要求是：具有稳定的物理性能和化学性能，不与水泥发生有害反应。

1）强度和坚固性

粗集料在混凝土中起骨架作用，必须具有足够的强度和坚固性。碎石或卵石的强度用岩石立方体抗压强度和压碎指标反映。

2）有害杂质含量

粗集料中的有害杂质为黏土、淤泥、硫化物及硫酸盐、有机质等。这些杂质常粘附在集料的表面，妨碍水泥与集料粘结，降低混凝土的抗渗性和抗冻性，有机杂质、硫化物及硫酸盐等对水泥亦有腐蚀作用。

3）最大粒径及颗粒级配

为了保证混凝土的施工质量，保证混凝土构件的完整性和密实度，粗集料的最大粒径不宜过大。要求集料的最大粒径不得超过结构截面最小尺寸的 1/4，且不得超过钢筋间最小净距的 3/4；对于混凝土实心板，集料的最大粒径不宜超过板厚的 1/2，且不得超过 40mm。

粗集料的颗粒级配直接影响混凝土的技术性质和经济效果，因而粗集料级配的选定，是保证混凝土质量的重要环节。

粗骨料常见的级配情况有：

① 连续级配——工程性质好，不易产生离析等现象，是常用级配。

② 间断级配——理论上可获得较小的空隙率，但实际施工不易，只适用于较干硬性的混凝土。

③ 单粒径——空隙率大，不单独使用，常与其他粒级的混合使用（用于调配）。

4）颗粒形状及表面特征

颗粒形状：接近正方形好，针、片状对混凝土的性能不利，含量要限制。

表面特征：表面的粗糙程度和孔隙率。碎石与卵石在相同条件下，性能会产生差异。

5）碱活性检验

水泥中含有碱，会与骨料中的活性成分发生碱骨料反应，影响混凝土的耐久性。

（4）水

清洗集料、拌和混凝土及养护用的水，不应含有影响混凝土质量的油、酸、碱、盐类、有机物等。清洁可饮用的水一般均适用于混凝土拌和及养护，其他水（地表水、处理水等）需经检验合格可用。

3. 技术性质

普通混凝土的主要技术性质包括在凝结硬化前的工作性、硬化后混凝土的力学性质和耐久性。

(1) 新拌混凝土的工作性

由水泥、砂、石及水拌制成的混合料，称为混凝土拌合物，又称新拌混凝土。混凝土拌合物必须具备良好的和易性，才能便于施工和制得密实而均匀的混凝土。

1) 工作性的涵义

是指混凝土拌合物能保持其组成成分均匀，不发生分层离析、泌水等现象，适于运输、浇筑、捣实成型等施工作业，并能获得质量均匀、密实的混凝土的性能。工作性为一综合技术性能，它包括流动性、稳定性、可塑性和易密性四个方面的涵义。优质的新拌混凝土应具有：满足输送和浇捣要求的流动性；不为外力作用产生脆断的可塑性；不产生分层、泌水的稳定性和易于浇捣密致的密实性。

① 流动性是指混凝土拌合物在自重或机械振捣力的作用下，能产生流动并均匀密实地充满模型的性能。流动性的大小，反映拌合物的稀稠，它直接影响着浇捣施工的难易和混凝土的质量。

② 稳定性(可塑性)是指混凝土拌合物内部组分间具有一定的黏聚力，在运输和浇筑过程中不致发生离析分层现象，而使混凝土能保持整体均匀的性能。黏聚性差的混凝土拌合物，或者发涩，或者产生石子下沉，石子与砂浆容易分离，振捣后会出现蜂窝、空洞等现象。

③ 黏聚性与保水性是指混凝土拌合物具有一定的保持内部水分的能力，在施工过程中不致产生严重的泌水现象。保水性差的拌合物，在混凝土振实后，一部分水易从内部析出至表面，在水渗流之处留下许多毛细管孔道，成为以后混凝土内部的透水通路。另外，在水分上升的同时，一部分水还会滞留在石子及钢筋的下缘形成水隙，从而减弱水泥浆与石子及钢筋的胶结力。所有这些都将影响混凝土的密实性，降低混凝土的强度及耐久性。

2) 影响和易性的主要因素

① 水泥浆的数量和集浆比

在水灰比一定的条件下，水泥浆愈多，流动性愈大，但如水泥浆过多，集料则相对减少，即集浆比小，将出现流浆现象，拌和物的稳定性变差，不仅浪费水泥，而且会使拌和物的强度和耐久性降低；若水泥浆用量过少，则无法很好包裹集料表面及填充其空隙，拌和物中水泥浆的数量应以满足流动性为宜。

② 水泥浆的稠度

水泥浆的稠度取决于水灰比。在固定用水量的条件下，水灰比小时，会使水泥浆变稠，拌和物流动性小；若加大水灰比，可使水泥浆变稀，流动性增大，但会使拌和物流浆、离析，严重影响混凝土强度和耐久性，因此，应合理地选用水灰比。

拌制水泥浆、砂浆和混凝土混合料时，水与水泥的质量比称为水灰比(W/C)。水灰比的倒数称为灰水比。在水泥用量不变的情况下，水灰比越小，水泥浆就越稠，混凝土拌合物的流动性便越小。水灰比过大，又会造成混凝土拌合物的黏聚性和保水性不良，而产生流浆、离析现象，并严重影响混凝土的强度。

③ 砂率

砂率是指混凝土中砂的质量占砂石总质量的百分率。砂率反映了粗细集料的相对比例，它影响混凝土集料的空隙和总比表面积。

砂率对混凝土拌和物的工作性影响很大，一方面是砂形成的砂浆在粗集料间起润滑作用，在一定砂率范围内随砂率的增大，润滑作用愈明显，流动性可以提高；另一方面，在砂率增大的同时，集料的总表面积随之增大，需要润滑的水分增多，在用水量一定的条件下，拌和物流动性降低，所以当砂率超过一定范围后，流动性反而随砂率的增大而降低。另如果砂率过小，砂浆数量不足会使混凝土拌和物的粘聚性和保水性降低，产生离析和流浆现象。所以，应在用水量和水泥用量不变的情况下，选取保证流动性、粘聚性和保水性的合理砂率。

④ 组成材料性质

水泥的品种、细度、矿物组成以及混合材料的掺量等，都会影响混凝土拌和物的工作性，由于不同品种的水泥达到标准稠度的需水量不同，所以不同品种水泥配制成的混凝土拌和物的流动性也不同。通常普通水泥的混凝土拌和物比矿渣水泥、火山灰水泥的工作性好，矿渣水泥拌和物的流动性虽大，但黏聚性差，易产生泌水离析。火山灰水泥则流动性小，但黏聚性最好。此外，水泥的细度对拌和物的和易性也有很大的影响，提高水泥的细度可改善混凝土拌和物的黏聚性和保水性，减少拌和物泌水、离析现象，但其流动性变差。

集料对混凝土拌和物和易性影响的主要因素有：集料级配、颗粒形状、表面特性及粒径大小等。一般情况下，级配好的集料，其流动性较大，黏聚性与保水性较好；表面光滑的集料，其流动性较大，总表面积减小，流动性增大；集料棱角较少者，其流动性较大。

外加剂对混凝土拌和物的影响较大，在混凝土拌和物中加入少量的外加剂，可在不增加用水量和水泥用量的情况下，有效地改善混凝土拌和物的工作性。

⑤ 环境条件与搅拌时间

对混凝土拌和物工作性有影响的环境因素主要有湿度、温度、风速。在组成材料性质和配合比例一定的条件下，混凝土拌和物和易性主要受水泥的水化率和水分的蒸发率所支配。

3）改善新拌混凝土和易性的措施

① 选用合适的水泥品种和水泥的强度等级；

② 通过试验，采用最佳砂率，以提高混凝土的质量及节约水泥；

③ 改善砂、石级配；在可能条件下尽量采用较粗的砂、石；

④ 当混凝土拌合物坍落度太小时，保持水灰比不变，增加适量的水泥浆；当坍落度太大时，保持砂率不变，增加适量的砂、石；

⑤ 有条件时尽量掺用外加剂——减水剂、引气剂；

⑥ 采用机械振捣。

（2）硬化后混凝土的强度

混凝土的强度是指混凝土试件达到破坏极限的应力最大值。

1）混凝土抗压强度与强度等级

混凝土抗压强度：混凝土抗压强度是确定混凝土强度等级的依据，混凝土强度等级是混凝土结构设计时强度计算取值的依据。抗压强度包括立方体抗压强度和棱柱体抗压强度，前者是评定混凝土强度等级和混凝土施工中控制工程质量和工程验收时的重要依据，后者是钢筋混凝土结构设计中轴心受压构件（如柱、桁架腹杆）强度计算取值的依据。

① 立方体抗压强度

以边长为 150mm 的标准立方体试件，在温度为 $20\pm2℃$，相对湿度为 95% 以上的潮湿条件下或者在 $Ca(OH)_2$ 饱和溶液中养护，经 28d 龄期，采用标准试验方法测得的抗压极限强度。用 f_{cu} 表示，见式(4-37)。

$$f_{cu}=\frac{F}{A}$$ 式(4-37)

② 立方体抗压强度标准值

以边长为 150mm 的立方体标准试件，在 28d 龄期，用标准试验方法测定的抗压强度总体分布中的一个值，强度低于该值的百分率不超过 5%（即具有 95% 保证率的抗压强度），以 N/mm^2（即 MPa）计，以 $f_{cu,k}$ 表示。

③ 强度等级

按混凝土立方体抗压强度标准值划分的级别。以 "C" 和混凝土立方体抗压强度标准值($f_{cu,k}$)表示，主要有 C15，C20，C25，C30，C35，C40，C45，C50，C55，C60，C65，C70，C75，C80 等十四个强度等级。

2) 混凝土的抗弯拉强度

是路面用混凝土的强度指标，是以标准方法制备成 150mm×150mm×550mm 的梁形试件，在标准条件下，经养护 28 天后，按三分点加荷方式测定抗弯拉强度，以 f_f 表示，见式(4-38)。

$$f_f=\frac{FL}{bh^2}$$ 式(4-38)

3) 影响水泥混凝土强度的因素

① 材料组成

a) 水泥强度与水灰比

在配合比相同的条件下，所用的水泥强度等级越高，制成的混凝土强度也越高。

b) 集料特性与水泥浆用量

如集料强度小于水泥石强度，则混凝土强度与集料强度有关，会使混凝土强度下降。集料颗粒形状接近立方体形为好，若使用扁平或细长颗粒，就会对施工带来不利影响，增加了混凝土的孔隙率，增加了混凝土的薄弱环节，导致混凝土强度的降低。

② 养护温度和湿度

养护环境温度高，水泥水化速度加快，混凝土早期强度高；反之亦然。若温度在冰点以下，不但水泥水化停止，而且有可能因冰冻导致混凝土结构疏松，强度严重降低，尤其是早期混凝土应特别加强防冻措施。为加快水泥的水化速度，可采用湿热养护的方法，即蒸汽养护或蒸压养护。湿度通常指的是空气相对湿度。相对湿度低，混凝土中的水分挥发快，混凝土因缺水而停止水化，强度发展受阻。

③ 龄期

龄期是指混凝土在正常养护条件下所经历的时间。在正常养护条件下，混凝土强度将随着龄期的增长而增长。最初 7～14d 内，强度增长较快，以后逐渐缓慢。但在有水的情况下，龄期延续很久其强度仍有所增长。

4）提高混凝土强度的技术措施

① 采用高强度水泥和特种水泥

② 采用低水灰比和浆集比

③ 掺加外加剂

④ 采用湿热处理方法：蒸汽养护、蒸压养护

⑤ 采用机械搅拌和振捣

（3）混凝土的变形性能

混凝土变形的种类主要有：

1）化学收缩

化学收缩是由于水泥和水产生水化反应后的体积小于原体积而产生的体积变形，约 1%，是不可避免的，但对混凝土性能影响不大。

2）温度变形

热胀冷缩是所有物质的共性，混凝土中骨料与水泥的热膨胀系数有差别。所以温度变化会在混凝土中产生应力。

3）干缩与湿胀

干缩是指混凝土在干燥环境中，孔隙中的水分蒸发产生的体积收缩。

湿胀是指混凝土在潮湿环境中或者水中孔隙，凝胶孔吸水产生的体积膨胀。

4）混凝土在荷载作用下的变形

① 短期荷载作用下的变形——弹塑性变形

② 混凝土在长期荷载作用下的变形——徐变

（4）混凝土的耐久性

混凝土耐久性是一项综合指标，它包括：

1）抗渗性

是指混凝土抵抗水、油等压力液体渗透作用的能力。应是混凝土耐久性中最为重要的指标。

2）抗冻性

是指抵抗冻融循环的能力。严寒地区和水位变化的部位应考虑。

3）抗侵蚀性

是指抵抗各种侵蚀性介质(淡水、海水、镁盐类、酸类、硫酸盐类)侵蚀的能力。

4）混凝土的碳化

5）混凝土的碱骨料反应

是指水泥中的碱与骨料中的活性成分反应，形成一种复杂的盐类，吸水后产生膨胀，从而导致混凝土结构的破坏。

6）耐磨性

耐磨性是路面和桥梁用混凝土的重要性能之一。

4. 普通混凝土的组成设计

混凝土配合比，是指单位体积的混凝土中各组成材料的质量比例。确定这种数量比例

关系的工作，称为混凝土配合比设计。

(1) 配合比的表示方法

① 单位用量表示法

以 1m³ 混凝土中各组成材料的实际用量表示。例如水泥 m_c＝295kg，砂 m_s＝648kg，石子 m_g＝1330kg，水 m_w＝165kg。

② 相对用量表示法

以水泥的质量为 1，并按"水泥：细集料：粗集料；水灰比"的顺序排列表示。例如 1：2.14：3.81；W/C＝0.45

(2) 基本要求

① 满足施工工作性的要求

按照结构物断面尺寸和形状、钢筋的配置情况、施工方法及设备等，合理确定混凝土拌合的工作性（坍落度或维勃稠度）。

② 满足结构物强度要求

不论是混凝土路面或桥梁，在设计时都会对不同的结构部位提出不同的"设计强度"要求。为了保证结构物的可靠性，在配制混凝土配合比时，必须要考虑到结构物的重要性、施工单位施工水平、施工环境因素等，采用一个"设计强度"的"配制强度"，才能满足"设计强度"的要求。但是"配制强度"的高低一定要适宜，定得太低结构物不安全，定得太高会造成浪费。

③ 满足环境耐久性要求

根据结构物所处的环境条件，如严寒地区的路面、桥梁墩台处于水位升降范围，处于有侵蚀介质中时，为保证结构的耐久性，在设计混凝土配合比时，应考虑允许的"最大水灰比"和"最小水泥用量"。

④ 满足经济性的要求

在满足混凝土设计强度、工作性和耐久性的前提下，在配合比设计中要尽量降低高价材料（如水泥）的用量，并考虑应用当地材料和工业废料（如粉煤灰），以配制成性能优良、价格便宜的混凝土。

(3) 设计步骤

① 确定基本满足强度和耐久性要求的初步配合比；

② 在实验室实配、检测、进行工作性调整确定混凝土基准配合比；

③ 通过对水灰比的微调，确定水泥用量最少但强度能满足要求的实验室配合比；

④ 考虑砂石的含水率计算施工配合比。

已知实验室配合比为 m_{c2}：m_{w2}：m_{s2}：m_{g2}，砂的含水率为 $a\%$，石子的含水率为 $b\%$，则施工配合比 m_c：m_w：m_s：m_g 计算如下：

$$m_c＝m_{c2}$$

$$m_s＝m_{s2}(1＋a\%)$$

$$m_g＝m_{g2}(1＋b\%)$$

$$m_w＝m_{w2}－(m_{s2} \cdot a\%＋m_{g2} \cdot b\%)$$

4.4.2　高性能混凝土简介

1. 高性能混凝土的定义

《高性能混凝土应用技术规程》(CECS207—2006)对高性能混凝土定义为：采用常规材料和工艺生产，具有混凝土结构所要求各项力学性能，具有高耐久性、高工作性和高体积稳定性的混凝土。

高性能混凝土，首先应该是优良的工作性能。在工程施工中具有合适的流动性、可泵性，正常施工中满足混凝土成型的条件，保证混凝土构件的密实性、均匀性。减少振捣带来的公害及能源消耗。其次应是在获得较高强度的同时，而很少增加水泥的用量，使得在相同使用条件下，混凝土构件的尺寸较小。三是高耐久性，在长期荷载、疲劳荷载及腐蚀的条件下达到较长的预期寿命。再其次是满足特殊使用功能的需要。

2. 自密实性

高性能混凝土的用水量较低，流动性好，抗离析性高，从而具有较优异的填充性。因此，配好恰当的大流动性高性能混凝土有较好的自密实性。

3. 体积稳定性

高性能混凝土的体积稳定性较高，表现为具有高弹性模量、低收缩与徐变、低温度变形。普通混凝土的弹性模量为 20~25GPa，采用适宜的材料与配合比的高性能混凝土，其弹性模可达 40~50GPa。采用高弹性模量、高强度的粗集料并降低混凝土中水泥浆体的含量，选用合理的配合比配制的高性能混凝土，90 天龄期的干缩值低于 0.04%。

4. 强度

高性能混凝土的抗压强度已超过 200MPa。28d 平均强度介于 100~120MPa 的高性能混凝土，已在工程中应用。高性能混凝土抗拉强度与抗压强度值比较高强混凝土有明显增加，高性能混凝土的早期强度发展加快，而后期强度的增长率却低于普通强度混凝土。

5. 水化热

由于高性能混凝土的水灰比较低，会较早的终止水化反应，因此，水化热相应地降低。

6. 收缩和徐变

高性能混凝土的总收缩量与其强度成反比，强度越高总收缩量越小。但高性能混凝土的早期收缩率，随着早期强度的提高而增大。相对湿度和环境温度，仍然是影响高性能混凝土收缩性能的两个主要因素。

高性能混凝土的徐变变形显著低于普通混凝土，高性能混凝土与普通强度混凝土相比较，高性能混凝土的徐变总量(基本徐变与干燥徐变之和)有显著减少。在徐变总量中，干燥徐变值的减少更为显著，基本徐变仅略有一些降低。而干燥徐变与基本徐变的比值，则随着混凝土强度的增加而降低。

7. 耐久性

高性能混凝土除通常的抗冻性、抗渗性明显高于普通混凝土之外，高性能混凝土的 Cl^- 渗透率，明显低于普通混凝土。高性能混凝土由于具有较高的密实性和抗渗性，因此，其抗化学腐蚀性能显著优于普通强度混凝土。

8. 耐火性

高性能混凝土在高温作用下，会产生爆裂、剥落。由于混凝土的高密实度使自由水不易很快地从毛细孔中排出，再受高温时其内部形成的蒸汽压力几乎可达到饱和蒸汽压力。在300℃温度下，蒸汽压力可达8MPa，而在350℃温度下，蒸汽压力可达17MPa，这样的内部压力可使混凝土中产生5MPa拉伸应力，使混凝土发生爆炸性剥蚀和脱落。因此高性能混凝土的耐高温性能是一个值得重视的问题。为克服这一性能缺陷，可在高性能和高强度混凝土中掺入有机纤维，在高温下混凝土中的纤维能熔解、挥发，形成许多连通的孔隙，使高温作用产生的蒸汽压力得以释放，从而改善高性能混凝土的耐高温性能。

概括起来说，高性能混凝土就是能更好地满足结构功能要求和施工工艺要求的混凝土，能最大限度地延长混凝土结构的使用年限，降低工程造价。

4.4.3 混凝土外加剂简介

1. 混凝土外加剂的概念与功能

混凝土外加剂(英文：concrete admixtures)简称外加剂，是指在拌制混凝土的过程中掺入用以改善混凝土性能的物质。混凝土外加剂的掺量一般不大于水泥质量的5%。混凝土外加剂产品的质量必须符合国家标准《混凝土外加剂》(GB 8076—2008)的规定。

按主要功能分为四类：

(1) 改善混凝土拌合物和易性能的外加剂，包括各种减水剂、混凝土降粘剂、引气剂和泵送剂等；

(2) 调节混凝土凝结时间、硬化性能的外加剂，包括缓凝剂、早强剂和速凝剂等；

(3) 改善混凝土耐久性的外加剂，包括引气剂、防水剂和阻锈剂等；

(4) 改善混凝土其他性能的外加剂，包括混凝土降粘剂、加气剂、膨胀剂、防冻剂、着色剂、防水剂和泵送剂等。

在混凝土中掺入外加剂，具有投资少、见效快、技术经济效益显著的特点。随着科学技术的不断进步，外加剂已越来越多地得到应用，外加剂已成为混凝土除4种基本组分以外的第5种重要组分。

2. 混凝土外加剂的作用

由于有了高效减水剂，大流动度混凝土、自密实混凝土、高强混凝土得到应用；由于有了增稠剂，水下混凝土的性能得以改善；由于有了缓凝剂，水泥的凝结时间得以延长，才有可能减少坍落度损失，延长施工操作时间；由于有了防冻剂，溶液冰点得以降低，或者冰晶结构变形不致造成冻害，才可能在低温下进行施工等。

外加剂在改善混凝土的性能方面具有以下作用：

(1) 可以减少混凝土的用水量，或者不增加用水量就能增加混凝土的流动度；

(2) 可以调整混凝土的凝结时间；

(3) 减少泌水和离析，改善和易性和抗水淘洗性；

(4) 可以减少坍落度损失，增加泵送混凝土的可泵性；

(5) 可以减少收缩，加入膨胀剂还可以补偿收缩；

(6) 延缓混凝土初期水化热，降低大体积混凝土的温升速度，减少裂缝发生；

(7) 提高混凝土早期强度，防止负温下冻结；

（8）提高强度，增加抗冻性、抗渗性、抗磨性、耐腐蚀性；

（9）控制碱—骨料反应，阻止钢筋锈蚀，减少氯离子扩散；

（10）制成其他特殊性能的混凝土；

（11）降低混凝土黏度系数等。

3. 混凝土外加剂发展方向

（1）高效减水剂：萘系及三聚氰胺系高效减水剂的改性、聚丙烯酸盐超塑化剂、聚丙烯酸接支共聚物超塑化剂、氨基磺酸盐超塑化剂、磺化酮醛缩聚物、木质素磺酸盐高效化、工业废料生产超塑化剂；

（2）复合外加剂：低碱低掺量液体复合外加剂、复合超塑化剂及其配方设计、低碱低掺量液体复合防冻剂、微膨胀多功能防水剂、液体膨胀剂、液体速凝剂、超缓凝剂；

（3）其他外加剂：减缩剂、碱骨料反应抑止剂、表面硬化剂、高效脱模剂。

4.4.4 砂浆

1. 组成与分类

砂浆的组成材料除了不含粗集料外，基本与混凝土的组成材料要求相类似。由一定比例的沙子和胶结材料（水泥、石灰膏、黏土等）加水按照适当比例配制而成，也叫灰浆，也作沙浆。

（1）按用途分类

① 砌筑砂浆：将砖、石、砌块等粘结成为砌体的砂浆，起着胶结块材和传递荷载的作用，是砌体的重要组成部分。

② 抹面砂浆：用以涂抹在建筑物或建筑构件的表面，兼有保护基层、满足使用要求和增加美观的作用。

（2）按胶凝材料不同分类

① 水泥砂浆：由水泥、砂和水按一定配比制成，一般用于潮湿环境或水中的砌体、墙面或地面等；

② 混合砂浆：在水泥或石灰砂浆中掺加适当掺合料如粉煤灰、硅藻土等制成，以节约水泥或石灰用量，并改善砂浆的和易性。常用的混合砂浆有水泥石灰砂浆、水泥黏土砂浆和石灰黏土砂浆等。

③ 石灰砂浆：由石灰膏、砂和水按一定配比制成，一般用于强度要求不高、不受潮湿的砌体和抹灰层。

2. 主要技术要求

（1）和易性

砂浆的和易性是指砂浆是否容易在砖石等表面铺成均匀、连续的薄层，且与基层紧密黏结的性质。包括流动性和保水性两方面含义。

① 流动性：影响砂浆流动性的因素，主要有胶凝材料的种类和用量，用水量以及细骨料的种类、颗粒。

形状、粗细程度与级配，除此之外，也与掺入的混合材料及外加剂的品种、用量有关。

通常情况下，基底为多孔吸水性材料，或在干热条件下施工时，应选择流动性大的砂浆。相反，基底吸水少，或湿冷条件下施工，应选流动性小的砂浆。

② 保水性：水性是指砂浆保持水分的能力。保水性不良的砂浆，使用过程中出现泌水，流浆，使砂

浆与基底粘结不牢，且由于失水影响砂浆正常的粘结硬化，使砂浆的强度降低。

影响砂浆保水性的主要因素是胶凝材料种类和用量，砂的品种、细度和用水量。在砂浆中掺入石灰膏、粉煤灰等粉状混合材料，可提高砂浆的保水性。

（2）硬化砂浆的强度

影响砂浆强度的因素有：当原材料的质量一定时，砂浆的强度主要取决于水泥强度等级和水泥用量。此外，砂浆强度还受砂、外加剂，掺入的混合材料以及砌筑和养护条件有关。砂中泥及其他杂质含量多时，砂浆强度也受影响。

砂浆的强度等级按龄期为 28 天的立方体试块（70.7mm×70.7mm×70.7mm）所测得的抗压极限强度的平均值来划分，共有 M15、M10、M7.5、M5、M2.5 这 5 个等级。

（3）粘结力：砌筑砂浆必须具有足够的粘结力，才可使块状材料胶结为一个整体。

4.5 建 筑 钢 材

4.5.1 钢材的分类

1. 按化学成分分类

（1）碳素钢

碳素钢的化学成分主要是铁，其次是碳，故也称铁——碳合金。其含碳量为 0.02%～2.06%。此外尚含有极少量的硅、锰和微量的硫、磷等元素。碳素钢按含碳量又可分为：低碳钢（含碳量小于 0.25%）、中碳钢（含碳量为 0.25%～0.60%）、高碳钢（含碳量大于 0.60%）。

（2）合金钢

是指在炼钢过程中，有意识地加入一种或多种能改善钢材性能的合金元素而制得的钢种。常用合金元素有：硅、锰、钛、钒、铌、铬等。按合金元素总含量的不同，合金钢可分为：低合金钢（合金元素总含量小于 5%）、中合金钢（合金元素总含量为 5%～10%）、高合金钢（合金元素总含量大于 10%）。

2. 按冶炼时脱氧程度分类

（1）沸腾钢。炼钢时仅加入锰铁进行脱氧，脱氧不完全。这种钢水浇入锭模时，会有大量的 CO 气体从钢水中外逸，引起钢水呈沸腾状，故称沸腾钢，代号为"F"。沸腾钢组织不够致密，成分不太均匀，硫、磷等杂质偏析较严重，故质量较差。但因其成本低、产量高，故被广泛用于一般建筑工程。

（2）镇静钢。炼钢时采用锰铁、硅铁和铝锭等作脱氧剂，脱氧完全，且同时能起去硫作用。这种钢水铸锭时能平静地充满锭模并冷却凝固，故称镇静钢，代号为"Z"。镇静钢虽成本较高，但其组织致密，成分均匀，性能稳定，故质量好。适用于预应力混凝土等重要的结构工程。

（3）半镇静钢。脱氧程度介于沸腾钢和镇静钢之间，为质量较好的钢，其代号为

"b"。

（4）特殊镇静钢。比镇静钢脱氧程度还要充分彻底的钢，故其质量最好，适用于特别重要的结构工程，代号为"TZ"。

3. 按有害杂质含量分类

按钢中有害杂质磷（P）和硫（S）含量的多少，钢材可分为以下四类：

（1）普通钢。磷含量不大于 0.045％；硫含量不大于 0.050％。

（2）优质钢。磷含量不大于 0.035％；硫含量不大于 0.030％。

（3）高级优质钢。磷含量不大于 0.030％；硫含量不大于 0.020％。

（4）特级优质钢。磷含量不大于 0.025％；硫含量不大于 0.015％。

4.5.2 钢材的技术性质

1. 抗拉性能

抗拉性能是建筑钢材最重要的技术性质。其技术指标为由拉力试验测定的屈服点、抗拉强度和伸长率。低碳钢（软钢）受拉的应力—应变图（图 4-3）能够较好地解释这些重要的技术指标。

（1）屈服点

当试件拉力在 OB 范围内时，如卸去拉力，试件能恢复原状，应力与应变的比值为常数，因此，该阶段被称为弹性阶段。当对试件的拉伸进入塑性变形的屈服阶段 BC 时，称屈服下限 $C_下$ 所对应的应力为屈服强度或屈服点，记做 σ_s。设计时一般以 σ_s 作为强度取值的依据。对屈服现象不明显的钢材，规定以 0.2％ 残余变形时的应力 $\sigma_{0.2}$ 作为屈服强度。

（2）抗拉强度

试件在屈服阶段以后，其抵抗塑性变形的能力又重新提高，称为强化阶段。对应于最高点 D 的应力称

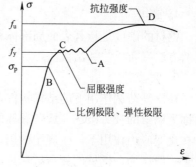

图 4-3　低碳钢（软钢）
受拉的应力—应变图

为抗拉强度，用 σ_b 表示。设计中抗拉强度虽然不能利用，但屈强比 σ_s/σ_b 有一定意义。屈强比愈小，反映钢材受力超过屈服点工作时的可靠性愈大，因而结构的安全性愈高。但屈强比太小，则反映钢材不能有效地被利用。

（3）伸长率

当曲线到达 D 点后，试件薄弱处急剧缩小，塑性变形迅速增加，产生"颈缩现象"而断裂。量出拉断后标距部分的长度 l_1，标距的伸长值与原始标距 l_0 的百分率称为伸长率。即伸长率表征了钢材的塑性变形能力。由于在塑性变形时颈缩处的伸长较大，故当原始标距与试件的直径之比愈大，则颈缩处伸长中的比重愈小，因而计算的伸长率会小些。通常以 δ_5 和 δ_{10} 分别表示 $l_0=5d_0$ 和 $l_0=10d_0$（d_0 为试件直径）时的伸长率。对同一种钢材，δ_5 应大于 δ_{10}。

2. 冷弯性能

冷弯性能是指钢材在常温下承受弯曲变形的能力，是钢材的重要工艺性能。冷弯性能指标是通过试件被弯曲的角度（90°、180°）及弯心直径 d 对试件厚度（或直径）a 的比值（$d/$

a)区分的，试件按规定的弯曲角和弯心直径进行试验，试件弯曲处的外表面无裂断、裂缝或起层，即认为冷弯性能合格。

3. 冲击韧性

冲击韧性是指钢材抵抗冲击荷载的能力。冲击韧性指标是通过标准试件的弯曲冲击韧性试验确定的。以摆锤打击试件，于刻槽处将其打断，试件单位截面积上所消耗的功，即为钢材的冲击韧性指标，用冲击韧性 a_k（J/cm^2）表示。a_k 值愈大，冲击韧性愈好。

钢材的化学成分、组织状态、内在缺陷及环境温度都会影响钢材的冲击韧性。试验表明，冲击韧性随温度的降低而下降，其规律是开始下降缓和，当达到一定温度范围时，突然下降很多而呈脆性，这种脆性称为钢材的冷脆性。

发生冷脆时的温度称为临界温度，其数值愈低，说明钢材的低温冲击性能愈好。所以在负温下使用的结构，应当选用脆性临界温度较工作温度为低的钢材。随时间的延长而表现出强度提高，塑性和冲击韧性下降的现象称为时效。完成时效变化的过程可达数十年，但是钢材如经受冷加工变形，或使用中经受振动和反复荷载的影响，时效可迅速发展。因时效而导致性能改变的程度称为时效敏感性，对于承受动荷载的结构应该选用时效敏感性小的钢材。

4. 硬度

钢材的硬度是指其表面局部体积内抵抗外物压入产生塑性变形的能力。常用的测定硬度的方法有布氏法和洛氏法。

5. 耐疲劳性

在反复荷载作用下的结构构件，钢材往往在应力远小于抗拉强度时发生断裂，这种现象称为钢材的疲劳破坏。疲劳破坏的危险应力用疲劳极限来表示，它是指疲劳试验中，试件在交变应力作用下，于规定的周期基数内不发生断裂所能承受的最大应力。

一般认为，钢材的疲劳破坏是由拉应力引起的，因此，钢材的疲劳极限与其抗拉强度有关，一般抗拉强度高，其疲劳极限也较高。由于疲劳裂纹是在应力集中处形成和发展的，故钢材的疲劳极限不仅与其内部组织有关，也和表面质量有关。

6. 焊接性能

钢材的可焊性是指焊接后在焊缝处的性质与母材性质的一致程度。影响钢材可焊性的主要因素是化学成分及含量。如硫产生热脆性，使焊缝处产生硬脆及热裂纹。又如，含碳量超过 0.3％，可焊性显著下降等。

4.5.3 钢材的冷加工和热处理

1. 钢材的冷加工

将钢材在常温下进行冷拉、冷拔或冷轧，使产生塑性变形，从而提高屈服强度，这个过程称为钢材的冷加工强化。

冷加工强化的原理是：钢材在塑性变形中晶格的缺陷增多，而缺陷的晶格严重畸变，对晶格的进一步滑移将起到阻碍作用，故钢材的屈服点提高，塑性和韧性降低。

工地或预制厂钢筋混凝土施工中常利用这一原理，对钢筋或低碳钢盘条按一定制度进行冷拉或冷拔加工，以提高屈服强度。将经过冷拉的钢筋于常温下存放 15～20d，或加热到 100～200℃并保持一段时间，这个过程称为时效处理。前者称为自然时效，后者称为人工时效。冷拉以后再经过时效处理的钢筋，其屈服点进一步提高，抗拉强度稍见增长，塑性继续有所降低。由于时效过程中应力的消减，故弹性模量可基本恢复。

钢材产生时效的主要原因是：溶于 $\alpha-Fe$ 中的碳、氮原子，向晶格缺陷处移动和集中的速度大为加快，这将使滑移面缺陷处碳、氮原子富集，使晶格畸变加剧，造成其滑移、变形更为困难，因而强度进一步提高，塑性和韧性则进一步降低，而弹性模量则基本恢复。

2. 钢材的热处理

按照一定的制度，将钢材加热到一定的温度，在此温度下保持一定的时间，再以一定的速度和方式进行冷却，以使钢材内部晶体组织和显微结构按要求进行改变，或者消除钢中的内应力，从而获得人们所需求的机械力学性能，这一过程就称为钢材的热处理。

钢材的热处理通常有以下几种基本方法：

（1）淬火

将钢材加热至723℃（相变温度）以上某一温度，并保持一定时间后，迅速置于水中或机油中冷却，这个过程称钢材的淬火处理。钢材经淬火后，强度和硬度提高，脆性增大，塑性和韧性明显降低。

（2）回火

将淬火后的钢材重新加热到723℃以下某一温度范围，保温一定时间后再缓慢地或较快地冷却至室温，这一过程称为回火处理。回火可消除钢材淬火时产生的内应力，使其硬度降低，恢复塑性和韧性。回火温度愈高，钢材硬度下降愈多，塑性和韧性等性能均得以改善。若钢材淬火后随即进行高温回火处理，则称调质处理，其目的是使钢材的强度、塑性、韧性等性能均得以改善。

（3）退火

退火是指将钢材加热至723℃以上某一温度，保持相当时间后，在退火炉中缓慢冷却。退火能消除钢材中的内应力，细化晶粒，均匀组织，使钢材硬度降低，塑性和韧性提高。

（4）正火

是将钢材加热到723℃以上某一温度，并保持相当长时间，然后在空气中缓慢冷却，则可得到均匀细小的显微组织。钢材正火后强度和硬度提高，塑性较退火为小。

4.5.4 建筑钢材的锈蚀与防止

1. 钢材的锈蚀

钢材的锈蚀是指其表面与周围介质发生化学反应而遭到的破坏。根据锈蚀作用的机理，钢材的锈蚀可分为化学锈蚀和电化学锈蚀两种：

（1）化学锈蚀

化学锈蚀是指钢材直接与周围介质发生化学反应而产生的锈蚀。这种锈蚀多数是氧化作用，使钢材表面形成疏松的氧化物。

（2）电化学锈蚀

电化学锈蚀是指钢材与电解质溶液接触而产生电流，形成微电池而引起的锈蚀。

2. 防止

（1）选择合适的配合比，提高混凝土的密实度；

（2）保护层法：即在钢材表面施加金属或非金属保护层。

钢筋周围有混凝土形成的保护层，可以防止钢筋锈蚀。

红丹防锈漆在一般的钢结构工程中，常选用防锈能力强，有较好的坚韧性、防水性和附着力的油性红丹防锈漆作为防锈底漆，醇酸磁漆为面漆。

环氧富锌漆由锌粉、环氧树脂和固化剂配制而成。主要用于钢结构的重防腐涂装体系作长效通用底漆，也可用作镀锌件的防锈漆。

无机富锌漆主要以水玻璃为基料，加入锌粉、漂浮剂和固化剂等配制而成。此漆具有与镀锌层相同的阴极保护作用，为可焊漆。其耐候性及耐老化性能良好，可耐450℃的温度，但耐酸碱度差。

（3）制成合金钢：在钢材里加入一些耐蚀性强的合金元素。

（4）浇筑混凝土结构应严格按施工规范控制氯盐用量，对禁止使用氯盐的结构，且可在混凝土中加入适量的缓蚀剂，如亚硝酸钠等，可消除或延缓钢筋的锈蚀。

在建筑工地和混凝土预制厂，经常对比使用要求的强度偏低和塑性偏大的钢筋或低碳盘条钢筋进行冷拉或冷拔并时效处理，以提高屈服强度和利用率，节省钢材，同时还兼有调直、除锈的作用。

4.6 沥青及其沥青混合料

4.6.1 沥青

沥青材料是一种有机胶凝材料，其内部是由一些极其复杂的碳氢化合物及其非金属（氧、硫、氮）的衍生物所组成的混合物。沥青在常温下一般呈固体、半固体，也有少数呈现黏性液体状态，可溶于二硫化碳、四氯化碳、三氯甲烷和苯等有机溶剂，颜色为黑色或黑褐色。

沥青具有良好的憎水性、粘结性和塑性，可以防水、防潮和防渗，因而得以广泛应用。

1. 分类

对于沥青材料的命名和分类，世界各国尚未取得统一的认识，我国按照来源不同，将沥青分为地沥青和焦油沥青2大类。

（1）地沥青

是天然存在的或石油加工得到的沥青材料。按其产源又可分为天然沥青和石油沥青。

① 天然沥青

是石油在自然条件下，由于地壳运动使地下石油上升到地壳表层聚集或渗入岩石孔隙，经受长时间地球物理因素作用而形成的产物。

② 石油沥青

是石油经精制加工为其他油品后的残渣，最后加工而得到的产品。

（2）焦油沥青

是利用各种有机物（煤、页岩、木材等）干馏加工得到的焦油，经再加工而得到的产品。按其干馏原料的不同可分为煤沥青、页岩沥青、木沥青和泥炭沥青。

在工程中最常用的是石油沥青，其次是煤沥青。

2. 石油沥青

（1）生产工艺

原油经分馏提取汽油、煤油、柴油和润滑油等石油产品后所剩残渣，再进行氧化装置、溶剂脱沥青装置或深拔装置加工得到各种石油沥青。可采取各种方式将其加工成液体沥青、调合沥青、乳化沥青、混合沥青及其他改性沥青。

（2）石油沥青的分类

1）按原油成分分类

① 石蜡基沥青：蜡的质量分数＞5％，其粘结性和塑性低。

② 环烷基沥青：蜡的质量分数＜2％，其结性和塑性均较高。

③ 中间基沥青：蜡的质量分数 2％～5％，其所含烃类成分和沥青的性质均介于上述两者之间。

2）按加工方法分类

①直馏沥青；②氧化沥青；③溶剂沥青。

3）按常温下的稠度分类

根据用途的不同，要求石油沥青具有不同的稠度，一般可分为黏稠沥青和液体沥青两大类。黏稠沥青在常温下为半固体或固体状态。如按针入度分级时，针入度小于 40 者为固体沥青，针入度在 40～300 之间的呈半固体，而针入度大于 300 者为黏性液体状态。

液体沥青在常温下多呈黏稠液体或液体状态，并可按标准黏度分级为慢凝、中凝和快凝液体沥青。

（3）石油沥青的组成

1）元素组成

石油沥青是十分复杂的烃类和非烃类的混合物，是石油中相对分子量最大、组成及结构最为复杂的部分。其主要元素有：C、H、O、N、S。在实际应用中，由于沥青化学组成结构的复杂性，常发现元素组成非常相近的沥青其性质差异却非常大，所以到目前为止还不能直接得到沥青元素数量组成与其性质之间的关系。

2）化学组分

化学组分分析就是将沥青分离为化学性质相近，且与其路用性质有一定联系的几个组，这些组就称为"组分"。我国现行规范中规定有三组分和四组分 2 种分析法。

① 三组分分析法

又称溶解—吸附法，是以沥青在吸附剂上的吸附性和在抽提溶剂中的溶解性差异为基础，先用低分子烷烃沉淀出沥青质，再用白土吸附可溶分，将其分成吸附部分——胶质和未被吸附部分——油分，这样，可将沥青分成三组分。各组分的特性如下表 4-1 所示。

石油沥青三组分分析法的各组分性状　　　　　　　　　　　　　　　表 4-1

组分	外观特点	作用
油分	淡黄透明液体	使沥青具有流动性
树脂	红褐色黏稠半固体	使沥青具有粘结性和塑性
沥青质	深褐色固体末状微粒	决定沥青的温度稳定性、黏性及硬度

② 四组分分析法

即将沥青分离为饱和分、芳香分、沥青质、胶质。其中饱和分含量增加，可使沥青稠度降低（针入度增大）；树脂含量增大，可使沥青塑性增加；在有饱和分存在的条件下，沥青质含量增加，可使沥青获得低的感温性；树脂和沥青质的含量增加，可使沥青的黏度提高。

（4）沥青的含蜡量

蜡对沥青路用性能的影响在于高温时沥青容易发软，导致沥青路面高温稳定性降低，出现车辙。低温时使沥青变得脆硬，导致路面低温抗裂性降低，出现裂缝。此外，蜡会使沥青与石料粘附性降低，在水分的作用下，会使路面石子与沥青产生剥落现象，造成路面破坏；更严重的是，含蜡沥青会使沥青路面的抗滑性降低，影响路面的行车安全性。沥青含蜡量限制范围为 2.2%～4.5%。

（5）石油沥青的结构

1）胶体结构的形成

沥青的技术性质，不仅取决于它的化学组分及其化学结构，而且取决于它的胶体结构。现代胶体理论认为：沥青的胶体结构，是以固态超细微粒的沥青质为胶核（分散相），吸附极性半固态的胶质，并逐渐向外扩散形成胶团。由于胶质的胶溶作用，而使胶团胶溶、分散于液态的芳香分和饱和分组成的分散介质中，形成稳定的胶体。

2）胶体的结构类型

① 溶胶型结构：沥青黏滞性小，流动性大，塑性好，温度稳定性较差，是液体沥青结构的特征。

② 凝胶型结构：弹性和黏性较高，温度敏感性较小，流动性、塑性较低。

③ 溶——凝胶型结构：沥青质含量少于凝胶结构，又含适量的油分和树脂，其性质介于两者之间。

3）胶体结构类型的判定

沥青的胶体结构与其路用性能有密切的关系。为工程使用方便，通常根据沥青的针入度指数 PI 值来划分其胶体结构类型。

（6）技术性质

1）黏滞性（黏性）

沥青在外力作用下抵抗变形的能力，反映沥青内部阻碍其相对运动的一种特性，是沥青的重要指标之一。在现代交通条件下，为防止路面出现车辙，沥青黏度是首要考虑的参数。

黏度的测定方法可分为两类：一类是绝对黏度法，另一类为相对黏度法，工程上常采用后者。测定相对黏度的方法是标准黏度计法及针入度法。

① 针入度

是在规定温度和时间内，附加一定质量的标准针垂直贯入试样的深度，以 0.1mm 表示。试验条件以 PT、m、t 表示，其中 P 为针入度，T 为试验温度，m 为荷重，t 为贯入时间。针入度值越小，表示黏度越大。

② 标准黏度

又称黏滞度，是液体状态的沥青材料，在标准黏度计中，于规定的温度条件下（20℃、

25℃、30℃或60℃），通过规定的流孔直径(3mm，4mm，5mm及10mm)流出50ml体积所需的时间(s)，以 CT, d 表示。在相同温度和相同流孔条件下，流出时间愈长，表示沥青黏度愈大。

2）延展性（塑性）

是指沥青在外力作用下产生变形而不破坏（裂缝或断开），除去外力后仍保持原形状不变的性质。沥青的塑性用延度表示，用延度仪测定。

延度：将沥青试样制成∞字形标准试模（中间最小截面积为 1cm^2），在规定速度 5cm/min 和规定温度 25℃或 15℃下拉断时的长度，以厘米表示。沥青的延度越大，塑性越好，柔性和抗断裂性越好。

3）温度敏感性（感温性）

是指石油沥青的黏滞性和塑性随温度升降而变化的性能。

① 高温稳定性

用软化点表示，软化点愈高，表明沥青的耐热性愈好，即温度稳定性愈好。

以上所论及的针入度、延度、软化点是评价黏稠石油沥青路用性能最常用的经验指标，所以统称"沥青三大指标"。针入度是在规定温度下沥青的条件黏度，而软化点则是沥青达到规定条件黏度时的温度。软化点既是反映沥青材料感温性的一个指标，也是沥青黏度的一种量度。

② 低温抗裂性

沥青材料在低温下，受到瞬时荷载时，常表现为脆性破坏。沥青的低温抗裂性用脆点表示，脆点是指沥青材料由粘塑状态转变为固体状态达到条件脆裂时的温度。

在工程中，要求沥青具有较高的软化点和较低的脆点，防止沥青材料夏季流淌或冬季变脆甚至开裂等现象。

4）加热稳定性

沥青在过热或过长时间加热过程中，会发生轻馏分挥发、氧化、裂化、聚合等一系列物理及化学变化，使沥青的化学组成及性质相应地发生变化的性质。

对于中、轻交通量用道路黏稠石油沥青采用蒸发损失试验，对于重交通量用道黏稠石油沥青采用沥青薄膜加热试验，对于液体石油沥青采用沥青的蒸馏试验。

5）安全性

沥青材料在使用时必须加热，当加热至一定温度时，沥青材料中挥发的油分蒸气与周围空气组成混合气体，此混合气体遇火焰则发生闪火。若继续加热，油分蒸气的饱和度增加，由于此种蒸气与空气组成的混合气体遇火焰极易燃烧，而引起熔油车间发生火灾或导致沥青烧坏，为此必须测定沥青的闪点和燃点。

① 闪点：又称闪火点，是指加热沥青挥发出可燃气体与空气组成的混合气体在规定条件下与火接触，产生闪光时的沥青温度(℃)。

② 燃点：又称着火点，指沥青加热产生的混合气体与火接触能持续燃烧 5s 以上时的沥青温度。闪燃点温度相差 10℃左右。

6）溶解度

是指石油沥青在三氯乙烯中溶解的百分率（即有效物质含量）。那些不溶解的物质为有害物质（沥青碳、似碳物），会降低沥青的性能，应加以限制。

7) 含水量

沥青中含有水分，施工中挥发太慢，会影响施工速度，所以要求沥青中含水量不宜过多。在熔化沥青时应加快搅拌速度，促进水分蒸发，控制加热温度。

8) 非常规的其他性能

① 针入度指数

应用经验的针入度和软化点试验结果，提出一种能表征沥青的感温性和胶体结构的指标称"针入度指数"，用 PI 表示，见式(4-39)。

$$PI = \frac{30}{1+50A} - 10 \qquad 式(4\text{-}39)$$

其中：

$$A = \frac{\lg 800 - \lg P_{(25℃,100g,5s)}}{T_软 - 25} \qquad 式(4\text{-}40)$$

② 劲度模量

在一定荷载作用时间和温度条件下，其应力与应变的比值。

③ 黏附性

为保证沥青混合料的强度，在选择石料时应优先考虑利用碱性石材。

④ 老化

沥青在自然因素(热、氧化、光和水)的作用下，产生"不可逆"的化学变化，导致路用性能劣化，通常称之为"老化"。沥青老化后，在物理力学性质方面，表现为针入度减少，延度降低，软化点升高，绝对黏度提高，脆点降低等。

3. 煤沥青

煤沥青(俗称柏油)是将烟煤在隔绝空气条件下进行干馏而得的副产品——煤焦油，再经蒸馏而获得的产品。蒸馏温度低于 270℃ 所得的产品为液体或半固体，称为软煤沥青；蒸馏温度高于 270℃ 所得固态产品，称为硬煤沥青。路用煤沥青多为 700℃ 以上的高温煤焦油加工而得，它具有一定的温度稳定性。

(1) 煤沥青的组分

利用选择性溶解的组分分析方法，可将煤沥青划分为几个化学性质、路用性能相近的组分，包括游离碳、固态树脂、可溶性树脂、油分；油分又可分为中性油、酚、萘、蒽。

(2) 技术性质

① 温度稳定性较低

煤沥青中可溶性树脂含量较多，受热易软化溶于油分中。所以加热温度和时间都要严格控制，不易反复加热。

② 大气稳定性差

煤沥青中不饱和碳氢化合物含量较多，易老化变质。

③ 塑性较差

煤沥青中含较多的游离碳，受力易变形开裂，尤其是在低温条件下易变得脆硬。

④ 与矿料粘附性好

含有较多表面活性物质，能与矿料很好粘附，可提高粘结强度。

⑤ 煤沥青密度比石油沥青大

⑥ 有毒、有臭味、防腐能力强

煤沥青中含有酚、蒽等易挥发的有毒成分，施工时对人体有害，但用于木材的防腐效果较好。

（3）技术指标

① 黏度

表示煤沥青的黏性，取决于液相组分和固相组分的比例。黏度是确定煤沥青标号的主要指标，用标准黏度计测定，常用的温度和流孔有 C30，5、C30，10、C50，10、C60，10 等四种。

② 蒸馏试验

根据煤沥青化学组成特征，将其物理、化学性质较接近的化合物分为：170℃ 以前的轻油；270℃ 以前的中油；300℃ 以前的重油等三个馏程。其中 300℃ 以后的馏分是煤沥青中最有价值的油质部分，应测其软化点以表示其性质。

③ 含水量

煤沥青中含有水分，在施工加热时易产生泡沫或爆沸现象，不宜控制。同时，煤沥青作为路面结合料，如果含有水分会影响煤沥青与集料的粘附，降低路面强度，因此必须限制其在煤沥青中的含量。

④ 甲苯不溶物含量

不溶于热甲苯的物质主要为游离碳和含有氧、氮、硫等结构复杂的大分子有机物及少量灰分，这些物质含量过多会降低煤沥青粘结性，因此必须加以限制。

⑤ 萘含量

萘在煤沥青中，低温时易结晶析出，使煤沥青失去塑性，导致路面冬季易产生开裂。在常温下，萘易挥发、升华，加速煤沥青老化，并且挥发出的气体，对人体有毒害，因此必须限制煤沥青中萘的含量。

⑥ 酚含量

酚能溶解于水，易导致路面强度降低，同时酚水溶物有毒，对环境、人类、牲畜有害，因此必须限制其在煤沥青中的含量。

4. 其他沥青

（1）乳化沥青

将黏稠沥青热熔至流动态，经过机械力的作用，使沥青以细小的微粒状态（粒径可小至 1~5μm）分散于含有乳化剂——稳定剂的水溶液中。由于乳化剂——稳定剂的作用而形成均匀稳定的乳状液，又称为沥青乳液，简称乳液。

（2）再生沥青

① 沥青的老化：表现为沥青黏度增大、脆性增加。

② 沥青的再生：向老化沥青中加入所缺少的组分（即添加沥青再生剂），把富含芳烃的软组分按一定比例调和到旧沥青中，使之建立新的沥青组分，并使其匹配得更合理，即将沥青质借助于树脂更好地分散在油分中，形成稳定的胶体结构，从而改变沥青的流变性能，使沥青性能达到质量指标的要求。

（3）改性沥青

是指掺加橡胶、树脂、高分子聚合物、天然沥青、磨细的橡胶粉，或者其他材料等外掺剂(改性剂)制成的沥青结合料,从而使沥青或沥青混合料的性能得以改善。

4.6.2 沥青混合料

沥青混合料是指用具有一定黏度和适当用量的沥青材料与一定级配的矿质集料,经过充分拌和而形成的混合物。

1. 涵义

(1) 含义

沥青混合料是由矿料与沥青结合料拌和而成的混合料的总称。将这种混合物加以摊铺、碾压成型,成为各种类型的沥青路面。常用的沥青路面类型包括:沥青表面处治、沥青贯入式、沥青碎石和沥青混凝土等四种。

(2) 分类

1) 按结合料分

① 石油沥青混合料

以石油沥青为结合料的沥青混合料(包括:黏稠石油沥青、乳化石油沥青及液体石油沥青)。

② 煤沥青混合料

以煤沥青为结合料的沥青混合料。

2) 按施工工艺分

① 热拌热铺沥青混合料

简称热拌沥青混合料。沥青与矿料在热态拌和、热态铺筑的混合料。

② 冷拌沥青混合料

以乳化沥青或稀释沥青与矿料在常温状态下拌制、铺筑的混合料。

3) 按矿质集料级配类型分

① 连续级配沥青混合料

沥青混合料中的矿料是按级配原则,从大到小各级粒径都有,按比例相互搭配组成的混合料,称为连续级配混合料。

② 间断级配沥青混合料

连续级配沥青混合料矿料中缺少一个或两个档次粒径的沥青混合料称为间断级配沥青混合料。

4) 按混合料密实度分

① 密级配沥青混合料

按密实级配原则设计组成的各种粒径颗粒的矿料与沥青结合料拌和而成,设计空隙率较小(对不同交通及气候情况、层位可作适当调整)的密实式沥青混凝土混合料(以 AC 表示)和密实式沥青稳定碎石混合料(以 ATB 表示)。

② 开级配沥青混合料

矿料级配主要由粗集料嵌挤组成,细集料及填料较少,设计空隙率为 18% 的混合料。

③ 半开级配沥青混合料

由适当比例的粗集料、细集料及少量填料(或不加填料)与沥青结合料拌和而成,经马歇尔标准击实成型试件的剩余空隙率在 6%～12% 的半开式沥青碎石混合料(以 AM 表示)。

5) 按最大粒径分类:

① 特粗式沥青混合料：集料公称最大粒径等于或大于 31.5mm 的沥青混合料。

② 粗粒式沥青混合料：集料公称最大粒径等于或大于 26.5mm 的沥青混合料。

③ 中粒式沥青混合料：集料公称最大粒径为 16mm 或 19mm 的沥青混合料。

④ 细粒式沥青混合料：集料公称最大粒径为 9.5mm 或 13.2mm 的沥青混合料。

⑤ 砂粒式沥青混合料：集料公称最大粒径等于或小于 4.75mm 的沥青混合料，也称为沥青石屑或沥青砂。

6）其他

① 沥青稳定碎石混合料（简称沥青碎石）

由矿料和沥青组成具有一定级配要求的混合料，按空隙率、集料最大粒径、添加矿粉数量的多少，分为密级配沥青碎石（ATB）、开级配沥青碎石（OGFC 表面层及 ATPB 基层）、半开级配沥青碎石（AM）。

② 沥青玛蹄脂碎石混合料

由沥青结合料与少量的纤维稳定剂、细集料以及较多量的填料（矿粉）组成的沥青玛蹄脂填充于间断级配的粗集料骨架的间隙中，组成一体的沥青混合料，简称 SMA。

2. 沥青混合料的特点

（1）沥青混合料是一种弹塑黏性材料，因而它具有一定的高温稳定性和低温抗裂性。它不需设置施工缝和伸缩缝，路面平整且有弹性，行车比较舒适。

（2）沥青混合料路面有一定的粗糙度，雨天具有良好的抗滑性。路面又能保证一定的平整度，如高速公路路面，其平整度可达 1.0mm 以下，而且沥青混合料路面为黑色，无强烈反光，行车比较安全。

（3）施工方便，速度快，养护期短，能及时开放交通。

（4）沥青混合料路面可分期改造和再生利用。随着道路交通量的增大，可以对原有的路面拓宽和加厚。对旧有的沥青混合料，可以运用现代技术，再生利用，以节约原材料。

3. 热拌热铺沥青混合料（HMA）

（1）定义

是经人工组配的矿质混合料与黏稠沥青在专门设备中加热拌和而成，用保温运输工具运送至施工现场，并在热态下进行摊铺和压实的混合料，通称"热拌热铺沥青混合料"。

（2）组成结构类型

① 悬浮——密实结构

是指矿质集料由大到小组成连续型密级配的混合料结构。混合料中粗集料数量较少，不能形成骨架，细集料较多，足以填补空隙。这种沥青混合料粘结力较大，内摩擦角较小，虽然可以获得很大的密实度，但是各级集料均被次级集料所隔开，不能直接靠拢而形成骨架，有如悬浮于次级集料及沥青胶浆之间。主要靠粘结力形成强度，高温稳定性差。

② 骨架——空隙结构

是指矿质集料属于开级配的混合料结构。矿质集料中粗集料较多，可形成矿质骨架，细集料较少，不足以填满空隙。这种结构虽然具有较高的内摩擦角 ϕ，但粘结力 c 较低。因而此结构混合料空隙率大，耐久性差，沥青与矿料的粘结力差，热稳定性较好，这种结构沥青混合料的强度主要取决于内摩擦角。当沥青路面采用这种形式的沥青混合料时，沥青面层下必须作下封层。

③ 密实——骨架结构

是指此结构具有较多数量的粗骨料形成空间骨架，同时又有足够的细集料填满骨架的空隙。这种结构不仅具有较高的粘结力 c，而且具有较高的内摩擦角 ϕ，是沥青混合料中最理想的一种结构类型。

（3）组成材料的技术要求

① 沥青材料

沥青路面所用的沥青材料有石油沥青、煤沥青、液体石油沥青和沥青乳液等。各类沥青路面所用沥青材料的标号，应根据路面的类型、施工条件、地区气候条件、施工季节和矿料性质与尺寸等因素而定。这样才能使拌制的沥青混合料具有较高的力学强度和较好的耐久性。

一般上面层宜用较稠的沥青，下层或联结层宜用较稀的沥青。对于渠化交通的道路，宜采用较稠的沥青。煤沥青不得用于面层热拌沥青混合料。

② 粗集料

通常采用碎石、卵石及冶金矿渣等。沥青混合料的粗集料应该洁净、干燥、无风化、无杂质，并且具有足够的强度和耐磨性，形状要接近正立方体，针片状颗粒的含量应符合要求，且要求表面粗糙，有一定的棱角。

对路面抗滑表层的粗集料应选用坚硬、耐磨、抗冲击性好的碎石或破碎砾石，不可使用筛选砾石、矿渣及软质集料。

由于碱性石料与沥青具有较强的粘附力，组成沥青混合料可得到较高的力学强度。选用石料应尽量选用碱性石料。在缺少碱性石料的情况下，也可采用酸性石料代替，但必须对沥青或粗集料进行适当的处理，可采用掺加消石灰、水泥或用饱和石灰水处理，以增加混合料的粘结力。并应选用针入度较小的沥青与之搭配使用。

③ 细集料

热拌沥青混合料的细集料包括天然砂、机制砂和石屑。细集料同样应洁净、干燥、无风化、无杂质，质地坚硬、有棱角，并有适当的级配，且与沥青具有良好的粘结力。细集料与粗集料和填料配制成的矿质混合料，其级配应符合要求。当一种细集料不能满足级配要求时，可采用两种或两种以上的细集料掺合使用。热拌密级配沥青混合料中天然砂的用量通常不宜超过集料总量的 20%。

④ 填料

矿质填料通常是指矿粉。矿粉应采用碱性石料磨制的石粉，如石灰石、白云石等，也可以由石灰、水泥、粉煤灰代替，但用这些物质作填料时，其用量不宜超过矿料总量的2%，其中粉煤灰的用量不宜超过填料总量的 50%。

矿粉应具有足够的细度，故小于 0.075mm 的石粉应大于 75%，并要求石粉干净、疏松、不结团、含水量小于 1%，亲水系数小于 1。

（4）技术性质

1）高温稳定性

沥青混合料是一种典型的流变性材料，它的强度和劲度模量随着温度的升高而降低。所以沥青混合料路面在夏季高温时，在重交通的重复作用下，由于交通的渠化，在轮迹带逐渐形成、变形下凹、两侧鼓起的所谓"车辙"。

沥青混合料高温稳定性，是指沥青混合料在夏季高温（通常为 60℃）条件下，经车辆荷载长期重复作用后，不产生车辙和波浪等病害的性能。

① 马歇尔稳定度

马歇尔稳定度的试验方法自 B·马歇尔(Marshall)提出，迄今已半个多世纪，经过许多研究者的改进，目前普遍是测定：

A 马歇尔稳定度(MS)：是指标准尺寸试件在规定温度和加荷速度下，在马歇尔仪中最大的破坏荷载(kN)；

B 流值(F1)：是达到最大破坏荷重时试件的垂直变形(以 mm 计)；

C 马歇尔模数(T)：稳定度除以流值的商。

② 车辙试验

高温稳定性主要表现为车辙，永久变形的累积而导致路面出现车辙。

2) 低温抗裂性

① 定义：沥青混合料的低温抗裂性是沥青混合料在低温下抵抗断裂破坏的能力。

② 开裂原因：冬季，随着温度的降低，沥青材料的劲度模量变得越来越大，材料变得越来越硬，并开始收缩。由于沥青路面在面层和基层之间存在着很好的约束，因而当温度大幅度降低时，沥青面层中会产生很大的收缩拉应力或者拉应变，一旦其超过材料的极限拉应力或者极限拉应变，沥青面层就会开裂。

3) 耐久性

沥青混合料在路面中，长期受自然因素的作用，为保证路面具有较长的使用年限，必须具备有较好的耐久性。影响沥青混合料耐久性的因素有：沥青的化学性质、矿料的矿物成分、沥青混合料的组成结构(如：残留空隙)等。

4) 抗滑性

沥青混合料路面的抗滑性与矿质集料的微表面性质、混合料的级配组成以及沥青用量等因素有关。

5) 施工和易性

影响沥青混合料施工和易性的因素很多，诸如当地气温、施工条件及混合料性质等。

4. 其他沥青混合料

(1) 冷拌冷铺沥青混合料

1) 冷拌沥青碎石混合料的组成

① 集料与填料：要求与热拌沥青碎石混合料相同。

② 结合料：采用乳化沥青。

2) 冷拌沥青碎石混合料的类型

冷拌沥青碎石混合料的类型，按其结构层位决定，通常路面的面层采用双层式时，采用粗粒式(或特粗)沥青碎石 AM25(或 AM40)，上层选用较密实的细粒式(或中粒式)沥青碎石 AM10、AM13(或 AM16)。

3) 冷拌沥青混合料的应用

乳化沥青碎石混合料适用于三级及三级以下的公路的沥青路面面层，二级公路的罩面层施工，以及各级公路沥青路面的基层、联层或平整层。冷拌改性沥青混合料可用于沥青路面的坑槽冷补。

(2) 沥青稀浆封层混合料

简称沥青稀浆混合料，是由乳化沥青、石屑（或砂）、水泥和水等拌制而成的一种具有流动性的沥青混合料。

1）沥青稀浆封层混合料的组成

① 结合料：乳化沥青，常用阳离子慢凝乳液。

② 集料：级配石屑（或砂）组成矿质混合料，最大粒径为 10mm、5mm 或 3mm。

③ 填料：石灰或粉煤灰和石粉。

④ 水：适量。

⑤ 添加剂：为调节稀浆混合料的和易性和凝结时间需添加各种助剂，如氯化铵、氯化钠、硫酸铝等。

2）沥青稀浆封层混合料的类型

沥青稀浆封层混合料按其用途和适应性分为三种类型。

① ES-1 型

为细粒式封层混合料，沥青用量较高（>8%），具有较好渗透性，有利于治愈裂缝。适用于大裂缝的封缝或中轻交通的一般道路薄层处理。

② ES-2 型

为中粒式封层混合料，是最常用级配，可形成中等粗糙度，用于一般道路路面的磨耗层；也适用于旧高等级路面的修复罩面。

③ ES-3 型

为粗粒式封面混合料，其表面粗糙，适用作为抗滑层；亦可进行二次抗滑处理，可用于高等级路面。

（3）沥青玛蹄脂碎石混合料（SMA）

SMA 是一种由沥青与少量的纤维稳定剂、细集料以及较多量的填料（矿粉）组成的沥青玛碲脂填充于间断级配的粗集料骨架间隙中，组成一体的沥青混合料，简称 SMA。

路用性能：

① 优良的温度稳定性：由于粗集料颗粒之间相互良好的嵌挤作用，传递荷载能力高，可以很快地把荷载传到下层，并承担较大轴载和高压轮胎；同时骨架结构增加了混合料的抗剪切能力。

② 良好的耐久性：沥青玛蹄脂与石料黏结性好，并且由于 SMA 不透水，有较强的保护作用和隔水作用，SMA 混合料内部被沥青结合料充分填充，使得沥青膜较厚且空隙率小，沥青与空气的接触少，抗老化、抗松散、耐磨耗。

③ 优良的表面特性。

④ 投资效益高。

4.7 木　材

4.7.1　木材的分类和构造

1. 分类

木材属于天然材料。木材按照树种可分为针叶树和阔叶树两大类，针叶树常作为建筑工程中承重构件或门窗用材，如松、柏、杉等，阔叶树常用作装饰用材，如水曲柳、柚木、柞木等。

2. 宏观构造

木材是非均质材料，其构造分为：横切面(垂直于树轴的切面)、径切面(通过树轴的纵切面)和弦切面(平行于树轴的切面)。

树木由树皮、木质部和髓心所组成。

3. 木材的缺陷

木材在生长、采伐、储运、加工和使用过程中会产生一些缺陷(疵病)，如节子、裂纹、夹皮、斜纹、弯曲、伤疤、腐朽和虫害等。这些缺陷不仅降低木材的力学性能，而且影响木材的外观质量。其中节子、裂纹和腐朽对材质的影响最大。

4.7.2 木材的物理和力学性质

1. 含水量

木材中的含水量以含水率表示，即木材中所含水的质量占干燥木材质量的百分数。

木材中所含水分可分为自由水和吸附水两种。

(1)自由水：存在于木材细胞腔和细胞间隙中的水分。自由水影响木材的表观密度、保存性、抗腐蚀性和燃烧性。

(2)吸附水：被吸附在细胞壁基体相中的水分。由于细胞壁基体相具有较强的亲水性，且能吸附和渗透水分，所以水分进入木材后首先被吸入细胞壁。吸附水是影响木材强度和胀缩的主要因素。

湿木材在空气中干燥时，当自由水蒸发完毕而吸附水尚处于饱和时的状态，称为纤维饱和点。此时的木材含水率称为纤维饱和点含水率。

木材长时间处于一定温度和湿度的空气中，当水分的蒸发和吸收达到动态平衡时，其含水率相对稳定，这时木材的含水率称为平衡含水率。

2. 湿胀与干缩

木材具有显著的湿胀干缩性。当木材从潮湿状态干燥至纤维饱和点时，自由水蒸发不改变其尺寸；继续干燥，细胞壁中吸附水蒸发，细胞壁基体收缩，从而引起木材体积收缩。反之，干燥木材吸湿时将发生体积膨胀，直到含水量达到纤维饱和点为止。细胞壁愈厚，则胀缩愈大。因而，表观密度大、夏材含量多的木材胀缩变形较大。

3. 木材的强度

(1)木材的各种强度

由于木材构造各向不同，其强度呈现出明显的各向异性，因此木材强度应有顺纹和横纹之分。

木材的顺纹抗压、抗拉强度均比相应的横纹强度大得多，这与木材细胞结构及细胞在木材中的排列有关。

木材强度等级按无疵标准试件的弦向静曲强度来评定。木材强度等级代号中的数值为木结构设计时的强度设计值。它要比试件实际强度低数倍，这是因为木材实际强度会受到各种因素的影响。

(2)影响木材强度的因素

① 含水量。在纤维饱和点以下时,水分减少,则木材多种强度增加,其中抗弯和顺纹抗压强度提高较明显,对顺纹抗拉强度影响最小。在纤维饱和点以上,强度基本为一恒定值。

② 环境温度。温度高,木材强度会降低。此外,木材长期受干热作用会产生脆性。

③ 外力作用时间。木材强度会随负荷时间的增长而降低,木材的持久强度仅为极限强度的 50%～60%。

④ 缺陷。木材的强度是以无缺陷标准试件测得的,而实际木材在生长、采伐、加工和使用过程中会产生一些缺陷,如木节、裂纹和虫蛀等,这些缺陷影响了木材材质的均匀性,破坏了木材的构造,从而使木材的强度降低,其中对抗拉和抗弯强度影响最大。

4.7.3　木材的防护

1. 干燥

木材在加工和使用之前进行干燥处理,可以提高强度、防止收缩、开裂和变形,减轻重量以及防腐防虫,从而改善木材的使用性能和寿命。

2. 防腐防虫

木材的腐朽是由真菌在木材中寄生而引起的。侵蚀木材的真菌有三种,即霉菌、变色菌和木腐菌。霉菌对木材强度几乎无影响。变色菌对木材力学性质影响不大。但损害木材外观质量。木腐菌初期使木材仅颜色改变;以后真菌逐渐深入内部,木材强度开始下降;至腐朽后期丧失强度。

木材中被昆虫蛀蚀的孔道称为虫眼或虫孔。虫眼对材质的影响与其大小、深度和密集程度有关。深的大虫眼或深而密集的小虫眼能破坏木材的完整性,降低其力学性质,也成为真菌侵入木材内部的通道。

真菌在木材中生存必须同时具备以下 3 个条件:水分、氧气和温度。可从破坏菌虫生存条件和改变木材的养料属性着手,进行防腐防虫处理,延长木材的使用年限。

防治措施有:干燥、涂料覆盖和化学处理。

3. 防火措施

(1) 用防火浸剂对木材进行浸渍处理;

(2) 将防火涂料刷或喷洒于木材表面构成防火保护层。

防火处理能推迟或消除木材的引燃过程,降低火焰在木材上蔓延的速度,延缓火焰破坏的速度,从而给灭火或逃生提供时间。

4.7.4　木材的应用

1. 木材的分类

按加工程度和用途不同,木材分为圆条、原木、锯材 3 类。承重结构用的木材,其材质按缺陷(木节、腐朽、裂纹、夹皮、虫害、弯曲和斜纹等)状况分为 3 等。

2. 人造板材

(1) 胶合板是由一组单板按相邻层木纹方向互相垂直组坯经热压胶合而成的板材,常见的有三夹板、五夹板和七夹板等。胶合板多数为平板,也可经一次或几次弯曲处理制成曲形胶合板。

胶合板其主要特点是：

① 消除了天然疵点、变形、开裂等缺点，各向异性小，材质均匀，强度较高；

② 纹理美观的优质材做面板，普通材做芯板，增加了装饰木材的出产率；

③ 因其厚度、幅面宽大，产品规格化，使用起来很方便。

胶合板常用做门面、隔断、吊顶、墙裙等室内高级装修。

（2）纤维板是用木材废料，经切片、浸泡、磨浆、施胶、成型及干燥或热压等工序制成。为了提高纤维板的耐热性和耐腐性，可在浆料里施加或在湿板坯表面喷涂耐火剂或防腐剂。纤维板其主要特点是：材质均匀，完全避免了节子、腐朽、虫眼等缺陷，且胀缩性小、不翘曲、不开裂。

纤维板按密度大小分为硬质纤维板、中密度纤维板和软质纤维板。硬质纤维板密度大、强度高，主要用做壁板、门板、地板、家具和室内装修等。中密度纤维板是家具制造和室内装修的优良材料。软质纤维板表观密度小、吸声绝热性能好，可作为吸声或绝热材料使用。

（3）刨花板、木丝板和木屑板是利用刨花碎片、短小废料刨制的木丝和木屑，经干燥、拌胶料辅料加压成型而制得的板材。所用胶结材料有动物胶、合成树脂、水泥、石膏和菱苦土等。若使用无机胶结材料，则可大大提高板材的耐火性。

表观密度小、强度低的板材主要作为绝热和吸声材料，表面喷以彩色涂料后，可以用于天花板等；表观密度大、强度较高的板材可粘贴装饰单板或胶合板做饰面层，用做隔墙等。

（4）细木工板是一种夹心板，芯板用木板条拼接而成，两个表面胶贴木质单板，经热压粘合制成。它集实木板与胶合板之优点于一身，可作为装饰构造材料，用于门板、壁板等。

第5章 建筑结构基础

5.1 概　述

5.1.1　建筑结构的一般概念

建筑结构是指建筑物中用来承受各种作用的受力体系。通常，它又被称为建筑物的骨架。组成结构的各个部件称为构件。

结构上的作用是指能使结构产生效应（内力、变形）的各种原因的总称。作用可分为直接作用和间接作用两类。直接作用是指作用在结构上的各种荷载，如土压力、构件自重、风荷载等。它们能直接使结构产生内力和变形效应。间接作用则是指地基变形、混凝土收缩、温度变化和地震等。它们在结构中引起外加变形和约束变形，从而产生内力效应。

结构据所用材料分类，可分为混凝土结构、砌体结构、钢结构、木结构等。由于木材存在着强度低、耐久性差等诸多缺点，现已极少使用木结构。

建筑结构设计的任务是选择适用、经济的结构方案，并通过计算和构造处理，使结构能可靠地承受各种作用力。

5.1.2　砌体结构、钢结构和混凝土结构的概念及优缺点

1. 砌体结构的概念及优缺点

用砂浆把块体连接成的整体材料称为砌体，以砌体为材料的结构称为砌体结构。因块体有石、砖和砌块三种，故而砌体结构又可分为石结构、砖结构和砌块结构。根据需要，有时在砖砌体或砌块砌体中加入少量钢筋，这种砌体称为配筋砌体。

与其他结构相比，砌体结构具有以下几项主要的优点：

（1）容易就地取材，造价低廉。

（2）耐火性良好，耐久性较好。

（3）隔热、保温性能较好。

除上述优点外，砌体结构也存在下述一些缺点：

（1）承载能力低。由于砌体的组成材料——块体和砂浆的强度都不高，导致砌体结构的承载能力较低，特别是拉、弯、剪承载能力很低。

（2）自重大。由于砌体的强度较低，构件所需的截面一般较大，导致自重较大。

（3）抗震性能差。由于结构的拉、弯、剪承载力很低，在房屋遭受地震时，结构容易开裂和破坏。

2. 钢结构的概念和优缺点

钢结构是用钢材制作而成的结构。与其他结构相比，它具有以下优点：

（1）承载能力高。由于钢材的抗拉和抗压强度都很高，故钢结构的受拉、受压等承载力都很高。

（2）自重小。由于钢材的强度高，构件所需的截面一般较小，故自重较小。

（3）抗震性能好。由于钢材的抗拉强度高，并有较好的塑性和韧性，故能很好地承受动力荷载；另外，由于钢结构的自重较小，地震作用也就较小，因而钢结构的抗震性能很好。

（4）施工速度快，工期短。钢结构构件可在工厂预制，在现场拼装成结构，施工速度快。

钢结构存在以上优点的同时，也存在着以下缺点：

（1）需要大量钢材，造价高。

（2）耐久性和耐火性均较差。一般钢材在湿度大和有侵蚀性介质的环境中容易锈蚀，故需经常油漆维护，费用较大。当温度超过 250℃ 时，其材质变化较大，当温度达到 500℃ 以上时，结构会完全丧失承载能力，故钢结构的耐火性较差。

3. 混凝土结构的概念及优缺点

仅仅或者主要以混凝土为材料的结构称为混凝土结构。混凝土结构包括素混凝土结构、钢筋混凝土结构和预应力混凝土结构三种。

素混凝土是不放钢筋的混凝土。尽管它的抗压强度比砌体高，但其抗拉强度仍然很低。素混凝土构件只适用于受压构件，且破坏比较突然，故在工程中极少采用。

在混凝土构件的适当部位，放入钢筋，得到钢筋混凝土构件。与素混凝土构件相比，钢筋混凝土构件的受力性能大为改善。图 5-1(a)、(b)分别表示两根截面积、跨度、混凝土强度完全相同的简支梁，前者是素混凝土的，后者在梁的下部受拉区边缘配有适量的钢筋。试验表明，两者的承载能力和破坏性质有很大的差别。素混凝土梁，由于混凝土抗拉性能很差，当荷载较小时其受拉区边缘混凝土的应变就达到混凝土的极限拉应变，随之出现裂缝，导致梁脆性断裂而破坏，但此时梁受压区的混凝土压应力还远小于混凝土的抗压强度。钢筋混凝土梁则完全不同，当其受拉边混凝土开裂后尚不会断裂，且可继续增加荷载。此时开裂截面的拉力将由钢筋承担，直至钢筋拉应力达到屈服强度，裂缝迅速向上延伸，受压区面积迅速减小，受压区混凝土应力迅速增大，最终导致混凝土压应力达到抗压强度，混凝土受压区边缘压变达到其极限压应变而被压碎，梁才被破坏。因此，钢筋混凝土梁能充分发挥钢筋的抗拉性能和混凝土的抗压性能，大大提高梁的承载能力。

在受压为主的构件中，通常也配置一定数量的钢筋来协助混凝土分担部分压力以减小构件的截面尺寸，此外钢筋还可改善构件受压破坏的脆性性质。

钢筋和混凝土这两种力学性能不同的材料所以能结合在一起共同工作的原因是：

（1）硬化后的混凝土与钢筋的接触面上会产生良好的粘结力，使两者可靠地结合在一起，从而保证构件受力后，钢筋和其周围混凝土能共同变形。

（2）钢筋与混凝土的温度线膨胀系数接近，当温度变化时，不致产生较大的温度应力而破坏两者之间的粘结力。

钢筋混凝土受弯或受拉构件的受力性能虽说比素混凝土构件大为改善，但是存在着一个明显的缺点：当荷载不大时，构件受拉区便会出现裂缝。为使裂缝不致过大而影响正常使用，钢筋混凝土构件中只能采用强度不高的钢筋，并采用较大的截面来承受不太大的荷载。

　　预应力混凝土构件一般是指在上述构件使用前，预先对其使用时的受拉区混凝土施加一定的压应力而得到的构件。与钢筋混凝土构件相比，它的抗裂性能大大提高，构件受荷后裂缝很小或不裂，构件的刚度较大，在同样的跨度和荷载作用下，截面尺寸可以较小，

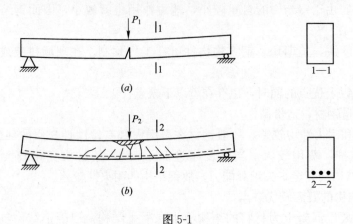

图 5-1
(a)素混凝土梁的破坏；(b)钢筋混凝土梁的破坏

且可采用高强度钢筋。

　　与其他结构相比，混凝土结构有以下主要优点：

　　(1) 承载力比砌体结构高。

　　(2) 比钢结构节约钢材。

　　(3) 耐久性能和耐火性均比钢结构好。

　　(4) 抗展性能比砌体结构好。

　　混凝土结构虽有较多的优点，但也有以下缺点：

　　(1) 比钢结构自重大。

　　(2) 比砌体结构造价高。

5.2　钢筋混凝土受弯构件计算

　　桥梁工程中受弯构件的应用很广泛，如梁式桥或板式桥上部结构中承重的梁和板、人行道板、行车道板等。受弯构件是指截面上通常有弯矩和剪力共同作用而轴力可以忽略不计的构件。梁与板的区别是梁的截面高度大于其宽度，而板的截面高度远小于其宽度。

5.2.1　受弯构件的构造要求

1. 截面形式和尺寸

　　钢筋混凝土受弯构件常用的截面形式有矩形、T形和箱形，如图 5-2 所示。钢筋混凝土板可分为整体现浇板和预制板。整体现浇板的截面宽度较大(图 5-2a)，设计时可取单位宽度($b=1m$)的矩形截面进行计算。为使构件标准化，预制板的宽度，一般控制在 $b=(1\sim1.5)m$。由于施工条件好，不仅可采用矩形实心板(图 5-2b)，还可以用截面形状较

复杂的矩形空心板(图 5-2c),以减轻自重。空心板的空洞端部应予填封。

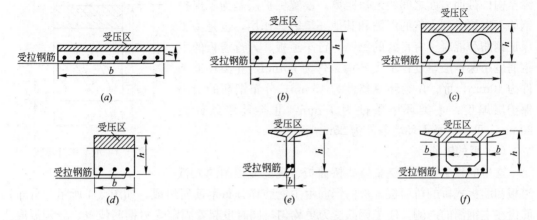

图 5-2　受弯构件的截面形式

(a)整体式板;(b)装配式实心板;(c)装配式空心板;
(d)矩形梁;(e)T 形梁;(f)箱形梁

钢筋混凝土梁根据使用要求和施工条件可以采用现浇或预制方式制造。为了使梁截面尺寸有统一的标准,便于施工,对常见的矩形截面(图 5-2d)和 T 形截面(图 5-2e),梁截面尺寸可按下述建议选用:

(1)现浇矩形截面梁的宽度 b 常取 120mm、150mm、180mm、200mm、220mm 和 250mm,其后按 50mm 一级增加(当梁高 h≤800mm 时)或 100mm 一级增加(当梁高 h>800mm 时)。

矩形截面梁的高度比 h/b,一般可取 2.0~2.5。

(2)预制的 T 形截面梁,梁肋宽度 b 常取为 150~180mm,根据梁内主筋布置及抗剪要求而定。T 形截面梁翼缘悬臂端厚度不应小于 100mm,梁肋处翼缘厚度不宜小于梁高 h 的 1/10。T 形截面梁截面高度 h 与跨径 l 之比(称高跨比),一般为 h/l=1/16~1/11,跨径较大时取用偏小比值。

2. 受弯构件的钢筋构造

钢筋混凝土梁(板)正截面承受弯矩作用时,中和轴以上受压,中和轴以下受拉,故在梁(板)的受拉区配置纵向受拉钢筋,此种构件称为单筋受弯构件;如果同时在截面受压区也配置受力钢筋,则此种构件称为双筋受弯构件。

截面上配置钢筋的多少,通常用配筋率来衡量,它是指所配置的钢筋截面面积与规定的混凝土截面面积的比值(化为百分数表达)。对于矩形截面和 T 形截面,其受拉钢筋的配筋率 ρ(%)表示为:

$$\rho=\frac{A_s}{bh_0} \qquad\qquad 式(5-1)$$

式中:A_s——截面纵向受拉钢筋全部截面积;

b——矩形截面宽度或 T 形截面梁肋宽度;

h_0——截面的有效高度,$h_0=h-a_s$,这里 h 为截面高度,a_s 为纵向受拉钢筋全部截面的重心至受拉边缘的距离。

图 5-3 中的 c 被称为混凝土保护层厚度，其值为钢筋边缘至构件截面表面之间的最短距离。设置保护层是为了保护钢筋不直接受到大气的侵蚀和其他环境因素作用，也是为了保证钢筋和混凝土有良好的黏结。行车道板、人行道板的主钢筋最小保护层厚度：Ⅰ类环境条件为 30mm，Ⅱ类环境条件为 40mm，Ⅲ、Ⅳ类环境条件为 45mm；分布钢筋的最小保护层厚度：Ⅰ类环境条件为 15mm，Ⅱ类环境条件为 20mm，Ⅲ、Ⅳ类Ⅰ环境条件为 25mm。

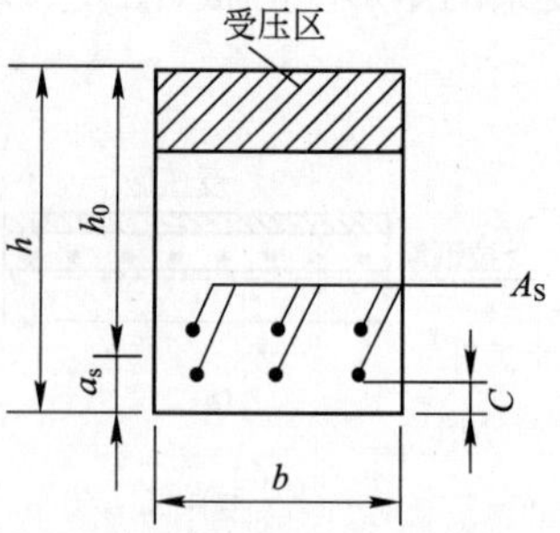

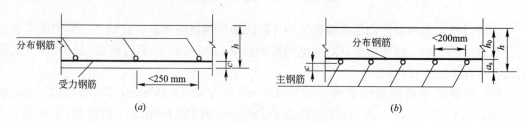

图 5-3　配筋率计算图

（1）板的钢筋

这里的板主要指现浇整体式桥面板、现浇或预制的人行道板和肋板式桥的桥面板。板的钢筋由主钢筋和分布钢筋所组成，如图 5-4 所示，分布钢筋设在主钢筋的内侧，使主钢筋受力更均匀，同时也起着固定受力钢筋位置、分担混凝土收缩和温度应力的作用。《公路钢筋混凝土及预应力混凝土桥涵设计规范》（JTG D62—2004）中对于板内的钢筋构造规定如下：

图 5-4　钢筋混凝土板内的钢筋

(a)顺板跨方向；(b)垂直于板跨方向

① 行车道板内主钢筋直径不应小于 10mm。人行道板内的主钢筋直径不应小于 8mm。在简支板跨中和连续板支点处，板内主钢筋间距不应大于 200mm。

② 行车道板内主钢筋可在沿板高中心纵轴线的 1/4～1/6 计算，跨径处按 30°～45°弯起。通过支点的不弯起的主钢筋，每米板宽内不应少于 3 根，并不应少于主钢筋截面面积的 1/4。

③ 行车道板内应设置垂直于主钢筋的分布钢筋。其直径不应小于 8mm，间距不应大于 200mm，截面面积不宜小于板的截面面积的 0.1％。在主钢筋的弯折处，应布置分布钢筋。人行道板内分布钢筋直径不应小于 6mm，其间距不应大于 200mm。

④ 对于周边支承的双向板，板的两个方向（沿板长边方向和沿板短边方向）同时承受弯矩，所以两个方向均应设置主钢筋。布置四周支承双向板钢筋时，可将板沿纵向及横向各划分为三部分。靠边部分的宽度均为板的短边宽度的 1/4。中间部分的钢筋应按计算数量设置，靠边部分的钢筋按中间部分的半数设置，钢筋间距不应大于 250mm，且不应大于板厚的两倍。

（2）主梁钢筋布置

装配式 T 形梁的主梁钢筋包括主钢筋、弯起钢筋（也称为斜钢筋）、箍筋、架立钢筋和分布钢筋。梁内钢筋骨架可以采用两种形式，即绑扎钢筋骨架（图 5-5a）和焊接钢筋骨架（图 5-5b）。在装配式钢筋混凝土 T 形梁中，钢筋数量众多，为了尽可能地减小梁肋尺寸，降低钢筋中心位置，通常将主筋叠置，并与斜筋、架立筋一起通过侧面焊缝焊接成钢筋骨架，但应限制焊接骨架的钢筋层数（不超过 6 层），并选用较小直径的钢筋（不大于 32mm），有条件时还可以将箍筋与主筋接触处点焊固结，以增大其粘结强度，从而改善其抗裂性能。

① 主钢筋

简支梁承受弯矩作用，故抵抗拉力的主钢筋应设在梁肋的下缘。随着弯矩向支点截面减小，主钢筋可在适当位置弯起。为保证主筋和梁端有足够的锚固长度和加强支承部分的强度，钢筋混凝土梁的支点处，应至少有 2 根且不少于总数 20％的下层受拉主钢筋通过。两外侧钢筋应伸出支点截面以外，并弯成直角顺梁高延伸至顶部，与顶层纵向架立钢筋相连。两侧之间不向上弯起的受拉主钢筋伸出支承截面的长度不应小于 10d（环氧树脂涂层钢筋伸出 12.5d）；HRB235 钢筋应带半圆钩。

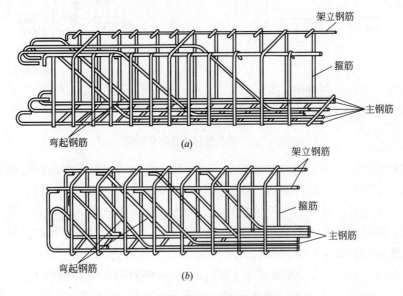

图 5-5　钢筋混凝土梁内钢筋构造图

梁内主钢筋可选择的钢筋直径一般为 14～32mm，通常不得超过 40mm，以满足抗裂要求。在同一根梁内主钢筋宜用相同直径的钢筋，当采用两种以上直径的钢筋时，为了便于施工识别，直径间应相差 2mm 以上。

梁内主钢筋可以单根或 2～3 根地成束布置成束筋，主钢筋的层数不宜多于三层，也可竖向不留空隙地焊成多层钢筋骨架，其叠高一般不超过(0.15～0.20)h，h 为梁高。主钢筋应尽量布置成最少的层数。在满足保护层的前提下，简支梁的主钢筋应尽量布置在梁底，以获得较大的内力偶臂而节约钢材。对于焊接钢筋骨架，钢筋的层数不宜多于 6 层，并应将粗钢筋布置在底层。主钢筋的排列原则应为：由下至上，下粗上细（对不同直径钢筋而言），对称布置，并应上下左右对齐，便于混凝土的浇筑。

为保护钢筋免于锈蚀，主钢筋至梁底面的净距应符合规范规定的钢筋最小混凝土保护层厚度要求。主钢筋的最小保护层厚度：Ⅰ类环境条件为 30mm，Ⅱ类环境条件为 40mm，Ⅲ、Ⅳ环境条件为 45mm。边上的主钢筋与梁侧面的净距应不小 25mm，钢筋与梁侧面的净距应不小于 25mm。

绑扎钢筋骨架中，各主钢筋的净距应满足图 5-6(a) 中的要求，以保证混凝土的浇筑质量。三层及以下时净距不应小于 30mm 并不小于钢筋直径；三层以上时净距不小于 40mm 或钢筋直径的 1.25 倍。各束筋间的净距，不应小于等代直径 d_e（$d_e = \sqrt{n}d$，n 为束筋根数，d 为单根钢筋直径）。钢筋位置与保护层厚度，如图 5-6 所示。

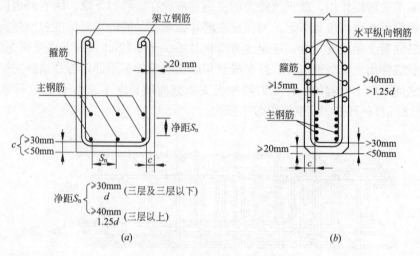

图 5-6　梁内钢筋位置与保护层

焊接钢筋骨架中，为了缩短接头长度，减少焊接变形，钢筋骨架的焊接最好采用双面焊缝；但当骨架较长而不便翻身时，也可采用单面焊缝。焊缝设在弯起钢筋的弯折点处，并在钢筋骨架中间直线部分适当设置短焊缝。为了保证焊接质量，使焊缝处强度不低于钢筋本身强度，焊缝的长度必须满足以下规定（图 5-7）：利用主钢筋弯起的斜筋，在弯起处应与其他主钢筋相焊接，焊缝长度双面焊为 2.5d、单面焊为 5.0d，其中 d 为受力钢筋直径；附加斜筋与主钢筋或架立钢筋时，焊缝长度双面焊为 5.0d、单面焊为 10d；各层主钢筋相互焊接的焊缝采用短焊缝，焊缝长度双面焊为 2.5d、单面焊为 5.0d。通常对于小跨径梁可采用双面焊缝，先焊好一边再把骨架翻身焊另一边，这样既可以缩短接头长度，又可减小焊接变形；但当骨架较长而不便翻身时，可用单面焊缝。

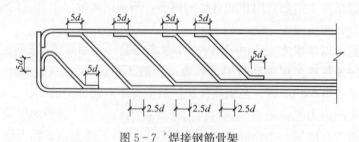

图 5-7　焊接钢筋骨架

② 弯起钢筋（斜筋）

简支梁靠近支点截面的剪力较大，需要设置斜钢筋以增强梁体的抗剪强度。斜钢筋可以由主钢筋弯起而成（称弯起钢筋），当可供弯起的主钢筋数量不足时，需要加配专门焊接于主筋和架立筋上的斜钢筋，具体设置及数量均由抗剪计算确定。斜钢筋与梁轴线的夹角一般取 45°。

③ 箍筋

梁内箍筋是沿梁纵轴方向按一定间距配置并箍住纵向钢筋的横向钢筋。箍筋除了帮助混凝土抗剪外，它还起到联结受拉钢筋和受压区混凝土，使其共同工作的作用。此外，在构造上还起着固定纵向钢筋位置的作用，并与梁内各种钢筋组成骨架。因此，无论计算上是否需要，梁内均应设置箍筋。工程上使用的箍筋有开口和闭口两种形式，如图 5-8 所示。

箍筋的直径不小于 8mm 且不小于 1/4 主钢筋直径。HRB235 钢筋的配筋率不小于 0.18%，HRB335 钢筋的配筋率不小于 0.12%。其间距应不大于梁高的 1/2 或 400mm。当所箍的钢筋为受压钢筋时，还应不大于受压钢筋直径的 15 倍和 400mm。从支座中心向跨径方向的长度在不小于 1 倍梁高的范围内，箍筋间距不大于 100mm。近梁端第一根箍筋应设置在距端面的一个混凝土保护层距离处。

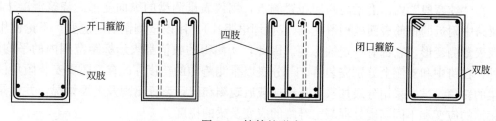

图 5-8　箍筋的形式

④ 架立钢筋

架立钢筋主要为构造上或施工上的要求而设置，布置在梁肋的上缘，主要起固定箍筋和斜筋并使梁内全部钢筋形成骨架的作用。

钢筋混凝土梁内须设置架立钢筋，以便在施工时形成钢筋骨架，保持箍筋的间距，防止钢筋因浇筑振捣混凝土及其他意外因素而产生的偏斜。钢筋混凝土 T 形梁的架立钢筋直径多为 22mm；矩形截面梁一般为 10～14mm。

⑤ 纵向水平钢筋

当梁高大于 1m 时，沿梁肋高度的两侧并在箍筋外侧水平方向设置防裂钢筋，以抵抗温度应力及混凝土收缩应力，同时与箍筋共同构成网格骨架以利于应力扩散。其直径一般为 8～10mm，其总面积为 $(0.001～0.002)bh$。其中，b 为梁腹宽，h 为梁全高。

当梁跨较大，梁肋较薄时取用较大值。靠近下缘的受拉区应布置得密集些，其间距不应大于腹板（梁肋）宽度，且不应大于 200mm；在上部受压区则可稀疏些，但间距不应大于 300mm。在支点附近剪力较大的区段，纵向分布钢筋间距应为 100～150mm。

5.2.2　受弯构件正截面受力全过程和计算原则

1. 正截面工作的三个阶段

以图 5-9 所示跨长为 1.8m 的钢筋混凝土简支梁作为试验梁，其截面为矩形，尺寸为 $b×h=100\text{mm}×160\text{mm}$，配有 2Φ10 钢筋。为了重点研究正截面受力和变形的变化规律，通常采用两点加载。这样，在两个对称集中荷载间的"纯弯段"内，不仅可以基本上排除剪力的影响(忽略自重)，同时也有利于布置测试仪表以观察试验梁受荷后变形和裂缝出现与开展的情况。

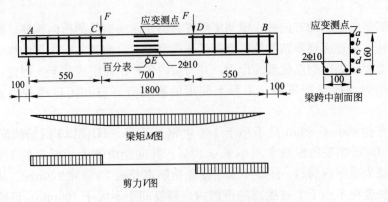

图 5-9　钢筋混凝土梁试验研究

在"纯弯段"内，沿梁高两侧布置测点，用仪表量测梁的纵向变形。浇筑混凝土时，在梁跨中附近的钢筋表面处预留孔洞(或预埋电阻片)，用以量测钢筋的应变。不论使用哪种仪表量测变形，它都有一定的标距。因此，所测得的数值都表示标距范围内的平均值。另外，在跨中和支座上分别安装百(千)分表以量测跨中的挠度 f；有时还要安装倾角仪量测梁的转角。试验采用分级加载，每级加载后观测和记录裂缝出现及发展情况，并记录受拉钢筋的应变和不同高度处混凝土纤维的应变及梁的挠度。

图 5-9 为一根有代表性的单筋矩形截面梁的试验结果。图中纵坐标为无量纲 M/M_u 值；横坐标为跨中挠度 f 的实测值。M 为各级荷载下的实测弯矩；M_u 为试验梁破坏时所能承受的极限弯矩。可见，当弯矩较小时，挠度和弯矩关系接近直线变化，梁的工作特点是未出现裂缝，称为第 I 阶段；当弯矩超过开裂弯矩 M_{cr} 后将产生裂缝，且随着荷载的增加将不断出现新的裂缝，随着裂缝的出现与不断开展，挠度的增长速度较开裂前加快，梁的工作特点是带有裂缝，称为第 II 阶段。在图 5-10 中纵坐标为 M_{cr}/M_u 处，M/M_u-f 关系曲线上出现了第一个明显转折点。

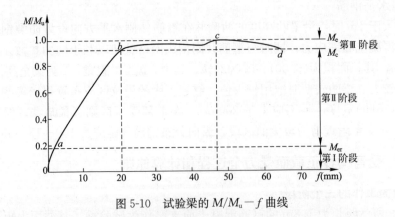

图 5-10　试验梁的 M/M_u-f 曲线

在第 II 阶段整个发展过程中，钢筋的应力将随着荷载的增加而增加。当受拉钢筋刚刚到达屈服强度(对应于梁所承受的弯矩为 M_s)瞬间，标志着第 II 阶段的终结而转化为第 III

阶段的开始（此时，在 M/M_u-f 关系上出现了第二个明显转折点）。第Ⅲ阶段梁的工作特点是裂缝急剧开展，挠度急剧增加，而钢筋应变有较大的增长但其应力始终维持屈服强度不变。当 M 从 M_s 再增加不多时，即到达梁所承受的极限弯矩 M_u，此时标志着梁开始破坏。

在 M/M_u-f 关系曲线上的两个明显的转折点，把梁的截面受力和变形过程划分为图 5-10 所示的三个阶段，适筋梁在三个工作阶段的截面应力分布如图 5-11 所示。

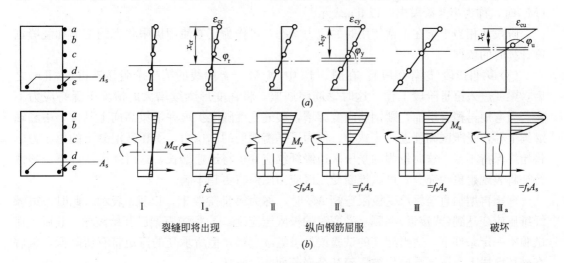

图 5-11　梁正截面各阶段的应力应变图

（1）第Ⅰ阶段（整体工作阶段）。开始加载时，由于弯矩很小，量测的梁截面上各个纤维应变也很小，且变形的变化规律符合平截面假定，这时梁的工作情况与匀质弹性体梁相似，混凝土基本上处于弹性工作阶段，应力与应变成正比，受压区和受拉区混凝土应力分布图形可假设为三角形。

当弯矩再增大，量测到的应变也将随之加大，但其变化规律仍符合平截面假定。由于混凝土受拉时应力——应变关系呈曲线性质，故在受拉区边缘处混凝土将首先开始表现出塑性性质，应变较应力增长速度为快。从而可以推断出受拉区应力图形开始偏离直线而逐步变弯，随着弯矩继续增加，受拉区应力图形中曲线部分的范围将不断沿梁高向上发展。

在弯矩增加到 M_{cr} 时，受拉区边缘纤维应变恰好到达混凝土受弯时极限拉应变 ε_{tu}，梁处于将裂而未裂的极限状态，此即第Ⅰ阶段末，以 Ⅰa 表示，这时受压区边缘纤维应变量测值相对还很小，受压区混凝土基本上属于弹性工作性质，即受压区应力图形接近三角形。但这时受拉区应力图形则呈曲线分布。在 Ⅰa 时，由于粘结力的存在，受拉钢筋的应变与周围同一水平处混凝土拉应变相等，这时钢筋应力 $\sigma_s=\varepsilon_{tu}E_s$，量值较小。由于受拉区混凝土塑性的发展，第Ⅰ阶段末中和轴的位置较Ⅰ阶段的初期略有上升。Ⅰa 可作为受弯构件抗裂度的计算依据。

（2）第Ⅱ阶段（带裂缝工作阶段）。当 $M=M_{cr}$ 时，在"纯弯段"抗拉能力最薄弱的截面处将首先出现第一条裂缝，一旦开裂，梁即由第Ⅰ阶段进入第Ⅱ阶段工作。在裂缝截面处，由于混凝土开裂，受拉区工作将主要由钢筋承受，在弯矩不变的情况下，开裂后的钢筋应力较开裂前将突然增大许多，使裂缝一出现即具有一定的开展宽度，并将沿梁高延伸

189

到一定的高度，从而这个截面处中和轴的位置也将随之上移。但在中和轴以下裂缝尚未延伸到的部位，混凝土仍可承受一小部分拉力。

随着弯矩继续增加，受压区混凝土压应变与受拉钢筋的拉应变实测值均不断增长，但其平均应变(标距较大时的量测值)的变化规律仍符合平截面假定。

在第Ⅱ阶段中，受压区混凝土塑性性质将表现得越来越明显，应力增长速度越来越慢，故受压应力图形将呈曲线变化。当弯矩继续增加使得受拉钢筋应力刚刚到达屈服强度(M_s)时，称为第Ⅱ阶段末，以Ⅱa表示。

阶段Ⅱ相当于梁在正常使用时的应力状态，可作为正常使用极限状态的变形和裂缝宽度计算时的依据。

(3) 第Ⅲ阶段(破坏阶段)。在图 5-10 中 M/M_u-f 曲线的第二个明显转折点(Ⅱa)之后，梁就进入第Ⅲ阶段工作。这时钢筋因屈服，将在变形继续增大的情况下保持应力不变。当弯矩再稍有增加，则钢筋应变骤增，裂缝宽度随之扩展并沿梁高向上延伸，中和轴继续上移，受压区高度进一步减小。但为了平衡钢筋的总拉力，受压区混凝土的总压力也将始终保持不变。这时量测的受压区边缘纤维应变也将迅速增长，这时受压区混凝土塑性特征将表现得更为充分，可以推断受压区应力图形将更趋丰满。

弯矩再增加直至梁承受极限弯矩 M_u 时，称为第Ⅲ阶段末，以Ⅲa表示。此时，边缘纤维压应变达到(或接近)混凝土受弯时的极限压应变 ε_{cu}，标志着梁已开始破坏。其后，在试验室一定条件下，适当配筋的试验梁虽可继续变形，但所承受的弯矩将有所降低，最后在破坏区段上受压区混凝土被压碎甚至崩落而完全破坏。

在第Ⅲ阶段整个过程中，钢筋所承受的总拉力和混凝土所承受的总压力始终保持不变。但由于中和轴逐步上移，内力臂 Z 不断略有增加，故截面破坏弯矩 M_u 较Ⅱa时的 M_s 也略有增加。第Ⅲ阶段末(Ⅲa)可作为极限状态承载力计算时的依据。

总结上述试验梁从加荷到破坏的整个过程，应注意以下几个特点：

① 由图 5-11 可知，第Ⅰ阶段梁的挠度增长速度较慢；第Ⅱ阶段梁因带裂缝工作，使挠度增长速度较快；第Ⅲ阶段由于钢筋屈服，故挠度急剧增加。

② 由图 5-11 可见，随着弯矩的增加，中和轴不断上移，受压区高度 χ_c 逐渐缩小，混凝土边缘纤维压应变随之加大。受拉钢筋的拉应变也是随着弯矩的增长而加大。但应变图基本上仍是上下两个三角形，即平均应变符合平截面假定。受压区应力图形在第Ⅰ阶段为三角形分布；第Ⅱ阶段为微曲线形状；第Ⅲ阶段呈更为丰满的曲线分布。

③ 在第Ⅰ阶段钢筋应力 σ_s 增长速度较慢；当 $M=M_c$ 时，开裂前、后的钢筋应力发生突变；第Ⅱ阶段 σ_s 较第Ⅰ阶段增长速度加快；当 $M=M_s$ 时，钢筋应力到达屈服强度 f_{sk}，以后应力不再增加直到破坏。

2. 受弯构件正截面的破坏形态

根据试验研究，梁正截面的破坏形式与配筋率 ρ、钢筋和混凝土的强度等级有关。配筋率 $\rho=A_s/bh_0$，此处 A_s 为受拉钢筋截面面积。在常用的钢筋级别和混凝土强度等级情况下，其破坏形式主要随配筋率 ρ 的大小而异。梁的破坏形式可分为以下三类：

(1) 适筋梁——塑形破坏

已如前述，这种梁的特点是破坏始于受拉区钢筋的屈服。在钢筋应力到达屈服强度之初，受压区边缘纤维应变尚小于受弯时混凝土极限压应变。梁完全破坏以前，由于钢筋要经历较大的塑性伸长，随之引起裂缝急剧开展和梁挠度的激增，它将给人以明显的破坏预兆，习惯上常把这种梁的破坏称之为"塑性破坏"（图 5-12a）。

（2）超筋梁——脆性破坏

若梁截面配筋率 ρ 很大时，破坏将始于受压区混凝土的压碎，在受压区边缘纤维应变达到混凝土受弯时的极限压应变值，钢筋应力尚小于屈服强度，裂缝宽度很小，沿梁高延伸较短，梁的挠度不大，但此时梁已破坏。因其在没有明显预兆的情况下由于受压区混凝土突然压碎而破坏，故习惯上常称之为"脆性破坏"（图 5-12b）。

超筋梁虽配置过多的受拉钢筋，但由于其应力低于屈服强度，不能充分发挥作用，造成钢材的浪费。这不仅不经济，且破坏前毫无预兆，故设计中不准许采用这种梁。

比较适筋梁和超筋梁的破坏，可以发现，两者的差异在于：前者破坏始自受拉钢筋；后者则

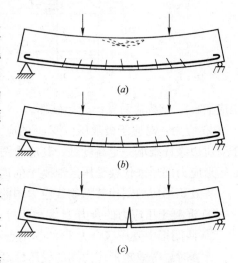

图 5-12　钢筋混凝土梁的三种破坏形态

始自受压区混凝土。显然，当钢筋级别和混凝土强度等级确定之后，一根梁总会有一个特定的配筋率 ρ_{max}，它使得钢筋应力到达屈服强度的同时，受压区边缘纤维应变也恰好到达混凝土受弯时极限压应变值，这种梁的破坏称之为"界限破坏"，即适筋梁与超筋梁的界限。鉴于安全和经济的理由，在实际工程中不允许采用超筋梁，那么这个特定配筋率 ρ_{max} 实质上就限制了适筋梁的最大配筋率。梁的实际配筋率 $\rho < \rho_{max}$ 时，破坏始自钢筋的屈服；$\rho > \rho_{max}$ 时，破坏始自受压区混凝土的压碎；$\rho = \rho_{max}$ 时，受拉钢筋应力到达屈服强度的同时压区混凝土压碎而梁立即破坏。

（3）少筋梁——脆性破坏

当梁的配筋率 ρ 很小时称为少筋梁，少筋梁混凝土一旦开裂，受拉钢筋立即到达屈服强度并迅速经历整个流幅而进入强化阶段工作。由于裂缝往往集中出现一条，不仅开展宽度较大，且沿梁高延伸很高。即使受压区混凝土暂未压碎，但因此时裂缝宽度过大，已标志着梁的"破坏"（图 5-12c）。尽管开裂后梁仍可能保留一定的承载力，但因梁已发生严重的下垂，这部分承载力实际上是不能利用的，少筋梁也属于"脆性破坏"。因此是不经济、不安全的。

5.2.3　受弯构件正截面承载力计算的基本原则

1. 基本假定

（1）两点说明

由试验得知，梁从加荷到破坏经历了三个阶段，为保证梁具有足够的安全性，必须按承载能力极限状态法对梁正截面进行承载能力计算，并以第Ⅲ阶段的应力状态作为计算基础。

① 应变：受拉与受拉应变图基本上是上下两个三角形，平均应变符合平截面假定，直到梁破坏前。梁破坏时，受压区混凝土边缘纤维压应变达到（或接近）混凝土受弯时极限

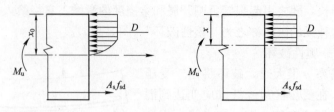

图 5-13 等效应力图

压应变 ε_{cu}，这标志着梁已开始破坏。

②应力：对应于极限压应变 ε_{cu} 的应力不是受压区混凝土的最大应力 σ_{max}，而 σ_{max} 却位于受压边缘纤维下一定高度处，其应力图形呈高次抛物线。因此，为了简化计算，可取等效矩形应力图形来代换受压区混凝土的理论应力图形，如图 5-13 所示。

等效矩形应力图代替抛物线应力图的原则：

①混凝土压应力的合力 D 大小相等；

②两图形中受压区合力 D 的作用点不变。

计算时，等效矩形应力图的受压区高度为 $\chi = \beta\chi_c$，受压混凝土强度为 f_{cd}，此处 χ_c 为受压区实际高度。按规定，不同混凝土强度等级的应力图形系数 β 取值见表 5-1。

受压混凝土的简化应力图形系数 β 表 5-1

混凝土强度等级	C50 及以下	C55	C60	C65	C70	C75	C80
β	0.80	0.79	0.78	0.77	0.76	0.75	0.74

（2）基于受弯构件正截面的破坏特征，其承载力按下列基本假定进行计算：

①构件弯曲后，其截面仍保持为平面；

②截面受压区混凝土的应力图形简化为矩形，其压力强度取混凝土的轴心抗压强度设计值 f_{cd}；截面受拉区混凝土的抗拉强度不予考虑；

③钢筋应力等于钢筋应变与其弹性模量的乘积，但不大于其强度设计值。极限状态计算时，受拉钢筋的应力取其抗拉强度设计值 f_{sd}；受压区钢筋的应力取其抗压强度设计值 f'_{sd}。

2. 适筋和超筋破坏的界限条件

根据给定的混凝土极限压应变 ε_{cu} 和平截面假定可知，适筋和超筋的界限破坏，即钢筋达到屈服（$\varepsilon_s = f_y/E_s$）同时混凝土发生受压破坏（$\varepsilon_c = \varepsilon_{cu}$）的相对中和轴高度 ξ_{nb} 为（图 5-14）：

$$\xi_{nb} = x_{cb}/h_0 = \varepsilon_{cu}/(\varepsilon_{cu} + \varepsilon_s) \qquad \text{式}(5\text{-}2)$$

引用 $\chi = \beta\chi_c$ 的关系，则界限相对受压区高度 ξ_b 为

$$\zeta_b = \frac{x_b}{h_0} = \beta\zeta_{nb} = \beta\frac{\varepsilon_{cu}}{\varepsilon_{cu} + \varepsilon_s} = \frac{\beta}{1 + \dfrac{\varepsilon_s}{\varepsilon_{cu}}} = \frac{\beta}{1 + \dfrac{f_{sd}}{\varepsilon_{cu}E_s}} \qquad \text{式}(5\text{-}3)$$

由式(5-2)可知，对不同的钢筋级别和不同混凝土强度等级有着不同的 ξ_b 值。当相对受压区高度 $\xi \leqslant \xi_b$ 时，属于适筋梁；相对受压区高度 $\xi > \xi_b$ 时，属于超筋梁。

3. 适筋和少筋破坏的界限条件

为了避免少筋破坏状态，必须确定构件的最小配筋率 ρ_{min}。

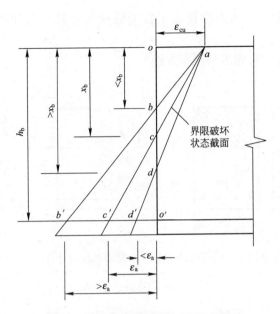

图 5-14 梁破坏时的正截面平均应变图

少筋破坏的特点是一裂就坏，所以从理论上讲，纵向受拉钢筋的最小配筋率应是这样确定的：按Ⅲa阶段计算钢筋混凝土受弯构件正截面受弯承载力与按Ⅰa阶段计算的素混凝土受弯构件正截面受弯承载力两者相等。

但是，考虑到混凝土抗拉强度的离散性，以及收缩等因素的影响，所以在实用上，最小配筋率 ρ_{min} 往往是根据传统经验得出的。规范规定的最小配筋率值见附表。为了防止梁"一裂即坏"，适筋梁的配筋率应大于 ρ_{min}。

为了防止截面配筋过少而出现脆性破坏，并考虑温度收缩应力及构造等方面的要求，适筋梁配筋率 ρ 亦应满足另一条件，即 $\rho \geqslant \rho_{min}$，式中 ρ_{min} 表示适筋梁的最小配筋率。规定：ρ_{min}（$45 f_{td}/f_{sd}$）%，同时不应小于 0.2%，即有：

$$\rho = \frac{A_s}{bh_0} \geqslant \rho_{min} = 45 \times \frac{f_{td}}{f_{sd}}（\%），\quad 且 \rho \geqslant 0.2\%$$

在工程实际中，梁的配筋率 ρ 总要比 ρ_{max} 低一些，比 ρ_{min} 高一些，才能做到经济合理。这主要是考虑到以下两点：

① 为了确保所有的梁在濒临破坏时具有明显的预兆以及在破坏时具有适当的延性，就要满足 $\rho < \rho_{max}$；

② 当 ρ 取得小些时，梁截面就要大些；当 ρ 取得大些时，梁截面就要小些，这就要顾及钢材、水泥、砂石等材料价格及施工费用。

根据经验，钢筋混凝土板的经济配筋率约为 0.5%～1.3%；钢筋混凝土 T 形梁的经济配筋率约为 2.0%－3.5%。

5.2.4 单筋矩形截面受弯构件正截面承载力计算

1. 基本计算公式及适用条件

（1）基本公式

根据上述基本假定，单筋矩形截面正截面强度的计算简图如图 5-15，由平衡条件可得：

根据力的平衡条件，可列出其基本方程

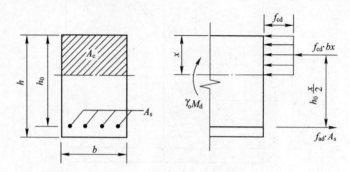

图 5-15　单筋矩形截面梁正截面承载力计算图式

$$\sum X=0 \quad f_{cd}bx=f_{sd}A_s \qquad\qquad 式(5-4)$$

$$\sum M_{As}=0 \quad \gamma_0 M_d \leqslant f_{cd}bx\left(h_0-\frac{x}{2}\right) \qquad\qquad 式(5-5)$$

$$\sum M_C=0 \quad \gamma_0 M_d \leqslant f_{sd}A_s\left(h_0-\frac{x}{2}\right) \qquad\qquad 式(5-6)$$

式中：h_0——截面的有效高度，$h_0=h-a_s$；

　　　a_s——受拉区边缘到受拉钢筋合力作用点的距离。

（2）适用条件

① 为了防止超筋破坏，保证构件破坏时纵向受拉钢筋首先屈服，应满足

$$\xi\leqslant\xi_b \quad 或 \quad x\leqslant\xi_b h_0 \quad 或 \quad \rho\leqslant\rho_{max}$$

② 为了防止少筋破坏，应满足

$$A_s\geqslant\rho_{min}bh$$

2. 计算方法

实际设计中，受弯构件的正截面承载力计算，可分为截面设计和承载力复核两类问题。解决这两类问题的依据是前述的基本公式及适用条件。

（1）截面选择

截面设计是根据要求截面所承受的弯矩，选定混凝土强度等级、钢筋牌号，计算出构件截面尺寸 b、h 及受拉钢筋截面面积 A_s。单筋矩形截面受弯构件进行截面选择时，常有下列两种情况：

情况 1　已知：弯矩组合设计值 M_d，结构重要性系数 γ_0、钢筋牌号和混凝土强度等级、构件截面尺寸 b、h，求受拉钢筋截面积 A_s。

计算步骤：

① 假定受拉钢筋合力点至受拉边缘的距离 a_s。在 I 类环境条件下，对于绑扎钢筋骨架的梁，可设 $a_s\approx35\sim45mm$(布置一层钢筋时)或 $a_s=60\sim80mm$(布置两层钢筋时)。对于板，一般可根据板厚假设 a_s 为 $25\sim35mm$。这样可得到有效高度 $h_0=h-a_s$。

② 求受压区高度 x。由公式(5-5)解一元二次方程得受压区高度

$$x = h_0 - \sqrt{h_0^2 - \frac{2\gamma_0 M_d}{f_{cd} \cdot b}}, \quad 并满足 \ x \leqslant \xi_b h_0$$

③ 若 $x > \xi_b h_0$，则此梁为超筋梁，需要增大截面尺寸，主要是增加高度 h 或者提高混凝土的强度等级。

④ 若 $x \leqslant \xi_b h_0$，则由公式(5-4)或公式(5-5)求得钢筋截面面积 A_s。

⑤ 选择并布置钢筋。通过计算求得 A_s 后，即可根据构造要求等从表 5-3 或表 5-4 中选择合适的钢筋直径与根数，并进行具体的钢筋布置，从而再对假定的 a_s 值进行校核修正，此外还应验证配筋率 $\rho \geqslant \rho_{\min}$。

情况 2　已知：弯矩组合设计值 M_d，钢筋牌号及混凝土强度等级，结构设计的安全等级。求构件截面尺寸 b、h 及受拉钢筋截面积 A_s。

计算步骤：

① 假定配筋率。在经济配筋率内选定 ρ 值，并据受弯构件适应情况选定梁宽(设计板时，一般采用单位板宽，即取 $b = 1000\text{mm}$)

② 求截面有效高度 h_0。按公式 $\xi = \rho \dfrac{f_{sd}}{f_{cd}}$，求出 ξ 值，若 $\xi \leqslant \xi_b$，则取 $\chi = \xi h_0$，代入公式(5-5)，化简后得：

$$h_0 = \sqrt{\frac{\gamma_0 M_d}{\xi(1 - 0.5\xi) f_{cd} \cdot b}}$$

③ 求出所需截面高度 h，即 $h = h_0 = a_s$。a_s 为受拉钢筋合力作用点至截面受拉区外缘的距离。为了使构件截面尺寸规格化和考虑施工的方便，最后实际取用的 h 值应模数化，钢筋混凝土板 h 的值应为整数。

④ 继续按第一种情况求出受拉钢筋面积并布置钢筋。若 $\xi > \xi_b$，则应重新选定 ρ 值，重复上述计算，直至满足 $\xi \leqslant \xi_b$ 的条件。

（2）承载力复核

已知荷载效应设计值 M_d，截面尺寸 b、h，纵向受拉钢筋截面面积 A_s，混凝土强度等级和钢筋牌号，结构重要性系数 γ_0，验算截面所能承担的弯矩 M_u，并判断其安全程度。

计算步骤如下：

① 检测钢筋布置是否符合规范要求。

② 计算纵向受拉钢筋配筋率 ρ：按公式 $\rho = \dfrac{A_s}{bh_0}$ 计算，满足 $\rho \geqslant \rho_{\min}$。

③ 计算截面受压区高度 x。

由公式(5-4)计算，得到 x，满足 $x \leqslant \xi_b h_0$。

④ 若 $x > \xi_b h_0$，则为超筋截面，取 $x = \xi_b h_0$，其承载能力为：

$$M_u = f_{cd} bh_0^3 \xi_b (1 - 0.5\xi_b) \qquad\qquad 式(5\text{-}7)$$

⑤ 当 $x \leqslant \xi_b h_0$ 时，由公式(5-5)或公式(5-6)求出本截面所能承担的弯矩 M_u。

计算结果，若 $M_u \geqslant \gamma_0 M_d$，则满足承载力要求。

5.2.5　双筋矩形截面受弯构件计算

单筋矩形截面适筋梁的最大承载能力为 $M_u = f_{cd} bh_0^3 \xi_b (1 - 0.5\xi_b)$。当截面承受的弯矩

组合设计值 M_d 较大，而截面尺寸受到使用条件限制或混凝土强度又不宜提高的情况下，按单筋截面设计出现 $\xi > \xi_b$ 时，则应改用双筋截面。即在截面受压区配置钢筋来协助混凝土承担压力且将 ξ 减小到 $\xi \leqslant \xi_b$，破坏时受拉区钢筋应力可达到屈服强度，而受压区混凝土不致过早压碎。此外，当梁截面承受异号弯矩时，则必须采用双筋截面。

一般情况下，采用受压钢筋来承受截面的部分压力是不经济的。但是，受压钢筋的存在可以提高截面的延性，并可减少构件在长期荷载作用下的变形。

1. 基本计算公式及其适用条件

（1）计算图式

试验表明，双筋截面破坏时的受力特点与单筋截面相似。只要满足 $\xi \leqslant \xi_b$，双筋截面仍具有适筋破坏特征，即破坏时受拉钢筋的应力先达到其屈服强度，然后，受压区混凝土的应力达到其抗压强度。这时，受压区混凝土的应力图形为曲线分布，边缘纤维的压应变已达极限应变 ε_{cu}。由于受压区混凝土塑性变形的发展，受压钢筋的应力一般也将达到其抗压强度。

因此，在建立双筋截面承载力的计算公式时，受拉钢筋的应力可取抗拉强度设计值 f_{sd}，受压钢筋的应力一般可取抗压强度设计值 f'_{sd}，受压区混凝土仍可采用等效矩形应力图形和混凝土抗压设计强度 f_{cd}。于是，双筋矩形截面受弯承载力计算的图式如图 5-16 所示。

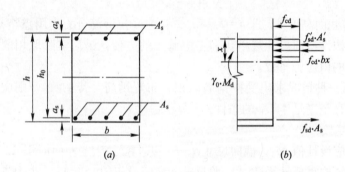

图 5-16　双筋矩形截面正截面承载力计算图式

（2）计算公式

按双筋矩形截面强度计算图式：

由 $\sum H = 0$，得：

$$f_{sd} A_s - f'_{sd} A'_s = f_{cd} bx \qquad\qquad 式(5-8)$$

由弯矩平衡，即 $\sum M = 0$，取受拉钢筋合力作用点为矩心，可得：

$$\gamma_0 M_d \leqslant f_{cd} \cdot bx \left(h_0 - \frac{x}{2} \right) + f'_{sd} A'_s (h_0 - a'_s) \qquad\qquad 式(5-9)$$

由截面上对受压钢筋合力作用点的力矩之和等于零，可得：

$$\gamma_0 M_d \leqslant f_{cd} \cdot bx \left(\frac{x}{2} - a'_s \right) + f_{sd} A_s (h_0 - a'_s) \qquad\qquad 式(5-10)$$

式中：f'_{sd}——受压区钢筋的抗压强度设计值；

A'_s——受压区钢筋的截面面积；

a'_s——受压区钢筋合力点至截面受压边缘的距离；

其他符号与单筋矩形截面相同。

（3）公式的适用条件

① 为了防止出现超筋梁情况，计算受压区高度 x 应满足：

$$x \leqslant \xi_0 h_0 \qquad\qquad 式(5\text{-}11)$$

② 为了保证受压钢筋 A'_s 达到抗压强度设计值 f'_{sd}，计算受压区高度 z 应满足：

$$x \geqslant 2a'_s \qquad\qquad 式(5\text{-}12)$$

在实际设计中，若求得 $x < 2a'_s$，则表明受压钢筋 A'_s 可能达不到其抗压强度设计值。《公钢规》规定此时可取 $x = 2a'_s$，即假设混凝土压应力合力作用点与受压区钢筋 A'_s 合力作用点相重合，对受压钢筋合力作用点取矩，可得到正截面抗弯承载力的近似表达式为：

$$M = f_{sd} A_s (h_0 - a'_s) \qquad\qquad 式(5\text{-}13)$$

最小配筋率的条件，在双筋截面的情况下，一般不需验算。

2. 计算方法

（1）截面选择

双筋截面设计的任务是确定受拉钢筋 A_s 和受压钢筋 A'_s 的数量。利用基本公式进行截面设计时，仍取 $\gamma_0 M_d = M_u$ 来计算，一般有下列两种计算情况：

情况 1 已知截面尺寸、材料强度级别、弯矩计算值 $M = \gamma_0 M_d$，求受拉钢筋面积和受压钢筋面积 A'_s。

① 假设 a_s 和 a'_s，求得 $h_0 = h - a_s$。

② 验算是否需要采用双筋截面。当下式不成立时，需采用双筋截面：

$$M < M_u = f_{cd} b h_0^2 \xi_b (1 - 0.5\xi_b) \qquad\qquad 式(5\text{-}14)$$

③ 求 A'_s。利用基本公式求解，有 A'_s、A_s 及 x 三个未知数，故尚需增加一个条件才能求解。在实际计算中，应使截面的总钢筋截面积 $(A'_s + A_s)$ 为最小，为此，压力应尽量让混凝土承担，多余的压力由钢筋承担，即取 $\xi = \xi_b$。再利用式(5-9)求得。

④ 求 A_s。将及受压钢筋计算值代入式(5-8)，求得受拉钢筋面积 A_s。

⑤ 分别选择受压钢筋和受拉钢筋直径及根数，并进行截面钢筋布置。

这种情况的配筋计算，实际是利用 $\xi = \xi_b$ 来确定 A_s 与 A'_s，故基本公式适用条件已满足。

情况 2 已知截面尺寸、材料强度级别、受压区普通钢筋面积及布置、弯矩计算值 $M = \gamma_0 M_d$，求受拉钢筋面积 A_s。

① 假设 a_s，求得 $h_0 = h - a_s$。

② 将各已知值代入式(5-9)，可得到混凝土受压区高度 x。

③ 当 $x \leqslant \xi_0 h_0$ 且 $x \geqslant 2a'_s$，则将各已知值及受压钢筋面积 A'_s 代入式(5-8)，可求得 A_s 值。

④ 当 $x < \xi_0 h_0$ 且 $x < 2a'_s$ 时，可由式(5-13)求得所需受拉钢筋面积 A_s。

⑤ 选择受拉钢筋的直径和根数，并布置截面钢筋。

（2）截面复核

已知截面尺寸、材料强度级别、钢筋面积 A_s 和 A'_s 以及截面钢筋布置，求截面承载力 M_u。

① 检查钢筋布置是否符合规范要求。

② 由式(5-7)计算受压区高度 x。

③ 若 $2a'_s \leqslant x \leqslant \xi_b h_0$，以式(5-9)或式(5-10)可求得双筋矩形截面抗弯承载力 M_u。

④ 若 $x \leqslant \xi_b h_0$ 且 $x < 2a'_s$，则由式(5-13)求得考虑受压钢筋部分作用的正截面承载力 M_u。

要求满足 $M_u \geqslant \gamma_0 M_d$ 这一不等式条件。

5.2.6　单筋 T 形截面受弯构件计算

1. T 形截面的构成及计算宽度

由矩形截面受弯构件的受力分析可知，受弯构件进入破坏阶段以后，大部分受拉区混凝土已退出工作，正截面承载力计算时不考虑混凝土的抗拉强度，因此设计时可将一部分受拉区的混凝土去掉，将原有纵向受拉钢筋集中布置在梁肋中，形成 T 形截面，其中伸出部分称为翼缘$(b'_f-b) \times h'_f$，中间部分称为梁肋$(b \times h)$。与原矩形截面相比，T 形截面的极限承载能力不受影响，同时还能节省混凝土，减轻构件自重，产生一定的经济效益。

T 形截面与矩形截面的主要区别在于翼缘参与受压。试验研究与理论分析证明，翼缘的压应力分布不均匀，离梁肋越远应力越小，可见翼缘参与受压的有效宽度是有限的，故在设计独立 T 形截面梁时应将翼缘限制在一定范围内，该范围称为翼缘的计算宽度 b'_f，同时假定在 b'_f 范围内压应力均匀分布。T 形截面梁的翼缘有效宽度 b'_f 应按下列规定采用：

（1）内梁的翼缘有效宽度取下列三者中的最小值：

① 简支梁计算跨径的 $1/3$；对于连续梁，各中间跨正弯矩区段，取该计算跨径的 0.2 倍；边跨正弯矩区段，取该跨计算跨径的 0.27 倍，各中间支点负弯矩区段，取该支点相邻两跨计算跨径之和的 0.07 倍；

② 相邻两梁的平均间距；

③ $(b+2b_n+12h'_f)$，此处 b 为梁腹板宽度，b_n 为承托长度，h'_f 为受压区翼缘悬出板的厚度。当 $h_n/b_n < 1/3$ 时，上式 b_n 应以 $3h_n$ 代替，此处 h_n 为承托根部厚度。

（2）外梁翼缘的有效宽度取相邻内梁翼缘有效宽度的一半，加上腹板宽度的 $1/2$，再加上外侧悬臂板平均厚度的 6 倍或外侧悬臂板实际宽度两者中的较小者。

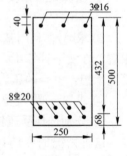

图 5-17

2. 两类 T 形截面及判别方法

按受压区高度的不同分为两类：

① 第一类 T 形截面。受压区高度在翼板内，即 $x \leqslant h'_f$（图 5-18a）；

②第二类 T 形截面。受压区高度进入梁肋内，即 $x > h'_f$（图 5-18b）。

要判断中和轴是否在翼缘中，首先应对界限位置进行分析，界限位置为中和轴在翼缘与梁肋交界处，即 $x = h'_f$ 处。根据力的平衡条件

$$\sum X = 0 \quad f_{cd} b'_f h'_f = f_{sd} A_s \qquad 式(5-15)$$

$$\sum M_{A_s} = 0 \quad \gamma_0 M_d = f_{cd} b'_f h'_f \left(h - \frac{h'_f}{2} \right) \qquad 式(5-16)$$

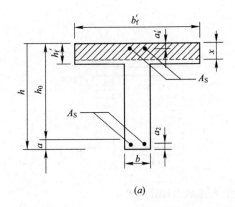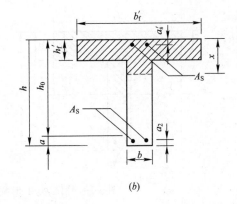

(a) $\qquad\qquad\qquad\qquad\qquad$ (b)

图 5-18 两类 T 形截面

对于第一类 T 形截面，有 $x \leqslant h'_f$，则

$$f_{sd}A_s \leqslant f_{cd}b'_f h'_f \qquad\qquad 式(5-17)$$

$$\gamma_0 M_d \leqslant f_{cd}b'_f h'_f \left(h - \frac{h'_f}{2}\right) \qquad\qquad 式(5-18)$$

对于第二类 T 形截面，有 $x > h'_f$，则

$$f_{sd}A_s > f_{cd}b'_f h'_f \qquad\qquad 式(5-19)$$

$$\gamma_0 M_d > f_{cd}b'_f h'_f \left(h - \frac{h'_f}{2}\right) \qquad\qquad 式(5-20)$$

以上即为 T 形截面受弯构件类型判别条件。但应注意不同设计阶段采用不同的判别条件：

① 在截面设计时，由于 A_s 未知，采用式(5-18)和式(5-20)进行判别；

② 在截面复核时，A_s 已知，采用式(5-17)和式(5-19)进行判别。

3. 基本计算公式及适用条件

(1) 第一类 T 形截面。中性轴在翼板内，即 $x \leqslant h'_f$，受压区为矩形，截面可按 $b'_f \times h$ 的矩形截面计算。

由平衡条件得基本计算公式：

$$\sum X = 0 \quad f_{cd} \cdot b'_f = f_{sd}A_s \qquad\qquad 式(5-21)$$

$$\sum M = 0 \quad \gamma_0 M_d \leqslant f_{cd}b'_f x\left(h_0 - \frac{x}{2}\right) \qquad\qquad 式(5-22)$$

基本公式的适用条件为：

① $x \leqslant \xi_b h_0$（对于第一类 T 形截面，一般均能满足 $\xi < \xi_b$ 的条件，故可不必验算）；

② $\rho \geqslant \rho_{\min}$

注意，这里的 $\rho = \dfrac{A_s}{bh_0}$，b 为 T 形截面的肋宽。

(2) 第二类 T 形截面。中性轴在梁肋内，即 $x > h'_f$，受压区为 T 形(图 5-19)。

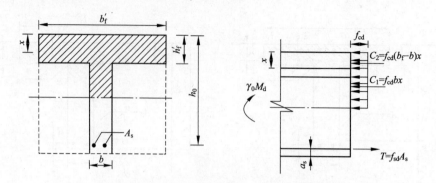

图 5-19　第二类 T 形截面抗弯承载力计算图式

由平衡条件得基本计算公式

$$\sum X=0 \quad f_{sd}A_s=f_{cd}bx+f_{cd}(b_f'-b)h_f' \qquad 式(5-23)$$

$$\sum M=0 \quad \gamma_0 M_d \leqslant f_{cd}bx\left(h_0-\frac{x}{2}\right)+f_{cd}(b_f'-b)h_f'\left(h-\frac{h_f'}{2}\right) \qquad 式(5-24)$$

基本公式的适用条件为：

① $x\leqslant\xi_b h_0$；

② $\rho\geqslant\rho_{min}$（对于第二类 T 形截面，一般均能满足 $\rho\geqslant\rho_{min}$，故可不必验算）。

4. 计算内容

（1）截面选择

已知：弯矩组合设计值 M_d，截面尺寸 b、h、b_f'、h_f'，混凝土强度等级和钢筋等级，结构重要性系数 γ_0，计算受拉钢筋截面积 A_s。

① 假设 a_s。对于空心板等截面，往往采用绑扎钢筋骨架，因此可根据等效工字形截面下翼板厚度，在实际截面中布置一层或两层钢筋来假设值。对于预制或现浇 T 形梁，往往多用焊接钢筋骨架，由于多层钢筋的叠高一般不超过(0.15~0.2)h，故可假设。这样可得到有效高度。

② 判断 T 形截面类型。采用式(5-18)和式(5-20)进行判别。

③ 当为第一种 T 形截面时，设计方法与宽高分别为 b_f'、h 的单筋矩形截面完全相同。

④ 当为第二种 T 形截面由式(5-24)求受压区高度并满足 $h_f'<x\leqslant\xi_b h_0$，将各已知值及值代入式(5-23)求得所需受拉钢筋面积。

⑤ 选择钢筋直径和数量，按照构造要求进行布置。

（2）承载力复核

已知受拉钢筋截面面积及钢筋布置、截面尺寸和材料强度级别，要求复核截面的抗弯承载力。

① 检查钢筋布置是否符合规范要求。

② 判别 T 形截面类型，采用式(5-17)和式(5-19)进行判别。

③ 第一种 T 形截面：与单筋矩形截面 $b_f'\times h$ 相同。

④ 第二种 T 形截面。由式(5-23)求受压区高度 x，满足 $h_f'<x\leqslant\xi_b h_0$。将各已知值及 x 值代入式(5-24)即可求得正截面抗弯承载力，必须满足 $M_u\geqslant\gamma_0 M_d$。

5.3 钢筋混凝土受压构件计算原理

5.3.1 轴心受压构件截面计算

当构件受到位于截面形心的轴向压力作用时，称为轴心受压构件。在实际结构中，严格的轴心受压构件是很少的，通常由于实际存在的结构节点构造、混凝土组成的非均匀性、纵向钢筋的布置以及施工中的误差等原因，轴心受压构件截面都或多或少存在弯矩的作用。但是，在实际工程中，例如钢筋混凝土桁架拱中的某些杆件(如受压腹杆)是可以按轴心受压构件设计的；同时，由于轴心受压构件计算简便，故可作为受压构件初步估算截面、复核承载力的手段。

钢筋混凝土轴心受压构件按照箍筋的功能和配置方式的不同可分为两种：

(1) 配有纵向钢筋和普通箍筋的轴心受压构件(普通箍筋柱)，如图 5-20(a)所示；

(2) 配有纵向钢筋和螺旋箍筋的轴心受压构件(螺旋箍筋柱)，如图 5-20(b)所示。

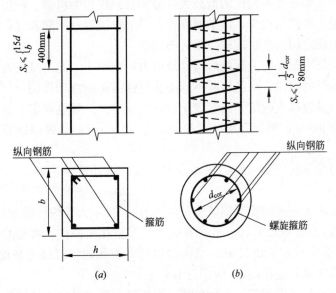

图 5-20 两种钢筋混凝土轴心受压构件

(a)普通箍筋柱；(b)螺旋箍筋柱

普通箍筋柱的截面形状多为正方形、矩形和圆形等。纵向钢筋为对称布置，沿构件高度设置等间距的箍筋。轴心受压构件的承载力主要由混凝土提供，设置纵向钢筋的目的是：①协助混凝土承受压力，可减少构件截面尺寸；②承受可能存在的不大的弯矩；③防止构件的突然脆性破坏。普通箍筋作用是，防止纵向钢筋局部压屈，并与纵向钢筋形成钢筋骨架，便于施工。

螺旋箍筋柱的截面形状多为圆形或正多边形，纵向钢筋外围设有连续环绕的间距较密的螺旋箍筋(或间距较密的焊接环形箍筋)。螺旋箍筋的作用是使截面中间部分(核心)混凝土成为约束混凝土，从而提高构件的承载力和延性。

1. 配有纵向钢筋和普通箍筋的轴心受压构件

（1）构造要求

① 混凝土。轴心受压构件的正截面承载力主要由混凝土来提供，故一般多采用 C25～C40 级混凝土。

② 截面尺寸。轴心受压构件截面尺寸不宜过小，因长细比越大，ϕ 值越小，承载力降低很多，不能充分利用材料强度。构件截面尺寸不宜小于 250mm。

③ 纵向钢筋。纵向受力钢筋一般采用 R235 级、HRB335 级和 HRB400 级等热轧钢筋。纵向受力钢筋的直径应不小于 12mm。在构件截面上，纵向受力钢筋至少应有 4 根并且在截面每一角隅处必须布置一根。

纵向受力钢筋的净距不应小于 50mm，也不应大于 350mm；对水平浇筑混凝土预制构件，其纵向钢筋的最小净距采用受弯构件的规定要求。纵向钢筋最小混凝土保护层厚度：Ⅰ类环境条件为 30mm，Ⅱ类环境条件为 40mm，Ⅲ、Ⅳ类环境条件为 45mm。

对于纵向受力钢筋的配筋率要求，一般是从轴心受压构件中不可避免存在混凝土徐变、可能存在的较小偏心弯矩等非计算因素而提出的。

在实际结构中，轴心受压构件的荷载大部分为长期作用的恒载。在恒载产生的轴力 N 长期作用下，混凝土要产生徐变，由于混凝土徐变的作用以及钢筋和混凝土的变形必须协调，在混凝土和钢筋之间将会出现应力重分布现象。

若纵向钢筋配筋率很小时，纵筋对构件承载力影响很小，此时接近素混凝土柱，徐变使混凝土的应力降低得很少，纵筋将起不到防止脆性破坏的缓冲作用，同时为了承受可能存在的较小弯矩以及混凝土收缩、温度变化引起的拉应力。规范规定了纵向钢筋的最小配筋率 ρ_{min}（％）；构件的全部纵向钢筋配筋率不宜超过 5％。一般纵向钢筋的配筋率 ρ 约为 1％～2％。

④箍筋。普通箍筋柱中的箍筋必须做成封闭式，箍筋直径应不小于纵向钢筋直径的 1/4，且不小于 8mm。

箍筋的间距应不大于纵向受力钢筋直径的 15 倍、且不大于构件截面的较小尺寸（圆形截面采用 0.8 倍直径）并不大于 400mm。在纵向钢筋搭接范围内，箍筋的间距应不大于纵向钢筋直径的 10 倍且不大于 200mm。当纵向钢筋截面积超过混凝土截面面积 3％时，箍筋间距应不大于纵向钢筋直径的 10 倍，且不大于 200mm。

位于箍筋折角处的纵向钢筋定义为角筋。沿箍筋设置的纵向钢筋离角筋间距 S 不大于 150mm 或 15 倍箍筋直径（取较大者）范围内，若超过此范围设置纵向受力钢筋，应设复合箍筋（图 5-21）。图 5-21 中，箍筋 A、B 与 C、D 两组设置方式可根据实际情况选用(a)、(b)或(c)的方式。复合箍筋是沿构件纵轴方向同一截面按一定间距配置两种或两种以上形式共同组成的箍筋。

（2）破坏形态

按照构件的长细比不同，轴心受压构件可分为短柱和长柱两种，它们受力后的侧向变形和破坏形态各不相同。下面结合有关试验研究来分别介绍。

在轴心受压构件试验中，试件的材料强度级别、截面尺寸和配筋均相同，但柱长度不同（图 5-22）。轴心力 P 用油压千斤顶施加，并用电子秤量测压力大小。由平衡条件可知，压力 P 的读数就等于试验柱截面所受到的轴心压力 N 值。同时，在柱长度一半处设置百

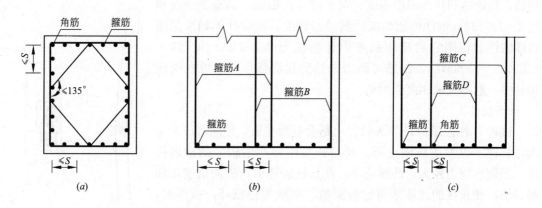

图 5-21　柱内复合箍筋布置

(a)、(b) S 内设 3 根纵向受力钢筋；(c) S 内设 2 根纵向受力钢筋

分表，测量其横向挠度 f。通过对比试验的方法，观察长细比不同的轴心受压构件的破坏形态。

① 短柱

当轴向力 P 逐渐增加时，试件 A 柱也随之缩短，测量结果证明混凝土全截面和纵向钢筋均发生压缩变形。

当轴向力 P 达到破坏荷载的 90% 左右时，柱中部四周混凝土表面出现纵向裂缝，部分混凝土保护层剥落，最后箍筋间的纵向钢筋发生屈曲，向外鼓出，混凝土被压碎而整个试验柱破坏(图 5-23)。破坏时，测得的混凝土压应变大于 1.8×10^{-3}，而柱中部的横向挠度很小。钢筋混凝土短柱的破坏是一种材料破坏，即混凝土压碎破坏。

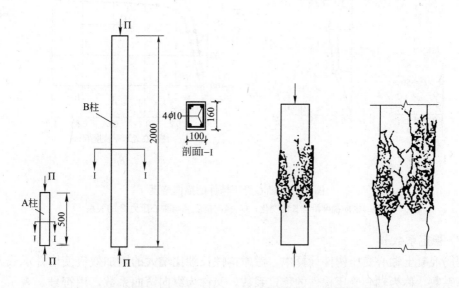

图 5-22　轴心受压构件试件　　　　　图 5-23　轴心受压短柱的破坏形态

许多试验证明，钢筋混凝土短柱破坏时混凝土的压应变均在 2×10^{-3} 附近，由混凝土受压时的应力应变曲线可知，混凝土已达到其轴心抗压强度；同时，采用普通热轧的纵向

钢筋，均能达到抗压屈服强度。对于高强度钢筋，混凝土应变到达 2×10^{-3} 时，钢筋可能尚未达到屈服强度，在设计时如果采用这样的钢材，则它的抗压强度设计值仅为 $0.002 E_s = 0.002 \times 2.0 \times 10^5 = 400\text{MPa}$，钢筋可能尚未达到屈服强度，所以在受压构件中一般不宜采用高强钢筋。

② 长柱

试件 B 柱在压力 P 不大时，也是全截面受压，但随着压力增大，长柱不仅发生压缩变形，同时长柱中部产生较大的横向挠度，凹侧压应力较大，凸侧较小。在长柱破坏前，横向挠度增加得很快，使长柱的破坏来得比较突然，导致失稳破坏。破坏时，凹侧的混凝土首先被压碎，有混凝土表面纵向裂缝，纵向钢筋被压弯而向外鼓出，混凝土保护层脱落；凸侧则由受压突然转变为受拉，出现横向裂缝(图 5-24)。

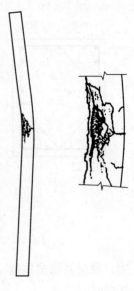

图 5-24

图 5-25 为短柱和长柱试验的横向挠度 f 与轴向力 P 之间关系的对比图。由图 5-25 及大量的其他试验可知，短柱总是受压破坏，长柱则是失稳破坏；长柱的承载力要小于相同截面、配筋、材料的短柱承载力。

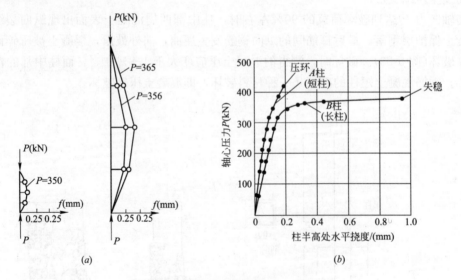

图 5-25 轴心受压构件的横向挠度 f

(a)横向挠度沿柱长的变化；(b)横向挠度 f 与轴心压力 P 的关系

(3) 稳定系数 φ

钢筋混凝土轴心受压构件计算中，考虑构件长细比增大的附加效应使构件承载力降低的计算系数，称为轴心受压构件的稳定系数，又称为纵向弯曲系数，用符号 φ 表示。如前所述，稳定系数就是长柱失稳破坏时的临界承载力与短柱压坏时的轴心力的比值，表示长柱承载力降低的程度。

稳定系数 φ 主要与构件的长细比有关，混凝土强度等级及配筋率 ρ 对其影响较小。考虑到长期荷载作用的影响和荷载初偏心影响，规定了稳定系数 φ 值，见表 5-2。由表 5-2 可以看到，长细比 $\lambda = \dfrac{l_0}{b}$（矩形截面）越大，φ 值越小，当 $\dfrac{l_0}{b} \leqslant 8$ 时，$\varphi \approx 1$，构件的承载力没有降低，即为短柱。

钢筋混凝土轴心受压构件的稳定系数　　　　　表 5-2

l_0/b	$\leqslant 8$	10	12	14	16	18	20	22	24	26	28
$l_0/2r$	$\leqslant 7$	8.5	10.5	12	14	15.5	17	19	21	22.5	24
l_0/i	$\leqslant 28$	35	42	48	55	62	69	76	83	90	97
φ	1.0	0.98	0.95	0.92	0.87	0.81	0.75	0.70	0.65	0.60	0.56
l_0/b	30	32	34	36	38	40	42	44	46	48	50
$l_0/2r$	26	28	29.5	31	33	34.5	36.5	38	40	41.5	43
l_0/i	104	111	118	125	132	139	146	153	160	167	174
φ	0.52	0.48	0.44	0.40	0.36	0.32	0.29	0.26	0.23	0.21	0.19

注：1. 表中 l_0 为构件的计算长度；b 为矩形截面的短边尺寸；r 为圆形截面的半径；i 为截面最小回旋半径 $i = \sqrt{I/A}$（I 为截面惯性短，A 为截面截面积）；

2. 构件计算长度 l_0 的取值。当构件两端固定时取 $0.5l$；当一端固定一端为不移动的铰时取 $0.7l$；当两端均为不移动的铰时取 l，当一端固定一端自由时取 $2l$，l 为构件去支点间长度。

（4）正截面承载力计算

根据以上分析，由图 5-26 可得到配有纵向受力钢筋和普通箍筋的轴心受压构件正截面承载力计算式：

$$\gamma_0 N_d \leqslant N_u = 0.9\varphi(f_{cd}A + f'_{sd}A'_s) \qquad \text{式（5-25）}$$

式中：N_d —— 轴向力组合设计值；

φ —— 轴心受压构件稳定系数，按表 5-2 取用；

A —— 构件毛截面面积；当纵向钢筋配筋率 $>3\%$ 时，A 应改用混凝土截面净面积 $A_n = A - A'_s$；

A'_s —— 全部纵向钢筋截面面积。

f_{cd} —— 混凝土轴心抗压强度设计值；

f'_{sd} —— 纵向普通钢筋抗压强度设计值。

普通箍筋柱的正截面承载力计算分为截面设计和强度复核两种情况。

① 截面设计

已知截面尺寸，计算长度 l_0，混凝土轴心抗压强度和钢筋抗压强度设计值，轴向压力组合设计值 N_d，求纵向钢筋所需面积 A'_s。

首先计算长细比，由表 5-2 查得相应的稳定系数 φ。

在式（5-25）中，令 $N_u = \gamma_0 N_d$，γ_0 为结构重要性系数。则可得到

$$A'_s = \frac{1}{f'_{sd}}\left(\frac{\gamma_0 N_d}{0.9\varphi} - f_{cd}A\right) \qquad \text{式（5-26）}$$

由 A_s 计算值及构造要求选择并布置钢筋。

② 截面复核

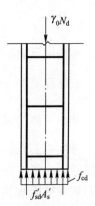

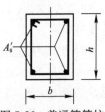

图 5-26　普通箍筋柱
正截面承载力

205

已知截面尺寸，计算长度 10，全部纵向钢筋的截面面积 A_s'，混凝土轴心抗压强度和钢筋抗压强度设计值，轴向力组合设计值 N_d，求截面承载力 N_u。

首先应检查纵向钢筋及箍筋布置构造是否符合要求。

由已知截面尺寸和计算长度 10 计算长细比，由表 5-2 查得相应的稳定系数 φ。

由式(5-25)计算轴心压杆正截面承载力 N_u，且应满足 $N_u > \gamma_0 N_d$。

【例 5-1】 预制的钢筋混凝土轴心受压构件截面尺寸为 $b \times h = 300\text{mm} \times 350\text{mm}$，计算长度 $l_0 = 4.5\text{m}$。采用 C25 级混凝土，HRB335 级钢筋(纵向钢筋)和 R235 级钢筋(箍筋)。作用的轴向压力组合设计值 $N_d = 1600\text{kN}$，I 类环境条件，安全等级二级，试进行构件的截面设计。

解： 轴心受压构件截面短边尺寸 $b = 300\text{mm}$，

则计算长细比 $\lambda = \dfrac{l_0}{b} = \dfrac{4.5 \times 10^3}{300} = 15$，

查表 5-2 可得到稳定系数 $\varphi = 0.895$。混凝土抗压强度设计值 $f_{cd} = 11.5\text{MPa}$，纵向钢筋的抗压强度设计值 $f_{sd}' = 280\text{MPa}$，现取轴心压力计算值 $N = \gamma_0 N_d = 1700\text{kN}$，由式(5-25)可得所需要的纵向钢筋数量 A_s' 为

$$A_s' = \frac{1}{f_{sd}'}\left(\frac{N}{0.9\varphi} - f_{cd}A\right)$$
$$= \frac{1}{280}\left[\frac{1600 \times 10^3}{0.9 \times 0.895} - 11.5(300 \times 350)\right]$$
$$= 2782\text{mm}^2$$

现选用纵向钢筋为 8Φ22，$A_s' = 3041\text{mm}^2$，

截面配筋率 $\rho' = \dfrac{A_s'}{A} = \dfrac{3041}{300 \times 350} = 2.89\% > \rho_{min}'(=0.5\%)$，且小于 $\rho_{max}' = 5\%$。

截面一侧的纵筋配筋率 $\rho' = \dfrac{1140}{300 \times 350} = 1.09\% > 0.2\%$。

纵向钢筋在截面上布置如图 5-27。纵向钢筋距截面边缘净距 $c = 45 - 25.1/2 = 32.5\text{mm} > 30\text{mm}$ 及 $d = 22\text{mm}$，则布置在截面短边 b 方向上的纵向钢筋间距 $S_n = (300 - 2 \times 32.5 - 3 \times 25.1)/2 \approx 80\text{mm} > 50\text{mm}$，且 $< 350\text{mm}$，满足规范要求。

封闭式箍筋选用 $\phi 8$，满足直径大于 $0.25d = 0.25 \times 22 = 5.5\text{mm}$，且不小于 8mm 的要求。根据构造要求，箍筋间距 S 应满足：$S \leqslant 15d = 15 \times 22 = 330\text{mm}$；$S \leqslant b = 300\text{mm}$；$S \leqslant 400\text{mm}$，故选用箍筋间距 $S = 300\text{mm}$(图 5-27)。

2. 配有纵向钢筋和螺旋箍筋的轴心受压构件

当轴心受压构件承受很大的轴向压力，而截面尺寸受到限制不能加大，或采用普通箍筋柱，即使提高了混凝土强度等级和增加了纵向钢筋用量也不足以承受该轴向压力时，可以考虑采用螺旋箍筋柱以提高柱的承载力。

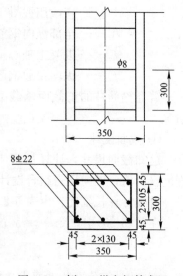

图 5-27　例 5-1 纵向钢筋布置

(1) 构造要求

1) 螺旋箍筋柱的纵向钢筋应沿圆周均匀分布，其截面积应不小于箍筋圈内核心截面积的 0.5%。常用的配筋率 $\rho'=A'_s/A_{cor}$ 在 0.8%～1.2% 之间。

2) 构件核心截面积 A_{cor} 应不小于构件整个截面面积 A 的 2/3。

3) 螺旋箍筋的直径不应小于纵向钢筋直径的 1/4，且不小于 8mm，一般采用 8～12mm。为了保证螺旋箍筋的作用，螺旋箍筋的间距 S 应满足：

① S 应不大于核心直径 d_{cor} 的 1/5，即 $S\leqslant\dfrac{1}{5}d_{cor}$；

② S 应不大于 80mm，且不应小于 40mm，以便施工。

(2) 受力特点与破坏特性

对于配有纵向钢筋和螺旋箍筋的轴心受压短柱，沿柱高连续缠绕的、间距很密的螺旋箍筋犹如一个套筒，将核心部分的混凝土约束住，有效地限制了核心混凝土的横向变形，从而提高了柱的承载力。

由图 5-28 中所示的螺旋箍筋柱轴压力——混凝土压应变曲线可见，在混凝土压应变 $\varepsilon_c=0.002$ 以前，螺旋箍筋柱的轴力——混凝土压应变变化曲线与普通箍筋柱基本相同。当轴力继续增加，直至混凝土和纵筋的压应变 ε 达到 0.003～0.0035 时，纵筋已经开始屈服，箍筋外面的混凝土保护层开始崩裂剥落，混凝土的截面积减小，轴力略有下降。这时，核心部分混凝土由于受到螺旋箍筋的约束，仍能继续受压，核心混凝土处于三向受压状态，其抗压强度超过了轴心抗压强度 f_c，补偿了剥落的外围混凝土所承担的压力，曲线逐渐回升。随着轴力不断增大，螺旋箍筋中的环向拉力也不断增大，直至螺旋箍筋达到屈服，不能再约束核心混凝土横向变形，混凝土被压碎，构件即告破坏。这时，荷载达到第二次峰值，柱的纵向压应变可达到 0.01 以上。

由图 5-28 也可见到，螺旋箍筋柱具有很好的延性，在承载力不降低情况下，其变形能力比普通箍筋柱提高很多。

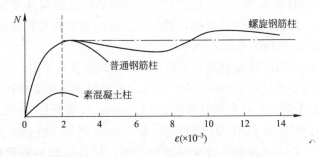

图 5-28　轴心受压柱的轴力——应变曲线

(3) 正截面承载力计算

螺旋箍筋柱的正截面破坏时核心混凝土压碎、纵向钢筋已经屈服，而在破坏之前，柱的混凝土保护层早已剥落。因此，螺旋箍筋柱的正截面抗压承载力是由核心混凝土、纵向钢筋、螺旋式或焊接环式箍筋三部分的承载力所组成，其正截面承载力可按下式计算：

$$\gamma_0 N_d\leqslant N_u=0.9(f_{cd}A_{cor}+kf_{sd}A_{so}+f'_{sd}A'_s) \qquad 式(5\text{-}27)$$

$$A_{so} = \frac{\pi d_{cor} A_{so1}}{S} \qquad \text{式(5-28)}$$

式中：A_{cor}——构件核心截面面积；

A_{so}——螺旋式或焊接环式间接钢筋的换算截面面积。按钢筋体积相等的原则现将间距为 S 的间接箍筋换算成纵向钢筋的面积，即由 $\pi d_{cor} A_{so1} = A_{s0} S$ 得到 $A_{so} = \frac{\pi d_{cor} A_{so1}}{S}$；

d_{cor}——构件截面的核心直径。$d_{cor} = d - 2c$，c 为纵向钢筋至柱截面边缘的径向混凝土保护层厚度。

A_s——纵向钢筋面积。

k——间接钢筋影响系数，混凝土强度等级 C50 及以下时，取 $k = 2.0$；C50～C80 取 $k = 2.0 \sim 1.70$，中间值直线插入取用。

A_{so1}——单根间接箍筋的截面面积；

S——沿构件轴线方向间接箍筋的螺距或间距；

f_{sd}——普通钢筋抗拉强度设计值；

对于式(5-28)的使用，有如下规定条件：

(1) 为了保证在使用荷载作用下，螺旋箍筋混凝土保护层不致过早剥落，螺旋箍筋柱的承载力计算值，不应比按式(5-25)计算的普通箍筋柱承载力大 50%，即满足：

$$0.9(f_{cd} A_{cor} + k f_{sd} A_{s0} + f'_{sd} A'_s) \leqslant 1.35\varphi(f_{cd} A + f'_{cd} A'_s) \qquad \text{式(5-29)}$$

(2) 当遇到下列任意一种情况时，不考虑螺旋箍筋的作用，而按式(5-25)计算构件的承载力。

① 当构件长细比 $\lambda = \frac{l_0}{l_i} \geqslant 48$（$i$ 为截面最小回转半径）时，对圆形截面柱，长细比 $\lambda = \frac{l_0}{d} \geqslant 12$（$d$ 为圆形截面直径时）。这是由于长细比较大的影响，螺旋箍筋不能发挥其作用；

② 当按式(5-28)计算承载力小于按式(5-25)计算的承载力时。因为式(5-27)中只考虑了混凝土核心面积，当柱截面外围混凝土较厚时，核心面积相对较小，会出现这种情况，这时就应按式(5-29)进行柱的承载力计算；

③ 当 $A_{so} < 0.25A'_s$ 时。螺旋钢筋配置得太少，不能起显著作用。

螺旋箍筋柱的截面设计和复核均依照式(5-28)及其公式要求来进行，详见例题。

【例 5-2】 圆形截面轴心受压构件直径 $d = 400\text{mm}$，计算长度 $l_0 = 2.75\text{m}$。混凝土强度等级为 C25，纵向钢筋采用 HRB335 级钢筋，箍筋采用 R235 级钢筋，轴心压力组合设计值 $N_d = 1640\text{kN}$。Ⅰ类环境条件，安全等级为二级，试按照螺旋箍筋柱进行设计和截面复核。

解：混凝土抗压强度设计值 $f_{cd} = 11.5\text{MPa}$，HRB335 级钢筋抗压强度设计值 $f'_{sd} = 280\text{MPa}$，R235 级钢筋抗拉强度设计值 $f_{sd} = 195\text{MPa}$。轴心压力计算值 $N = \gamma_0 N_d = 1640\text{kN}$。

(1) 截面设计

由于长细比 $\lambda = l_0/d = 2750/400 = 6.88 < 12$，故可以按螺旋箍筋柱设计。

① 计算所需的纵向钢筋截面积

取纵向钢筋的混凝土保护层厚度为 $c=30$mm，则可得到

核心面积直径 $\qquad d_{cor}=d-2c=400-2\times30=340$mm

柱截面面积 $\qquad A=\dfrac{\pi d^2}{4}=\dfrac{3.14\times(400)^2}{4}=125600$mm^2

核心面积 $A_{cor}=\dfrac{\pi(d_{cor})^2}{4}=\dfrac{3.14(340)^2}{4}=90746mm^2>\dfrac{2}{3}A(=83733mm^2)$

假定纵向钢筋配筋率 $\rho'=0.012$，则可得到

$A_s'=\rho'A_{cor}=0.012\times90746=1089$mm^2

现选用 6Φ16，$A_s'=1206$mm^2。

② 确定箍筋的直径和间距 S

由式(5-27)且取 $N_u=N=1640$kN，可得到螺旋箍筋换算截面面积 A_{s0} 为

$$A_{s0}=\dfrac{N/0.9-f_{cd}A_{cor}-f_{sd}'A_s'}{kf_{sd}}$$

$$=\dfrac{1640000/0.9-11.5\times90746-280\times1206}{2\times195}$$

$$=1130\text{mm}^2>0.25A_s'(=0.25\times1206=302\text{mm}^2)$$

现选 Φ10，单肢箍筋的截面积 $A_{s01}=78.5$mm^2。这时，螺旋箍筋所需的间距为

$$S=\dfrac{\pi d_{cor}A_{s01}}{A_{s0}}=\dfrac{3.14\times340\times78.5}{1130}=74\text{mm}$$

由构造要求，间距 S 应满足 $S\leqslant d_{cor}/5(=68$mm$)$ 和 $S\leqslant80$mm，故取 $S=60$mm>40mm。
截面设计布置如图 5-29。

(2) 截面复核

经检查，图 5-29 所示截面构造布置符合构造要求。实际
设计截面的 $A_{cor}=90746$mm^2，$A_s'=1206$mm^2，$\rho=1206/90746$
$=1.32\%>0.5\%$，$A_{s0}=\dfrac{\pi d_{cor}A_{s01}}{S}=\dfrac{3.14\times340\times78.5}{60}=$
1397mm^2

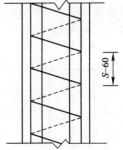

则由式(5-27)可得到

$N_u=0.9(f_{cd}A_{cor}+kf_{sd}A_{s0}+f_{sd}'A_s')$
$=0.9(11.5\times90746+2\times195\times1397+280\times1206)$
$=1733.48\times10^3$N$=1733.48$kN$>N(=1640$kN$)$ 检查混凝
土保护层是否会剥落，由式(5-25)可得到

$N_u'=0.9\varphi(f_{cd}A+f_{sd}'A_s')$
$-0.9\times1(11.5\times125600+280\times1206)$
$=1603.87\times10^3$N$=1603.87$kN

$1.5N_u'=1.5\times1603.87=2405.81kN>N_u(=1733.48kN)$，
故混凝土保护层不会剥落。

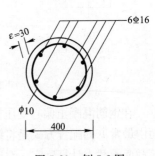

图 5-29 例 5-2 图

5.3.2 偏心受压构件截面计算

当轴向压力 N 的作用线偏离受压构件的轴线时(图 5-30(a)),称为偏心受压构件。压力 N 的作用点离构件截面形心的距离 e_0 称为偏心距。截面上同时承受轴心压力和弯矩的构件(图 5-30(b)),称为压弯构件。根据力的平移法则,截面承受偏心距为 e_0 的偏心压力 N 相当于承受轴心压力 N 和弯矩 $M(=Ne_0)$ 的共同作用,故压弯构件与偏心受压构件的基本受力特性是一致的。

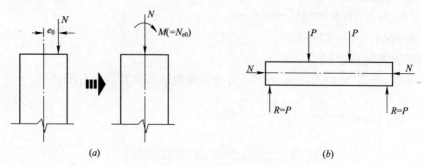

图 5-30 偏心受压构件与压弯构件

(a)偏心受压构件;(b)压弯构件

钢筋混凝土偏心受压(或压弯)构件是实际工程中应用较广泛的受力构件之一,例如,拱桥的钢筋混凝土拱肋,桁架的上弦杆、刚架的立柱、柱式墩(台)的墩(台)柱等均属偏心受压构件,在荷载作用下,构件截面上同时存在轴心压力和弯矩。

钢筋混凝土偏心受压构件的截面形式如图 5-31 所示。矩形截面为最常用的截面形式,截面高度 h 大于 600mm 的偏心受压构件多采用工字形或箱形截面。圆形截面主要用于柱式墩台、桩基础中。

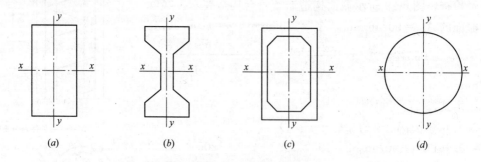

图 5-31 偏心受压构件截面形式

(a)矩形截面;(b)工字形截面;(c)箱形截面;(d)圆形截面

在钢筋混凝土偏心受压构件的截面上,布置有纵向受力钢筋和箍筋。纵向受力钢筋在截面中最常见的配置方式是将纵向钢筋集中放置在偏心方向的两对面(图 5-32a),其数量通过正截面承载力计算确定。对于圆形截面,则采用沿截面周边均匀配筋的方式(图 5-32b)。箍筋的作用与轴心受压构件中普通箍筋的作用基本相同。此外,偏心受压构件中还存在着一定的剪力,可由箍筋负担。但因剪力的数值一般较小,故一般不予计算。箍筋数量及间距按普通箍筋柱的构造要求确定。

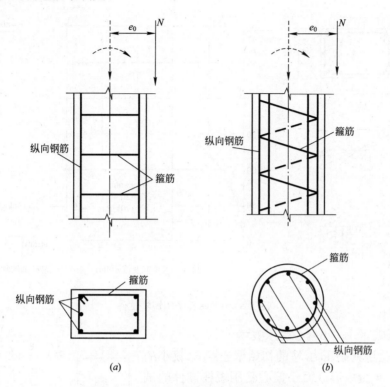

图 5-32　偏心受压构件截面钢筋布置形式

(a)纵筋集中配筋布置；(b)纵筋沿截面周边均匀布置

1. 偏心受压构件正截面受力特点和破坏形态

钢筋混凝土偏心受压构件也有短柱和长柱之分。本节以矩形截面的偏心受压短柱的试验结果，介绍截面集中配筋情况下偏心受压构件的受力特点和破坏形态。

（1）偏心受压构件的破坏形态

钢筋混凝土偏心受压构件随着偏心距的大小及纵向钢筋配筋情况不同，有以下两种主要破坏形态。

1)受拉破坏——大偏心受压破坏在相对偏心距 e_0/h 较大，且受拉钢筋配置得不太多时，会发生这种破坏形态。图 5-33 为矩形截面大偏心受压短柱试件在试验荷载 N 作用下截面混凝土应变、应力及柱侧向变位的发展情况。短柱受力后，截面靠近偏心压力 N 的一侧(钢筋为 A_s')受压，另一侧(钢筋为 A_s)受拉。随着荷载增大，受拉区混凝土先出现横向裂缝，裂缝的开展使受拉钢筋 A_s 的应力增长较快，首先达到屈服。中和轴向受压边移动，受压区混凝土压应变迅速增大，最后，受压区钢筋 A_s' 屈服，混凝土达到极限压应变而压碎(图 5-34)。其破坏形成与双筋矩形截面梁的破坏形态相似。

许多大偏心受压短柱试验都表明，当偏心距较大，且受拉钢筋配筋率不高时，偏心受压构件的破坏是受拉钢筋首先到达屈服强度然后受压混凝土压坏。临近破坏时有明显的预兆，裂缝显著开展，称为受拉破坏。构件的承载能力取决于受拉钢筋的强度和数量。

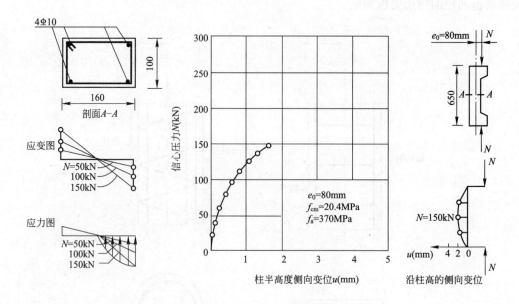

图 5-33　大偏心受压短柱试件

2）受压破坏——小偏心受压破坏

小偏心受压就是压力 N 的初始偏心距 e_0 较小的情况。图 5-35 为矩形截面小偏心受压短柱试件的试验结果。该试件的截面尺寸，配筋均与图 5-34 所示试件相同，但偏心距较小，$e_0 = 25$mm。由图 5-35 可见，短柱受力后，截面全部受压，其中，靠近偏心压力 N 的一侧（钢筋为 A'_s）受到的压应力较大，另一侧（钢筋为 A_s）压应力较小。随着偏心压力 N 的逐渐增加，混凝土应力也增大。当靠近 N 一侧的混凝土压应变达到其极限压应变时，压区边缘混凝土压碎，同时，该侧的受压钢筋 A'_s 也达到屈服；但是，破坏时另一侧的混凝土和钢筋 A_s 的应力都很小，在临近破坏时，受拉一侧才出现短而小的裂缝（图 5-36）。

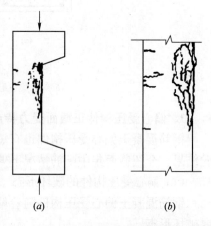

图 5-34　大偏心受压短柱的破坏形态
(a)破坏形态；(b)局部放大

根据以上试验以及其他短柱的试验结果，依偏心距 e_0 的大小及受拉区纵向钢筋 A_s 数量，小偏心受压短柱破坏时的截面应力分布，可分为图 5-37 所示的几种情况。

① 当纵向偏心压力偏心距很小时，构件截面将全部受压，中和轴位于截面以外（图 5-37a）。破坏时，靠近压力 N 一侧混凝土应变达到极限压应变，钢筋 A'_s 达到屈服强度，而离纵向压力较远一侧的混凝土和受压钢筋均未达到其抗压强度。

② 纵向压力偏心距很小，但是离纵向压力较远一侧钢筋 A_s 数量少而靠近纵向力 N 一侧钢筋 A'_s 较多时，则截面的实际重心轴就不在混凝土截面形心轴 0-0 处（图 5-37(c)）而向右偏移至 1-1 轴。这样，截面靠近纵向力 N 的一侧，即原来压应力较小而 A_s 布置得过少的一侧，将负担较大的压应力。于是，尽管仍是全截面受压，但远离纵向力 N 一侧的钢

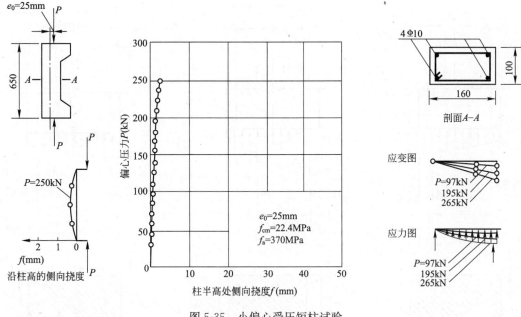

图 5-35 小偏心受压短柱试验

筋 A_s 将由于混凝土的应变达到极限压应变而屈服，但靠近纵向力 N 一侧的钢筋 A_s' 的应力有可能达不到屈服强度。

③ 当纵向力偏心距较小时，或偏心距较大而受拉钢筋 A_s 较多时，截面大部分受压而小部分受拉(图 5-37b)。中和轴距受拉钢筋 A_s 很近，钢筋 A_s 中的拉应力很小，达不到屈服强度。

总而言之，小偏心受压构件的破坏一般是受压区边缘混凝土的应变达到极限压应变，受压区混凝土被压碎；同一侧的钢筋压应力达到屈服强度，而另一侧的钢筋，不论受拉还是受压，其应力均达不到屈服强度，破坏前构件横向变形无明显的急剧增长，这种破坏被称为"受压破坏"，其正截面承载力取决于受压区混凝土抗压强度和受压钢筋强度。

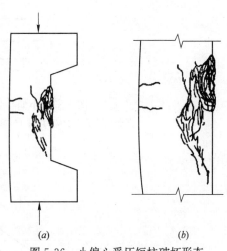

图 5-36 小偏心受压短柱破坏形态
(a)破坏形态；(b)局部放大

(2) 大、小偏心受压的界限

图 5-38 表示矩形截面偏心受压构件的混凝土应变分布图形，图中 ab、ac 线表示在大偏心受压状态下的截面应变状态。随着纵向压力的偏心距减小或受拉钢筋配筋率的增加，在破坏时形成斜线 ad 所示的应变分布状态，即当受拉钢筋达到屈服应变 ε_y 时，受压边缘混凝土也刚好达到极限压应变值 ε_{cu}，这就是界限状态。若纵向压力的偏心距进一步减小或受拉钢筋配筋量进一步增大，则截面破坏时将形成斜线 ae 所示的受拉钢筋达不到屈服的小偏心受压状态。

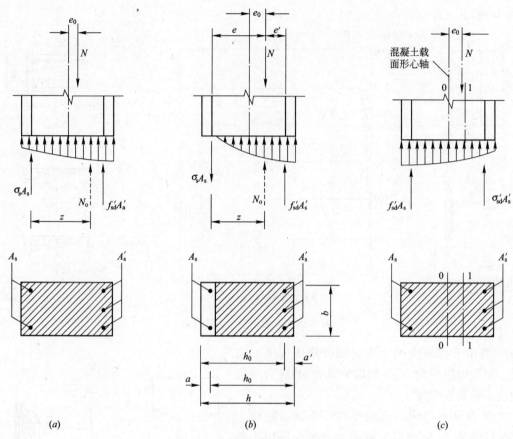

图 5-37　小偏心受压短柱截面受力的几种情况

(a)截面全部受压的应力图；(b)截面大部受压的应力图 ；(c)A_s 太少时的应力图

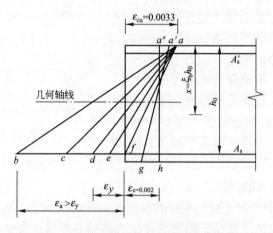

图 5-38　偏心受压构件的截面应变分布

　　当进入全截面受压状态后，混凝土受压较大一侧的边缘极限压应变将随着纵向压力 N 偏心距的减小而逐步有所下降，其截面应变分布如斜线 af、$a'g$ 和垂直线 $a''h$ 所示顺序变化，在变化的过程中，受压边缘的极限压应变将由 ε_{cu} 逐步下降到接近轴心受压时的 0.002。

上述偏心受压构件截面部分受压、部分受拉时的应变变化规律与受弯构件截面应变变化是相似的，因此，与受弯构件正截面承载力计算相同，可用受压区界限高度 x_b 或相对界限受压区高度 ξ_b 来判别两种不同偏心受压破坏形态：当 $\xi \leqslant \xi_b$ 时，截面为大偏心受压破坏；当 $\xi > \xi_b$ 时，截面为小偏心受压破坏。

（3）偏心受压构件的 $M-N$ 相关曲线

偏心受压构件是弯矩和轴力共同作用的构件，轴力与弯矩对于构件的作用效应存在着叠加和制约的关系，亦即当给定轴力 N 时，有其唯一对应的弯矩 M，或者说构件可以在不同的 N 和 M 的组合下达到其极限承载能力。

对于偏心受压短柱，由其截面承载力的计算分析可以得到图 5-39 所示的偏心受压构件 $M-N$ 相关曲线图。在图 5-39 中，ab 段表示大偏心受压时的 $M-N$ 相关曲线，为二次抛物线。随着轴向压力 N 的增大，截面能承担的弯矩也相应提高。

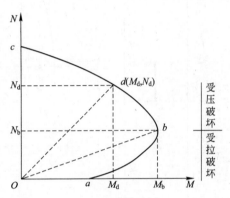

图 5-39　偏心受压构件的 $M-N$ 曲线图

b 点为钢筋与受压混凝土同时达到其强度极限值的界限状态。此时，偏心受压构件承受的弯矩 M 最大。

cb 段表示小偏心受压时的 $M-N$ 相关曲线，是一条接近于直线的二次函数曲线。由曲线走向可以看出，在小偏心受压情况下，随着轴向压力的增大，截面所能承担的弯矩反而降低。

图 5-39 中，c 点表示轴心受压的情况，a 点表示受弯构件的情况。图中曲线上的任一点 d 的坐标就代表截面强度的一种 M 和 N 的组合。若任意点 d 位于曲线 abc 的内侧，说明截面在该点坐标给出的 M 和 N 的组合未达到承载能力极限状态；若 d 点位于图中曲线 abc 的外侧则表明截面的承载力不足。

2. 偏心受压构件的纵向弯曲

钢筋混凝土受压构件在承受偏心力作用后，将产生纵向弯曲变形，即会产生侧向变形（变位）。对于长细比小的短柱，侧向挠度小，计算时一般可忽略其影响。而对长细比较大的长柱，由于侧向变形的影响，各截面所受的弯矩不再是 Ne_0，而变成 $N(e_0 + y)$（图 5-40），y 为构件任意点的水平侧向变形。在柱高度中点处，侧向变形最大，截面上的弯矩为 $N(e_0 + y)$。y 随着荷载的增大而不断加大，因而弯矩的增长也越来越快。一般把偏心受压构件截面弯矩中的 Ne_0 称为初始弯矩或一阶弯矩（不考虑构件侧向变形时的弯矩），将 Ny 称为附加弯矩或二阶弯矩。由于二阶弯矩的影响，将造成偏心受压构件不同的破坏类型。

（1）偏心受压构件的破坏类型

钢筋混凝土偏心受压构件按长细比可分为短柱、长柱和细长柱。

1）短柱。偏心受压短柱中，虽然偏心力作用将产生一定的侧向变形，但其 u 值很小，一般可忽略不计。即可以不考虑二阶弯矩，各截面中的弯矩均可认为等于 Ne_0，弯矩 M 与轴向力 N 呈线性关系。

一般当长细比 $10/i \leqslant 17.5$（相当于矩形截面 $10/h \leqslant 5$ 或圆形截面 $10/2r \leqslant 4.4$）的构件，

不考虑侧向挠度的影响。

随着荷载的增大，当短柱达到极限承载能力时，柱的截面由于材料达到其极限强度而破坏。在 $M-N$ 相关图中，从加载到破坏的路径为直线，当直线与截面承载力线相交于 B 点时就发生材料破坏，即图 5-41 中的 OB 直线。

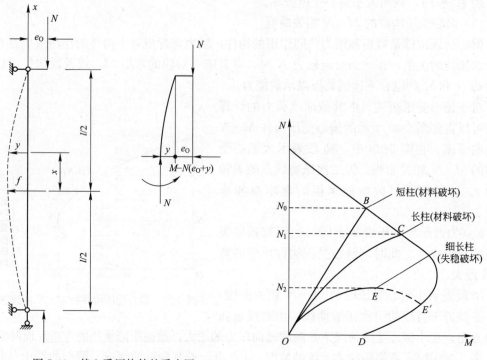

图 5-40 偏心受压构件的受力图   图 5-41 构件长细比的影响

2）长柱。矩形截面柱，当 $8 < 10/h \leqslant 30$ 时即为长柱。长柱受偏心力作用时的侧向变形 u 较大，二阶弯矩影响已不可忽视，因此，实际偏心距是随荷载的增大而非线性增加，构件控制截面最终仍然是由于截面中材料达到其强度极限而破坏，属材料破坏。图 5-42 为偏心受压长柱的试验结果。其截面尺寸、配筋与图 5-35 所示短柱相同，但其长细比为 $10/h = 15.6$，最终破坏形态仍为小偏心受压，但偏心距已随 N 值的增加而变大。

偏心受压长柱在 $M-N$ 相关图上从加荷到破坏的受力路径为曲线，与截面承载力曲线相交于 C 点而发生材料破坏，即图 5-41 中 OC 曲线。

3）细长柱。长细比很大的柱。当偏心压力 N 达到最大值时（图 5-41 中 E 点），侧向变形 y 突然剧增，此时，偏心受压构件截面上钢筋和混凝土的应变均未达到材料破坏时的极限值，即压杆达到最大承载能力是发生在其控制截面材料强度还未达到其破坏强度，这种破坏类型称为失稳破坏。在构件失稳后，若控制作用在构件上的压力逐渐减小以保持构件继续变形，则随着 y 增大到一定值及相应的荷载下，截面也可达到材料破坏点（点 E'）。但这时的承载能力已明显低于失稳时的破坏荷载。由于失稳破坏与材料破坏有本质的区别，设计中一般尽量不采用细长柱。

在图 5-41 中，短柱、长柱和细长柱的初始偏心距是相同的，但破坏类型不同：短柱和长柱分别为 OB 和 OC 受力路径，为材料破坏；细长柱为 OE 受力路径，失稳破坏。随

216

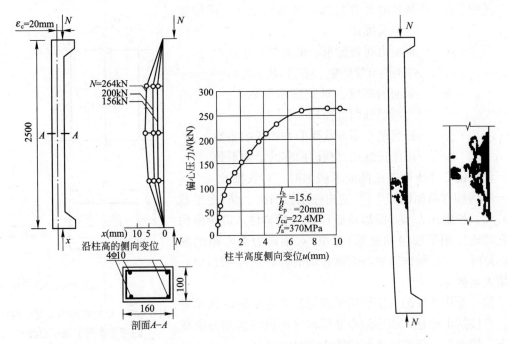

图 5-42　偏心受压长柱的试验与破坏

着长细比的增大，其承载力 N 值也不同，其值分别为 N_0、N_1 和 N_2，而 $N_0 > N_1 > N_2$。

（2）偏心距增大系数

实际工程中最常遇到的是长柱，由于最终破坏是材料破坏，因此，在设计计算中需考虑由于构件侧向变形（变位）而引起的二阶弯矩的影响。

偏心受压构件控制截面的实际弯矩应为

$$M = N(e_0 + y) = \frac{N(e_0 + y)}{e_0} e_0$$

令

$$\eta = \frac{e_0 + y}{e_0} = 1 + \frac{y}{e_0}$$

则

$$M = N \cdot \eta e_0 \qquad\qquad 式(5\text{-}30)$$

η 称为偏心受压构件考虑纵向挠曲影响（二阶效应）的轴向力偏心距增大系数。

由式(5-30)可见，η 越大表明二阶弯矩的影响越大，则截面所承担的一阶弯矩 Ne_0 在总弯矩中所占比例就相对越小。应该指出的是，当 $e_0 = 0$ 时，式(5-30)是无意义的。当偏心受压构件为短柱时，则 $\eta = 1$。

根据偏心压杆的极限曲率理论分析，规定偏心距增大系数 η 计算表达式为：

$$\eta = 1 + \frac{1}{1400(e_0/h_0)}\left(\frac{l_0}{h}\right)^2 \zeta_1 \zeta_2$$

$$\zeta_1 = 0.2 + 2.7\frac{e_0}{h_0} \leqslant 1.0 \qquad\qquad 式(5\text{-}31a)$$

$$\zeta_2 = 1.15 - 0.01\frac{l_0}{h} \leqslant 1.0 \qquad\qquad 式(5\text{-}31b)$$

式中：l_0——构件的计算长度，可参照表 5-2 或按工程经验确定；

   e_0——轴向力对截面重心轴的偏心距；

   h_0——截面的有效高度。对圆形截面取 $h_0 = r + r_s$；

   h——截面的高度。对圆形截面取 $h = d_1$，d_1 为圆形截面直径；

   ζ_1——荷载偏心率对截面曲率的影响系数；

   ζ_2——构件长细比对截面曲率的影响系数。

计算偏心受压构件正截面承载力时，对长细比 $l_0/i >$ 17.5（i 为构件截面回转半径）的构件或长细比 l_0/h（矩形截面）>5、长细比 l_0/d_1（圆形截面）>4.4 的构件，应考虑构件在弯矩作用平面内的变形（变位）对轴向力偏心距的影响。此时，应将轴向力对截面重心轴的偏心距 e_0 乘以偏心距增大系数 η。

偏心受压构件的弯矩作用平面的意义见图 5-43 的示意图。应该指出的是，前述偏心受压构件的破坏类型及破坏形态，均指在弯矩作用平面的受力情况。

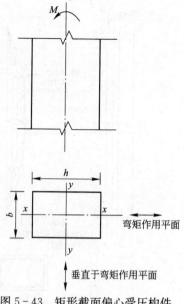

图 5-43 矩形截面偏心受压构件的弯矩作用平面示意图

5.4 预应力混凝土结构简介

5.4.1 预应力混凝土结构的基本原理

1. 预应力混凝土的基本原理

从受力性能的角度而言，所谓预应力混凝土结构，就是在结构承受外荷载作用之前，在其可能开裂的部位预先人为的施加压应力，以抵消或减少外荷载所引起的拉应力，是结构在正常使用和在作用下不开裂或者裂缝开展宽度小一些的结构。

圆形截面钢筋混凝土偏压构件正截面抗压承载力计算系数   表 5-3

ξ	A	B	C	D	ξ	A	B	C	D	ξ	A	B	C	D
0.20	0.3244	0.2628	−1.5296	1.4216	0.30	0.5798	0.4155	−0.9675	1.7313	0.40	0.8667	0.5414	−0.4749	1.8801
0.21	0.3481	0.2787	−1.4676	1.4623	0.31	0.6073	0.4295	−0.9163	1.7524	0.41	0.8966	0.5519	−0.4273	1.8878
0.22	0.3723	0.2945	−1.4074	1.5004	0.32	0.6351	0.4433	−0.8656	1.7721	0.42	0.9268	0.5620	−0.3798	1.8943
0.23	0.3969	0.3103	−1.3486	1.5361	0.33	0.6631	0.4568	−0.8154	1.7903	0.43	0.9571	0.5717	−0.3323	1.8996
0.24	0.4219	0.3259	−1.2911	1.5697	0.34	0.6915	0.4699	−0.7657	1.8071	0.44	0.9876	0.5810	−0.2850	1.9036
0.25	0.4473	0.3413	−1.2348	1.6012	0.35	0.7201	0.4828	−0.7165	1.8225	0.45	1.0182	0.5898	−0.2377	1.9065
0.26	0.4731	0.3566	−1.1796	1.6307	0.36	0.7489	0.4952	−0.6676	1.8366	0.46	1.0490	0.5982	−0.1903	1.9081
0.27	0.4992	0.3717	−1.1254	0.6584	0.37	0.7780	0.5073	−0.6190	1.8494	0.47	1.0799	0.6061	−0.1429	1.9084
0.28	0.5258	0.3865	−1.0720	0.6843	0.38	0.8074	0.5191	−0.5707	1.8609	0.48	1.1110	0.6136	−0.0954	1.9075
0.29	0.5526	0.4011	−1.0194	1.7086	0.39	0.8369	0.5304	−0.5227	1.8711	0.49	1.1422	0.6206	−0.0478	1.9053

ξ	A	B	C	D	ξ	A	B	C	D	ξ	A	B	C	D
0.50	1.1735	0.6271	0.0000	1.9018	0.84	2.2450	0.5519	1.8029	1.0139	1.18	2.9469	0.1685	2.6767	0.3961
0.51	1.2049	0.6331	0.0480	1.8971	0.85	2.2749	0.5414	1.8413	0.9886	1.19	2.9578	0.1600	2.6928	0.3836
0.52	1.2364	0.6386	0.0963	1.8909	0.86	2.3047	0.5304	1.8786	0.9639	1.20	2.9684	0.1517	2.7085	0.3714
0.53	1.2680	0.6437	0.1450	1.8834	0.87	2.3342	0.5191	1.9149	0.9397	1.21	2.9787	0.1435	2.7238	0.3594
0.54	1.2996	0.6483	0.1941	1.8744	0.88	2.3636	0.5073	1.9503	0.9161	1.22	2.9886	0.1355	2.7387	0.3476
0.55	1.3314	0.6523	0.2436	1.8639	0.89	2.3927	0.4952	1.9846	0.8930	1.23	2.9982	0.1277	2.7532	0.3361
0.56	1.3632	0.6559	0.2937	1.8519	0.90	2.4215	0.4828	2.0181	0.8704	1.24	3.0075	0.1201	2.7675	0.3248
0.57	1.3950	0.6589	0.3444	1.8381	0.91	2.4501	0.4699	2.0507	0.8483	1.25	3.0165	0.1126	2.7813	0.3137
0.58	1.4269	0.6615	0.3960	1.8226	0.92	2.4785	0.4568	2.0824	0.8266	1.26	3.0252	0.1053	2.7948	0.3028
0.59	1.4589	0.6635	0.4485	1.8052	0.93	2.5065	0.4433	2.1132	0.8055	1.27	3.0336	0.0982	2.8080	0.2922
0.60	1.4908	0.6651	0.5021	1.7856	0.94	2.5343	0.4295	2.1433	0.7847	1.28	3.0417	0.0914	2.8209	0.2818
0.61	1.5228	0.6661	0.5571	1.7636	0.95	2.5618	0.4155	2.1726	0.7645	1.29	3.0495	0.0847	2.8335	0.2715
0.62	1.5548	0.6666	0.6139	1.7387	0.96	2.5890	0.4011	2.2012	0.7446	1.30	3.0569	0.0782	2.8457	0.2615
0.63	1.5868	0.6666	0.6734	1.7103	0.97	2.6158	0.3865	2.2290	0.7251	1.31	3.0641	0.0719	2.8576	0.2517
0.64	1.6188	0.6661	0.7373	1.6763	0.98	2.6424	0.3717	2.2561	0.7061	1.32	3.0709	0.0659	2.8693	0.2421
0.65	1.6508	0.6651	0.8080	1.6343	0.99	2.6685	0.3566	2.2828	0.6874	1.33	3.0775	0.0600	2.8806	0.2327
0.66	1.6827	0.6635	0.8766	1.5933	1.00	2.6943	0.3413	2.3082	0.6692	1.34	3.0837	0.0544	2.8917	0.2235
0.67	1.7147	0.6615	0.9430	1.5534	1.01	2.7112	0.3311	2.3333	0.6513	1.35	3.0897	0.0490	2.9024	0.2145
0.68	1.7466	0.6589	1.0071	1.5146	1.02	2.7277	0.3209	2.3578	0.6337	1.36	3.0954	0.0439	2.9129	0.2057
0.69	1.7784	0.6559	1.0692	1.4769	1.03	2.7440	0.3108	2.3817	0.6165	1.37	3.1007	0.0389	2.9232	0.1970
0.70	1.8102	0.6523	1.1294	1.4402	1.04	2.7598	0.3006	2.4049	0.5997	1.38	3.1058	0.0343	2.9331	0.1886
0.71	1.8420	0.6486	1.1876	1.4045	1.05	2.7754	0.2906	2.4276	0.5832	1.39	3.1106	0.0298	2.9428	0.1803
0.72	1.8736	0.6437	1.2440	1.3697	1.06	2.7906	0.2806	2.4497	0.5670	1.40	3.1150	0.0256	2.9523	0.1722
0.73	1.9052	0.6386	1.2987	1.3358	1.07	2.9054	0.2707	2.4713	0.5512	1.41	3.1192	0.0217	2.9615	0.1643
0.74	1.9367	0.6331	1.3517	1.3028	1.08	2.8200	0.2609	2.4924	0.5356	1.42	3.1231	0.0180	2.9704	0.1566
0.75	1.9681	0.6271	1.4030	1.2706	1.09	2.8341	0.2511	2.5129	0.5204	1.43	3.1266	0.0146	2.9791	0.1491
0.76	1.9994	0.6206	1.4529	1.2392	1.10	2.8480	0.2415	2.5330	0.5055	1.44	3.1299	0.0115	2.9876	0.1417
0.77	2.0306	0.6136	1.5013	1.2086	1.11	2.8615	0.2315	2.5525	0.4908	1.45	3.1328	0.0086	2.9958	0.1345
0.78	2.0617	0.6061	1.5482	1.1787	1.12	2.8747	0.2225	2.5716	0.4765	1.46	3.1354	0.0061	3.0038	0.1275
0.79	2.0926	0.5982	1.5938	1.1496	1.13	2.8876	0.2132	2.5902	0.4624	1.47	3.1376	0.0039	3.0115	0.1206
0.80	2.1234	0.5898	1.6381	1.1212	1.14	2.9001	0.2040	2.6084	0.4486	1.48	3.1395	0.0021	3.0191	0.1140
0.81	2.1540	0.5810	1.6811	1.0934	1.15	2.9123	0.1949	2.6261	0.4351	1.49	3.1408	0.0007	3.0264	0.1075
0.82	2.1845	0.5717	1.7228	1.0663	1.16	2.9242	0.1860	2.6434	0.4219	1.50	3.1416	0.0000	3.0334	0.1011
0.83	2.2148	0.5620	1.7365	1.0398	1.17	2.9357	0.1772	2.6603	0.4089	1.51	3.1416	0.0000	3.0403	0.0950

预应力的作用可用图 5-44 的梁来说明。在外荷载作用下，梁下边缘产生拉应力 σ_3，如图 5-44(b)。如果在荷载作用以前，给梁先施加一偏心压力 N，使得梁下边缘产生预压

应力 σ_1 如图 5-44(a)，那么在外荷载作用后，截面的应力分布将是两者的叠加，如图 5-44 (c)。梁的下边缘应力可为压应力(如 $\sigma_1-\sigma_3>0$)或数值很小的拉应力(如 $\sigma_1-\sigma_3<0$)。

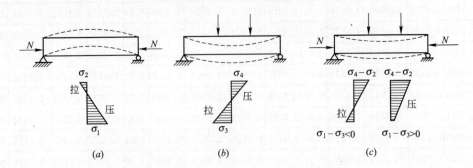

图 5-44　预应力混凝土简支梁的受力情况
(a)预压力作用；(b)荷载作用；(c)预压力与荷载共同作用

由此可见，预应力可以改善混凝土结构的受拉性能，延缓受拉混凝土的开裂或裂缝开展，使结构在使用荷载下不出现裂缝或不产生过大裂缝，提高了构件的抗裂度和刚度，并取得节约钢筋，减轻自重的效果，克服了钢筋混凝土的主要缺点。

2. 预应力混凝土结构的特点

相对于钢筋混凝土结构，预应力混凝土结构具有如下的特点：

(1) 自重轻，节约工程材料。预应力混凝土充分发挥了混凝土抗压强度高、钢筋抗拉强度高的优点，利用高强混凝土和高强钢筋建立合理的预应力，提高了结构构件的抗裂度和刚度，有效地减小构件截面尺寸和减轻自重。因此节约了工程材料，适用于建造大跨度、大悬臂等有变形控制要求的结构。

(2) 改善结构的耐久性。由于对结构构件的可能开裂部位施加了预压应力，避免了使用荷载作用下的裂缝，使结构中预应力钢筋和普通钢筋免受外界有害介质的侵蚀，大大提高了结构的耐久性。对于水池、压力管道、污水沉淀池和污泥消化池等，施加预应力后还提高了其抗渗性能。

(3) 提高结构的抗疲劳性能。承受重复荷载的结构或构件，如吊车梁、桥梁等，因为荷载经常往复的作用，结构长期处于加载与卸载的变化之中，当这种反复变化超过一定次数时，材料就会发生低于静力强度的破坏。预应力可以降低钢筋的疲劳应力变化幅度，从而提高结构或构件的抗疲劳性能。

(4) 增强结构或构件的抗剪能力。大跨、薄壁结构构件，如薄壁箱型、T 型、工字型等截面构件，靠近搁置处的薄壁往往由于剪力或扭矩作用产生斜向裂缝，预应力可提高斜截面的抗裂性和抗扭性，并可延迟裂缝出现、约束裂缝宽度开展，因此提高了构件的抗剪能力。

3. 预应力混凝土结构的分类

国内通常把混凝土结构内配有纵筋的结构总称为加筋混凝土结构系列。

(1) 预应力度的定义

《公桥规》(JTG D60—2004)将预应力度(λ)定义为由预加应力大小确定的消压弯矩 M_0 与外荷载产生的弯矩 M 的比值，即：

$$\lambda=M_0/M \qquad\qquad 式(5-32)$$

式中：λ——预应力度；

M_0——消压弯矩，也就是使构件控制截面受拉区边缘混凝土的预压应力，抵消到零时的弯矩；

M——使用荷载(不包括预加力)作用下控制截面的弯矩。

（2）加筋混凝土结构的分类

① 全预应力混凝土：λ≥1，沿预应力筋方向的正截面不出现拉应力；

② 部分预应力混凝土 1>λ>0，沿预应力筋方向的正截面出现拉应力或出现不超过规定宽度的裂缝；当对拉应力加以限制时，为部分预应力混凝土 A 类构件；当拉应力超过规定限值或出现不超过限值的裂缝时，为部分预应力混凝土 B 类构件。

③ 钢筋混凝土：λ＝0，无预加应力。

4. 预应力的施加方法

预应力的施加方法，按混凝土浇筑成型和预应力钢筋张拉的先后顺序，可分为先张法和后张法两大类。

（1）先张法

先张法即先张拉预应力钢筋，后浇筑混凝土的方法。其施工的主要工序（图 5-45）如下：

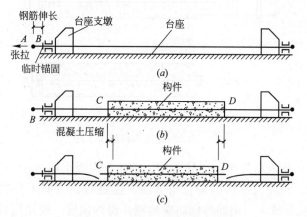

图 5-45　先张法构件施工工序

① 在台座上按设计规定的拉力张拉钢筋，并用锚具临时固定于在台座上（图 5-45a）。

② 支模、绑扎非预应力钢筋、浇筑混凝土构件（图 5-45b）。

③ 待构件混凝土达到一定的强度后（一般不低于混凝土设计强度等级的 75%，以保证预应力钢筋与混凝土之间具有足够的粘结力），切断或放松钢筋，预应力钢筋的弹性回缩受到混凝土阻止而使混凝土受到挤压，产生预压应力（图 5-45c）。

先张法是将张拉后的预应力钢筋直接浇筑在混凝土内，依靠预应力钢筋与周围混凝土之间的粘结力来传递预应力。先张法需要有用来张拉和临时固定钢筋的台座，因此初期投资费用较大。但先张法施工工序简单，钢筋靠粘结力自锚，在构件上不需设永久性锚具，临时固定的锚具都可以重复使用。因此在大批量生产时先张法构件比较经济，质量易保证。为了便于吊装运输，先张法一般宜于生产中小型构件。

（2）后张法

后张法是先浇筑混凝土构件，当构件混凝土达到一定的强度后，在构件上张拉预应力钢筋的方法。按照预应力钢筋的形式及其与混凝土的关系，具体分为有粘结和无粘结两类。

1）后张有粘结。其施工的主要工序（图 5-46）如下：

① 浇筑混凝土构件，并在预应力钢筋位置处预留孔道（图 5-46a）；

② 待混凝土达到一定强度（不低于混凝土设计强度等级的 75%）后，将预应力钢筋穿过孔道，以构件本身作为支座张拉预应力钢筋（图 5-46b），此时，构件混凝土将同时受到压缩；

③ 当预应力钢筋张拉至要求的控制应力时，在张拉端用锚具将其锚固，使构件的混凝土受到预压应力（图 5-46c）；

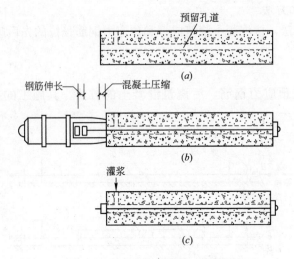

图 5-46　后张法构件施工工序

④ 在预留孔道中压入水泥浆，以使预应力钢筋与混凝土粘结在一起。

2）后张无粘结。预应力钢筋沿全长与混凝土接触表面之间不存在粘结作用，可产生相对滑移，一般做法是预应力钢筋外涂防腐油脂并设外包层。现使用较多的是钢铰线外涂油脂并外包 PE 塑料管的无粘结预应力钢筋，将无粘结预应力钢筋按配置的位置固定在钢筋骨架上浇筑混凝土，待混凝土达到规定强度后即可张拉。

后张无粘结预应力混凝土与后张有粘结预应力混凝土相比，有以下特点：

① 无粘结预应力混凝土不需要留孔、穿筋和灌浆，简化施工工艺，又可在工厂制作，减少现场施工工序；

② 如果忽略摩擦的影响，无粘结预应力混凝土中预应力钢筋的应力沿全长是相等的，在单一截面上与混凝土不存在应变协调关系，当截面混凝土开裂时对混凝土没有约束作用，裂缝疏而宽，挠度较大，需设置一定数量的非预应力钢筋以改善构件的受力性能；

③ 无粘结预应力混凝土的预应力钢筋完全依靠端头锚具来传递预压力，所以对锚具的质量及防腐蚀要求较高。

后张法不需要台座，构件可以在工厂预制，也可以在现场施工，应用比较灵活，但是对构件施加预应力需要逐个进行，操作比较麻烦。而且每个构件均需要永久性锚具，用钢量大，因此成本比较高。后张法适用于运输不方便的大型预应力混凝土构件。

5.4.2　预应力混凝土结构的材料

1. 混凝土

（1）预应力混凝土结构对混凝土的要求

预应力混凝土结构构件所用的混凝土，需满足下列要求：

① 强度高。预应力混凝土结构必须采用与高强度钢筋相匹配的高强度混凝土，这样才可以充分发挥高强钢筋的作用，从而有效减小构件截面尺寸，减轻结构自重。预应力混凝土构件的混凝土强度等级不应低于C40。

② 收缩、徐变小。预应力混凝土构件除了在结硬过程中产生收缩变形以外，混凝土因承受长期的预压应力作用，还会产生徐变变形。收缩、徐变会使构件缩短，引起钢筋中的张拉应力下降，即产生预应力损失。收缩、徐变值越大，预应力损失越大。因此，在设计和施工中应尽量减小混凝土的收缩、徐变值。

③ 快硬、早强。可以尽早对构件施加预应力，加快施工进度，提高劳动生产率。

（2）混凝土的配制要求

为了提高混凝土强度，减少其收缩、徐变变形值，除了选用高强度等级水泥、减少水泥用量、选用高品质的骨料以及加强振捣和养护外，还要尽量降低水灰比，水灰比控制在0.25～0.35范围内。为了增加和易性，可掺加适量的高效减水剂。工程实践表明，使用高效减水剂降低水灰比来配置高强混凝土，是最简便、最经济、最有效的方法。

另外，为了减少混凝土的收缩、徐变变形。还可以掺加优质活性掺和剂。

2. 预应力钢筋

（1）对预应力钢筋性能的要求

① 高强度。构件在制作过程中，由于多种原因会使预应力钢筋的张拉力逐渐降低。为了使构件在混凝土产生弹性压缩、徐变、收缩后仍能够使混凝土建立较高的预应力，需要钢筋具有较高的张拉力，即要求预应力钢筋有较高的抗拉强度；

② 塑性好。为避免构件发生脆性破坏，要求钢筋被拉断时具有一定的延伸率。当构件处于低温或受冲击荷载时，对塑性和冲击韧性方面的要求是很重要的；

③ 与混凝土间具有良好的粘结性能。先张法构件的预应力主要靠预应力筋和混凝土之间的粘结力来实现；而后张法构件也要求预应力筋与灌浆料之间有良好的粘结力以保证协同工作。当采用光圆高强钢筋时，钢筋表面应经"压纹"或"刻痕"处理后使用；

④ 良好的加工性能。钢筋应具有良好的可焊性，并要求钢筋"镦粗"后不影响其原材料的物理力学性能。

（2）常用的预应力钢筋

常用的预应力钢筋有：热处理钢筋、钢丝、钢绞线等。

1）钢绞线

预应力混凝土用钢绞线是用冷拔钢丝制造而成的。在钢绞线机上以一种较粗的直钢丝为中心，其余钢丝围绕其进行螺旋状绞合，再经低温回火处理而成。中心钢丝的直径加大范围不小于2.5%。钢绞线的规格有2、3、7或19根股等。钢丝的捻距在12～16倍的钢绞线公称直径之间，捻向一般为左捻。

模拔钢绞线是在普通钢绞线绞制成型时通过一个模子拔制，并对其进行低温回火处理而成的。由于每根钢丝在积压接触时被压扁，使钢绞线的内部间隙和外径都大大减少，提高了钢绞线的密度。因此在同样直径的后张预应力管道中，预应力筋的吨位可增加 20%。而且由于周边面积增大，更易于锚固。

钢绞线的优点是截面集中，直径较大，比较柔软，运输和施工方便，便于操作，与混凝土或灌浆材料咬合均匀而充分，具有良好的锚固延性，因而被越来越广泛的应用。最常用的是 7 股钢绞线，1×2 和 1×3 钢绞线在先张法预应力混凝土构件中被应用。经绞制的钢绞线呈螺旋形，故其弹性模量较单根钢丝略低。

2）钢丝

预应力混凝土用钢丝的应用具有以下特点：

①钢丝强度高；②易于制备，便于运输；③应用灵活，可以根据需要组成不同钢丝根数的预应力束；④柔性好，便于成型或穿束，特别适用于曲线形预应力筋；⑤可以用 7 根平行钢丝为一组制备成无粘结束。

预应力混凝土结构常用的高强钢丝，按交货状态分为冷拉及矫直回火两种；冷拉钢丝是用经过处理使之适用于冷拔的热轧盘圆拔制的盘圆成品，其表面光滑，并可能有润滑剂的残渣。随后可用机械方式对钢丝进行压痕而成为刻痕钢丝；对钢丝进行矫直回火处理后就成为矫直回火钢丝。预应力钢丝经过矫直回火后，可消除钢丝冷拔中产生的残余应力，提高钢丝的比例极限、屈服强度和弹性模量，并改善塑性；同时也可解决钢丝的伸直性，方便施工。

预应力混凝土结构常用的高强钢丝，按外形分为光圆钢丝、螺旋肋钢丝、三面刻痕钢丝三种。

3）精轧螺纹钢筋

高强度精轧螺纹钢筋是在整根钢筋上轧有外螺纹的大直径、高强度、高尺寸精度的直条钢筋。该钢筋在任意截面处都拧上带有内螺纹的连接器进行连接或拧上带螺纹的螺帽进行锚固。

它具有连接、锚固简便，粘着力强，张拉锚固安全可靠，施工方便等优点，而且节约钢筋，减少构件面积和重量。精轧螺纹钢筋广泛应用于大型水利工程、工业和民用建筑中的连续梁和大型框架结构，公路、铁路大中跨桥梁、核电站及地锚等工程。

3. 锚具和夹具

锚具是锚固钢筋时所用的工具，是保证预应力混凝土结构安全可靠的关键部位之一。通常把在构件制作完毕后，能够取下重复使用的称为临时夹具；锚固在构件端部，与构件联成一体共同受力，不能取下重复使用的称为锚具。

（1）对锚具的要求

临时夹具和锚具都是保证预应力混凝土施工安全、结构可靠的关键设备。因此，在设计、制造或选择锚具时应注意满足下列要求：

① 安全可靠，具有足够的强度和刚度；

② 预应力损失小，预应力筋在锚具内尽可能不产生滑移；

③ 构造简单、紧凑，制作方便，用钢量少；

④ 张拉锚固方便迅速，设备简单。

（2）锚具的分类

锚具的形式繁多，按其传力锚固的受力原理，可分为：

① 依靠摩阻力锚固的锚具。如楔形锚、锥形锚和用于锚固钢绞线的 JM 锚与夹片式群锚等，都是借张拉预应力钢筋的回缩或千斤顶顶压，带动锥销或夹片将预应力钢筋楔紧于锥孔中而锚固的。

② 依靠承压锚固的锚具。如镦头锚、钢筋螺纹锚等，是利用钢丝的镦粗头或钢筋螺纹承压进行锚固。

③ 依靠黏结力锚固的锚具。如先张法的预应力钢筋锚固，以及后张法固定端的钢绞线压花锚具等，都是利用预应力钢筋与混凝土之间的黏结力进行锚固的。

对于不同形式的锚具，往往需要配套使用专门的张拉设备。因此，在设计施工中，应同时考虑锚具与张拉设备的选择。

（3）目前桥梁结构中几种常用的锚具

1）夹片锚具

夹片锚具体系主要作为锚固钢绞线之用。由于钢绞线与周围接触的面积小，且强度高、硬度大，故对其锚具的锚固性能要求很高。JM 锚是我国 20 世纪 60 年代研制的钢绞线夹片锚具，其夹片与被锚固钢筋共同形成组合式锚塞，将预应力筋楔紧。80 年代，除进一步改进了 JM 锚具的设计外，特别着重进行钢绞线群锚体系的研究与试制工作。中国建筑科学研究院先后研制出了 XM 锚具和 QM 锚具系列；中交公路规划设计院研制出了 YM 锚具系列；继之柳州建筑机械总厂与同济大学合作，在 QM 锚具系列的基础上又研制出了 0VM 锚具系列等。这些锚具体系都经过严格检测、鉴定后定型，锚固性能均达到国际预应力混凝土协会（FIP）标准，并已广泛地应用于桥梁、水利、房屋等各种土建结构工程中。

XM 锚具如图 5-47 所示，锚孔为斜孔，锚板顶面垂直于锚孔中心线，夹片为三片式；QM 锚与 0VM 锚如图 5-48 所示，其锚孔为直孔，锚板顶面为平面，其中 QM 锚的夹片为三片式，而 0VM 锚的夹片在 QM 锚的基础上改为二片式，以进一步方便施工，为了提高锚固性能，其夹片背面有一弹性槽。

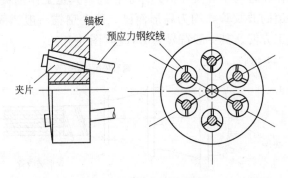

图 5-47　XM 锚示意图

① 夹片锚工作原理

夹片锚具的工作原理如图 5-49 所示。夹片锚由带锥孔的锚板和夹片所组成。每个夹片锚具一般是由多个独立锚固单元所组成，它能锚固由 1～55 根不等的 $\phi^s 15.2\text{mm}$ 与

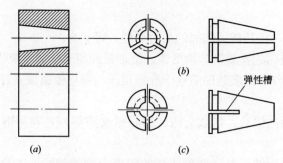

图 5-48　QM 锚和 0VM 锚示意图

(a)锚板；(b)三片式夹片；(c)四片式夹片

ϕ^s12.7mm 钢绞线所组成的预应力钢束。其特点是各根钢绞线均为单独工作，即根钢绞线锚固失效也不会影响全锚，只需对失效锥孔的钢绞线进行补拉即可。但预留孔端部，因锚板锥孔布置的需要，必须扩孔，故工作锚下的一段预留孔道一般需设置成喇叭形，或配套设置专门的铸铁喇叭形锚垫板。

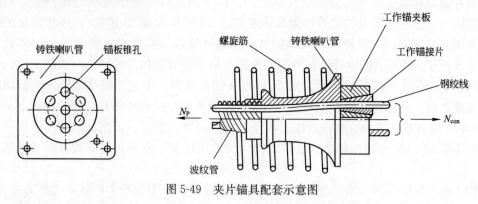

图 5-49　夹片锚具配套示意图

② 扁形夹片锚具

扁形夹片锚具是为适应扁薄截面构件(如桥面板梁等)预应力钢筋锚固的需要而研制的，简称扁锚。其工作原理与一般夹片锚具体系相同，只是工作锚板、锚下钢垫板和喇叭管，以及形成预留孔道的波纹管等均为扁形而已。每个扁锚一般锚固 2～5 根钢绞线，采用单根逐一张拉，施工方便。其一般符号为 BM 锚(图 5-50)。

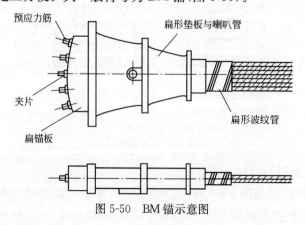

图 5-50　BM 锚示意图

2) 锥形锚

锥形锚又称为弗式锚，由锚圈和锚塞(又称锥销)组成(图 5-51)。锚塞用 45 号优质碳素结构钢经热处理制成，锚圈常用 5 号或 45 号钢冷作旋制而成。主要用于锚固钢丝束，在桥梁中使用的锥形锚有锚固 $18\phi^w 5mm$ 和锚固 $24\phi^w 5mm$ 的钢丝束等两种，并配用 600kN 双作用千斤顶或 YZ85 型三作用千斤顶张拉。

锥形锚是通过张拉钢束时顶压锚塞，把预应力钢丝楔紧在锚圈与锚塞之间，借助摩阻力锚固的(图 5-51)。在锚固时，利用钢丝的回缩力带动锚塞向锚圈内滑进，使钢丝被进一步楔紧。

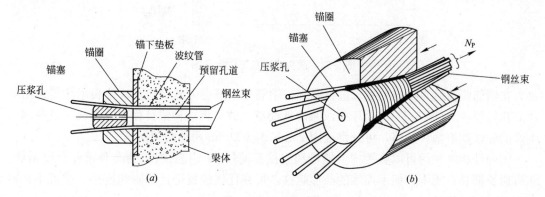

图 5-51　锥形锚具

(a)锥形锚具工作示意图；(b)锥形锚具剖面图

锥形锚的优点是锚固方便，锚具面积小，便于在梁体上分散布置。但锚固时钢丝的回缩量较大，每根钢丝的应力有差异，应力损失较其他锚具大。同时，它不能重复张拉和接长，使预应力钢筋设计长度受到千斤顶行程的限制。

3) 镦头锚

镦头锚主要用于锚固钢丝束，也可锚固直径在 14mm 以下的预应力粗钢筋。镦头锚的工作原理如图 5-52 所示。先将钢丝逐一穿过锚杯或锚板的孔眼，然后用镦头机将钢丝端头镦粗如蘑菇形，借镦头直接承压将钢丝锚固于锚杯上。在固定端，锚杯的外圆车有螺纹，穿束后将锚圈(大螺母)拧上，即可将钢丝束锚固于梁端；在张拉端，锚杯的内外壁均有螺纹，先将与千斤顶连接的拉杆旋入锚杯内，用千斤顶支承于梁体上进行张拉，待达到设计张拉力时，将锚圈(螺母)拧紧，再慢慢放松千斤顶，退出拉杆，于是钢丝束的回缩力就通过锚圈、垫板传给构件。

镦头锚锚固可靠，不会出现锥形锚那样的"滑丝"问题；锚固时的应力损失很小，可重复张拉；镦头工艺操作简便迅速。但镦头锚对钢丝的下料长度要求很精确，误差不得超过 1/300。误差过大，张拉时可能由于受力不均匀发生断丝现象。

镦头锚适于锚固直线式配束，对于较缓和的曲线预应力钢筋也可采用。目前斜拉桥中锚固斜拉索的高振幅锚具，因锚杯内填入了环氧树脂、锌粉和钢球的混合料，具有较好的抗疲劳性能。

4) 钢筋螺纹锚具

当采用高强粗钢筋作为预应力钢筋时，可采用螺纹锚具固定，即借助粗钢筋两端的螺

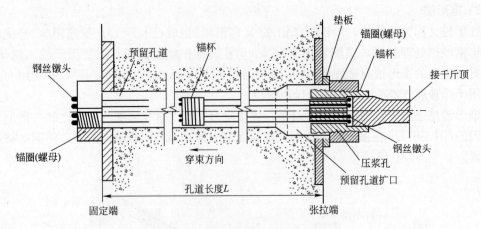

图 5-52　墩头锚锚具工作示意图

纹，在钢筋张拉后直接拧上螺母进行锚固，钢筋的回缩力由螺帽经支承垫板承压传递给梁体而获得预应力(图 5-53)。由于螺纹系冷轧而成，故又将这种锚具称为轧丝锚。目前国内生产的轧丝锚有两种规格，可分别锚固 25mm 和 ϕ32mm 两种粗圆钢筋。

国内外相继采用可以直接拧上螺母和连接套筒(用于钢筋接长)的高强精轧螺纹钢筋，它沿通长都具有规则、但不连续的凸形螺纹，可在任何位置进行锚固和连接，故可不必再在施工时临时轧丝。

钢筋螺纹锚具的受力明确，锚固可靠；构造简单，施工方便；能重复张拉、放松或拆卸，并可以简便地采用套筒接长。

5) 固定端锚具

采用一端张拉时，其固定端锚具，除可采用与张拉端相同的夹片锚具外，还可采用挤压锚具和压花锚具。

挤压锚具是利用压头机，将套在钢绞线端头上的软钢(一般为 45 号钢)套筒，与钢绞线一起，强行顶压通过规定的模具孔挤压而成(图 5-54)。为增加套筒与钢绞线间的摩阻力，挤压前，在钢绞线与套筒之间衬置一硬钢丝螺旋圈，以便在挤压后使硬钢丝分别压入钢绞线与套筒内壁之内。

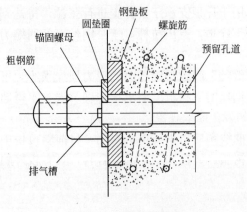

图 5-53　钢筋螺纹锚具

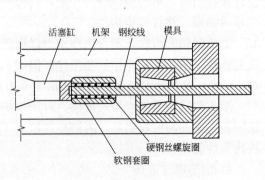

图 5-54　压头机的工作原理

压花锚具是用压花机将钢绞线端头压制成梨形花头的一种黏结型锚具（图 5-55），张拉前预先埋入构件混凝土中。

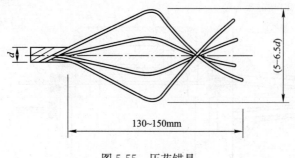

图 5-55　压花锚具

6）连接器

连接器有两种：钢绞线束 N1 锚固后，用来再连接钢绞线束 N2 的，叫锚头连接器（图 5-56a）；当两段未张拉的钢绞线束 N1、N2 需直接接长时，则可采用接长连接器（图 5-56b）。以上锚具的设计参数和锚具、锚垫板、波纹管及螺旋筋等的配套尺寸，可参阅各生产厂家的"产品介绍"选用。

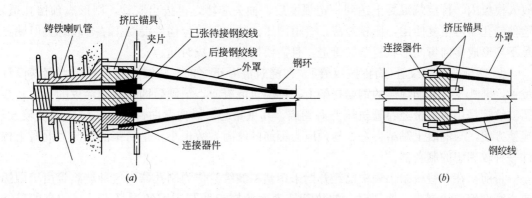

图 5-56　连接器构造
(a)锚头连接器；(b)接长连接器

为保证施工与结构的安全，锚具必须按国家标准《预应力筋用锚具、夹具和连接器》（GB/T 14370—2007）中规定程序进行试验验收，验收合格者方可使用。工作锚具使用前，必须逐件擦洗干净，表面不得残留铁屑、泥砂、油垢及各种减摩剂，防止锚具回松和降低锚具的锚固效率。

4. 千斤顶

各种锚具都必须配置相应的张拉设备，才能顺利地进行张拉、锚固。与夹片锚具配套的张拉设备，是一种大直径的穿心单作用千斤顶（图 5-57）。它常与夹片锚具配套研制。其他各种锚具也都有各自适用的张拉千斤顶，需要时可查各生产厂家的产品目录。

5. 预加应力的其他设备

按照施工工艺的要求，预加应力尚需有以下一些设备或配件。

（1）制孔器

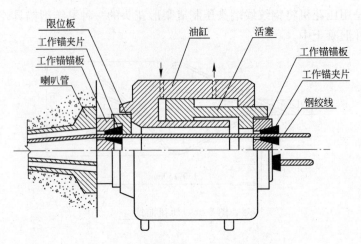

图 5-57　夹片锚张拉千斤顶安装示意图

后张法构件的预留孔道是用制孔器形成的。目前国内桥梁构件预留孔道所用的制孔器主要有抽拔橡胶管与螺旋金属波纹管。

① 抽拔橡胶管。在钢丝网胶管内事先穿入钢筋（称芯棒），再将胶管（连同芯棒一起）放入模板内，待浇筑混凝土达到一定强度后，抽去芯棒，再拔出胶管，则形成预留孔道。这种制孔器可重复使用，比较经济，管道内压注的水泥浆与构件混凝土结合较好。但缺点是不易形成多向弯曲形状复杂的管道，且需要控制好抽拔时间。

② 螺旋金属波纹管（简称波纹管）。在浇筑混凝土之前，将波纹管按预应力钢筋设计位置，绑扎于与箍筋焊连的钢筋托架上，再浇筑混凝土，结硬后即可形成穿束的孔道。金属波纹管是用薄钢带经卷管机压波后卷成，其重量轻，纵向弯曲性能好，径向刚度较大，连接方便，与混凝土黏结良好，与预应力钢筋的摩阻系数也小，是后张法预应力混凝土构件一种较理想的制孔器。

目前，在一些桥梁工程中已经开始采用塑料波纹管作为制孔器，这种波纹管由聚丙烯或高密度聚乙烯制成。使用时，波纹管外表面的螺旋肋与周围的混凝土具有较高的黏结力。这种塑料波纹管具有耐腐蚀性能好、孔道摩擦损失小以及有利于提高结构抗疲劳性能的优点。

（2）穿索机

在桥梁悬臂施工和尺寸较大的构件中，一般都采用后穿法穿束。对于大跨桥梁有的预应力钢筋很长，人工穿束十分吃力，故需采用穿索（束）机。

穿索（束）机有两种类型：一是液压式；二是电动式，桥梁中多使用前者。它一般采用单根钢绞线穿入，穿束时应在钢绞线前端套一子弹形帽子，以减小穿束阻力。穿索机由马达带动用四个托轮支承的链板，钢绞线置于链板上，并用四个与托轮相对应的压紧轮压紧，则钢绞线就可借链板的转动向前穿入构件的预留孔中。最大推力为 3kN，最大水平传送距离可达 150m。

（3）灌孔水泥浆及压浆机

① 水泥浆

在后张法预应力混凝土构件中，预应力钢筋张拉锚固后，应尽早进行孔道灌浆工作，以免钢筋锈蚀，降低结构耐久性，同时也是为了使预应力钢筋与梁体混凝土尽早结合为一整体。灌浆用的水泥浆除应满足强度要求（无具体规定时应不低于 30MPa）外，还应具有较大的流动性和较小的干缩性。所用水泥宜采用硅酸盐水泥或普通水泥，水泥强度等级不宜低于 42.5 号。为保证孔道内水泥浆密实，应严格控制水灰比，一般以 0.40～0.45 为宜，如加入适量的减水剂，则水灰比可减小到 0.35；另外可在水泥浆中掺入适量膨胀剂，使水泥浆在硬化过程中膨胀。

② 压浆机是孔道灌浆的主要设备。它主要由灰浆搅拌桶、储浆桶和压送灰浆的灰浆泵以及供水系统组成。压浆机的最大工作压力可达到约 1.50MPa（15 个大气压），可压送的最大水平距离为 150m，最大竖直高度为 40m。

（4）张拉台座

采用先张法生产预应力混凝土构件时，则需设置用作张拉和临时锚固预应力钢筋的张拉台座。它因需要承受张拉预应力钢筋巨大的回缩力，设计时应保证它具有足够的强度、刚度和稳定性。批量生产时，有条件的尽量设计成长线式台座，以提高生产效率。

5.4.3 预加力的计算与预应力损失的估算

1. 预应力钢筋的张拉控制应力

预应力筋中预拉应力的大小并不是一个恒定值，由于施工因素、材料性能及环境条件等的影响，钢筋中的预拉应力将会逐渐减小。预应力筋中这种预拉应力减小的现象称为预应力损失。

设计中所需的钢筋预应力值，应是扣除相应阶段的应力损失 σ_l 后，钢筋中实际存在的预应力（即有效预应力 σ_{pe}）值。钢筋初始张拉的预应力，一般称为张拉控制应力，记作 σ_{con}：

$$\sigma_{pe} = \sigma_{con} - \sigma_l \qquad\qquad 式(5\text{-}33)$$

张拉控制应力是指预应力钢筋张拉时需要达到的最大应力值，即用张拉设备所控制施加的张拉力除以预应力钢筋截面面积所得到的应力，用 σ_{con} 表示。

张拉控制应力的取值对预应力混凝土构件的受力性能影响很大。张拉控制应力愈高，混凝土所受到的预压应力愈大，构件的抗裂性能愈好，还可以节约预应力钢筋，所以张拉控制应力不能过低。但张拉控制应力过高会造成构件在施工阶段的预拉区拉应力过大，甚至开裂；过大的预拉应力还会使构件开裂荷载值与极限荷载值很接近，使构件破坏前无明显预兆，构件的延性较差；此外，为了减小预应力损失，往往进行超张拉，过高的张拉应力可能使个别预应力钢筋超过它的实际屈服强度，使钢筋产生塑性变形，对高强度硬钢，甚至可能发生脆断。

张拉控制应力值大小主要与张拉方法及钢筋种类有关。先张法的张拉控制应力值高于后张法。后张法在张拉预应力钢筋时，混凝土即产生弹性压缩，所以张拉控制应力为混凝土压缩后的预应力钢筋应力值；而先张法构件，混凝土是在预应力钢筋放张后才产生弹性压缩，故需考虑混凝土弹性压缩引起的预应力值的降低。消除应力钢丝和钢绞线这类钢材材质稳定，对后张法张拉时的高应力，在预应力钢筋锚固后降低很快，不会发生拉断，故其张拉控制应力值较高些。

对于钢丝、钢绞线，$\sigma_{con} \leqslant 0.75 f_{pk}$；对于精轧螺纹钢筋，$\sigma_{con} \leqslant 0.9 f_{pk}$。$f_{pk}$ 为预应力钢

筋抗拉强度标准值。

当对构件进行超张拉或计入锚圈口摩擦损失时，钢筋中最大控制应力（千斤顶油泵上显示的值）对钢丝和钢绞线不应超过 $0.8f_{pk}$；对精轧螺纹钢筋不应超过 $0.95f_{pk}$。

2. 预应力损失产生原因及减少措施

在预应力混凝土构件施工及使用过程中，预应力钢筋的张拉应力值由于张拉工艺和材料特性等原因逐渐降低。这种现象称为预应力损失。预应力损失会降低预应力的效果，因此，尽可能减小预应力损失并对其进行正确的估算，对预应力混凝土结构的设计是非常重要的。

引起预应力损失的因素很多，而且许多因素之间相互影响，所以要精确计算预应力损失非常困难。对预应力损失的计算，我国规范采用的是将各种因素产生的预应力损失值分别计算然后叠加的方法。

（1）预应力钢筋与管道壁之间的摩擦引起的应力损失 σ_{l1}

1）产生原因及估算方法

采用后张法张拉预应力钢筋时，钢筋与孔道壁之间产生摩擦力，使预应力钢筋的应力从张拉端向里逐渐降低（图 5-58）。预应力钢筋与孔道壁间摩擦力产生的原因为：①直线预留孔道因施工原因发生凹凸和轴线的偏差，使钢筋与孔道壁产生法向压力而引起摩擦力；②曲线预应力钢筋与孔道壁之间的法向压力引起的摩擦力。

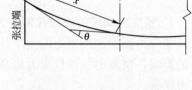
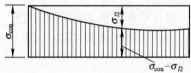

2）减少 σ_{l1} 损失的措施有：

① 对于较长的构件可在两端进行张拉，则计算中孔道长度可按构件的一半长度计算；

② 采用超张拉，一般张拉程序为：

图 5-58　预应力摩擦损失 σ_{l1} 计算简图

$$0 \rightarrow 初应力(0.1\sigma_{con}) \rightarrow 1.05\sigma_{con} \xrightarrow{\text{持荷 2min}} 0.85\sigma_{con} \xrightarrow{\text{持荷 2min}} 1.0\sigma_{con}(锚固)$$

（2）锚具变形、钢筋回缩和拼装构件的接缝压缩引起的应力损失 σ_{l2}

1）产生原因及估算方法

预应力钢筋张拉完毕后，用锚具锚固在台座或构件上。由于锚具压缩变形、垫板与构件之间的缝隙被挤紧以及钢筋和楔块在锚具内的滑移等因素的影响，将使预应力钢筋产生预应力损失，以符号 σ_{l2} 表示。计算这项损失时，只需考虑张拉端，不需考虑锚固端，因为锚固端的锚具变形在张拉过程中已经完成。

2）减小 σ_{l2} 的措施有：

① 选择锚具变形和钢筋内缩值 Δl 较小的锚具；

② 尽量减少垫板的数量；

③对先张法，可增加台座的长度 l。

（3）混凝土加热养护时，预应力钢筋与台座之间的温度引起的应力损失 σ_{l3}

1）产生原因及估算方法

为了缩短生产周期，先张法构件在浇筑混凝土后采用蒸气养护。在养护的升温阶段钢筋受热伸长，台座长度不变，故钢筋应力值降低，而此时混凝土尚未硬化。降温时，混凝土已经硬化并与钢筋产生了粘结，能够一起回缩，由于这两种材料的线膨胀系数相近，原来建立的应力关系不再发生变化。

2）减小 σ_{l3} 的措施有：

① 采用分阶段升温养护方法。先在常温或略高于常温下养护，待混凝土达到一定强度后，再逐渐升温至养护温度，这时因为混凝土已硬化与钢筋粘结成整体，能够一起伸缩而不会引起应力变化。

② 采用整体式钢模板。预应力钢筋锚固在钢模上，因钢模与构件一起加热养护，不会引起此项预应力损失。

（4）混凝土的弹性压缩引起的应力损失 σ_{l4}

1）产生原因及估算方法

当预应力混凝土构件在受到预压应力而产生压缩应变时，则对于已经张拉并锚固于混凝土构件上的预应力钢筋来说，亦将产生与该钢筋重心水平处混凝土同样的压缩应变，因而产生一个预拉应力损失，称为混凝土弹性压缩损失，以 σ_{l4} 表示。引起应力损失的混凝土弹性压缩量，与施加预加应力的方式有关。

2）减小 σ_{l4} 的措施

分批张拉时，由于每批钢筋的应力损失不同，则实际有效预应力不等。补救方法如下：①重复张拉先张拉过的预应力钢筋；②超张拉先张拉的预应力钢筋。

（5）钢筋松弛引起的应力损失 σ_{l5}

1）产生原因及估算方法

在高拉应力作用下，随时间的增长，钢筋中将产生塑性变形，在钢筋长度保持不变的情况下，钢筋的拉应力会随时间的增长而逐渐降低，这种现象称为钢筋的应力松弛。钢筋的应力松弛与下列因素有关：①时间。受力开始阶段松弛发展较快，1 小时和 24 小时松弛损失分别达总松弛损失的 50% 和 80% 左右，以后发展缓慢；②钢筋品种。热处理钢筋的应力松弛值比钢丝、钢绞线小；③初始应力。初始应力愈高，应力松弛愈大。

2）减小 σ_{l5} 的措施

为减小预应力钢筋应力松弛损失可采用超张拉，先将预应力钢筋张拉至 $1.05\sigma_{con}$，持荷 2 分钟，再卸荷至张拉控制应力 σ_{con}。因为在高应力状态下，短时间所产生的应力松弛值即可达到在低应力状态下较长时间才能完成的松弛值。所以，经超张拉后部分松弛已经完成，锚固后的松弛值即可减小。

（6）混凝土收缩和徐变引起的预应力钢筋应力损失 σ_{l6}

混凝土在硬化时发生体积收缩，在压应力作用下，混凝土还会产生徐变。混凝土收缩和徐变都使构件长度缩短，预应力钢筋也随之回缩，造成预应力损失。混凝土收缩和徐变虽是两种性质不同的现象，但它们的影响是相似的，为了简化计算，将此两项预应力损失一起考虑。

以上各项预应力损失的估算值，可作为一般设计的依据。但计算值与实际损失可能有出入。在施工中，应加强管理并做好应力损失值的实测工作。除了以上六项损失外，还应根据具体情况考虑其他因素引起的损失。

3. 有效预应力计算

（1）预应力损失值的组合

上述预应力损失有的只发生在先张法中，有的则发生于后张法中，有的在先张法和后张法中均有，而且是分批出现的。为了便于分析和计算，设计时可将预应力损失分为两批：①传力锚固时的损失，称第一批损失 $\sigma_{l\mathrm{I}}$；②传力锚固后出现的损失，称第二批损失 $\sigma_{l\mathrm{II}}$。先、后张法预应力构件在各阶段的预应力损失组合见表 5-4。

各阶段的预应力损失组合　　　　　　　　　　　　　　　　表 5-4

预应力损失值的组合	先张法构件	后张法构件
传力锚固时的损失（第一批）$\sigma_{l\mathrm{I}}$	$\sigma_{l5}\sigma_{l2}+\sigma_{l3}+\sigma_{l4}+0.5\sigma_{l5}$	$\sigma_{l1}+\sigma_{l2}+\sigma_{l4}$
传力锚固后的损失（第二批）$\sigma_{l\mathrm{II}}$	$0.5\sigma_{l5}+\sigma_{l6}$	$\sigma_{l5}+\sigma_{l6}$

（2）预应力钢筋的有效预应力

预加力阶段：

$$\sigma_{pe}^{\mathrm{I}}=\sigma_{con}-\sigma_{l\mathrm{I}} \qquad\qquad 式(5-34)$$

使用阶段：

$$\sigma_{pe}^{\mathrm{II}}=\sigma_{con}-\sigma_{l\mathrm{II}} \qquad\qquad 式(5-35)$$

5.4.4　预应力混凝土简支梁的基本构造

1. 截面形式和尺寸

预应力混凝土构件的截面形式应根据构件的受力特点进行合理选择。对于轴心受拉构件，通常采用正方形或矩形截面；对于受弯构件，宜选用 T 形、工字形或其他空心截面形式。此外，沿受弯构件纵轴，其截面形式可以根据受力要求改变，形成变截面构件。

由于预应力混凝土构件具有较好的抗裂性能和较大的刚度，其截面尺寸可比钢筋混凝土构件小些。对一般的预应力混凝土受弯构件，截面高度一般可取跨度的 1/20～1/14，最小可取 1/35，翼缘宽度一般可取截面高度的 1/3～1/2，翼缘厚度一般可取截面高度的 1/10～1/6，腹板厚度尽可能薄一些，一般可取截面高度的 1/15～1/8。

2. 预应力钢筋的布置

预应力钢筋布置的具体规定：

（1）先张法构件

预应力钢绞线之间的净距不应小于其直径的 1.5 倍，且对 1×2（二股）、1×3（三股）钢绞线不应小于 20mm，对 1×7（七股）钢绞线不应小于 25mm。预应力钢丝间净距不应小于 15mm。

在先张法预应力混凝土构件中，对于单根预应力钢筋，其端部应设置长度不小于 150mm 的螺旋筋；对于多根预应力钢筋，在构件端部 10 倍预应力钢筋直径范围内，应设置 3～5 片钢筋网。

预应力钢丝束埋入式锚具之间的净距不应小于钢丝束直径，且不应小于 60mm；预应力钢丝束与埋入式锚具之间的净距不应小于 20mm。预应力钢筋或埋入式锚具的混凝土保护层厚度不应小于 30mm，当构件处于受侵蚀环境时，该值应增加 10mm。

（2）后张法构件

在靠近端支座区段横向对称弯起，尽可能沿梁端面均匀布置，同时沿纵向可将梁腹板加宽。在梁端部附近，设置间距较密的纵向钢筋和箍筋。并符合 T 形和箱形梁对纵向钢筋和箍筋的要求。

预应力直线管道的混凝土保护层厚度，对构件顶面和侧面，当管道直径等于或小于 55mm 时，不应小于 35mm；当管道直径大于 55mm 时，不应小于 45mm；对构件底面不应小于 50mm，当桥梁处于受侵蚀的环境时，上述保护层厚度应增加 10mm。

后张法预应力混凝土构件的端部锚固区，在锚具下面应设置厚度不小于 16mm 的垫板或采用具有喇叭管的锚具垫板。锚垫板下应设间接钢筋，其体积配筋率不应小于 0.5%。

后张法预应力钢筋管道由钢管或橡胶管抽芯成型的直线管道，其净距不应小于 40mm，且不宜小于管道直径的 0.6 倍；对于预埋金属或塑料波纹管和铁皮管，在竖直方向可将两管道叠置。

3. 非预应力筋布置

（1）箍筋

① 箍筋直径和间距：预应力混凝土 T 形、I 形截面梁和箱形截面梁腹板内应分别设置直径不小于 10mm 和 12mm 的箍筋，且应采用带肋钢筋，间距不应大于 250mm；自支座中心起长度不小于一倍梁高范围内，应采用闭合式箍筋，间距不应大于 100mm。

② 在 T 形、I 形截面梁下部的马蹄内，应另设直径不小于 8mm 的闭合式箍筋，间距不应大于 200mm。此外，马蹄内尚应设直径不小于 12mm 的定位钢筋。

（2）其他辅助钢筋

其他辅助钢筋有：架立钢筋、防收缩钢筋、局部加强钢筋。

1）在先张法预应力混凝土构件中，预应力钢筋端部周围应采用以下局部加强措施：

① 对于单根预应力钢筋，其端部设置长度不小于 150mm 的螺旋筋。

② 对于多根预应力钢筋，在构件端部 $10d$（d 为预应力钢筋直径）范围内，设置 3~5 片钢筋网。

2）在后张法预应力混凝土构件中，预应力钢筋端部周围应采用以下局部加强措施：

后张法预应力混凝土构件的端部锚固区，在锚具下面应设置厚度不小于 16mm 的垫板或采用具有喇叭管的锚具垫板。锚垫板下应设间接钢筋，其体积配筋率不应小于 0.5%。

4. 装配式预应力混凝土简支梁的构造要求

装配式钢筋混凝土简支梁桥，常用的较经济合理的跨径在 20m 以下。跨径增大时，不但钢材耗量大，而且混凝土开裂现象也比较严重，影响结构的耐久性。为了提高简支梁的跨越能力，可以采用预应力混凝土结构。目前，世界上预应力混凝土简支梁的最大跨径已达 76m。但是，根据建桥实践，当跨径超过 50m 后，不但结构笨重，施工困难，经济性也较差。预应力混凝土简支梁桥的标准跨径不宜大于 50m。

（1）梁休构造

装配式预应力混凝土简支梁桥的横截面类型基本上与钢筋混凝土简支梁桥类似，通常也做成 T 形，但为了方便布置预应力束筋和满足锚头布置的需要，下部一般都设有马蹄或加宽的下缘。有时为了提高单梁的抗扭刚度并减小截面尺寸，也采用箱形。

经济分析表明，较大跨径的预应力混凝土简支 T 梁，当吊装质量不受限制时，主梁之间的横向距离采用较大间距比较合理，一般为 1.8～2.5m。

1) 主梁高度

预应力混凝土简支梁桥的主梁高度取决于采用的汽车荷载等级、主梁间距及建筑高度等因素，可以在较大范围内变化。对于常用的等截面简支梁，其高跨比的取值范围为 1/15～1/25，一般随跨径增大而取较小比值，随梁数减少而取较大比值。对预应力混凝土 T 梁一般可取 1/16～1/18。当建筑高度不受限制时，采用较大梁高比较经济。

2) 细部尺寸

在预应力混凝土梁中，由于混凝土所受预应力和预应力束筋弯起，能抵消荷载剪力的作用，肋中的主拉应力较小，肋宽一般都由构造和施工要求决定，但不得小于 140mm。标准设计图中肋宽为 140～160mm。

T 形梁上翼缘的厚度按钢筋混凝土梁桥同样的原则来确定。为了减小翼板和梁肋连接处的局部应力集中和便于脱模，在该处一般还设置折线形承托或圆角。

T 形梁下缘的马蹄尺寸应满足预加力阶段的强度要求，马蹄的具体形状要根据预应力束筋的数量和排列方式确定，同时还应考虑施工方便和预应力筋弯起的要求。具体尺寸建议如下：

① 马蹄宽度为肋宽的 2～4 倍，并注意马蹄部分(特别是斜坡区)的管道保护层不应小于 60mm。

② 马蹄全宽部分的高度加 1/2 斜坡区高度约为梁高的 0.15～0.20 倍，斜坡宜陡于 45°。

为了配合预应力筋的弯起，在梁端能布置锚具和安放张拉千斤顶，在靠近支点附近马蹄部分应逐渐加高，腹板也应加厚至与马蹄同宽，加宽的范围最好达到一倍梁高(离锚固端)左右，从而形成沿纵向腹板厚度和马蹄高度都变化的变截面 T 形梁。标准设计中，一般采用自第一道内横隔梁向梁端逐渐变化的形式。

(2) 横隔梁布置

沿主梁纵向的横隔梁布置基本上与钢筋混凝土 T 梁桥相同，但中横隔梁应延伸至马蹄的加宽处。在主梁跨度较大、梁较高的情况下，为了减小质量而往往将横隔梁的中部挖空。

(3) 配筋构造

预应力混凝土梁内的配筋，除主要的纵向预应力筋外，还有非预应力纵向受力钢筋、架立钢筋、箍筋、水平分布钢筋、承受局部应力的钢筋(如锚固端加强钢筋网)和其他构造钢筋等。

1) 纵向预应力筋的布置

预应力混凝土简支 T 形梁桥，通常采用后张法施工，根据简支梁的受力特点通常采用曲线配筋的形式，其常用的布置方式有图 5-59 中所示的两种。全部主筋直线布置的形式，仅适用于先张法施工的小跨径梁。预应力筋一般采用图 5-59(a)所示全部弯至梁端锚固的布置形式，这样布置可使张拉操作简便，预应力筋的弯起角度不大(一般都小于 20°的限值)，对减小摩阻损失有利。

对于钢束根数较多或当梁高受到限制，以致梁端不能锚固全部钢束时，可以将一部分预应力筋弯出梁顶(图 5-59b)。这样的布置方式使张拉操作稍趋繁琐，使预应力筋的弯起角度增大(达到 25°～30°)，摩阻损失也增大。

预应力钢筋在梁内具体位置可以利用索界的概念来确定。以部分预应力截面为例，根据使其上、下缘允许出现不大于规定拉应力的原则，分别考虑预加应力阶段和运营阶段作用短期效应组合下，在各个截面上受拉边缘出现允许的最大拉应力时，对应的各面上、下偏心距极限值绘出的两条曲线，称为上、下索界。只要使预应索的重心位置位于这两条曲线所围成的区域内（即索界内），就能保证梁的任何截面在各个受力阶段上、下缘应力均不超过规定值。由于简支梁弯矩向梁端逐渐减小，故上、下索界逐渐上移，这就是必须将大部分预应力筋向梁端逐渐弯起的重要原因之一。显然，在实际布置时还要满足混凝土保护层厚度的要求。

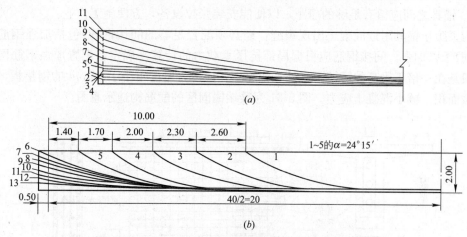

图 5-59 预应力混凝土简支梁纵向预应力筋的布置(cm)

预应力筋弯起的曲线形状可以采用圆弧线、抛物线或悬链线三种形式。在矢跨比较小的情况下，这三种曲线的坐标值很接近。工程中通常采用在梁中部保持一段水平直线后向两端圆弧弯起的做法。

预应力筋在跨中横截面内的布置，应在保证满足梁底保护层要求和位于索界内的前提下，尽量使其重心靠下，以增大预应力的偏心距，节省高强钢材。预应力筋在满足构造要求的同时，尽量相互靠拢，以减小下马蹄的尺寸，从而减小梁体自重。直线管道的净距不应小于 40mm，并且不小于管道直径的 0.6 倍；此外，还应将适当数量的预应力筋布置在腹板中线处，以便于弯起。直线形管道保护层厚度应满足相关规范的要求；对曲线形管道，其曲线平面内侧受曲线预应力钢筋的挤压，混凝土保护层在曲线平面内和平面外均受剪力，梁底面保护层和侧面保护层均需要加厚，其值应依据计算确定。横截面内预应力筋的布置如图 5-60 所示，d 为管道的内直径，应比预应力筋直径至少大 10mm。

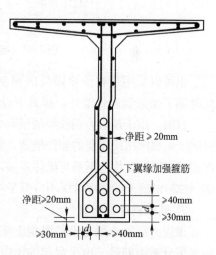

图 5-60 预应力 T 梁截面钢筋构造

2) 纵向预应力筋的锚固

预应力筋的锚固分两种情形：在先张法梁中，钢丝或钢筋主要靠混凝土的握裹力锚固在梁体内；在后张法梁中，则通过各类锚具锚固在梁端或梁顶。此处仅介绍后张法的锚固，在后张法锚固构造中，锚具底部对混凝土作用有很大的压力，而直接承压的面积又不大，因此应力非常集中。在锚具附近不仅有很大的压应力，还有很大的拉应力。因此，锚具在梁端的布置必须遵循一定的原则：

① 锚具的布置应尽量减小局部应力。一般而言，集中、过大的锚具不如分散、小型的锚具有利；

② 锚具应在梁端对称于竖轴线布置，以免产生过大的横向不平衡弯矩；

③ 锚具之间应留有足够的净距，以便能安装张拉设备，方便施工作业。

为了防止锚具附近混凝土出现裂缝，还必须配置足够的间接钢筋（包括加强钢筋网和螺旋筋）予以加强。间接钢筋应根据局部抗压承载力的计算来确定，配置加强钢筋网的范围一般是在一倍于梁高的区域。另外，锚具下还应设置厚度不小于 16mm 的钢垫板，以扩大承载面积，减小混凝土应力。图 5-61 为梁端锚固区的配筋构造示意图。

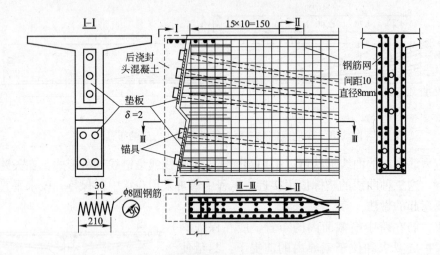

图 5-61　梁端锚固区配筋构造示意图（cm）

也可以采用带有预埋锚具的预制钢筋混凝土端板来锚固预应力筋，如图 5-62 所示。此时除了加强钢筋骨架外，锚具下设置两层叉形钢筋网，施工起来也比较方便。

目前，用于预应力钢绞线的锚具（如 0VM 锚）已包括了钢垫板和螺旋筋在内的整套抵抗锚固区局部承压所需的加强措施，故不需要再配置上述的加强钢筋。施加预应力之后，应在锚具周围设置构造钢筋与梁体连接，并浇筑混凝土封锚（封端），以保护锚具不致锈蚀。封锚（封端）混凝土的强度等级不应低于构件本身混凝土强度等级的 80%，并且不低于 C30。

3）其他钢筋的布置

预应力混凝土梁与钢筋混凝土梁一样，需按规定的构造要求布置箍筋、架立钢筋和纵向水平分布钢筋等。由于弯起的预应力筋对梁肋混凝土提供了预剪力，主拉应力较小，一般可不设斜筋。

① 箍筋的配置。

预应力混凝土 T 形梁的腹板内应设置直径不小于 ϕ10mm 的箍筋，且采用带肋钢筋，间距不大于 250mm；自支座中心起长度不小于一倍梁高的范围内，应采用闭合式箍筋，间距不大于 100mm，用来加强梁端承受的局部应力。纵向预应力筋集中布置在下缘的马

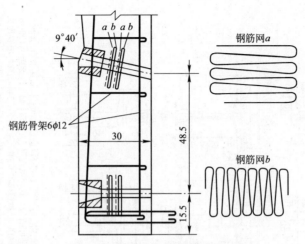

图 5-62 端板和叉形钢筋网(cm)

蹄部分,该部分的混凝土承受很大的压应力。因此,必须另外设置直径不小于 $\phi 8mm$ 的闭合式加强箍筋,其间距不大于 200mm(图 5-63)。

此外,马蹄内还必须设置直径不小于 $\phi 12mm$ 的定位钢筋。

② 非预应力纵向受力钢筋。

在预应力混凝土简支梁中,将非预应力的钢筋与预应力钢筋协同配置,有时可以达到补充局部梁段内承载力不足,满足承载力要求,也可起到更好地分布裂缝和提高梁体韧性等效果,使简支梁的设计更加经济合理。

先张法施工的小跨度梁,如果采用直线布筋形式,张拉阶段支点附近无法平衡的负弯矩会在梁顶引起过高的拉应力,为了防止因此可能产生的开裂,可适当布置如图 5-63(a)所示的局部受拉钢筋。

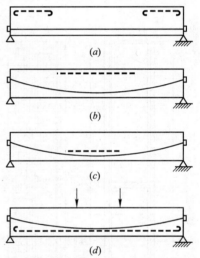

图 5-63 非预应力纵向受力钢筋(虚线)

对于预制部分的自重比恒载与活载小得多的梁,在预加力阶段跨中部分的上缘可能会开裂而破坏,因而也可以在跨中部分的顶部加设无预应力的纵向受力钢筋(图 5-63b),这种钢筋在运营阶段还能起到加强混凝土的抗压能力的作用,在破坏阶段则可以提高梁的安全。图 5-63(c)所示在跨中部分下翼缘内设置的钢筋,对全预应力梁可加强混凝土承受预加压力的能力。在下翼缘内通长设置的钢筋,对部分预应力梁可补足承载力的需要(图 5-63d),对于配置不粘结预应力筋的梁能起分布裂缝的作用。此外,非预应力钢筋还能增加梁在反复荷载作用下的疲劳极限强度。

装配式预应力混凝土梁桥的横向连接构造一般与钢筋混凝土梁桥一样。

(4)装配式预应力混凝土简支 T 梁桥实例

图 5-64 为一装配式预应力混凝土简支梁桥的标准设计。其标准跨径为 30m,主梁全长 29.96m,计算跨径为 29m。荷载等级为公路 I 级。主梁中心距为 2.26m,预制部分宽

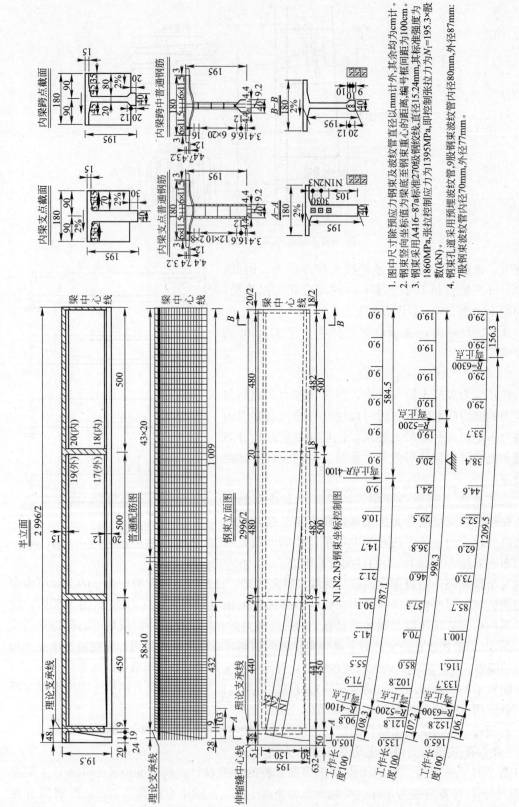

1. 图中尺寸除预应力钢束及波纹管直径以mm计外,其余均为cm计。
2. 钢束竖向坐标值为钢束底至内梁底的距离,编号框间距离为100cm。
3. 钢束采用A416-87a标准270级钢绞线,直径15.24mm,即控制张拉力为N_1为1860MPa,张拉控制应力为1395MPa,其标准强度为195.3×股数(kN)。
4. 钢束孔道采用预埋波纹管,9股钢束波纹管内径80mm,外径87mm;7股钢束波纹管内径70mm,外径77mm。

图 5-64 装配式预应力混凝土简支 T 梁配筋(尺寸单位: cm; 钢筋直径: mm)

240

度 1.80m，吊装后现浇 0.46m 的湿接缝。预制主梁采用 C40 混凝土，截面为带马蹄的 T 形截面，梁高为 1.96m，厚 20cm 的梁肋自第一道内横隔梁向梁端逐渐加宽至马蹄全宽 40cm，但马蹄部分高度不变。全梁范围内共设置 7 道横隔梁，中心间距为 4.5m 和 5.0m，横隔梁高度 1.65m，宽度也采用上宽下窄、内宽外窄的形式，以利于脱模。为减小施工难度．横隔梁没有采用挖孔形式，吊装后彼此之间采用现浇接缝连成整体。

每片 T 形梁设三束预应力钢束，采用 A416-87a 标准 270 级钢绞线，直径 15.24mm，其标准强度为 1860MPa，张拉控制应力为 1395MPa，其中 N1，N2 均采用 9 股钢绞线，N3 则为 7 股，全部钢绞线均以圆弧起弯并锚固在梁端厚 20mm 的钢垫板上。钢束孔道采用预埋波纹管，9 股钢束波纹管内径 80mm，外径 87mm；7 股钢束波纹管内径 70mm，外径 77mm。每片 T 形梁预制部分的质量为 63.78t，现浇部分的质量为 20.75t，大大减少了吊装部分的质量。

5.5 砌 体 结 构

5.5.1 砌体材料及砌体的力学性能

1. 砌体材料

砌体结构系指用各种块材通过砂浆铺缝砌筑而成的结构，包括砖砌体、石砌体、砌块砌体等。构成砌体的材料是块材（砖、石、砌块）与砂浆，块材强度等级的符号为 MU，砂浆强度等级的符号为 M。材料强度等级即采用上述符号与按标准试验方法所得到的材料抗压极限强度的平均值来表示，例如强度等级为 MU10 的砖、强度等级为 M5 的砂浆等。

（1）块材

构成砌体的块材有烧结普通砖、硅酸盐砖、黏土空心砖、砌块和石材等。工程上常用的有烧结普通砖中的烧结黏土砖、砌块和石材等。

烧结普通砖的尺寸为 240mm×115mm×53mm。其强度等级，按《砌体结构设计规范》GB 5003—2011 的规定，有 MU30、MU25、MU20、MU15、MU10 共 5 级。

实心砖、空心砖和石材以外的块体都可称为砌块。我国采用的有粉煤灰硅酸盐砌块、普通混凝土空心砌块、加气混凝土砌块等。目前砌块规格、尺寸尚不统一，通常把高度在 350mm 以下的称为小型砌块，高度在 350～900mm 的称中型砌块。砌块的强度等级分 MU20、MU15、MU10、MU7.5、MU5 共 5 级，由单个砌块的破坏荷载按毛截面计算的抗压极限强度确定。

石材的抗压强度高，耐久性好，多用于房屋的基础和勒脚部位。石砌体中的石材应选用无明显风化的天然石材。石材的强度等级共分 7 级，即 MU100、MU80、MU60、MU50、MU40、MU30、MU20。石材按其加工后的外形规则程度可分为料石和毛石。

（2）砂浆

砌体中采用的砂浆主要有混合砂浆、水泥砂浆以及石灰砂浆、黏土砂浆。

混合砂浆包括水泥石灰砂浆、水泥黏土砂浆等。这类砂浆具有一定的强度和耐久性，且保水性、和易性均较好，便于施工，质量容易保证，是一般墙体中常用的砂浆。

水泥砂浆是由水泥与砂加水拌和而成的不掺任何塑性掺合料的纯水泥砂浆。水泥砂浆强度高、耐久性好，但其拌和后保水性较差，砌筑前会游离出较多的水分，砂浆摊铺在砖面上后这部分水分将很快被砖吸走，使铺砌发生困难，因而会降低砌筑质量。此外，失去一定水分的砂浆还将影响其正常硬化，减少砖与砖之间的粘结，而使强度降低。因此，在强度等级相同的条件下，采用水泥砂浆砌筑的砌体强度要比用其他砂浆时低。砌体规范规定，用水泥砂浆砌筑的各类砌体，其强度应按保水性能好的砂浆砌筑的砌体强度乘以小于1的调整系数。

石灰砂浆和黏土砂浆强度不高，耐久性也差，不能用于地面以下或防潮层以下的砌体，一般只能用在受力不大的简易建筑或临时建筑中。

砂浆的强度等级按龄期为 28 天的立方体试块($70.7mm \times 70.7mm \times 70.7mm$)所测得的抗压极限强度的平均值来划分，共有 M15、M10、M7.5、M5、M2.5 这 5 个等级。如砂浆强度在两个等级之间，则采用相邻较低值。当试验施工阶段尚未硬化的新砌砌体时，可按砂浆强度为零确定其砌体强度。

（3）砌体材料的选择

对于一般房屋，承重砌体用砖，其强度等级常采用 MU10、MU7.5；石材的强度等级常采用 MU40、MU30、MU20、MU15。承重砌体的砂浆一般采用 M2.5、M5、M7.5，对受力较大的重要部位可采用 M10。

6 层及 6 层以上房屋的外墙、潮湿房间的墙，以及受震动或层高大于 6m 的墙、柱所用材料的最低强度等级：砖为 MU10；砌块为 MU5；石材为 MU20；砂浆为 M2.5。

地面以下或防潮层以下的砌体，所用材料的最低强度等级应符合表 5-5 的规定。

地面以下或防潮层以下的砌体所用材料的最低强度等级　　　　　　　　表 5-5

基础的潮湿程度	烧结普通砖		蒸压灰砂砖	混凝土砌块	石材	水泥砂浆
	严寒地区	一般地区				
稍潮湿的	MU10	MU10	MU7.5	MU7.5	MU30	M5
很潮湿的	MU15	MU10	MU7.5	MU10	MU30	M7.5
含水饱和的	MU20	MU15	MU10	MU10	MU40	M10

注：石材的重力密度不应低于 $18kN/m^2$；

　　地面以下或防潮层以下的砌体，不宜采用空心砖，当采用混凝土中、小型空心砌块砌体时，其孔洞应采用强度等级不低于 C15 的混凝土灌实；

　　各种硅酸盐材料及其他材料制作的块体，应根据相应材料标准的规定选择采用。

2. 砌体的抗压性能

在工程中，砌体主要用于承压，受拉、受弯、受剪的情况很少遇到。

如图 5-65 所示，砌体轴心受压时，自加载受力起，到破坏为止，大致经历 3 个阶段：

从开始加载到个别砖出现裂缝为第 Ⅰ 阶段(图 5-65a)。出现第一条(或第一批)裂缝时的荷载，约为破坏荷载的 0.5～0.7 倍。这一阶段的特点是：荷载如不增加，裂缝不会继续扩展或增加。继续增加荷载，砌体即进入第 Ⅱ 阶段。此时，随着荷载的不断增加，原有裂缝不断扩展，同时产生新的裂缝，这些裂缝彼此相连并和垂直灰缝连起来形成条缝，逐渐将砌体分裂成一个个单独的半砖小柱(图 5-65b)。当荷载达到破坏荷载的 0.8～0.9 倍时，如再增加荷载，裂缝将迅速开展，单独的半砖小柱朝侧向鼓出，砌体发生明显的横向变形而处于松散状态，以致最终丧失承载能力而破坏(图 5-65c)，这一阶段为第Ⅲ阶段。

试验表明，砌体中的砖块在荷载尚不大时即已出现竖向裂缝，即砌体的抗压强度远小于砖的抗压强度。通过观察研究发现，轴心受压砌体在总体上虽然是均匀受压状态，但砖在砌体内则不仅受压，同时还受弯、受剪和受拉，处于复杂的受力状态。产生这种现象的原因是：砂浆铺砌不匀，有薄有厚，砖不能均匀地压在砂浆层上；砂浆层本身不均匀，砂子较多的部位收缩小，凝固后的砂浆层就会出现突起点；砖表面不平整，砖与砂浆层不能全面接触。因此砖在砌体中实际上是处于受弯、受剪和局部受压的状态。此外，因砂浆的横向变形比砖大，由于粘结力和摩擦力的影响，砌体内的砖还同时受拉。

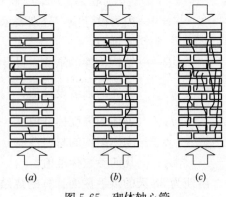

图 5-65　砌体轴心管

由以上分析可知，砌体中的块材(砖)处于压缩、弯曲、剪切、局部受压、横向拉伸等复杂受力状态，而块材的抗弯、抗剪、抗拉强度很低，所以砌体在远小于块材的抗压强度时就出现了裂缝。随着荷载的增加，裂缝不断扩展，使砌体形成半砖小柱，最后丧失承载能力。

影响砌体抗压强度的因素主要有：

(1) 块材和砂浆的强度

块材和砂浆的强度是影响砌体强度的重要因素，其中块材的强度又是最主要的因素。

应当指出，砂浆强度过低将加大块材与砂浆横向变形的差异，对砌体抗压强度不利。但是单纯提高砂浆强度并不能使砌体抗压强度有很大提高，因为影响砌体抗压强度的主要因素是块材的强度等级，块材与砂浆横向变形的差异还不是主要的因素，所以采用提高砂浆强度等级来提高砌体强度的做法，不如用提高块材的强度等级更有效。

(2) 块材的尺寸和形状

增加块材的厚度可提高砌体强度，因为块材厚度的提高可以增大其抗弯、抗剪能力。当采用砌块砌体时，可考虑以适当增大砌块厚度的办法来提高砌体的抗压强度。

(3) 砂浆铺砌时的流动性

砂浆的流动性大，容易铺成均匀、密实的灰缝，可减小块材的弯、剪应力，因而可以提高砌体强度。但当砂浆的流动性过大时，硬化受力后的横向变形也大，砌体强度反而降低。因此砂浆除应具有符合要求的流动性外，也要有较高的密实性。

(4) 砌筑质量

砌筑质量也是影响砌体抗压强度的重要因素。在砌筑质量中，水平灰缝是否均匀饱满对砌体强度的影响较大。一般要求水平灰缝的砂浆饱满度不得小于 80%。

5.5.2　砌体结构的计算表达式和计算指标

砌体结构与混凝土结构相同，也采用以概率理论为基础的极限状态设计法，其按承载能力极限状态设计的基本表达式为：

$$\gamma_0 S \leqslant R\ (f_d,\ \alpha_k\cdots\cdots)$$

式(5-36)

式中：γ_0——结构重要性系数，对安全等级为一级、二级、三级的砌体结构构件，可分别取 1.1、1.0、0.9；

S——内力设计值，分别表示为轴向力设计值 N，弯矩设计值 M 和剪力设计值 V 等；

R——结构构件的承载力设计值函数；

f_d——砌体的强度设计值，$f_d = \dfrac{f_k}{\gamma_f}$；

f_k——砌体的强度标准值；

γ_f——砌体结构的材料性能分项系数，$\gamma_f = 1.5$；

α_k——几何参数标准值。

龄期为 28 天的以毛截面计算的烧结普通砖和烧结多孔砖砌体的抗压强度设计值，根据砖和砂浆的强度等级应按表 5-6 采用。

下列情况的强度设计值应乘以调整系数 γ_a。

(1) 有吊车房屋和跨度不小于 9m 的多层房屋，γ_a 为 0.9；

(2) 构件截面面积 A 小于 0.3m² 时，为其截面面积（按 m² 计）加 0.7；

(3) 当用水泥砂浆砌筑时，γ_a 为 0.85；

(4) 当验算施工中房屋的构件时，γ_a 为 1.10。

烧结普通砖和烧结多孔砖砌体的抗压强度设计值（MPa） 表 5-6

砖强度等级	砂浆强度等级					砂浆强度
	M15	M10	M7.5	M5	M2.5	0
MU30	3.94	3.27	2.93	2.59	2.26	1.15
MU25	3.60	2.98	2.68	2.37	2.06	1.05
MU20	3.22	2.67	2.39	2.12	1.84	0.94
MU15	2.79	2.31	2.07	1.83	1.60	0.82
MU10	—	1.89	1.69	1.50	1.30	0.67

5.6 钢结构基础

5.6.1 钢材的主要力学性能

钢结构在使用过程中要受到各种形式的外力作用，这就要求钢材必须有能抵抗外力作用而不超过允许的变形和不会引起破坏的能力，这种能力统称为钢的力学性能。

承重结构所用钢材的力学性能主要包括强度、塑性、冷弯性能、韧性和焊接性。它们是衡量钢材质量好坏的重要指标，也是结构设计的主要依据，这些指标主要是通过试验来测定的。

1. 强度

结构的使用条件和受力情况是多种多样的，显然不可能对每种情况都进行试验并测定其力学性能指标。而通过钢材的单向拉伸试验则可获得最基本、最主要的力学性能指标。

图 5-66 所示的应力——应变曲线是典型的建筑结构钢在常温静载条件下的单向拉伸试验的结果，从这条曲线中可得到许多有关钢材性能的信息。

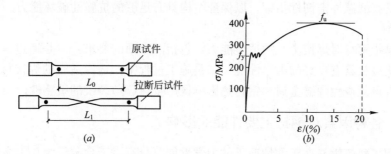

图 5-66　Q235 钢的拉伸试验
(a)受拉试件；(b)$\sigma-\varepsilon$ 曲线

（1）屈服点（屈服强度）

在图中可看出，当钢材进入流动范围时，曲线波动较大，以后逐渐趋于平稳，其最高点和最低点分别称为上屈服点（上限）和下屈服点（下限）。上屈服点与试验条件有关；而下屈服点对此不敏感（即比较稳定），设计中以下屈服点为依据，用符号 f_y 表示。

（2）抗拉强度

抗拉强度（极限强度）f_u 是 $\sigma-\varepsilon$ 曲线图中的最大应力值，它是钢材力学性能中必不可少的保证项目。钢结构设计的准则是以构件最大应力达到材料屈服点作为极限状态，而把钢材的极限强度视为局部应力高峰的强度储备，这样能同时满足构件的强度与刚度要求。因而对承重结构的钢材，要求同时保证抗拉强度和屈服点的强度指标。

2. 塑性

钢材的塑性一般是指当应力超过屈服点后，能产生显著的残余变形（塑性变形）而不立即断裂的性质。衡量钢材塑性好坏的主要指标是伸长率和截面收缩率。试件被拉断时的绝对变形值与试件原标距之比的百分数，称为伸长率。

3. 冷弯性能

冷弯性能由冷弯试验来确定。试验时按照规定的弯心直径在材料试验机上用冷弯冲头加压，当试件弯曲至 180°时如外表面和侧面无裂纹、断裂或分层，即为合格。它不仅能直接检验钢材的弯曲变形能力或塑性性能，反映钢材对冷加工的适应程度，还能暴露钢材内部的冶金缺陷，如硫、磷偏析和硫化物与氧化物的掺杂情况，甚至在一定程度上还可以反映钢材的焊接性。因此，冷弯性能是评价钢材工艺性能和力学性能的一项综合性指标，冷弯试验是鉴定钢材质量的一项有效措施。

4. 冲击韧性

钢材的强度和塑性指标是由静力拉伸试验获得的，一般只能反映钢材在常温静载下的性能。用于承受动力荷载时，显然有很大的局限性。衡量钢材抗冲击性能的指标是钢材的韧性。韧性是钢材抵抗冲击荷载的能力，它用材料在断裂时所吸收的总能量来量度，其值为图 5-66 中 $\sigma-\varepsilon$ 曲线与横坐标所包围的总面积，总面积愈大韧性愈高。它与钢材的塑性有关而又不同于塑性，是强度与塑性的综合表现，是判断钢材在冲击荷载作用下是否出现脆性破坏的主要指标之一。

材料的冲击韧性随试件缺口形式和试验机不同而异。同时，冲击韧性还与试验的温度有关，温度愈低，冲击韧性愈低。因此，在寒冷地区建造的结构不但要求具有常温冲击韧性，还要求具有低温冲击韧性指标，以保证结构具有足够的抗脆性破坏能力。

5. 焊接性

焊接性是指钢材对焊接工艺的适应能力，包括两方面的要求：一是通过一定的焊接工艺能保证焊接接头具有良好的力学性能；二是施工过程中，选择适宜的焊接材料和焊接工艺参数后，有可能避免焊缝金属和钢材热影响区产生热(冷)裂纹的敏感性。

5.6.2 各种因素对钢材主要性能的影响

以上介绍了建筑钢材在正常情况下的力学性能。只有对于含碳量为 0.1%～0.3% 的建筑钢材，表面光滑平整，无应力集中，在 20℃ 温度条件下一次缓慢拉伸时，才能获得图 5-66(b) 所示的标准性能曲线及几个标准性能指标。如果这些条件有变化，钢材性能也将发生变化。因而尚应研究影响钢材性能的各种因素。如化学成分、熔炼和浇注方法、轧制和热处理技术、工作环境和受力状态等。

1. 化学成分

钢是由各种化学成分组成的，化学成分及其含量对钢的性能有着重要的影响。铁是钢的基本元素，纯铁质软，在碳素结构钢中约占 99%，其他元素碳、硅、锰、硫、磷、氮、氧等，它们的总和只有 1% 左右，但对钢材的力学性能却有着决定性的影响。在低合金钢中，还含有少量(含量低于 5%)合金元素，如铬、镍、铜、钛、铌等。

在碳素结构钢中，碳是仅次于铁的主要元素，它直接影响钢材的强度、塑性、韧性和焊接性等。碳的含量提高，钢材的屈服点和抗拉强度提高，但塑性和韧性，特别是低温冲击韧性下降；同时，钢材的抗腐蚀性能、疲劳强度和冷弯性能也都明显下降，焊接性降低，并且易低温脆断。

在钢材中，硫是一种有害元素，它使钢材的塑性、冲击韧性、疲劳强度和抗锈性等大大降低。在高温(800～1200℃)时，硫使钢材变脆和发生裂缝，谓之热脆。它的含量过大也不利于焊接和热加工。磷也是一种有害元素，它使钢材的塑性、冲击韧性、冷弯性能和焊接性等大大降低，特别是在温度较低时将促使钢材变脆(冷脆)，不利于钢材冷加工。但是，磷可提高钢材强度和抗锈蚀的能力，对钢材的强化作用尤其显著。可使用的高磷钢，其含磷量可达 0.08%～0.12%，这时应减少钢材中的含碳量，以保证钢材具有一定的塑性和韧性。氧和氮也是有害元素。氧和氮能使钢材变得极脆。氧的作用与硫类似，使钢材发生热脆；氮和磷作用类似，使钢材发生冷脆。

2. 冶金缺陷

常见的冶金缺陷有偏析、非金属夹杂、气孔、裂纹及分层等。

钢材中化学杂质元素分布的不均匀性称为偏析，主要的偏析元素是硫和磷，偏析严重恶化偏析区钢材的性能。非金属夹杂是钢中含有硫化物与氧化物等杂质。气孔是浇注钢锭时，由氧化铁与碳作用所生成的一氧化碳气体不能充分逸出而形成的。它们都将影响钢材的力学性能。浇注时的非金属夹杂物在轧制后能造成钢材的分层，会严重降低钢材的冷弯性能。

冶金缺陷对钢材性能的影响，不仅表现在结构或构件受力工作中，有时也表现在加工制作过程中。

3. 钢材硬化

钢材在弹性变形阶段，若多次间歇重复加载并不影响钢材的性能，因为弹性变形是可以恢复的。但在塑性变形阶段，重复加载将改变钢材的性能。冷拉、冷弯、冲孔、机械剪切等冷加工使钢材产生很大塑性变形，从而提高了钢的屈服点，同时降低了钢的塑性和韧性，这种现象称为冷作硬化。

在高温时熔化于铁中的少量氮和碳，随着时间的推移将逐渐从纯铁中析出，形成自由碳化物和氮化物，对纯铁体的塑性变形起遏制作用，使钢材的强度提高，塑性、韧性下降，这种现象叫时效硬化，俗称老化。时效硬化的过程一般很长，但如在材料塑性变形后加热，则时效硬化将会快速地产生，这种方法称为人工时效。

在一般钢结构中，不利用冷作硬化来提高钢材强度。对于直接承受动荷载的结构，还要求采取措施消除冷加工后钢材硬化的影响，防止钢材变脆。

4. 温度影响

温度对钢材的性能也有影响。研究表明总的趋势是：随着温度的升高，钢材强度和弹性模量要降低，应变增大；反之，温度降低，钢材强度会略有增加，塑性和韧性却会降低而变脆。

温度升高，约在200℃以内钢材的性能没有很大变化。但在250℃左右时，钢材的抗拉强度反而提高，同时塑性和韧性均下降，材料有转脆的倾向，因为此时钢材表面氧化膜呈现蓝色，故称为蓝脆现象。钢材应避免在蓝脆温度范围内进行热加工。钢材在430~540℃之间强度急剧下降，600℃时钢材的强度比原来下降约2/3，钢材已不适于继续承载。所以，钢结构是一种不耐火的结构，当钢结构表面温度超过150℃要采取隔热防护措施。

当温度从常温下降时，特别是在负温度范围内时，钢材强度会略有提高而塑性和韧性有所降低，材料逐渐变脆，这种性质称为低温冷脆。

5. 应力集中

钢材的工作性能和力学性能指标都是以轴心受拉杆件中应力沿截面均匀分布的情况作为基础的。工程中的构件不可避免地存在着孔洞、缺口、凹槽、裂缝、厚度和宽度的变化以及钢材内部缺陷等。在截面形状或连续性改变处，应力分布将变得不再均匀，在某些点形成了应力高峰，而在其他一些点，应力则降低。这种现象叫应力集中。高峰区的最大应力与净截面的平均应力之比称为应力集中系数。研究表明，在应力高峰区域总是存在着同号的双向或三向应力，使材料处于复杂受力状态，由能量强度理论得知，这种同号的平面或立体应力场，阻碍了材料塑性变形的发展，有促使钢材变脆的趋势。应力集中系数愈大，变脆的倾向亦愈严重。但由于建筑钢材塑性较好，在一定程度上能促使应力进行重分配，使应力分布严重不均的现象趋于平缓。故常温下受静荷载作用的结构，只要符合设计和施工规范要求，计算时可不考虑应力集中的影响。但是对于受动力荷载的结构，尤其是低温下受动荷载的结构，应力集中的不利影响将十分突出，往往是引起脆性破坏的根源，设计时应注意构件形状合理，避免构件截面急剧变化，以减小应力集中程度，从构造措施上来防止钢材脆性破坏。

6. 反复荷载作用

钢材在反复荷载作用下，结构的抗力及性能都会发生重大变化。在连续反复的动力荷载作用下，在应力低于极限强度，甚至还低于屈服点时，也会发生破坏，这种破坏称为疲劳破坏。疲劳破坏之前，并没有明显的变形，属于突然发生的脆性断裂。

实践证明，受荷载变化不大或反复次数不多的钢结构一般不会发生疲劳破坏，计算中不必考虑疲劳的影响。但是，长期承受频繁的反复荷载的结构及其连接(如重组工作制吊车作用下吊车梁等)，设计时就必须考虑结构的疲劳问题。

5.6.3　钢材的种类、规格和标准

1. 钢材的种类

钢材的品种虽然繁多，性能也各异，但至今为止在建筑工程中采用的钢材仍然主要是碳素结构钢、低合金结构钢和优质碳素结构钢。

(1) 碳素结构钢

现行国家标准《碳素结构钢》(GB 700—2006)按质量等级将钢分为 A、B、C、D 四级，A 级钢最差，只保证抗拉强度、屈服点、伸长率，必要时也可附加冷弯试验的要求。碳、锰含量可以不作为交货条件。B、C、D 级钢均保证抗拉强度、屈服点、伸长率、冷弯和冲击韧性等力学性能。碳、硫、磷的极限含量比老标准要求更加严格。

钢的牌号由屈服点中"屈"字汉语拼音的字首 Q，屈服点数值(MPa)、质量等级代号(A、B、C、D)及脱氧方法代号(F、b、Z、TZ)等四个部分按顺序组成。根据钢材厚度(直径)≤16mm 时的屈服点数值，钢材分为 Q195、Q215、Q235、Q255、Q275，钢结构一般仅用 Q235。冶炼方法一般由供方自行决定，设计者不再另行提出，如需方有特殊要求时可在合同中加以注明。

(2) 低合金钢

国家标准《低合金高强度结构钢》(GB/T 1591—2008)中规定，低合金钢的牌号表示方法与碳素结构钢一样，也根据钢材厚度(直径)≤16mm 时的屈服点大小，分为 Q295、Q345、Q390、Q420、Q460。钢的牌号质量等级符号，除与碳素结构钢 A、B、C、D 四个等级相同外增加一个 E 级，主要是要求−40℃的冲击韧性。按脱氧方法不同低合金结构钢分为镇静钢或特殊镇静钢，因此钢的牌号中不注明脱氧方法，应以热轧、冷轧、正火及回火状态交货。

A 级钢应进行冷弯试验，其他质量级别钢如供方能保证冷弯试验结果符合要求，可不作检验。Q460 及各牌号 D、E 级钢一般不供应型钢、钢棒。

(3) 优质碳素结构钢

优质碳素结构钢是碳素钢经过热处理得到的优质钢，具有较好的综合性能，所以价格较贵，在钢结构中除常用作高强螺栓的螺母及垫圈等外，一般很少用。在因规格欠缺的特定条件下必需代用时，由于属于以优代劣，一般也只能少量采用。

(4) 厚度方向性能钢板(Z 向钢板)

随着高层建筑、大跨度结构发展，所用钢板的厚度也日趋增大(目前国内高层建筑中所用钢板厚度已达 70mm)，要求钢板在厚度方向具有良好的抗层状撕裂性能，因而出现了新的钢材——厚度方向性能钢板。对厚钢板来说，轧制过程显然会导致钢材各向异性，在长度、宽度和厚度三个方向的力学性能，以厚度方向(Z 向)为最差，尤其是塑性和冲击韧性。而在实际的钢结构中，尤其是层数较高的建筑和跨度较大的结构，常常会有沿钢板

厚度方向受拉的情况，例如梁与柱的连接处、焊接结构中产生的焊接应力等，很容易沿平行于钢板表面层间内出现撕裂——层状撕裂。因此，对于重要焊接构件的钢板，不仅要求沿宽度和长度方向有一定的力学性能，而且要求厚度方向有良好的抗层状撕裂性能。钢板的抗层状撕裂性能采用厚度方向拉力试验时的断面收缩率来评定。

（5）高耐候结构钢

高耐候结构钢是在低碳钢或低合金钢中加入铜、磷、铬、镍、钛等合金元素制成的一种耐大气腐蚀的钢材。在大气作用下，表面自动生成一种致密的防腐薄膜，起到抗腐蚀作用。这种钢材很适宜用于露天的结构。

2. 钢材的规格

根据国家标准及冶金行业标准，钢结构中常用的钢板及型钢有下列几种规格(图 5-67)。

图 5-67　热轧型钢

（1）钢板和钢带

钢带和钢板的区别在于成品形状。钢带是指成卷交货，宽度≥600mm 的宽钢带。按板厚划分则有薄钢板(0.35~4mm)、厚钢板(4.5~60 mm，亦有将 4.5~20mm 称为中厚板，＞20mm 称为厚板)、特厚板(＞60 mm)。钢板的表示方法为"—宽度×厚度×长度"或"—宽度×厚度"。薄钢板一般用冷轧法轧制。

（2）热轧型材(工字钢、槽钢、角钢、钢管等)

工字钢有普通工字钢和轻型工字钢两种，其型号用截面高度的厘米数来表示，2 号以上的工字钢根据腹板厚度和翼缘，c 类最厚最宽。轻型工字钢的翼缘和腹板均较普通工字钢薄，因而在相同重量下截面系数和回转半径均较大。工字钢的型号、规格见国家标准《热轧工字钢尺寸、外形、重量及允许偏差》(GB/T 706—2008)。

槽钢亦有热轧普通槽钢和轻型槽钢两种。与工字钢一样也是以截面高度的厘米数表示型号。从⌷14 开始，亦有 a、b 或 a、b、c 规格的区分，如⌷32a。槽钢翼缘内表面的斜度(1:10)比工字钢要平缓，故用螺栓连接时比较容易。型号相同的轻型槽钢比普通槽钢的翼缘要宽且薄，腹板厚度亦小，截面特性更好一些。

角钢有等边角钢和不等边角钢两大类。不等边角钢的表示方法为在符号"∟"后加"长肢宽×短肢宽×厚度"，如∟100×63×80。等边角钢则以肢宽和厚度来表示，如∟100×8，单位均为 mm。

（3）H 形钢和 T 形钢

H 形钢与普通工字钢的区别有几方面，首先是翼缘宽，故早期有宽翼缘工字钢一说；其次翼缘内表面没有斜度、上下表面平行，便于与其他构件连接；另外从材料分布形式来看，工字钢材料主要集中在腹板附近，愈向两侧延伸，钢材愈少。而在轧制 H 形钢中，材料分布侧重在翼缘部分，所以，H 形钢的截面特性要明显优越于传统的工字钢、槽钢、角钢及它们的组合截面。

根据国家标准《热轧 H 形钢和剖分 T 形钢》(GB/T 11263—2010)的规定，按宽翼缘、中翼缘、窄翼缘、薄壁将 H 型钢分为四个类别。剖分 T 型钢分为三类，其代号如下：宽翼缘剖分 T 型钢 TW、中翼缘剖分 T 型钢 TM、窄翼缘剖分 T 型钢 TN。

(4) 冷弯薄壁型钢

冷弯型钢是用薄钢板在连续辊式冷弯机组上生产出来的冷加工型材，其壁厚一般为 1.5～12mm。其截面形式有等边角钢、卷边等边角钢、Z 型钢、卷边 Z 型钢、槽钢、卷边槽钢等开口截面以及方形和矩形闭口截面的管材，见图 5-68 所示。按国家标准《冷弯型钢技术条件》(GB 6725—2002)的规定，冷弯型钢所用钢的牌号可以为碳素结构钢、低合金高强度结构钢和其他牌号，一般以冷加工状态交货，其力学性能试验仅在原料钢带上进行，冷弯型钢一般不做力学性能试验。

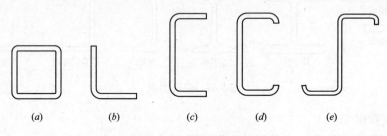

(a)   (b)   (c)   (d)   (e)

图 5-68　冷弯薄壁型钢

(5) 钢管

结构用钢管有热轧无缝钢管和焊接钢管两大类，焊接钢管由钢带卷焊而成，依据管径大小，又分为直缝焊和螺旋焊两种。用符号"ϕ"后面加"外径×厚度"表示，单位为 mm。

(6) 其他钢材制品

应用于建筑钢结构的钢材制品还有花纹钢板、压型钢板、钢格栅板和网架球节点等。

①花纹钢板是用碳素结构钢、船体用结构钢、高耐候结构钢热轧成菱形、扁豆形或圆豆形花纹的钢板制品。花纹钢板的力学性能不作保证，以热轧状态交货，表面质量分普通精度和较高精度两级。

②压型钢板是由厚度为 0.4～2mm 的钢板压制而成的波纹状钢板。波纹高度为 10～200mm；钢板表面涂漆、镀锌、涂有机层(又称彩色压型钢板)以防止锈蚀，因此耐久性较好。压型钢板常用作屋面板、墙板及楼板等，其优点是：轻质、高强、美观、施工进度快。

③压焊钢格栅板(YB 4001—91)按其表面状态有热浸镀锌、浸渍沥青、涂漆及不处理四种，用钢牌号为 Q235A。适用于工业平台、地板、天桥、栈道的铺板、楼梯踏板、内盖板以及栅栏等等。

3. 钢材的选择

钢材的选择目的是要保证安全可靠、经济合理。下面介绍选择钢材对应考虑的原则：

(1) 结构的重要性

对重型工业建筑结构、大跨度结构、高层或超高层的民用建筑结构或构筑物等重要结构，应考虑选用质量好的钢材。

（2）荷载情况

荷载可分为静态荷载和动态荷载两种。直接承受动态荷载作用的结构和强烈地震区的结构，应选用综合性能好的钢材，一般承受静态荷载的结构，则可选用质量等级稍低的钢材。

（3）连接方式

钢结构的连接方式有焊接和非焊接两类。因为在焊接过程中，会产生焊接变形、焊接应力以及其他焊接缺陷，所以，焊接钢结构对材质的要求应严格一些。例如，在化学成分方面，焊接结构必须严格控制碳、硫、磷的极限含量；而非焊接结构（如用高强度螺栓连接的结构），这些要求可适当放宽。

（4）结构所处的温度和环境

钢材处于低温时容易冷脆，因此在低温条件下工作的结构，尤其是焊接结构，应选用具有良好抗低温脆断性能的镇静钢。此外，露天结构的钢材容易产生时效，受有害介质作用的钢材容易锈蚀、疲劳和断裂，选择材料时也应注意区别。

（5）钢材厚度

因为薄钢材辊轧次数多，轧制的压缩比大，厚度大的钢材压缩比小，所以厚度大的钢材不但强度较小，而且塑性、冲击韧性和焊接性能也较差。因此，厚度大的焊接结构应采用材质较好的钢材，对重要结构中可能产生三向应力的构件，可考虑采用 Z 向钢。

第6章 市政工程造价

6.1 市政工程定额概述

6.1.1 定额的基本概念

1. 定额的产生与形成

（1）定额的意义

定额，"定"就是规定，"额"就是数额，定额就是规定在产品生产中人力、物力或资金消耗的标准额度。它反映一定社会生产力条件下的产品生产和消费之间的数量关系。定额属于消费性质。

工程建设定额是指在正常的工程建设施工条件下，为完成一定计量单位的合格产品（工程）所必须消耗的人工、材料、机械的数量标准。它反映的是完成建筑工程施工中的某一分项工程单位产品与各种生产消费之间特定的数量关系。

市政工程定额，是基本建设工程定额的一种。

例如，某定额规定浇筑 $10m^3$ 带形混凝土基础，需用 $10.15m^3$ 强度等级为 C20 的混凝土，400L 混凝土搅拌机 0.39 台班，人工工日 9.56 个。在这里，产品（带形混凝土基础）和材料（混凝土）、机械（400L 混凝土搅拌机）及人工之间的关系是客观的，是特定的。定额中关于生产 $10m^3$ 混凝土带形基础，消耗混凝土 $10.15m^3$，消耗 400L 混凝土搅拌机 0.39 台班，消耗人工 9.56 个工日等的规定，则是一种数量关系的规定。在这个特定的关系中，带形混凝土基础和 C20 混凝土、400L 混凝土搅拌机以及人工都是不能代替的。

（2）定额的产生与形成

生产和消费之间的数量关系，客观地存在于社会生产的各个发展阶段上。认识是随着生产力的发展，随着现代经济管理的发展而产生并不断加深的。

在小商品生产的情况下，由于生产规模狭小，产品比较单纯，要认识和预计生产中人力、物力的消耗量，是比较简单的，往往凭头脑中积累的生产经验就可以了。到了现代资本主义社会化大生产出现以后，共同劳动的规模日益扩大，劳动分工和协作越来越细，越来越复杂。研究生产消费，对生产消费进行科学管理也就愈加复杂和重要。研究生产消费成为社会化大生产的客观要求。

在资本主义社会，生产的目的是为了攫取最大限度的利润。资本家为了赚取更多的利润，加强在竞争中的地位，就要千方百计降低单位产品的活劳动和物化劳动的消耗，以便使自己企业生产的产品所需劳动消耗低于社会价值。要达到这个目的，就要加强对企业生产消费的管理和研究，这样定额作为管理科学的一门重要学科也就应运而生了。

19 世纪末，资本主义工业发展速度很快，但是各个企业仍然采用传统的管理方法，劳动生产率很低，许多工厂的生产能力得不到充分发挥，在这种情况下，美国工程师泰罗（1856～1915 年)开始了企业管理的研究。

为了提高工人的劳动效率，泰罗把对工作时间的研究放在重要的地位，他把工作时间分为若干组成部分，利用秒表测定每一操作过程的时间消耗，制定出工时定额作为衡量工人工作效率的尺度。他还对工人的操作方法进行研究，对人在劳动中的动作逐一分析其合理性，消除那些多余的无效动作，制定出能节约工作时间的标准操作方法。他还注意研究生产工具和设备对工时消耗的影响。从而把制定工时定额建立在合理操作的基础之上。

建立工时定额，实行标准的操作方法，采用有差别的计件工资，这就是泰罗制的主要内容。泰罗制的推行在提高劳动效率方面取得了显著成果，也给资本主义企业管理带来了根本性的变革和深远影响。

继泰罗制之后，资本主义企业管理又有了许多新的发展，对于定额的制定也有很多新的研究和发展。20 世纪 40 年代到 60 年代出现的资本主义管理科学，实际是泰罗制的继续和发展。一方面，管理科学从操作方法、作业水平的研究向科学组织的研究上扩展；另一方面，它利用了现代自然科学的新成果——运筹学、电子计算机等科学技术手段进行科学管理。70 年代出现行为科学和系统管理理论，从社会学，心理学的角度研究管理，强调重视社会环境，人的相互关系对提高工效的影响。把管理科学和行为科学结合起来，从事物整体出发，通过对企业中的人、物和环境等要素进行系统全面的分析研究，以实现管理的最优化。

定额虽然是管理科学发展初期的产物，但它在企业管理中一直占有重要地位。因为定额提供的基本管理数据，始终是实现科学管理的必备条件，即使是数学方法和电子计算机普遍应用于企业管理的情况下，也不能降低它的作用。

综上所述，管理科学的创立从定额开始，管理科学的发展和定额也是不能分开的。定额是企业管理科学化的产物，也是科学管理的基础。定额是管理科学中的一门学科。

2. 定额的特点

定额的特点是由定额的性质决定的，工程建设定额具有科学性、系统性、统一性、法令性和稳定性等特点。

（1）科学性特点

工程建设定额科学性的特点表现为：基本建设定额是在认真研究客观规律的基础上，通过长期观察、测定、总结生产实践及广泛搜集资料，通过对工时分析、动作研究、现场布置、工具设备改革，生产技术与组织的合理配合等各方面进行科学的综合研究后制定的。即用科学的态度制定定额，尊重客观实际，避免主观臆断，力求定额水平合理；用科学的方法制定定额，在制定定额的技术方法上，利用现代科学管理的成就，形成系统的、完整的、严密的、在实践中行之有效的科学方法。

（2）系统性特点

工程建设定额是由多种定额结合而成的有机整体。它的结构复杂，具有鲜明的层次联系和明确的目标，又是相对独立的系统。

各类工程的建设都有严格的项目划分，如建设项目、单项工程、单位工程、分部工程、分项工程；在计划和实施工程中有严密的逻辑阶段，如规划、可行性研究、设计、施工、试运转、竣工交付使用以及投入使用后维修等，形成工程建设定额的多种类，多层次，并具有系统性。

（3）统一性特点

工程建设定额的统一性是由国家对经济发展的宏观调控职能决定的。为了使国民经济按照预定的目标发展，就要借助某些标准、定额、参数等，对工程建设进行规划、组织、调节、控制。这些标准、定额、参数必须在一定范围内用一种统一的尺度，才能实现上述职能，才能利用它对项目的拟定、设计方案、投标报价、成本控制等进行评选和评价。

工程建设定额的统一性按照其影响和执行范围来看，有全国统一定额、部门统一定额和地区统一定额等；按照定额的制定、颁布和贯彻使用来看，有统一的程序、统一的原则、统一的方法和统一的要求。

（4）稳定性特点

工程建设定额中的任何一种定额都是一定时期技术发展和管理水平的反映，因而在一段时期内都表现出稳定的状态。根据管理权限等具体情况的不同，定额稳定的时间有长有短。保持定额的稳定性是维护定额的权威性所必需的，又是有效贯彻定额所必需的。

工程建设定额的稳定性是相对的。任何一种工程定额，都只能是反映了一定时期的生产力水平，当技术进步了，生产力向前发展了，定额就会与已发展了的生产力不相适应，因此，在适当的时期进行定额修编就是必然的了。

（5）法令性特点

定额经授权单位批准颁发后，就具有法令性，只要是属于规定的范围之内，任何单位都必须严格遵守，认真执行。任何单位或个人都应当遵守定额管理权限的规定，不得任意改变定额的结构形式和内容，不得任意降低或变相降低定额的水平，如需要进行调整、修改和补充，必须经授权部门批准。定额管理部门和企业管理部门应对企业和基层单位进行必要的监督。随着我国社会主义市场经济不断推进，定额已由过去的法令性特点正逐步转变到指导性特点的过程中。

6.1.2 市政工程建设定额的分类

定额种类繁多，为了对基本建设工程定额有一个全面的概念性的了解，可以按照以下不同的原则和方法进行分类：

1. 按生产因素分类

按照定额所反映的生产因素消耗内容不同，工程建设定额可分为以下三种：

（1）劳动消耗定额

简称劳动定额。它是指在合理的劳动组织及正常的施工条件下，完成单位合格产品（工程实体）规定劳动消耗的数量标准或在一定的劳动消耗中所产生的合格产品的数量。

劳动定额按其表现形式不同，可分为时间定额和产量定额两种。

（2）材料消耗定额

是指在节约和合理使用材料的条件下，生产单位合格产品所必须消耗的一定品种规格的主要材料、辅助材料和其他材料的数量标准。

材料是基本建设工程中所使用的原材料、成品、半成品、构配件、燃料以及水、电、动力资源等的总称。

材料作为劳动对象是构成工程的实体物资，需要量很大，种类繁多、规格繁杂，所以材料消耗多少，消耗是否合理，不仅关系到资源的有效利用，而且对建设项目的投资、建筑产品的成本控制都起着决定性影响。

（3）机械台班消耗定额

简称机械定额。它是指在正常的施工条件下及合理的劳动组织与合理使用机械的条件下，完成单位合格产品所规定的施工机械消耗的数量标准。

机械消耗定额可分为时间定额和产量定额两种。主要表现形式是时间定额。

2. 按编制程序和用途分类

（1）施工定额

是施工企业组织生产和加强管理，在企业内部直接用于市政工程施工管理的一种定额。属于企业生产定额的性质。

施工定额由劳动定额、材料消耗定额和机械台班消耗定额三个相对独立的部分组成。施工定额既考虑到预算定额的分部方法和内容，又考虑到劳动定额的分工种做法。定额人工部分要比劳动定额粗，步距大些，工作内容有适当的综合扩大。施工定额要比预算定额细，要考虑到劳动组合等。

施工定额是施工企业进行科学管理的基础。主要用于施工企业内部经济核算，编制施工预算，编制施工作业计划，施工组织设计和确定人工、材料及机械需要量计划，施工队向班组签发施工任务单和限额领料单，计算劳动报酬和奖励的依据，是编制预算定额，确定人工、材料、机械消耗数量标准的基础依据。

（2）预算定额

是指在正常合理的施工条件下，规定完成一定计量单位的分项工程或结构构件所必需的人工（工日）、材料、机械（台班）以及货币形式表现的消耗数量标准。它是在编制施工图预算时，计算工程造价和计算单位工程中劳动力、材料、机械台班需要量使用的一种定额。预算定额属于计价性定额。

预算定额是基本建设管理工作中的一项重要的技术经济法规。它规定了市政工程施工生产的社会必要劳动量，即确定了市政工程（产品）计划价格。因此，它是确定工程造价的主要依据，是计算标底和确定报价的主要依据。

（3）概算定额

它是在相应预算定额的基础上，以分部工程为主，综合、扩大、合并与其相关部分，使其达到项目少、内容全、简化计算、准确适用的目的。是设计单位编制初步设计或扩大初步设计概算时，计算和确定拟建项目概算造价，计算劳动力（工日）、材料、机械（台班）需要量所使用的定额。

（4）概算指标

它是在相应概算定额的基础上，对市政工程进行综合、扩大而成的一种规定完成一定计量单位的建筑物或构筑物所需要的劳动力（工日）、主要材料消耗量和相应费用的指标。它主要是在项目建议书和可行性研究报告编制阶段用以投资估算所使用的定额。计量单位，例如：$1m^2$，$100m^2$，$1m^3$，$1000m^3$，幢（建筑物），座（构筑物），套（系统），$1km$ 等。

概算指标编制内容、各项指标的取定以及形式等，国家无统一规定，由各部门结合本行业工程建设的特点和需要自行制定。

（5）间接费用定额

是施工企业为组织和管理施工生产所需的各项经营管理费用的标准。它是工程造价的重要组成部分，由地方主管部门按照工程性质，分别规定不同的取费率和计算基数进行计算。由于它不是构成工程实体所需的费用，是施工中必须发生而又不便于具体计算的费用，只能以费率的形式间接地摊入单位工程造价内，所以对这一费用标准，称为间接费定额。

（6）工期定额

它是为各类工程规定的施工期限的定额天数。包括建设工期定额和施工工期定额两个层次。

建设工期是指建设项目中构成固定资产的单项工程、单位工程从正式开工之日起到全部建成投产或交付使用之日止。所经历的时间，一般以月数或天数表示。

建设工期是考核建设项目经济效益和社会效益的重要指标。建设项目缩短工期，提前投产或交付使用，不仅能节约投资，也能更快地发挥设计效益，创造出更多的物质和精神财富。工期对于施工企业来说，是履行承包合同、安排施工计划、降低成本、提高经营效益等必须考虑的指标。

建设工期同工程造价、工程质量一起被视为建设项目管理的三大目标。

3. 按制定单位和执行范围分类

（1）全国统一定额

它是由国家建设行政主管部门组织制定，综合全国基本建设的生产技术和施工组织的一般情况编制，并在全国范围内执行的定额。例如全国建筑安装工程统一劳动定额、全国市政工程统一劳动定额等。

（2）部门统一定额

指由中央各部（委）根据本部门专业性质不同的特点，参照全国统一定额的编制水平，编制的适用于本部门工程技术特点以及施工生产和管理水平的一种定额。如交通部的"公路工程预算定额"，化工部的"工业建筑防腐工程预算定额"等。部门定额的特点是专业性强，仅适用于本部门及其他部门相同专业性质的工程建设项目。

（3）地区统一定额

由于我国地域辽阔，各地气候条件、经济技术、物质资源和交通运输条件等方面的差异，构成对全国统一定额项目、内容和水平不能完全适应本地区经济技术特点的要求。为此，由各省、自治区、直辖市建设行政主管部门结合本地区经济发展水平和特点，在全国统一定额水平的基础上对定额项目做出适当调整补充而成的一种定额。地区定额仅限于在本地区范围内所有的工程建设项目使用，但不适用于专业性特强的建设项目。

（4）企业定额

是指由市政工程施工企业结合自身具体情况，参照国家、部门或地区统一定额的技术水平自行编制，企业内部自己使用的一种定额。

4. 按专业分类

（1）建筑工程定额及其配套的费用定额

适用于一般工业与民用建筑的新建、扩建工程、接层工程及单独承包装饰装修工程。不适用于修缮及临时性工程。

（2）安装工程定额及其配套的费用定额

适用于工业与民用新建、扩建的安装工程。范围包括：机械设备安装、电气设备安装、工艺管道、给排水、采暖、煤气、通风空调、自动化控制装置及仪表、工艺金属结构、炉窑砌筑、热力设备安装、化学工业设备安装、非标设备制作工程以及上述工程的刷油、绝热、防腐蚀工程。

（3）市政工程定额及其配套的费用定额

适用于新建、扩建和大修市政工程及住宅区、厂区内道路、排水管道工程。主要专业包括：道路、桥涵、隧道、排水、防洪堤、给水、燃气、集中供热、路灯等工程。

（4）仿古园林工程定额及其配套费用定额

主要适用于新建、扩建的仿古建筑及园林绿化工程，也适用于小区的绿化和小品设施。

（5）市政养护维修定额及其配套费用定额

主要适用于城市、城镇的道路、排水、桥涵、路灯等市政设施中、小养护维修工程。

（6）房屋修缮、抗震加固定额及其配套的费用定额

适用于房屋的整体拆除、局部拆除、局部翻修、零星维修以及随同房屋维修施工的零星工程；房屋抗震加固工程及增加阳台工程；房屋修缮工程中的水、暖、电、通风和煤气工程的拆除、修理和更换以及旧建筑物新装水、暖、电、通风和民用煤气工程。

（7）由国务院有关部门编制的专门定额

其专业性很强。如核岛建筑工程预算定额、煤炭井巷工程预算定额、煤炭露天剥离工程预算定额及配套费用定额等。

6.1.3　定额的编制与管理

1. 定额编制的原则

为了保证定额的质量，编制定额须遵循以下原则：

（1）确定定额水平要贯彻先进合理原则

定额水平，是指规定消耗在单位产品上劳动力、机械和材料数量的多少，水平高低。劳动生产率高，单位产品上劳动力、机械和材料消耗少，定额水平就高，反之定额水平就低。所以，一定历史条件下的定额水平，是社会生产力水平的反映，同时又推动社会生产力的发展。

定额的水平既不能以先进企业的水平为依据，更不能以落后企业的水平为依据，而只能采用平均先进水平。

所谓平均先进水平是指它低于先进企业、先进个人的水平，略高于平均水平，多数企业经过努力可以达到或超过，少数工人可以接近的水平。

确定这一水平，要全面研究、比较、测算，反复平衡，既要反映已成熟并得到推广的先进技术和经验，同时又要从实际出发做到合理可行。

（2）定额的内容和形式要贯彻简明适用的原则

定额的内容和形式要具有多方面的适应性，能满足不同用途的需要，又要简单明了，易于掌握。项目要齐全，便于使用。项目划分合理，粗细恰当，步距适当。定额项目划分粗些比较简明，但精确度较低；划分细些精确度较高，但又较复杂。定额步距是指同类物质的一组定额在合并时保留的间距。步距大，定额项目就会减少，精确度就会降低。步距

小，定额项目则会增加，精确度也会提高。所以确定步距时，对于主要工种、主要项目、常用项目，定额步距要小一些，对于次要工种、次要项目、工程量不大和不常用项目，步距可以适当大些。另外，文字要通俗易懂，计算方法要简单易行。

（3）编制定额要贯彻以专业人员为主，专群结合的原则

定额编制是一项专业性、政策性很强的技术经济工作，编制工作量大，工作周期长。因此，编制定额必须有专门的组织机构和专职技术人员负责，掌握方针政策，做经常性的定额资料积累工作，技术测定工作，整理和分析资料工作，拟定定额方案工作，广泛的市场调查和征求群众意见的工作，以及组织出版发行工作。

广大职工是定额的执行者，对定额执行情况和问题也最为了解。所以编制定额时必须广泛征求职工群众的意见。

贯彻以专为主，专群结合的原则，是定额质量的组织与技术保证，是落实执行定额具有群众基础的保证。

2. 定额的管理

（1）定额的管理采用统一领导、分级管理模式

由国家主管部门对各类消耗标准、规范、规程等做出统一规定或颁布全国通用的定额及其管理办法。中央各部委及各省、自治区、直辖市建设工程主管部门根据国家定额管理办法的规定，制定本部门、本地区的定额及其管理实施细则。允许编制地区或企业内部的补充定额，须报主管部门审批后执行。

定额的管理，可以分为定额主管部门的管理和施工企业内部的定额管理两个方面。

定额主管部门的管理，主要是定额的测定、编制、试点，定额解释，批准后的贯彻、执行、补充与修订，信息反馈等方面的管理。

施工企业内部的定额管理是企业诸多管理中的基础性管理，主要内容为：组织与检查定额的贯彻落实与执行情况，分析定额完成情况和存在的问题。

主管部门的定额管理是施工企业内部贯彻和执行定额及其定额管理的前提，施工企业内部的定额日常管理及其信息反馈又是定额主管部门编制、补充与修订定额和定额管理的继续。

国家定额管理中心，在国家计划、经济委员会的直接领导下，负责对国民经济各部门的技术定额、专业定额的研究和管理；颁布国家有关定额政策、法令、规章制度；定额的审批、实施和仲裁等职能。

建设部是主管全国工程建设的部门。在国务院领导下归口管理我国工程建设、城市建设、村镇建设、建筑业和房地产开发经营建设工作。对全国建设工作实行以宏观调控为主和微观指导为辅的管理职能。其中标准定额司主要负责统筹规划、组织制定和颁发有关全国性的工程建设标准、技术经济定额、制度和法规；对全国各专业部门和各省、市及地区主管工程建设的定额管理机构，定额标准，勘察设计，建筑施工等进行综合管理和业务指导、监督。同时对施工企业内部的基础管理即定额的技术测定、定额标准化、信息沟通等负有调控、指导和监督的职能。

中央各专业部属定额管理站、处，负责本专业部定额的编制、修订和技术测定工作及定额政策、法令和规章制度的制定、监督、实施、批准和仲裁。

各省、市（包括地区、专区）定额站，在省、市建委（建设局）直接领导下，负责省、市

范围内的定额的编制、修订工作，贯彻执行国家及业务主管部门颁发的与定额有关的法令、政策和规章制度，参加全国定额的编制、修订工作，负责本省、市补充定额的制定，定额问题的解释、仲裁；定期召开定额会议，交流总结经验，指导下级定额人员工作。

（2）定额的修订

新编定额执行一段时间之后，随着施工技术和劳动生产率的提高，随着施工中新结构、新材料、新的施工工艺的采用，随着人工工日、原材料、机械台班市场价格的变化等，原定额手册中的某些项目，将不能适应现有生产力水平，定额项目缺少反映新结构、新材料、新工艺的定额项目需要补充，被淘汰的施工方法需要删除，原定额的单价不再适应市场价格的变化等。诸如这些因素的变化，客观上要求对定额进行重新修订。

定额不宜频繁修订或重编，如果修订的间隔期过短，将使定额失去稳定性，定额总是处在变动之中，会挫伤定额执行者的积极性，不利于生产和劳动生产率的提高，定额的科学性、法令性等特点就无法体现。同时定额修订工作浩繁，技术经济性很强，特别是全面修订或重编，工作周期较长，需要有足够的技术力量和充分的组织准备。

定额修订的前提是由于生产力水平和劳动生产率的提高，以及施工条件的变化，市场价格的变化等。如果长期沿用原定额，就难以发挥定额应有的作用，失去定额的平均先进性，因此，定额应该在保持相对稳定性的前提下，适时地根据实际变化的情况，对定额做出必要的修订。

定额的修订一般可分为定期性全面修订、不定期性局部修订、一次性临时修订。

6.2　市政工程施工定额、预算定额及概算定额

6.2.1　施工定额

1. 施工定额概述

（1）施工定额的组成

施工定额是直接用于建筑施工管理中的一种定额。它以"施工技术验收规范"及"安全操作规程"为依据，在一定的施工技术和施工组织的条件下，规定建筑安装工人或班组消耗在单位合格建筑安装产品（包括预制件及假定产品）上的人工、材料和机械台班数量标准。

施工定额是建筑安装企业的生产定额，施工定额由劳动定额，材料消耗定额和机械台班使用定额三部分组成。

1）劳动定额

劳动定额，又称人工定额。

劳动定额按其表现形式不同，可分为时间定额和产量定额两种。

① 时间定额

是指某工种的某一等级工人班组或个人，在合理的劳动组织与合理使用材料的条件下，完成单位合格产品所必须的工作时间。包括准备与结束时间、基本工作时间、辅助工作时间、不可避免的中断时间及工人必需的休息时间。

时间定额以工日为单位，每一工日按八小时计算。

$$单位产品人工时间定额(工日)=\frac{1}{每工产量}$$

$$或单位产品人工时间定额(工日)=\frac{小组成员工日数总和}{每班产量}$$

② 产量定额

是指在合理的劳动组织与合理使用材料的条件下，某工种某一等级的工人班组或个人在单位工作时间所应完成的合格产品数量。其计算式如下：

$$每工产量=\frac{1}{单位产品时间定额(工日)}$$

$$或每班产量=\frac{小组成员工日数总和}{单位产品时间定额(工日)}$$

时间定额与产量定额互为倒数关系。即：

$$时间定额\times产量定额=1$$

$$时间定额\times\frac{1}{产量定额}$$

$$产量定额=\frac{1}{时间定额}$$

2) 材料消耗定额

材料作为劳动对象是构成工程的实体物资，需要量很大，种类繁多、规格繁杂，所以材料消耗多少、消耗是否合理，不仅关系到资源的有效利用，而且对建设项目的投资、建筑产品的成本控制都起着决定性影响。

定额中的材料，按其构成工程实体所发挥的作用以及用量的大小不同，可以划分为以下四类：

① 主要材料——指直接构成工程实体的材料。

② 辅助材料——指直接构成工程实体，但用量较少的材料。

③ 周转材料——指多次使用，但不构成工程实体的材料，故又称为工具性材料。如脚手架杆、模板等。

④ 其他材料——指用量少、价值不大、难以计量的零星材料。

3) 机械台班消耗定额

机械台班消耗定额可分为时间定额和产量定额两种。

机械时间定额，就是生产质量合格的单位产品所必需消耗的机械工作时间。机械消耗的时间定额以某台机械一个工作班(八小时)为一个台班进行计量。其计算式如下：

$$单位产品机械时间定额(台班)=\frac{1}{台班产量}$$

$$或单位产品机械时间定额(台班)=\frac{小组成员台班数总和}{台班产量}$$

机械产量定额，就是在一个单位机械台班工作日，完成合格产品的数量。其计算式如下：

$$台班产量=\frac{1}{单位产品机械时间定额(台班)}$$

$$或台班产量=\frac{小组成员台班数总和}{单位产品机械时间定额(台班)}$$

（2）施工定额的作用

施工定额是施工企业管理的基础。充分发挥施工定额的作用，对于促进施工企业内部施工组织管理水平的提高，加强经济核算，提高劳动生产率，降低工程成本，提高经济效益，都具有十分重要的意义。

① 施工定额是编制施工组织设计和施工作业计划的依据

施工组织设计是全面安排和指导施工的技术经济文件。施工单位编制的施工组织设计包括施工组织总设计、单位工程施工组织设计，必要时还要编制年度施工组织设计、分部工程施工组织设计及冬、雨季施工组织设计等。各类施工组织设计都需包括的基本内容有：拟定所建工程的资源需要量、拟定使用这些资源的最佳时间安排，做好平面规划，以达到在施工现场科学地组织人力和物力。

施工作业计划是施工单位计划管理的中心环节。分为月作业计划和旬作业计划。编制施工作业计划，需要计算计划完成的实物工程量，建筑安装工作量，材料、预制品加工、构件等的需要量，劳动力需要量，施工机械的需要量等。

确定所建工程的各项资源需要量，精确地计算人工、机械和材料、构件等的数量，都需要根据现行的施工定额计算确定。

② 是签发施工任务单和限额领料单的依据

施工任务单是把施工作业计划落实到班组的任务执行文件，也是记录班组完成任务情况和结算班组工人工资的凭证。施工任务单的内容可以分为两部分：一部分是下达给班组的工程任务，包括工程名称、工作内容、计算单位、任务工程量、定额指标、计算单价、质量与安全要求、开工和竣工日期、平均技术等级。第二部分是实际完成任务情况的记载和工资结算。任务单上的工程量计算单位、产量及时间定额、计划用工数等都需按施工定额中的劳动定额计算。

限额领料单是施工队随任务单同时签发的领取材料的凭证，这一凭证是根据施工任务和施工的材料消耗定额计算填写的。

③ 是贯彻经济责任制，实行按劳分配的依据

经济责任制是实行按劳分配的有力保证。按劳分配，就是按劳动数量和质量进行分配。劳动量凝结在劳动者所创造的产品中，劳动产品不仅体现了劳动强度的大小，还体现出劳动产品质量的高低。劳动者个人为了维持再生产能力，须从社会总产品中做出各项必要的社会扣除以后，按个人提供给社会的劳动量来取得个人消费品。经济责任制是以劳动者对国家、企业承担经济责任为前提，超额有奖，完不成定额受罚，使劳动者的个人利益和生产成果紧密挂钩，能够更准确地体现多劳多得、少劳少得的社会主义分配原则。劳动者劳动成果的好坏，其客观标准是以施工定额为尺度。因此，施工定额是贯彻经济责任制，实行按劳分配的依据。

④ 是编制施工预算，加强企业成本管理的基础

施工预算是施工单位用以拟定单位工程中人工、机械、材料和资金需要量的计划文件。在施工预算中既反映了设计图纸的要求，也考虑了在现有条件下可能采取的节约人工、材料和降低成本的各项具体措施，以施工定额为基础编制施工预算，严格执行施工定额，能够更好地为施工生产服务，有效地控制施工中人力、物力消耗，节约成本开支。

⑤ 是编制预算定额和单位估价表的依据

预算定额以施工定额为基础，主要是就定额的水平而言。以施工定额水平为预算定额水平的基础，不仅可以免除测定定额水平的大量繁杂的工作，而且使预算定额符合现实的施工生产和经济管理水平，并保证施工中的人力和物力消耗得到足够的补偿。

施工定额作为补充单位估价表的基础，是指由于采用新结构、新材料、新工艺而引起预算定额缺项时，编制补充预算定额和补充单位估价表必须以施工定额为基础。

综上所述，施工定额对于加强施工企业的计划管理，促进劳动生产率的提高和材料等物资的节约，对于企业贯彻按劳分配原则和实行经济核算，都具有重要意义。施工定额是企业管理的基础，没有这个基础，实现企业现代化科学管理是不可能的。

2. 施工定额的主要内容与应用

(1) 市政工程劳动定额册的结构

市政工程全国统一劳动定额册的结构有以下三个主要部分：

1) 文字说明部分

分为总说明、分册说明和分节说明三种。

① 总说明主要内容有：

编制依据与制定单位，定额名称代号、发布与实施日期，批准与发布单位等。

② 分册说明主要内容有：

编制依据，编制单位，定额适用范围、工作内容、劳动消耗量单位和时间定额构成、工程量计算规则，劳动组织，施工方法等。

③ 分节说明主要内容有：

工作内容、小组成员、质量要求、施工方法等。

2) 分节定额部分

包括定额表的文字说明、定额表和附注。文字说明部分上面已作介绍。

定额表是分节定额中的核心部分，也是定额手册中的核心部分。它包括工程项目名称、定额编号、定额单位和劳动定额消耗指标。

3) 附录部分

附录一般列于分册的最后，其主要内容有：施工方法、施工材料、质量要求、安全要求、有关规定说明、有关名词解释等。

以上三部分内容，组成劳动定额手册。定额表部分是定额手册的核心，在使用时应先了解定额文字说明及附录两部分内容，以便正确使用定额表。

(2) 市政工程劳动定额册的主要内容

1) 拆除与临时工程分册

主要内容有花草、树木拆除，道路拆除，管道拆除，构筑物拆除，搭、拆临时工棚、围墙，安、拆搅拌站台机，安、拆临时风、水管路，架设拆除临时电力线路，安、拆变压器、配电器，安、拆水泵、锅炉，围堰及筑岛填心，搭拆便桥、钢桥，安、拆工程索道，安、拆扒杆等。

2) 材料运输与加工分册

主要有人力运输，双轮车、杠杆车、水罐车运输，机动翻斗车运输，汽车运输，水上运输，材料加工(筛料、清洗砂石、破碎石子、消解石灰等)。

3) 土石方工程分册

主要有平整场地、人工挖土方，机械挖土方、运土方、回填土方、碾压土方，人工挖石方、打眼爆破，出碴等。

4）桩基础工程分册

主要有打桩辅助工程，打拔工具桩，打工程桩、混凝土灌注桩等。

5）道路工程分册

主要有路基开挖、路基铺筑，路面面层、模板、钢筋，面层养护、路面切灌缝、侧缘石安装，雨水井及连接管，人行步道，砌树池，路肩、边沟，砌挡土墙、踏步等。

6）桥梁工程分册

主要有桥梁钢筋，桥梁模板，桥梁支架、脚手架，桥梁混凝土，张拉，构件安装，砌筑、装饰，地道桥（涵），人行过街地下通道等。

7）堤防工程分册

主要内容有钢筋工程，模板工程，防水墙，止水带，堤岸护坡，沉笼、排水、抛石，辅助工程等。

8）给水排水工程分册

主要内容有挡土板支撑、管道基础、给水管道工程、排水管道工程、砌筑工程、模板工程、钢筋工程、现场预制混凝土盖、盖板安装等工程。

9）厂站工程分册

主要内容有架子工程、模板工程、钢筋工程、取水工程、构筑物工程、工艺管道安装、设备及仪表安装工程、附属工程等。

10）供热管网安装工程分册

主要内容有：人工排运钢管，下钢管，地面架管，管道安装，管件制作安装，管道支架制作安装，阀门、仪表安装，盲板、法兰盘安装，水箱、集水器、快速加热器等设备安装，管道试水压、支架与钢结构刷油，管道保温等工程。

11）燃气管网安装工程分册

主要内容有：铸铁管安装，压兰接口，强度、严密性实验，管道吹风，调压器、过滤器、凝水器安装，阀门、法兰盘、堵板安装，仪表安装，管道除锈、防腐、绝缘等工程。

12）隧道工程分册

主要内容有：竖井、风亭，隧道土方，隧道排水，拱架制作安装，隧道防水，隧道土壤加固，盾构掘进，沉井，导墙等工程。

13）维修养护工程分册

主要内容包括：道路维修工程、排水维修工程、桥涵维修工程、河渠维修工程、排水泵站维修等工程。

6.2.2 预算定额

1. 预算定额的概念

预算定额，是规定消耗在合格质量的单位工程基本构造要素的人工、材料和机械台班的数量标准。

所谓工程基本构造要素，即通常所说的分项工程和结构构件。预算定额按工程基本构造要素规定人工、材料和机械台班的消耗数量，以满足编制施工图预算、确定和控制工程造价的要求。

预算定额的各项指标，反映了在完成规定计量单位符合设计标准和施工及验收规范要求的分项工程消耗的活化劳动和物化劳动的数量限度。这种限度最终决定着单项工程和单位工程的成本和造价。

在我国，现行的工程建设概、预算制度，规定了通过编制概算和预算确定造价，概算定额、预算定额等为计算人工、材料、机械（台班）的消耗量提供统一的、可靠的参数。同时，现行制度还赋予概、预算定额相应的权威性，这些定额和指标成为建设单位和施工企业间建立经济关系的重要基础。

现行市政工程的预算定额，由于编制与使用范围不同，有全国统一使用的预算定额，如：建设部编制的《全国统一市政工程预算定额》；也有各省、市编制的地区的预算定额，如：《上海市市政工程预算定额》。

2. 预算定额的作用

（1）预算定额是编制施工图预算、确定和控制建筑安装工程造价的基础

施工图预算是施工图设计文件之一，是控制和确定建筑安装工程造价的必要手段。编制施工图预算，除设计文件决定的建设工程功能、规模、尺寸和文字说明是计算分部分项工程量和结构构件数量的依据外，预算定额是确定一定计量单位分项工程人工、材料、机械消耗量的依据，也是计算分项工程单价的基础。所以，预算定额对建筑安装工程直接费影响很大。依据预算定额编制施工图预算，对确定建筑安装工程费用会起到很好的作用。

（2）预算定额是对设计方案进行技术经济比较、技术经济分析的依据

设计方案在设计工作中居于中心地位。设计方案的选择要满足功能、符合设计规范，既技术先进又要经济合理。根据预算定额对方案进行技术经济分析和比较，是选择经济合理设计方案的重要方法。对设计方案进行比较，主要是通过定额对不同方案所需人工、材料和机械台班消耗量等进行比较。这种比较可以判明不同方案对工程造价的影响。

对于新结构、新材料的应用和推广，也需要借助于预算定额进行技术经济分析和比较，从技术与经济的结合考虑普遍采用的可能性和效益。

（3）预算定额是施工企业进行经济活动分析的依据

实行经济核算的根本目的，是用经济的方法促使企业在保证质量和工期的条件下，用较少的劳动消耗取得较大的经济效果。目前预算定额仍决定着企业的收入，企业必须以预算定额作为评价企业工作的重要标准。企业可根据预算定额，对施工中的劳动、材料、机械的消耗情况进行具体的分析，以便找出低工效、高消耗的薄弱环节及其原因，为实现经济效益的增长由粗放型向集约型转变，提供对比数据，促进企业提高在市场上竞争的能力。

（4）预算定额是编制施工组织设计的依据

施工组织设计的重要任务之一是确定施工中所需人力、物力的供求量并做出最佳安排。施工单位在缺乏本企业的施工定额的情况下，根据预算定额，亦能够比较精确地计算出施工中各项资源的需要量，为有计划地组织材料采购和预制件加工、劳动力和施工机械的调配，提供了可靠的计算依据。

（5）预算定额是工程结算的依据

工程结算是建设单位和施工单位按照工程进度对已完成的分部分项工程实现货币支付的行为。按进度支付工程款，需要根据预算定额将已完成分项工程的造价算出。单位工程竣工验收后，再按竣工工程量、预算定额和施工合同规定进行结算，以保证建设单位建设资金的合理使用和施工单位的经济收入。

（6）预算定额是编制招标标底、投标报价的基础

在深化改革中，在市场经济体制下预算定额作为编制标底的依据和施工企业报价的基础性的作用仍将存在，这是由于它本身的科学性和权威性决定的。

（7）预算定额是编制综合预算定额、概算定额和概算指标的基础

综合预算定额、概算定额和概算指标是在预算定额基础上经综合扩大编制的，也需要利用预算定额作为编制依据，这样做不但可以节省编制工作中大量的人力、物力和时间，收到事半功倍的效果，还可以使综合预算定额、概算定额和概算指标在水平上与预算定额相配套，以避免造成执行中的不一致。

3. 预算定额的种类

（1）按专业性质分，预算定额有建筑工程预算定额和安装工程预算定额两大类。

建筑工程预算定额按专业对象又分建筑工程预算定额、市政工程预算定额、铁路工程预算定额、公路工程预算定额、房屋修缮工程预算定额、矿山井巷预算定额等。

安装工程预算定额按专业对象又分为电气安装工程预算定额、机械设备安装工程预算定额、通信设备安装工程预算定额、化学工业设备安装工程预算定额、工业管道安装工程预算定额、工艺金属结构安装工程预算定额、热力设备安装工程预算定额等。

（2）从管理权限和执行范围分，预算定额可分为全国统一定额、行业统一定额、地区统一定额等。

全国统一定额由国务院建设行政主管部门组织制定发布，行业统一定额由国务院行业管理部门制定发布，地区统一定额由省、自治区、直辖市建设行政主管部门制定发布。

（3）预算定额按物资要素区分为劳动定额、机械台班使用定额和材料消耗定额，但它们相互依存形成一个整体，作为编制预算定额依据，各自不具有独立性。

4. 预算定额的编制原则

为保证预算定额的质量，充分发挥预算定额的作用，使之在实际使用中简便、合理、有效，在编制工作中应遵循以下原则：

（1）按社会平均水平确定预算定额的原则

预算定额是确定和控制建筑安装工程造价的主要依据。因此它必须遵照价值规律的客观要求，即按生产过程中所消耗的社会必要劳动时间确定定额水平。即按照"在现有的社会正常的生产条件下，在社会平均的劳动熟练程度和劳动强度下制造某种使用价值所需要的劳动时间"来确定定额水平。

预算定额的水平以施工定额水平为基础。二者有着密切的联系。但是，预算定额绝不是简单地套用施工定额的水平。首先，这里要考虑预算定额中包含了更多的可变因素，需要保留合理的幅度差。如人工幅度差、机械幅度差、材料的超运距、辅助用工及材料堆放、运输、操作损耗和由细到粗综合后的量差等。其次，预算定额是社会平均水平，施工定额是平均先进水平。所以两者相比预算定额水平要相对低一些。

（2）简明适用原则

编制预算定额贯彻简明适用原则是对执行定额的可操作性便于掌握而言的。为此，编制预算定额时，对于那些主要的、常用的、价值量大的项目，分项工程划分宜细。次要的不常用的、价值量相对较小的项目则可以放粗一些。

要注意补充那些因采用新技术、新结构、新材料和先进经验而出现的新的定额项目。项目不全，缺漏项多，就使建筑安装工程价格缺少充足的、可靠的依据。

（3）坚持统一性和差别性相结合原则

所谓统一性，就是从培育全国统一市场规范计价行为出发，计价定额的制定规划和组织实施由国务院建设行政主管部门归口，并负责全国统一定额制定或修订，颁发有关工程造价管理的规章办法等。这样就有利于通过定额和工程造价的管理实现建筑安装工程价格的宏观调控。

所谓差别性，就是在统一性基础上，各部门和省、自治区、直辖市主管部门可以在自己的管辖范围内，根据本部门和地区的具体情况，制定部门和地区性定额、补充性制度和管理办法，以适应我国幅员辽阔，地区间、部门间发展不平衡和差异大的实际情况。

5. 市政工程预算定额的组成内容

不同时期、不同专业和不同地区的预算定额，在内容上虽不完全相同，但其组成和基本内容变化不大，主要包括：目录、总说明、分部（章）说明（或分册、章说明）、分项工程表头说明、定额项目表、定额附录或附件组成。

有些定额为方便使用，将工程量计算规则编入定额，作为确定预算工程量的依据，与预算定额配套应用。

其中：

（1）目录：主要便于查找，把总说明、各类工程的分部分项定额的顺序列出并注明页数。

（2）总说明：是综合说明定额的编制原则、指导思想、编制依据、适用范围以及定额的作用，定额中人工、材料、机械台班耗用量的编制方法，定额采用的材料规格指标与允许换算的原则，使用定额时必须遵守的规则，定额中说明在编制时已经考虑和没有考虑的因素和有关规定、使用方法。因此，在使用定额时应当先了解并熟悉这部分内容。

（3）分部（章）说明（或分册、章说明）：是预算定额的重要内容，是对各分部工程的重点说明，包括定额中允许换算的界限和增减系数的规定等。

（4）定额项目表及分项工程表头说明：分项工程表头说明列于定额项目表的上方，说明该分项工程所包含的主要工序和工作内容；定额项目表是预算定额最重要部分，包括分项工程名称、类别、规格定额的计量单位以及人工、材料、机械台班的消耗量指标，供编制预算时使用。

有些定额项目表下面还有附注，说明设计与定额不符时如何调整，以及其他有关事项的说明。

（5）定额附录及附件：包括各种砂浆、各种标号混凝土配比表，人工、各种材料、机械台班的单价计算方法，工程施工费用计算规则等。

另外，在量价分离的定额中，还包括相应的人工、各种材料、各类机械台班的市场价格。

6.2.3 概算定额

1. 概算定额的概念和作用

概算定额，是在预算定额基础上以主要分项工程为准综合相关分项的扩大定额，是按主要分项工程规定的计量单位及综合相关工序的劳动、材料和机械台班的消耗标准。

例如，在概算定额的"开槽埋管工程"项目中，综合了沟槽挖土及支撑、铺筑垫层及基础、铺设管道、砌筑一般管井、土方场内运输、沟槽回填土及施工期间沟槽排水费用等分项。

概算定额有以下作用：

（1）概算定额是初步设计阶段编制建设项目概算的依据。建设程序规定，采用两阶段设计时，其初步设计必须编制概算；采用三阶段设计时，其技术设计必须编制修正概算，对拟建项目进行总评估。

（2）概算定额是设计方案比较的依据。所谓设计方案比较，目的是选择出技术先进可靠、经济合理的方案，在满足使用功能的条件下，达到降低造价和资源消耗的目的。概算定额采用扩大综合后可为设计方案的比较提供方便条件。

（3）概算定额是编制主要材料需要量的计算基础。根据概算定额所列材料消耗指标计算工程用料数量，可在施工图设计之前提出供应计划，为材料的采购、供应做好施工准备。

（4）概算定额是编制概算指标的依据。

（5）概算定额也可对实行工程总承包时作为已完工程价款结算的依据。

2. 概算定额的编制原则和依据

（1）概算定额的编制原则

概算定额应该贯彻社会平均水平和简明适用的原则。由于概算定额和预算定额都是工程计价的依据，所以应符合价值规律和反映现阶段生产力水平。在概算定额水平之间应保留必要的幅度差，并在概算定额的编制过程中严格控制。

（2）概算定额的编制依据

由于概算定额的适用范围不同，其编制依据也略有不同，一般有如下几种：

1）现行的设计标准规范；

2）现行的预算定额；

3）国务院各有关部门和各省、自治区、直辖市批准颁发的标准设计图集和有代表性的图纸等；

4）现行的概算定额及其编制资料；

5）编制期人工工资标准、材料价格、机械台班费用等。

3. 概算定额的编制步骤

概算定额的编制一般分为 3 个阶段：准备阶段、编制阶段、审查报批阶段。

（1）准备阶段

主要是确定编制机构和人员组成，进行调查研究，了解现行概算定额执行情况与存在问题，以及编制范围。在此基础上制定概算定额的编制细则和概算定额项目划分。

（2）编制阶段

根据已制订的编制细则、定额项目划分和工程量计算规则，调查研究，对收集到的设计图纸、资料进行细致的测算和分析，编出概算定额初稿。并将概算定额的分项定额总水平与预算定额水平相比控制在允许的幅度之内，以保证二者在水平上的一致性。如果概算定额与预算定额水平差距较大时，则需对概算定额水平进行必要的调整。

（3）审查报批阶段

在征求意见修改之后形成报批稿，经批准之后交付印刷。

6.2.4　概算指标

1. 概算指标的概念和作用

概算指标通常是以整个建筑物和构筑物为对象，以面积、体积或台数等为计量单位而规定的人工、材料和机械台班的消耗量标准和造价指标。概算指标比概算定额具有更加概括与扩大的特点。概算指标的作用主要有以下几点：

（1）概算指标可以作为编制投资估算的参考；

（2）概算指标中的主要材料指标可作为计算主要材料用量的依据；

（3）概算指标是设计单位进行设计方案比较，建设单位选址的一种依据；

（4）概算指标是编制固定资产投资计划，确定投资额的主要依据。

2. 概算指标的编制原则

（1）按平均水平确定概算指标的原则。即必须按照社会必要劳动时间来进行编制，这样才能使概算指标充分发挥，合理确定和控制工程造价的作用。

（2）概算指标的内容和表现形式，要贯彻简明适用的原则。即其内容和形式应简明易懂，要便于在使用时根据拟建工程的具体情况进行必要的调整换算，能在较大范围内满足不同用途的需要。

（3）概算指标的编制依据，必须具有代表性。即技术上是先进的，经济上是合理的。

3. 概算指标的编制依据

（1）标准设计图纸和各类工程典型设计图纸；

（2）国家颁发的建筑标准、设计规范、施工规范等；

（3）各类工程造价资料；

（4）现行的概算定额和预算定额及补充定额资料；

（5）人工工资标准、材料价格、机械台班价格及其他价格资料。

4. 概算指标的编制方法

（1）要根据选择好的典型设计图纸，计算出每一结构构件或分部工程的工程量。

（2）在计算工程量指标的基础上，确定人工、材料和机械的消耗指标并进行汇总，计算出人工、材料和机械的总用量。

（3）计算出每米道路或每米沟管的单位造价，计算出该计量单位所需的主要人工、材料和机械的实物消耗量指标，次要人工、材料和机械的消耗量，综合为其他人工、其他材料和其他机械，用金额"元"表示。

6.3 市政工程概(预)算概论

6.3.1 工程预算的意义

工程预算是控制和确定工程造价的文件。搞好工程预算，对确定工程造价，控制工程项目投资，具有重要的作用。

6.3.2 工程预算的分类及各自概念与作用

1. 投资估算

投资估算是在初步设计前期各个阶段工作中，作为论证拟建项目在经济上是否合理的重要文件，它是作为拟建项目是否继续进行研究的依据，是审批项目建议书或可行性研究报告的依据，同时也是批准设计任务书的重要依据。

2. 设计概算

设计概算是指在初步设计阶段，由设计单位根据初步设计图纸、概算定额等资料，预先计算和确定建设项目从筹建到竣工验收、交付使用的全部建设费用的文件。

3. 施工图预算

施工图预算是在施工图设计阶段，当工程设计完成后，根据施工图纸计算的工程量、施工组织设计和现行工程预算定额及费率标准、建筑材料市场价格及有关文件等资料，进行计算和确定单位工程或单项工程建设费用的经济文件。

4. 施工预算

施工预算是施工单位在施工前依据施工定额、施工图纸及有关文件编制的预算。它是施工单位内部编制施工作业计划、签发任务单、实行定额考核、开展班组核算和降低工程成本的依据。施工预算是在施工图预算的控制数字下，根据施工图纸和施工定额，结合施工组织设计中的施工平面图、施工方法、技术组织措施，以及现场实际情况等，并考虑节约的因素后编制出来的。

6.4 市政工程施工图预算的编制

6.4.1 施工图预算概述

1. 施工图预算的概念及作用

（1）施工图预算的概念

施工图预算是设计单位在施工图设计完成后或施工企业在建筑工程开工前，根据施工图、现行的预算定额、施工组织设计、取费计算规则以及地区设备、材料、人工、施工机械台班等现行地区价格，编制和确定建筑安装工程造价的文件。

施工图预算有单位工程预算、单项工程预算和建设项目总预算。单位工程施工图预算是根据施工图、施工组织设计、现行预算定额，取费计算规则以及人工、材料、设备、机械台班等的地区预算价格信息资料，以一定的方法而编制的单位工程施工图预算；汇总各相关单位工程施工图预算可成为单项工程施工图预算；将相关单项工程施工图预算汇总，便是一个建设项目建筑安装工程的总预算。

（2）施工图预算的作用

① 是设计阶段控制工程造价的重要环节，是控制施工图设计不突破设计概算的重要措施。

② 对于实行施工项目招投标的工程，施工图预算是编制标底的依据，也是承包企业投标报价的基础。

③ 是建设单位与施工企业办理竣工结算的依据。

④ 是施工企业编制计划、统计进度、进行经济核算的依据。

2. 施工图预算编制的依据

（1）施工图纸和标准图集

经审定的施工图纸、说明书和相配套的标准图案，完整地反映了工程的具体内容，各部分的具体做法、结构尺寸、技术特征，是编制施工图预算的重要依据。

（2）现行的市政工程预算定额或地区单位估价表

国家和地区都颁发了现行的预算定额和相应的工程量计算规则，是编制施工图预算的基础资料。编制施工图预算，从确定分项工程子目到计算工程量，确定各项目的人、材、机消耗量，都必须以预算定额为标准和依据。

地区的单位估价表是在现行预算定额规定的人、材、机消耗数量的基础上，按照地区的工资标准、材料价格和机械台班费用计算出以货币表现的各项工程或结构构件的单位价值，根据地区单位估价表可以直接查出工程项目所需的人工、材料、机械台班所需的费用及分项工程的预算单价。

但在现行的量价分离预算体制中，已没有地区单位估价表，而以市场的现行价或甲乙双方面定的价格来确定人、材、机的各项费用。

（3）施工组织设计或施工方案

施工组织设计或施工方案，是工程施工中的重要文件，它对工程施工方法、施工机械的选择、材料构件的加工和堆放地点等都有明确的规定。这些资料将直接影响套用定额子目、工程量计算等。

（4）人工、材料、机械台班价格

人工、材料、机械台班预算价格是构成直接费的主要因素。在市场经济条件下，人工、材料、机械台班价格是随市场而变化的，所以是编制施工图预算的重要依据。

（5）建筑安装工程费用计算规则及参考费率

在量价分离的预算体制中，各省、市、自治区和各专业部门都有本地区规定的工程预算费用计算规则和发布相应的参考费率，它是计算工程造价的重要依据。

（6）预算工作手册及相关工具书

（7）本地区颁布的有关预算造价的各类文件或通知

（8）招投标文件或有关合同

6.4.2　市政工程施工图预算的列项和工程量计算

1. 市政工程施工图预算的列项

在熟悉施工图纸和预算定额的基础上，根据施工图纸内容和预算定额的工程项目的划分，列出所需计算的各个分部分项的工程项目，简称列项。在列项时大多数项目和预算定额中的项目在名称规格上完全相同，可以直接将预算定额中的项目列出；有些项目和定额项目不完全一致，要对定额项目进行适当的换算；如果定额上没有图纸上表示的项目，则需要补充该项目。进行定额换算和补充定额项目都必须按照有关规定办理。

应当注意的是，在列项时，一方面要根据施工图纸和预算定额，另一方面还可以依据该工程的施工顺序及已做过类似工程的预算项目进行列项，这样可以尽快入门。

在列项时，一般先初步列出大致工程项目，随着对该工程的不断熟悉，还可以不断补充、修改，直至最后详细列出所有所需计算的项目。在检查时，注意看是否出现漏项或重复列项。

如：在编制道路工程施工图预算时，首先要了解道路工程的基本组成。其划分大致如下：

道路结构层组成主要包括：路基、基层、面层；

道路的附属工程主要包括：侧石、平石、人行道等。

其次，要了解在编制中经常遇到的一些项目。如：路基工程中有挖土、填土、碎石盲沟、整修车行道路基、整修人行道路基、场内运土、场外运土等项目。道路基层中有砾石砂垫层、厂拌粉煤灰三渣基层(上海常用)等项目。道路面层中有粗粒式沥青混凝土，细粒式沥青混凝土或水泥混凝土面层、钢筋、模板等项目。附属设施中有铺筑预制人行道板、排砌预制混凝土侧平石(或侧石)等项目。

2. 工程量计算的依据与步骤

工程量是编制预算的原始数据，计算工程量是一项繁重而又细致的工作，不仅要求认真、细致、及时和准确，而且要按照一定的计算规则和顺序进行，从而避免和防止重算与漏算等现象的产生，同时也便于校对和审核。

工程量计算的工作量大，花费的时间也较长，是预算工作中的主要部分，必须认真对待和做好这项工作。

(1) 工程量计算的依据与步骤

1) 工程量的含义

工程量是指以物理计量单位或自然计量单位所表示的建筑工程各个分项工程或结构构件的实物数量。物理计量单位是指以度量表示的长度、面积、体积和重量等计量单位；自然计量单位是指建筑成品表现在自然状态下的简单计数所表示的个、条、块等计量单位。

工程量是确定建筑工程直接费、编制施工组织设计、安排工程进度计划、组织材料供应计划、讲行统计工作和实现经济核算的重要依据。

2) 工程量计算的依据

① 施工图纸及设计说明；

② 施工组织设计；

③ 现行的预算定额；

④ 工程量计算规则；

⑤ 有关工具书。

3）工程量计算步骤

① 列出计算式

工程项目列出后，根据施工图所示的部位、尺寸和数量，按照一定的计算顺序和工程量计算规则，列出该分项工程量计算式。计算式应力求简单明了，并按一定的次序排列，便于审查核对。例如，计算面积时，应该为：宽×高；计算体积时，应该为：长×宽×高等等。

② 演算计算式

分项工程量计算式列出后，对各计算式进行逐式计算，并将其计算结果保留二位小数。然后再累计各计算式的数量，其和就是该分项工程的工程量，将其填入工程量计算表中的"计算结果"栏内。整个计算过程利用表 6-1 进行填写和计算。

工程数量计算表　　　　　　　　　　　　　　　表 6-1

项次	项目及说明	计算说明	单位	数量

审核：　　　　　　　复核：　　　　　　　制表：　　　　　年 月 日

③ 调整计量单位

计算所得工程量，一般都是以米、平方米、立方米或千克为计量单位，但预算定额有时往往是以 100m、100m²、100m³ 或 10m、10m²、10m³ 或吨等为计量单位。这时，就要将计算所得的工程量，按照预算定额的计量单位进行调整，使其一致。

注意：由于市政工程种类繁多，有道路、桥涵、护岸、给排水等工程，各种工程又有各种不同的形式，结构复杂，涉及面广，所以工程量计算方法也各有不同。目前，各地区对市政工程量计算还不统一。除了一般的计算方法以外，个别项目还要根据各地区编制的预算定额中所规定的有关规则进行计算。

4）工程量计算的注意事项

① 必须口径一致。根据施工图列出的工程项目的口径(工程项目所包括的内容及范围)，必须与预算定额中相应工程项目的口径相一致，才能准确地套用预算定额单价。因

此，计算工程量除必须熟悉施工图外，还必须熟悉预算定额中每个工程项目所包括的内容和范围。

② 必须按工程量计算规则计算。工程量计算规则是综合和确定定额各项消耗指标的依据，也是具体工程量测算和分析资料的准绳。

③ 必须按图纸计算。工程量计算时，必须严格按照图纸所注尺寸为依据进行计算，不得任意加大或缩小、任意增加或丢失，以免影响工程量计算的准确性。图纸中的项目，要认真反复清查，不得漏项或重复计算。

④ 必须列出计算式。在列计算式时，必须部位清楚，详细列项标出计算式，注明计算对象，并写上计算式，作为计算底稿。

⑤ 必须计算准确。工程量计算的精度将直接影响着预算造价的精度，因此数量计算要准确。一般规定工程量的小数取位，取小数点后二位(小数可以四舍五入)，但钢筋混凝土和金属结构工程应取到小数点后三位(混凝土按立方米，金属结构按吨为计量单位)。

⑥ 必须计量单位一致。工程量的计量单位，必须与预算定额中规定的计量单位相一致，才能准确地套用预算定额中的预算单价。

⑦ 必须注意计算顺序。为了计算时不遗漏项目，又不产生重复计算，应按照一定的顺序进行计算。

⑧ 必须自我检查复核。工程量计算完毕后，必须进行自我复核，检查其项目、算式、数据及小数点等有无错误和遗漏，以避免预算审查时返工重算。

6.4.3 工料机消耗量确定及工料机费用计算

1. 工料机消耗量的确定

用实物法编制预算，在工程量计算完毕之后，对单位工程所需人工工日数，各种材料的需要量和各种机械台班的需要量应进行分析统计，从而确定工料机的消耗量。此步骤一般称作为"工料机分析"。

(1)工料机分析步骤

工料机分析以一个单位工程为编制对象，其编制步骤如下：

1) 按施工图预算的工程项目和定额编号，从预算定额中查出各分项工程的各种工、料、机的定额用量，并填入工料机分析表中各相应分项工程的"定额"栏内。

2) 将各分项工程量分别乘以该分项工程预算定额用工、用料数量和机械台班数量，逐项进行计算就得到相应的各分部分项工程的人工消耗量、各种材料消耗量和各种机械台班消耗量。其计算式如下

各分项工程人工消耗量＝该分项工程工程量×相应的人工时间定额。

各分项工程各种材料消耗量＝该分项工程工程量×相应的材料消耗定额。

各分项工程各种机械台班消耗量＝该分项工程工程量×相应的机械台班消耗定额。

3) 将各分部分项工程人工和各种材料、各种机械的需要量，按工种人工和各种材料数量及各种机械台班数量分别汇总，最后即得出该单位工程的工种人工、各种材料和各种机械台班的总需要量。

计算时最好要根据分部工程顺序进行计算和汇总。

(2)统计方法

工料机消耗量的确定一般利用电脑及相应的预算软件来完成此项工作，但在学习过程中，可自己动手编制工料机分析单，以便能进一步掌握编制方法，手工统计一般都采用表格形式进行，表格式样见表 6-2。

工程工料机分析表

表 6-2

定额编号									合计
工程项目									
单位									
数量									
人工	工日								
材料									
机具									

（3）工料机分析注意事项

① 对于材料、成品、半成品的场内运输和操作损耗，场外运输和保管损耗，均已在定额消耗量指标和材料预算价格内考虑，不得另行加算。

② 预算定额中的"其他材料费"，工料机分析时不计算其用量。

③ 如果定额给出的是每立方米砂浆或混凝土体积，如采用现场拌制则必须根据配合比表，通过"二次分析"后才可得出所需的砂、石、水泥、石灰膏和水的用量。

④ 凡由加工厂制作、现场安装的构件，应按制作和安装分别计算工料。

⑤ 三大材料数量应按品种、规格不同，分别进行计算。

⑥ 各种材料及各种机械应根据不同的规格种类分别进行统计。

2. 工料机费用的计算

在工料机消耗量确定以后，利用当时、当地的各类人工、各种材料和各种机械台班的市场单价分别乘以相应的人工、材料和机械台班的消耗量，并汇总得出单位工程的人工费、材料费和机械使用费。

在市场经济条件下，人工、材料和机械台班单价是随市场而变化的，而且它们是影响工程造价最活跃、最主要的因素。用实物法编制施工图预算，是采用工程所在地的当时人工、材料、机械台班市场价格，能较好地反映实际价格水平，工程造价的准确性高，一般当地的定额站会发布工料机在某年某月的市场价、并通过网络传到电脑用户终端，以便编制者选用或参考。

所以在进行此步计算时，一般利用电脑及相应软件进行计算。

也可以利用表格进行手工编制，其表格形式见表 6-3。

工程预算书人工、材料、机械费用汇总表 表 6-3

序号	人工、材料、机械费用名称	计量单位	实物工程数量	价值(元)	
				当地当时单价	合价
1	人工	工日	2238.4685	20.79	46538
2	土石屑	m³	1196.1912	50.00	59810
3	C10 素混凝土	m³	166.1633	132.68	22047
4	C20 钢筋混凝土	m³	431.1822	290.83	125400
5	M5 主体主浆	m³	8.3976	130.81	1098
6	机砖	千块	17.8099	142.10	2531
7	脚手架材料费	元	115.3031		115
8	黄土	m³	1891.4100	10.77	20370
9	蛙式打夯机	台班	95.8198	10.28	985
10	挖土机	台班	12.5178	143.14	1792
11	推土机	台班	2.5036	155.13	388
12	其他机械费	元	3137.1944		3137

6.4.4　市政工程施工费用内容及计算方法

市政工程施工费用(又称建筑安装工程费用)，即市政工程在施工图实施阶段的工程造价，是施工过程中直接耗用于工程实体和有助于工程形成的各项费用。包括施工企业为组织管理整个工程中间所发生的各项费用、利润和国家规定的其他费用、税金。

现以《江苏省建设工程费用定额》(2009 版)为例介绍如下：

建设工程费用由分部分项工程费、措施项目费、其他项目费、规费和税金组成。

1. 分部分项工程费

分部分项工程费是指施工过程中耗费的构成工程实体性项目的各项费用，由人工费、材料费、施工机械使用费、企业管理费和利润构成。

(1)人工费：是指直接从事建筑安装工程施工的生产工人开支的各项费用，内容包括：

1)基本工资：是指发放给生产工人的基本工资，包括基础工资、岗位(职级)工资、绩效工资等。

2)工资性津贴：是指企业发放的各种性质的津贴、补贴。包括物价补贴、交通补贴、住房补贴、施工补贴、误餐补贴、节假日(夜间)加班费等。

3)生产工人辅助工资：是指生产工人年有效施工大数以外非作业天数的工资，包括职工学习、培训期间的工资、探亲、休假期间的工资，因气候影响的停工工资，女工哺乳时间的工资，病假在六个月以内的工资及产、婚、丧假期的工资。

4)职工福利费：是指按规定标准计提的职工福利费。

5) 劳动保护费：是指按规定标准发放的劳动保护用品、工作服装补贴、防暑降温费、高危险工种施工作业防护补贴费等。

（2）材料费：是指施工过程中耗费的构成工程实体的原材料、辅助材料、构配件、零件、半成品的费用和周转使用材料的摊销费用。内容包括：

1) 材料原价；

2) 材料运杂费：材料自来源地运至工地仓库或指定堆放地点所发生的全部费用；

3) 运输损耗费：材料在运输装卸过程中不可避免的损耗；

4) 采购及保管费：为组织采购、供应和保管材料过程所需要的各项费用。包括：采购费、工地保管费、仓储费和仓储损耗。

（3）施工机械使用费：是指施工机械作业所发生的机械使用费、机械安拆费和场外运费。施工机械台班单价应由下列费用组成：

1) 折旧费：施工机械在规定的使用年限内，陆续收回其原值及购置资金的时间价值。

2) 大修理费：指施工机械按规定的大修理间隔台班进行必要的大修理，以恢复其正常功能所需的费用。

3) 经常修理费：指施工机械除大修理以外的各级保养和临时故障排除所需的费用。包括为保障机械正常运转所需替换设备与随机配备工具用具的摊销和维护费用，机械运转及日常保养所需润滑与擦拭的材料费用及机械停滞期间的维护和保养费用等。

4) 安拆费及场外运费：安拆费指施工机械在现场进行安装与拆卸所需的人工、材料、机械和试运转费用以及机械辅助设施的折旧、搭设、拆除等费用；场外运费指施工机械整体或分体自停放地点运至施工现场或由一施工地点运至另一施工地点的运输、装卸、辅助材料及架线等费用。

5) 人工费：指机上司机（司炉）和其他操作人员的工作日人工费及上述人员在施工机械规定的年工作台班以外的人工费。

6) 燃料动力费：指施工机械在运转作业中所消耗的固体燃料（煤、木柴）、液体燃料（汽油、柴油）及水电等。

7) 车辆使用费：指施工机械按照国家规定和有关部门规定应缴纳的车船使用税、保险费及年检费等。

（4）企业管理费：是指施工企业组织施工生产和经营管理所需的费用。内容包括：

1) 管理人员的基本工资、工资性津贴、职工福利费、劳动保护费等。

2) 差旅交通费：指企业职工因公出差、住勤补助费、市内交通费和午餐补助费，职工探亲路费、劳动力招募费、工地转移费以及交通工具油料、燃料、牌照等。

3) 办公费：指企业办公用文具、纸张、账表、印刷、邮电、书报、会议、水、电、燃煤、燃气等费用。

4) 固定资产使用费：指企业属于固定资产的房屋、设备、仪器等的折旧、大修、维修或租赁费。

5) 生产工具用具使用费：指企业管理使用不属于固定资产的工具、用具、家具、交通工具、检验、试验、消防等的购置、维修和摊销费，以及支付给工人自备工具的补贴费。

6) 工会经费及职工教育经费：工会经费是指企业按职工工资总额计提的工会经费；

职工教育经费是指企业为职工学习培训按职工工资总额计提的费用。

7）财产保险费：指企业管理用财产、车辆保险。

8）劳动保险补助费：包括由企业支付的六个月以上的病假人员工资，职工死亡丧葬补助费、按规定支付给离休干部的各项经费。

9）财务费：是指企业为筹集资金而发生的各种费用。

10）税金：指企业按规定交纳的房产税、车船使用税、土地使用税、印花税等。

11）意外伤害保险费：企业为从事危险作业的建筑安装施工人员支付的意外伤害保险费。

12）工程定位、复测、点交、场地清理费。

13）非甲方所为四小时以内的临时停水停电费用。

14）企业技术研发费：建筑企业为转型升级、提高管理水平所进行的技术转让、科技研发，信息化建设等费用。

15）其他：业务招待费、远地施工增加费、劳务培训费、绿化费、广告费、公证费、法律顾问费、审计费、咨询费、联防费等。

（5）利润：是指施工企业完成所承包工程获得的盈利。

2. 措施项目费

措施项目费是指为完成工程项目施工所必须发生的施工准备和施工过程中技术、生活、安全、环境保护等方面的非工程实体项目费用。由通用措施项目费和专业措施项目费两部分组成。

通用措施项目费包括：

（1）现场安全文明施工措施费：为满足施工现场安全、文明施工以及环境保护、职工健康生活所需要的各项费用。本项为不可竞争费用。

1）安全施工措施包括：安全资料的编制、安全警示标志的购置及宣传栏的设置；"三宝"、"四口"、"五临边"防护的费用；施工安全用电的费用，包括电箱标准化、电器白虎装置、外电防护标志；起重机、塔吊等起重设备(含井架、门架)及外用电梯的安全防护措施(含警示标志)费用及卸料平台的临边防护、及层间安全门防护棚等设施费用；建筑工地起重机械的检验检测费用；施工机具防护棚及其围栏的安全防护设施费用；施工现场安全防护通道的费用；工人的防护用品、用具购置费用；消防设施与消防器材的配置费用；电气保护、安全照明设施费；其他安全防护措施费用。

2）文明施工措施包括：大门、五牌一图、工人胸卡、企业标识的费用；围挡的墙面美化(包括内外粉刷、刷白、标语等)、压顶装饰费用；现场厕所便槽刷白、贴面砖、水泥砂浆地面或地砖费用，建筑物内临时便利设施费用；其他施工现场临时设施的装饰装修、美化措施费用；现场生活卫生设施费用；符合卫生要求的饮水设备、淋浴、消毒等设施费用；生活用洁净燃料费用；防煤气中毒、防蚊虫叮咬等措施费用；施工现场操作场地的硬化费用；现场污染源的控制、建筑垃圾及生活垃圾清理、场地排水排污措施的费用、防扬尘洒水费用；现场绿化费用、治安综合治理费用、现场电子监控设备费用；现场配备医药保健器材、物品费用和急救人员培训费用；用于现场工人的防暑降温费、电风扇、空调等设备及用电费用；现场施工机械设备防噪音、防扰民措施费用；其他文明施工措施费用。

3）环境保护费用包括：施工现场为达到环保部门要求所需要的各项费用。

4）安全文明施工费由基本费、现场考评费和奖励费三部分组成。

基本费是施工企业在施工过程中必须发生的安全文明措施的基本保障费。

现场考评费是施工企业执行有关安全文明施工规定，经考评组织现场核查打分和动态评价获取的安全文明措施增加费。

奖励费是施工企业加大投入，加强管理，创建省、市级文明工地的奖励费用。

（2）夜间施工增加费：规范、规程要求正常作业而发生的夜班补助、夜间施工降效、照明设施摊销及照明用电等费用。

（3）二次搬运费：因施工场地狭小等特殊情况而发生的二次搬运费用。

（4）冬雨季施工增加费：在冬雨季施工期间所增加的费用。包括冬季作业、临时取暖、建筑物门窗洞口封闭及防雨措施、排水、工效降低等费用。

（5）大型机械设备进出场及安拆费：机械整体或分体自停放场地运至施工现场，或由一个施工地点运至另一个施工地点所发生的机械进出场运输转移、机械安装、拆卸等费用。

（6）施工排水费：为确保工程在正常条件下施工，采取各种排水措施所发生的费用。

（7）施工降水费：为确保工程在正常条件下施工，采取各种降水措施所发生的费用。

（8）地上、地下设施，建筑物的临时保护设施费：工程施工过程中，对已经建成的地上、地下设施，建筑物的保护。

（9）已完工程及设备保护：对已施工完成的工程和设备采取保护措施所发生的费用。

（10）临时设施费：施工企业为进行建筑工程施工所必须搭设的生活和生产用的临时建筑物、构筑物和其他临时设施等费用。

1）临时设施包括：临时宿舍、文化福利及公用事业房屋与构筑物、仓库、办公室、加工场等。

2）建筑、装饰、安装、修缮、古建园林工程规定范围内（建筑物沿边起 50m 以内，多幢建筑两幢间隔 50m 内）围墙、临时道路、水电、管线和塔吊基座（轨道）垫层（不包括混凝土固定式基础）等。

3）市政工程施工现场在定额基本运距范围内的临时给水、排水、供电、供热线路（不包括变压器、锅炉等设备）、临时道路，以及总长度不超过 200m 的围墙（篱笆）。

建设单位同意在施工就近地点临时修建混凝土构件预制场所发生的费用，应向建设单位结算。

（11）企业检验试验费：施工企业按规定进行建筑材料、构配件等试样的制作、封样和其他为保证工程质量进行的材料检验试验工作所发生的费用。

根据有关国家标准或施工验收规范要求对材料、构配件和建筑物工程质量检测检验发生的费用由建设单位直接支付给所委托的检测机构。

（12）赶工措施费：施工合同约定工期比定额工期提前，施工企业为缩短工期所发生的费用。

（13）工程按质论价：指施工合同约定质量标准超过国家规定，施工企业完成工程质量达到经有权部门鉴定或评定为优质工程所必须增加的施工成本费。

（14）特殊条件下施工增加费：指地下不明障碍物、铁路、航空、航运等交通干扰而发生的施工降效费用。

各专业工程措施项目费包括：

1）建筑工程：混凝土、钢筋混凝土模板机支架、脚手架、垂直运输机械费、住宅工程分户验收费等。

2）单独装饰工程：脚手架、垂直运输机械费、室内空气污染测试、住宅工程分户验收费等。

3）安装工程：组装平台；设备、管道施工的安全、防冻和焊接保护措施；压力容器和高压管道的检验；焦炉施工大棚；焦炉供炉、热态工程；管道安装后的充气保护措施；隧道内施工的通风、供水、供气、供电、照明及通信设施；现场施工围栏；长输管道施工措施；格架式抱杆、脚手架费用、住宅工程分户验收费等。

4）市政工程：围堰、筑岛、便道、便桥、洞内施工的通风、供水、供气、供电、照明及通信设施、驳岸块石清理、地下管线交叉处理、行车、行人干扰增加、轨道交通工程路桥、模板及支架、市政基础设施工监测、监控、保护等。

5）园林绿化工程：脚手架、模板、支撑、环绕、假植等。

6）房屋修缮工程：模板、支架、脚手架，垂直运输机械费等。

3. 其他项目费

（1）暂列金额：招标人在工程量清单中暂定并包括在合同价款中的款项，用于施工合同签订时尚未明确或不可预见的所需材料、设备和服务的采购、施工中可能发生的工程变更、合同约定调整因素出现时的工程价款调整及发生的索赔、现场签证确认等费用。

（2）暂估价：招标人在工程量清单中提供的用于支付必然发生但暂时不能确定价格的材料的单价以及专业工程的金额。

（3）计日工：在施工过程中，完成发包人提出的施工图纸以外的零星项目或工作，按合同中约定的综合单价计价。

（4）总承包服务费

总承包服务费：总承包人为配合协调发包人进行的工程分包、自行采购的设备、材料等进行管理、服务以及施工现场管理、竣工资料汇总整理等服务所需的费用。

4. 规费

规费是指有权部门规定必须缴纳的费用。

（1）工程排污费：包括废气、污水、固体及危险废物和噪声排污费等内容。

（2）建筑安全监督管理费：有权部门批准收取的建筑安全监督管理费。

（3）社会保障费：企业为职工缴纳的养老保险、医疗保险、失业保险、工伤保险和生育保险等社会保障方面的费用（包括个人缴纳部分）。为确保施工企业各类从业人员社会保障权益落到实处，省、市有关部门可根据实际情况制定管理办法。

（4）住房公积金：企业为职工缴纳的住房公积金。

5. 税金的内容及计算方法

税金是指国家税法规定的应计入建筑安装工程造价内的营业税、城市维护建设税及教育费附加。

（1）营业税：是指以产品销售或劳务取得的营业额为对象的税种。

（2）城市建设维护税：是为加强城市公共事业和公共设施的维护建设而开征的税，它以附加形式依附于营业税。

（3）教育费附加：是为发展地方教育事业，扩大教育经费来源而征收的税种。它以营业税的税额为计征基数。

6. 工程造价计算程序（表 6-4～表 6-7）

工程量清单法计算程序（包工包料）　　　　　　　表 6-4

序号	费用名称		计算公式	备注
一	分部分项工程量清单费用		工程量×综合单价	
	其中	1. 人工费	人工消耗量×人工单价	
		2. 材料费	材料消耗量×材料单价	
		3. 机械费	机械消耗量×机械单价	
		4. 企业管理费	(1+3)×费率	
		5. 利润	(1+3)×费率	
二	措施项目清单费用		分部分项工程费×费率或综合单价×工程量	
三	其他项目费用			
四	规费			按规定计取
	其中	1. 工程排污费	（一+二+三）×费率	
		2. 建筑安全监督管理费		
		3. 社会保障费		
		4. 住房公积金		
五	税金		（一+二+三+四）×费率	按当地规定计取
六	工程造价		一+二+三+四+五	

工程量清单法计算程序（包工不包料）　　　　　　　表 6-5

序号	费用名称		计算公式	备注
一	分部分项工程量清单人工费		人工消耗量×人工单价	
二	措施项目清单费用		（一）×费率或工程量×综合单价	
三	其他项目费用			
四	规费			按规定计取
	其中	1. 工程排污费	（一+二+三）×费率	
		2. 建筑安全监督管理费		
		3. 社会保障费		
		4. 住房公积金		
五	税金		（一+二+三+四）×费率	按当地规定计取
六	工程造价		一+二+三+四+五	

计价表法计算程序(包工包料)　　　　表 6-6

序号	费用名称		计算公式	备注
一	分部分项费用		工程量×综合单价	
	其中	1. 人工费	计价表人工消耗量×人工单价	
		2. 材料费	计价表材料消耗量×材料单价	
		3. 机械费	计价表机械消耗量×机械单价	
		4. 企业管理费	(1+3)×费率	
		5. 利润	(1+3)×费率	
二	措施项目清单费用		分部分项工程费×费率或综合单价×工程量	
三	其他项目费用			
四	规费			
	其中	1. 工程排污费	(一+二+三)×费率	按规定计取
		2. 建筑安全监督管理费		
		3. 社会保障费		
		4. 住房公积金		
五	税金		(一+二+三+四)×费率	按当地规定计取
六	工程造价		一+二+三+四+五	

计价表法计算程序(包工不包料)　　　　表 6-7

序号	费用名称		计算公式	备注
一	分部分项人工费		计价表人工消耗量×人工单价	
二	措施项目清单费用		(一)×费率或工程量×综合单价	
三	其他项目费用			
四	规费			
	其中	1. 工程排污费	(一+二+三)×费率	按规定计取
		2. 建筑安全监督管理费		
		3. 社会保障费		
		4. 住房公积金		
五	税金		(一+二+三+四)×费率	按当地规定计取
六	工程造价		一+二+三+四+五	

6.5　工程量清单计价规范简介

6.5.1　《建设工程工程量清单计价规范》的含义

　　《建设工程工程量清单计价规范》(GB 50500—2013 以下简称《计价规范》)是由国家建设行政主管部门颁布的,用以指导我国建设工程计价做法,约束计价市场行为的规范性文件。《计价规范》颁布的目的是规范建设工程工程员清单计价行为，统一建设工程工程量清单的编制和计价方法。

《计价规范》具有以下特点：

(1) 强制性。主要表现在：一是由建设主管部门按照强制性国家标准的要求批准颁布，规定全部使用国有资金或以国有资金投资为主的大中型建设工程应按《计价规范》执行；二是明确工程量清单是招标文件的组成部分，并规定了招标人在编制工程量清单时必须遵守的规则，做到四统一，即统一项目编码、统一项目名称、统一计量单位、统一工程量计算规则。

(2) 实用性。附录中工程量清单项目及计算规则的项目名称表现的是工程实体项目，项目名称明确清晰，工程量计算规则简洁明了，特别还列有项目特征和工程内容，易于在编制工程量清单时确定具体项目名称和投标报价。

(3) 竞争性。一是《计价规范》中的措施项目。在工程量清单中列"措施项目"一栏，具体采用措施，如模板、脚手架、临时设施、施工排水等详细内容由投标人根据企业的施工组织设计，视具体情况报价。因为这些项目在各个企业间各有不同，是企业竞争项目，是留给企业竞争的空间。二是《计价规范》中的人工、材料和施工机械没有具体的消耗量，投标企业可以依据企业定额和市场价格信息，也可以参照建设行政主管部门发布的社会平均消耗量定额进行报价，《计价规范》将报价权交给了企业。

(4) 通用性。采用工程量清单计价与国际惯例接轨，符合工程量计算方法标准化、工程量计算规则统一化、工程造价确定市场化的要求。

6.5.2 《计价规范》编制的指导思想和原则

根据建设部令第 107 号《建筑工程施工发包与承包计价管理办法》，结合我国工程造价管理现状，总结有关省市工程量清单试点的经验，参照国际上有关工程量清单计价通行的做法，《计价规范》编制中遵循的指导思想是按照政府宏观调控、市场竞争形成价格的要求，创造公平、公正、公开竞争的环境，以建立全国统一的、有序的建筑市场，既与国际惯例接轨，又考虑到我国的实际情况。

编制工作除了遵循上述指导思想外，还必须坚持以下原则：

(1) 政府宏观调控，企业自主报价，市场竞争形成价格

按照政府宏观调控、市场竞争形成价格的指导思想，为规范发包方与承包方的计价行为，确定了工程量清单计价的原则、方法和必须遵守的规则，包括统一项目编码、项目名称、计量单位、工程量计算规则等，给企业提供自主报价、参与市场竞争的空间，将属于企业性质的施工方法、施工措施和人工、材料、机械的消耗量水平、取费等留给企业自己确定，给企业充分选择的权利，以促进生产力的发展。

(2) 与现行预算定额既有机结合又有所区别的原则

《计价规范》在编制过程中，以现行的"全国统一工程基础定额"为基础，特别是在项目划分、计量单位、工程量计算规则等方面，尽可能多地与定额衔接。其原因主要是预算定额是我国几十年实践的总结，具有一定的科学性和实用性。《计价规范》与工程预算定额有所区别的主要原因是预算定额是按照计划经济的要求制定发布、贯彻执行的，其中有许多地方不适应《计价规范》编制的指导思想，主要表现在：①国

家规定以工序为划分定额项目的依据；②施工工艺、施工方法是根据大多数企业的施工方法综合取定的；③工、料、机消耗量是根据"社会平均水平"综合测定的；④取费标准是根据不同地区平均测算的。因此，企业报价就会表现为平均主义，企业不能结合项目具体情况、自身技术管理水平自主报价，不能充分调动企业加强管理的积极性。

(3) 既考虑到我国工程造价管理的现状，又尽可能地与国际惯例接轨的原则

《计价规范》是根据我国当前工程建设市场发展的形势，为逐步解决定额计价中与当前工程建设市场不相适应的因素，适应我国社会主义市场经济发展的需要，适应与国际接轨的需要，积极稳妥地推行工程量清单计价而编制的。因此，在编制中，既借鉴了世界银行、菲迪克(FIDIC)、英联邦国家以及香港特别行政区的一些做法，同时也结合了我国现阶段的具体情况，例如，实体项目的设置方面，就结合了当前按专业设置的一些情况；有关名词尽量沿用国内习惯，如"措施项目"就是国内的习惯叫法，国外叫"开办项目"；措施项目的内容就借鉴了国外部分做法。

6.5.3 实施工程量清单计价的目的、含义

(1) 实行工程量清单计价，是工程造价深化改革的产物；

(2) 实行工程量清单计价，是规范建筑市场秩序，适应社会主义市场经济发展的需要；

(3) 实行工程量清单计价，是促进建筑市场有序竞争和企业健康发展的需要；

(4) 实行工程量清单计价，有利于我国工程造价管理政府职能的转变；

(5) 实行工程量清单计价，有利于提高工程建设的管理水平。

6.5.4 《计价规范》的主要内容

1.《计价规范》的一般概念

(1) 工程量清单计价方法，是指在建设招标投标中，招标人按照《计价规范》要求的工程量计算规则提供工程数量，由投标人依据工程量清单自主报价，并按照经评审低价中标的工程造价的计价方式。

(2) 工程量清单，是指由招标人按照《计价规范》附录中统一的项目编码、项目名称、计量单位和工程量计算规则进行编制，表现拟建工程的分部分项工程项目、措施项目、其他项目名称和相应数量的明细清单。

(3) 工程量清单计价，是指投标人完成由招标人提供的工程量清单所需的全部费用，包括分部分项工程费、措施项目费、其他项目费和规费、税金。

(4) 综合单价，是指完成规定计量单位项目所需的人工费、材料费、机械使用费、管理费、利润，并考虑风险因素。

2.《计价规范》的主要章节

《计价规范》包括正文和附录两大部分，二者具有同等效力。正文共五章，包括总则、术语、工程量清单编制、工程量清单计价、工程量清单及其计价格式等内容，分别就《计价规范》的适用范围、遵循的原则，编制工程量清单应遵循的原则，工程量清单计价活动的规则，工程量清单及其计价格式作了明确规定。

附录包括附录 A：建筑工程工程量清单项目及计算规则，附录 B：装饰装修工程工程量清单项目及计算规则，附录 C：安装工程工程量清单项目及计算规则，附录 D：市政工程工程量清单项目及计算规则，附录 E：园林绿化工程工程量清单项目及计算规则。附录中包括项目编码、项目名称、项目特征、计量单位、工程量计算规则和工程内容，其中项目编码、项目名称、计量单位、工程量计算规则作为四统一的内容，要求招标人在编制工程量清单时必须执行。

第7章　计算机常用软件基础

7.1　Word 2010基础教程

7.1.1　新建空白文档

首先打开word2010，在"文件"菜单下选择"新建"项，在右侧点击"空白文档"按钮，就可以成功创建一个空白文档（图7-1）。

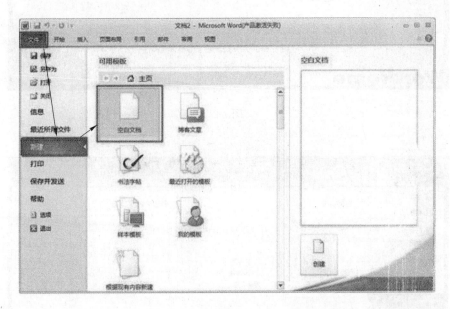

图7-1

7.1.2　使用模板新建文档

在Word2010中内置有多种用途的模板（例如书信模板、公文模板等），用户可以根据实际需要选择特定的模板新建Word文档，操作步骤如下所述：

1. 打开Word2010文档窗口，依次单击"文件"→"新建"按钮（图7-2）。

2. 打开"新建文档"对话框，在右窗格"可用模板"列表中选择合适的模板，并单击"创建"按钮即可。同时用户也可以在"Office.com模板"区域选择合适的模板，并单击"下载"按钮（图7-3）。

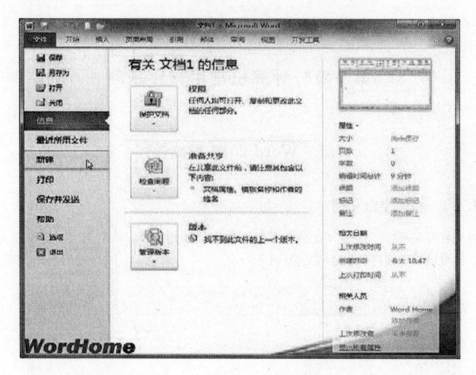

图 7-2

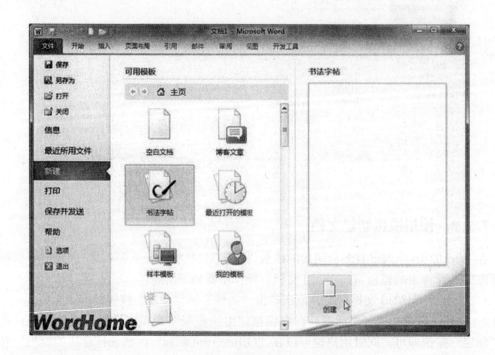

图 7-3

7.1.3　界面介绍

1. 标题栏：显示正在编辑的文档的文件名以及所使用的软件名。

2. "文件"选项卡：基本命令(如"新建"、"打开"、"关闭"、"另存为……"和"打印")位于此处。

3. 快速访问工具栏：常用命令位于此处，例如"保存"和"撤销"。您也可以添加个人常用命令。

4. 功能区：工作时需要用到的命令位于此处。它与其他软件中的"菜单"或"工具栏"相同。

5. "编辑"窗口：显示正在编辑的文档。

6. "显示"按钮：可用于更改正在编辑的文档的显示模式以符合您的要求。

7. 滚动条：可用于更改正在编辑的文档的显示位置。

8. 缩放滑块：可用于更改正在编辑的文档的显示比例设置。

9. 状态栏：显示正在编辑的文档的相关信息。

提示：什么是"功能区"？

"功能区"是水平区域，就像一条带子，启动 Word 后分布在 Office 软件的顶部。您工作所需的命名将分组在一起，且位于选项卡中，如"开始"和"插入"。您可以通过单击选项卡来切换显示的命令集（图 7-4）。

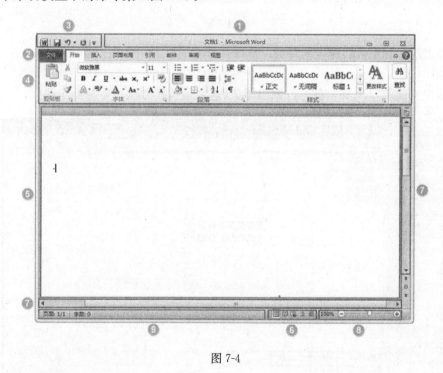

图 7-4

7.1.4　保存文档

保存文档大致有两种方式：

方法一：
在"文件"菜单下点击"保存"按钮，如图 7-5 所示。

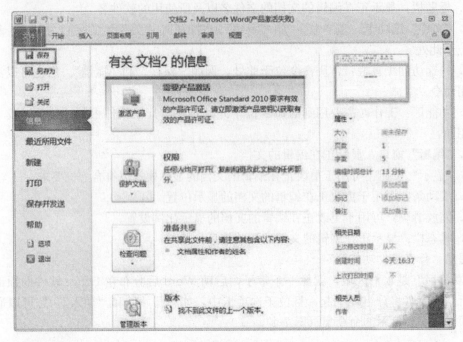

图 7-5

在弹出对话框中选择保存的路径、修改文件名后点击"保存"按钮即可。
方法二：
直接按快捷键 ctrl＋s，就可以调出图 7-6，之后按照方法一中的操作即可。

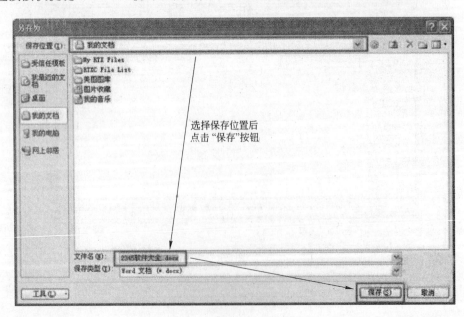

图 7-6

7.1.5 定时保存

Word2010 默认情况下每隔 10 分钟自动保存一次文件，用户可以根据实际情况设置自动保存时间间隔，操作步骤如下所述：

第 1 步，打开 Word2010 窗口，依次单击"文件"→"选项"命令，如图 7-7 所示。

图 7-7

第 2 步，在打开的"Word 选项"对话框中切换到"保存"选项卡，在"保存自动恢复信息时间间隔"编辑框中设置合适的数值，并单击"确定"按钮，如图 7-8 所示。

图 7-8

7.1.6 doc 转 pdf

首先在"文件"菜单下选择"另存为"选项，如图 7-9 所示。

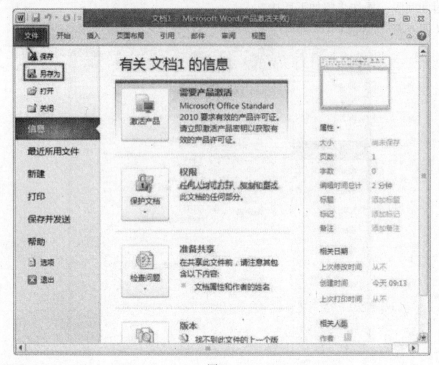

图 7-9

在"另存为"对话框中的保持类型选择 pdf 格式，点击"保持"后就可以将 doc 转成 pdf 了，如图 7-10 所示。

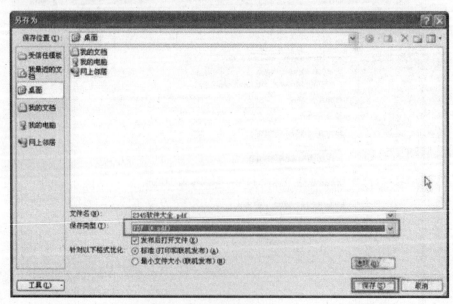

图 7-10

7.1.7 docx 转换为 doc

Word 2010 默认保存文件的格式为 docx，低版本的 Word 如果没有装插件就打不开。如果需要，可以设置让 Word2010 默认保存文件格式为 doc。

打开 Word 2010，点击"文件"→"选项"，在弹出的选项窗口中，在左边点击"保存"，然后在右边的窗口中，将"将文件保存为此格式"设置为"Word97-2003 文档（*.doc)"即可。

7.1.8 文档加密

首先在"文件"菜单中选择"保护文档"中的"用密码进行加密"项，如图 7-11 所示。

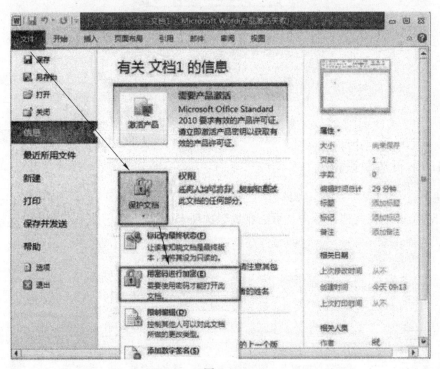

图 7-11

在弹出的"加密文档"窗口中输入密码，如图 7-12 所示。

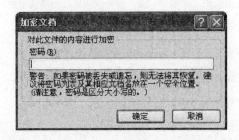

图 7-12

在下次启动该文档时就会出现图 7-13 中的现象，只有输入密码后才能正常打开。

图 7-13

7.1.9 页边距设置

方法一

打开 Word2010 文档，单击"页面布局"选项卡（图 7-14）。

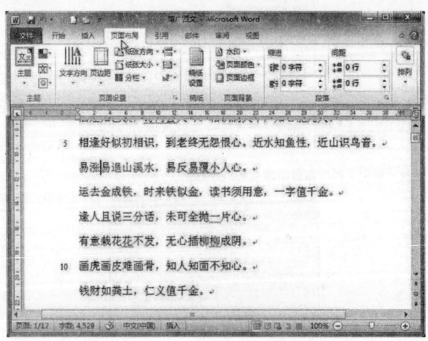

图 7-14

在"页面设置"中单击"页边距"按钮(图 7-15)。

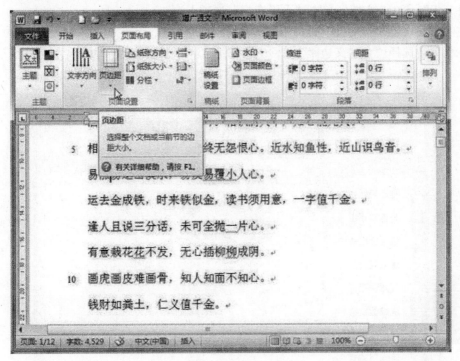

图 7-15

在页边距列表中选择合适的页边距(图 7-16)。

图 7-16

方法二

打开 Word2010 文档，单击"页面布局"选项卡。

在"页面设置"中单击"页边距"按钮。

在菜单中选择"自定义边距"命令（图 7-17）。

图 7-17

在"页面设置"对话框中单击"页边距"选项卡（图 7-18）。

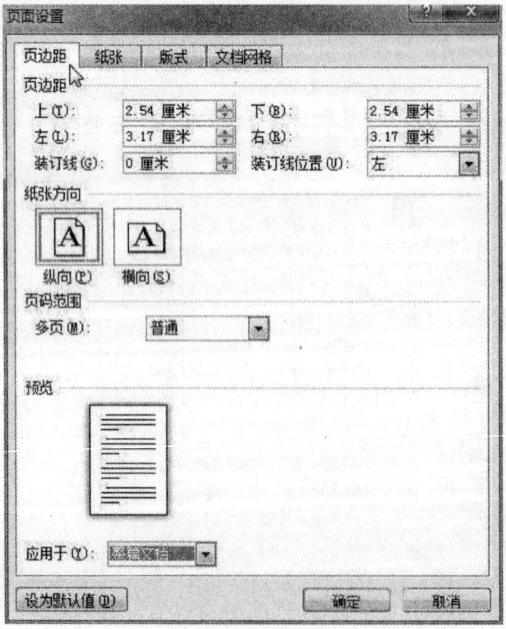

图 7-18

在"页边距"区分别设置上、下、左、右数值，单击"确定"按钮即可(图 7-19)。

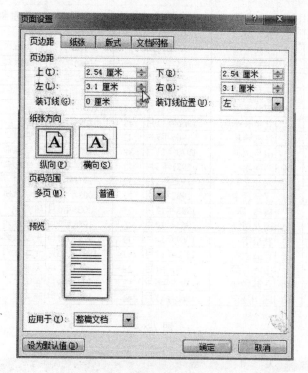

图 7-19

7.2 Excel 2010 基础教程

7.2.1 数据的整理和分析

1. 数据的排序

Excel 提供了多种方法对工作表区域进行排序，用户可以根据需要按行或列、按升序或降序使用自定义排序命令。当用户按行进行排序时，数据列表中的列将被重新排列，但行保持不变，如果按列进行排序，行将被重新排列而列保持不变。

没有经过排序的数据列表看上去杂乱无章，不利于对数据进行查找和分析，所以此时需要按照排序对数据表进行整理。可以将数据列表按"出生年月"进行排序。如下图 7-20。

首先单击数据列表中的任意一个单元格，然后单击数据标签中的排序按钮，此时会出现排序的对话框(图 7-21)。

看到弹出的排序对话框中，在"主要关键字"下拉列表框中选择"出生年月"，在设置好主要关键字后，可以对排序依据进行设置，例如，数值、单元格颜色、字体颜色、单元格图标，这样可以选择默认的数据作为排序依据。最后可以对数据排序次序进行设置，在次序下拉菜单中选择升序、降序或自定义排序。如选择升序，设置完成后，单击确定即可。如图 7-22。

	A	B	C	D	E	F	G	H	I
1	姓名	性别	民族	籍贯	出生年月	年龄	工作日期	文化程度	基本工资
2	林海	女	汉	浙江绍兴	1965年11月	43	1988年8月	中专	¥ 2,000.00
3	陈鹏	男	回	陕西蒲城	1984年11月	24	2003年12月	研究生	¥ 2,500.00
4	刘学燕	女	汉	山东高青	1967年4月	42	1986年9月	大学本科	¥ 2,400.00
5	黄璐京	女	汉	山东济南	1971年1月	38	1993年1月	大专	¥ 3,000.00
6	王卫平	男	回	宁夏永宁	1972年3月	37	1989年12月	大学	¥ 3,200.00
7	任水滨	女	汉	河北青县	1980年11月	28	2004年12月	大学	¥ 2,500.00
8	张晓寰	男	汉	北京长辛店	1965年11月	43	1994年1月	大专	¥ 1,900.00
9	许东东	男	汉	江苏沛县	1966年7月	42	1986年12月	研究生	¥ 2,200.00
10	王川	男	汉	山东历城	1970年11月	38	1995年2月	大学肄业	¥ 2,400.00
11	连威	男	汉	湖南南县	1981年5月	28	2004年7月	大学本科	¥ 3,100.00
12	高琳	女	汉	河北文安	1972年3月	37	1977年9月	研究生	¥ 3,000.00
13	沈克	女	满	辽宁辽中	1982年4月	27	2005年12月	大学本科	¥ 2,600.00
14	艾芳	男	汉	福建 南安	1983年12月	25	2005年6月	研究生	¥ 2,700.00
15	王小明	男	汉	湖北恩施	1963年10月	45	1988年9月	大学本科	¥ 2,300.00
16	胡海涛	男	汉	北京市	1969年10月	39	1988年10月	大学本科	¥ 2,100.00
17	庄凤仪	男	汉	安徽太湖	1971年11月	37	1994年10月	大学本科	¥ 2,500.00
18	沈奇峰	男	汉	山西万荣	1981年1月	28	2004年2月	大专	¥ 3,000.00
19	金星	女	汉	江苏南通	1955年6月	53	1972年9月	高中	¥ 3,100.00
20	岳晋生	男	藏	四川遂宁	1962年11月	46	1979年7月	研究生	¥ 3,200.00

图 7-20

图 7-21

图 7-22

　　除了可以对数据表进行单一列的排序之外，如果希望对列表中的数据按"性别"的升序来排序、性别相同的数据按"文化程度"升序排序、"性别"和"文化程度"都相同的记录按照"基本工资"从小到大的顺序来排序，此时就要对 3 个不同的列进行排序才能达到用户的要求。

首先需要单击数据列表中的任意一个单元格，然后单击数据标签中的排序按钮，此时会出现排序的对话框。看到弹出的排序对话框中，在"主要关键字"下拉列表框中选择"性别"，在添加好主要关键字后，单击"添加条件"按钮，此时在对话框中显示"次要关键字"，同设置"主要关键字"方法相同，在下拉菜单中选择"文化程度"，然后再点击"添加条件"添加第三个排序条件，选择"基本工资"。在设置好多列排序的条件后，单击确定即可看到多列排序后的数据表。如图 7-23 所示。

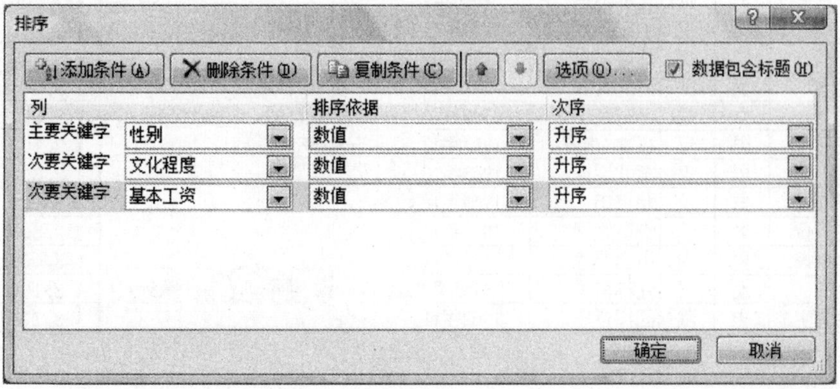

图 7-23

在 Excel 2010 中，排序条件最多可以支持 64 个关键字。

2. 数据的筛选

筛选数据列表的意思就是将不符合用户特定条件的行隐藏起来，这样可以更方便地让用户对数据进行查看。Excel 提供了两种筛选数据列表的命令。

自动筛选：适用于简单的筛选条件

高级筛选：适用于复杂的筛选条件

想要使用 Excel 的自动筛选功能，首先要单击数据列表中的任意单元格，然后选择数据标签，单击筛选按钮即可（图 7-24）。

图 7-24

单击数据列表中的任何一列标题行的下拉箭头，选择希望显示的特定行的信息，Excel 会自动筛选出包含这个特定行信息的全部数据。如图 7-25。

在数据表格中，如果单元格填充了颜色，使用 Excel 2010 还可以按照颜色进行筛选。

如果条件比较多，可以使用"高级筛选"来进行。例如数据表中想要把性别为男、文化程度为研究生、工资大于 2000 的人显示出来。先设置一个条件区域，第一行输入排序的字段名称，在第二行中输入条件，建立一个条件区域。如图 7-26。

	A	B	C	D	E	F	G	H	I
1	姓名	性别	民族	籍贯	出生年月	年龄	工作日期	文化程度	基本工资
2	林海	女	汉	浙江绍兴	1965年11				¥ 2,000.00
3	陈鹏	男	回	陕西蒲城	1984年11				¥ 2,500.00
4	刘学燕	女	汉	山东高青	1967年4				¥ 2,400.00
5	黄璐京	女	汉	山东济南	1971年1				¥ 3,000.00
6	王卫平	男	回	宁夏永宁	1972年3				¥ 3,200.00
7	任水滨	女	汉	河北青县	1980年11				¥ 2,500.00
8	张晓寰	男	汉	北京长辛店	1965年11				¥ 1,900.00
9	许东东	男	汉	江苏沛县	1966年7				¥ 2,200.00
10	王川	男	汉	山东历城	1970年11				¥ 2,400.00
11	连威	男	汉	湖南南县	1981年9				¥ 3,100.00
12	高琳	女	汉	河北文安	1972年3				¥ 3,000.00
13	沈克	女	满	辽宁辽中	1982年4				¥ 2,600.00
14	艾芳	男	汉	福建 南安	1983年12				¥ 2,700.00
15	王小明	男	汉	湖北恩施	1963年10				¥ 2,300.00
16	胡海涛	男	汉	北京市	1969年10				¥ 2,100.00
17	庄凤仪	男	汉	安徽太湖	1971年11				¥ 2,500.00
18	沈奇峰	男	汉	山西万荣	1981年				¥ 3,000.00
19	金星	女	汉	江苏南通	1955年6				¥ 3,100.00
20	岳晋生	男	藏	四川遂宁	1962年11				¥ 3,200.00

图 7-25

然后选中数据区域中的一个单元格，单击数据标签中的高级筛选命令。Excel 自动选择好了筛选的区域，单击这个条件区域框中的拾取按钮，选中刚才设置的条件区域，单击拾取框中的按钮返回高级筛选对话框，单击确定按钮（图 7-27）。

性别	民族	基本工资
男	研究生	>2000

图 7-26

图 7-27

3. 选择性粘贴

Excel 提供了一些自动功能。例如选择性粘贴。这里的选择性粘贴是指把剪贴板中的内容按照一定的规则粘贴到工作表中，而不是像前面那样简单地拷贝。就拿这个数据表来举例。如图 7-28。

女士套装销售情况表

序号	产品	4月份			5月份		
		单价	销量	销售利润	单价	销量	销售利润
1	A	3500	20	14000.00	3056	30	18336.00
2	B	1501	20	6004.00	2023	30	12138.00
3	C	2512	30	15072.00	2075	40	16600.00
4	D	2545	10	5090.00	3034	20	12136.00
5	E	1523	20	6092.00	2089	30	12534.00

图 7-28

这里的"销售利润"一栏是使用公式计算得到的,选择这一栏,复制到 Sheet2 中,可以看到数值并没有跟着复制过来;这时就可以使用选择性粘贴了:单击鼠标右键,单击"选择性粘贴"命令,打开"选择性粘贴"对话框(如图 7-29),在"粘贴"一栏中选择"数值",单击"确定"按钮,数值就可以粘贴过来了。这种情况不仅是在几个工作表之间复制时会发生,在同一个工作表中进行复制时也会遇到,到时可要注意。

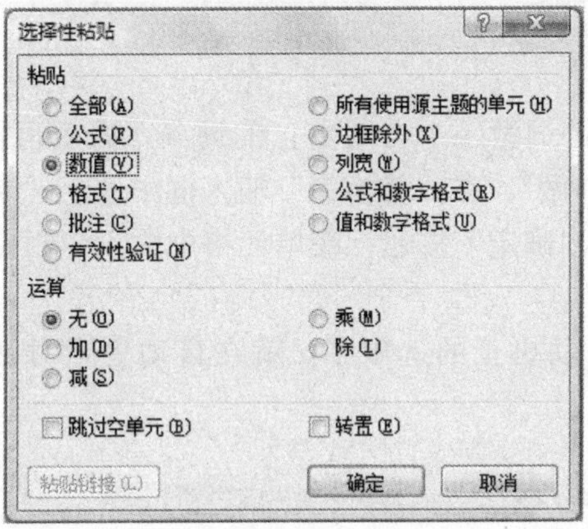

图 7-29

选择性粘贴还有一个很常用的功能就是转置功能。简单地理解就是把一个横排的表变成竖排的或把一个竖排的表变成横排的:选择这个表格,复制一下,切换到另一个工作表中,打开"选择性粘贴"对话框,选中"转置"前的复选框,单击"确定"按钮,可以看到行和列的位置相互转换了过来。

另外一些简单的计算也可以用选择性粘贴来完成:选中这些单元格,复制一下,然后打开"选择性粘贴"对话框,在"运算"一栏选择"加",单击"确定"按钮,单元格的数值就是原来的两倍了。此外你还可以粘贴全部格式或部分格式,或只粘贴公式等等。

4. 自动更正

现在在单元格中输入(c)然后按一下回车,可以看到输入的字符变了。这是 Excel 的自动更正功能,再输入(r),回车;同样可以看到输入的字符又变了。其实这些都是可以设置的:点击开始按钮,单击选项,在校对中找到自动更正选项按钮,单击会打开自动更正对话框(如图 7-30),这里列出了所有自动更正的选择,在"键入时自动替换"列表中的头两个就是我们刚才看到的，输入(c)则替换为(c)，输入(r)则替换为(r)。

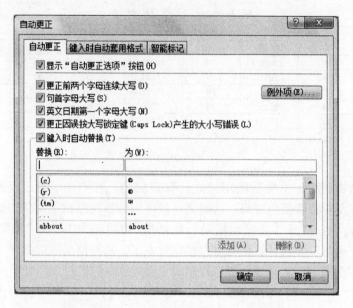

图 7-30

可以把自己容易犯错的词做一个自动更正的词条，以后再输入起来就很方便了：在"替换"输入框中写入"制做"，在"替换为"输入框中填上"制作"，单击"添加"按钮将其添加到列表中，单击"确定"按钮；在单元格中输入"制做"，回车，可以看到"制做"就被替换成了"制作"。

如果不想使用哪个自动更正的选项了，就在自动更正对话框中把这个选项去掉就行了。

7.2.2　Excel 中的图表

1. 图表的建立

图表是图形化的数据，它由点、线、面等图形与数据文件按特定的方式而组合而成。一般情况下。用户使用 Excel 工作簿内的数据制作图表，生成的图表也存放在工作簿中。图表是 Excel 的中要组成部分，具有直观形象、双向联动、二维坐标等特点。这是一个市场调查表，显示了几种品牌的饮料在各个季度的销量百分比。

做一个表示第一季度的几种商品所占比例的饼图，首先选择数据区域，然后选择插入选项卡，单击饼图按钮，在打开的下拉菜单中选择饼图样式，此时已经创建了一个饼图。如图 7-31。

图 7-31

单击创建好的图表，此时点击设计标签，在这里可以对图表的布局和样式进行选择，或者修改选择的数据等。通过 Excel 2010 新的样式，可以简单地设计出漂亮的图表。如图 7-32。

2. 图表的修改

单击这个圆饼，在饼的周围出现了一些句柄，再单击其中的某一色块，句柄到了该色块的周围，这时向外拖动此色块，就可以把这个色块拖动出来了；同样的方法可以把其他各个部分分离出来。

或者在插入标签中直接选择饼图下拉菜单，选择分离效果即可。如图 7-33。

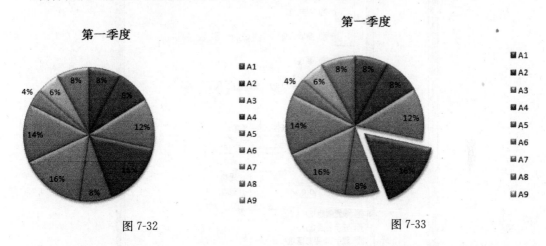

图 7-32　　　　　　　　　　　图 7-33

把它们合起来的方法是：先单击图表的空白区域，取消对圆饼的选取，单击选中分离的一部分，按下左键向里拖动鼠标，就可以把这个圆饼合并到一起了。

3. 趋势线的使用

趋势线可以简单地理解成一个品牌在几个季度中市场占有率的变化曲线，使用它可以很直观地看出一个牌子的产品的市场占有率的变化，还可以通过这个趋势线来预测下一步的市场变化情况：创建好图表后，选择布局标签，点击趋势线下拉菜单，此时就可以看到趋势线类型。如图 7-34。

选择指数趋势线后，可以直接在图表中添加相应趋势线。

现在图表中就多了一条刚刚添加的第一季度的趋势线，从这条线可以清楚地看出第一季度的变化趋势是缓慢下降的。

这样就比直接看这个柱形图清楚多了。如果想看第二季度的变化趋势，同样打开添加趋势线下拉菜单，在下面的选择数据系列列表框中选择第二季度就可以了。

还可以用这个趋势线预测下一步的市场走势：

无
删除所选趋势线；如果未做
选择，则删除所有趋势线

线性趋势线
为所选图表系列添加/设置线
性趋势线

指数趋势线
为所选图表系列添加/设置指
数趋势线

线性预测趋势线
为所选图表系列添加/设置含
2 个周期预测的线性趋势线

双周期移动平均
为所选图表系列添加/设置双
周期移动平均趋势线

其他趋势线选项(M)...

图 7-34

点击趋势线下拉菜单中的"其他趋势线选项",打开"设置趋势线格式"对话框,在"趋势预测"一栏中将"前推"输入框中的数字改为"1",单击"确定"按钮(图 7-35)。

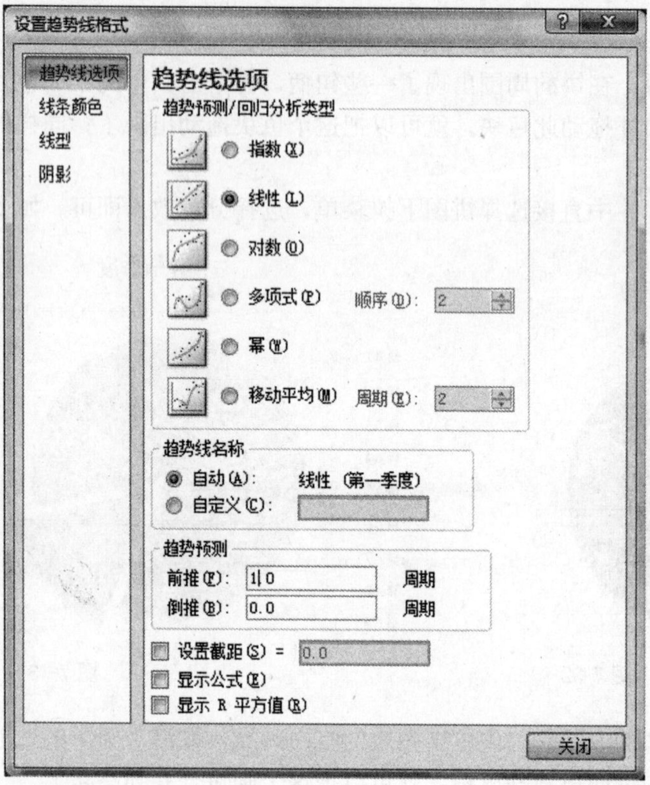

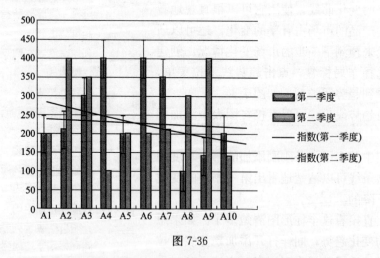

图 7-35

现在,就看到趋势变化了(图 7-36)。

图 7-36

4. 添加系列

如果得到了第四季度的统计数据,需要把它加入到这个表中,希望在加入到表格中后在图表中也看到第四季度的数据。

方法如下：首先把数据添加进去。在已经创建好的图表中右键单击，此时选择单击"选择数据"选项。如图（7-37）。

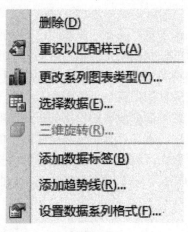

图 7-37

在打开的"选择数据源"对话框中，单击"图表数据区域"输入框中的拾取按钮，选择已经添加好的数据区域。如图 7-38。

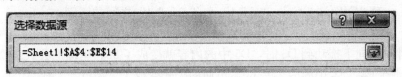

图 7-38

返回"选择源数据"对话框，此时就可以在"图例项（系列）"中看到已经添加好的第四季度数据，单击"确定"按钮就可以完成这个序列的加入了（图 7-39）。

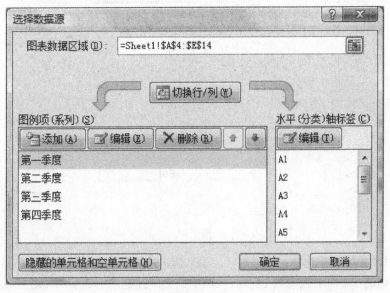

图 7-39

讲起来很繁琐，其实这些图表的插入都是很简单的，都是那么几步，只是不同的图表要用在不同的地方而已，如果需要，还可以随时把完成的工作转换成其他的图表形式表现出来，自己多练习练习，就会找到规律和技巧。

5. 常见的图表

通常使用柱形图和条形图来表示产品在一段时间内的生产和销售情况的变化或数量的比较，如上面的季度产品份额的柱状图就是显示各个品牌的市场份额的比较和变化。

如果要体现的是一个整体中每一部分所占的比例时，通常使用"饼图"，如做的各种饮料市场份额的饼图。此外比较常用的就是折线图和散点图了，折线图通常也是用来表示一段时间内某种数值的变化，常见的如股票的价格的折线图等。

散点图主要用在科学计算中。例如：有正弦和余弦曲线的数据，可以使用这些数据来绘制出正弦和余弦曲线：选择数据区域，然后在插入标签中选择散点图按钮，就生成了一个函数曲线图；改变一下它的样式，一个漂亮的正余弦函数曲线就做出来了。

7.2.3 公式和函数

1. 绝对地址与相对地址

随着公式的位置变化，所引用单元格位置也是在变化的是相对引用；而随着公式位置的变化所引用单元格位置不变化的就是绝对引用。

下面讲一下"C4"、"$C4"、"C$4"和"C4"之间的区别。

在一个工作表中，在C4、C5中的数据分别是60、50。如果在D4单元格中输入"=C4"，那么将D4向下拖动到D5时，D5中的内容就变成了50，里面的公式是"=C5"，将D4向右拖动到E4，E4中的内容是60，里面的公式变成了"=D4"（图7-40）。

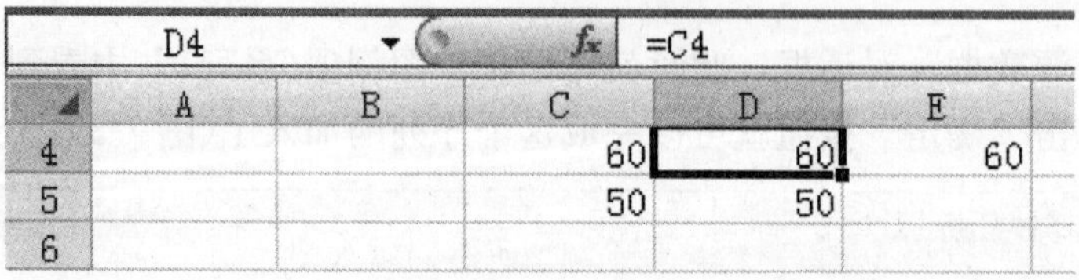

D4		f_x	=C4	
	A	B	C	D	E
4			60	60	60
5			50	50	
6					

图 7-40

现在在D4单元格中输入"=$C4"，将D4向右拖动到E4，E4中的公式还是"=$C4"，而向下拖动到D5时，D5中的公式就成了"=$C5"（图7-41）。

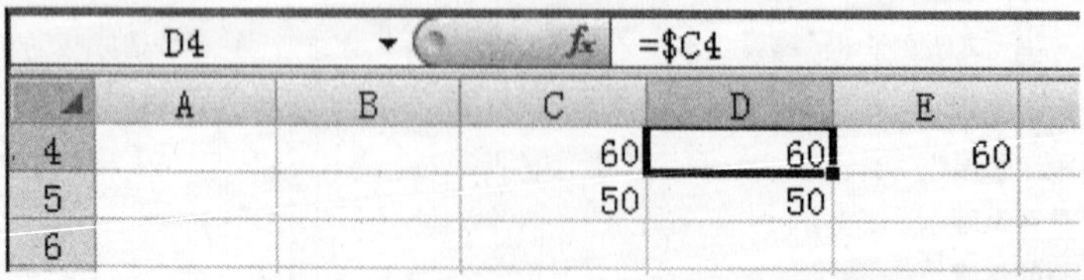

D4		f_x	=$C4	
	A	B	C	D	E
4			60	60	60
5			50	50	
6					

图 7-41

如果在D4单元格中输入"=C$4"，那么将D4向右拖动到E4时，E4中的公式变为"=D$4"，而将D4向下拖动到D5时，D5中的公式还是"=C$4"（图7-42）。

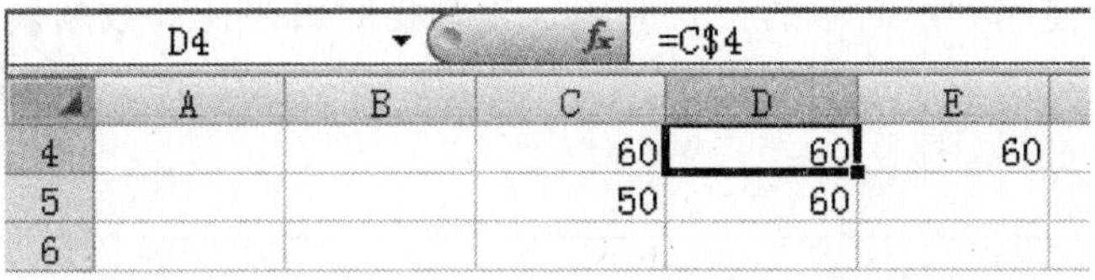

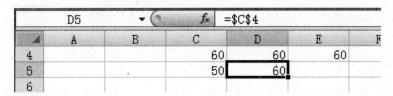

图 7-42

如果在 D4 单元格中输入"=＄C＄4"，那么不论将 D4 向哪个方向拖动，自动填充的公式都是"=＄C＄4"。原来谁前面带上了"＄"号，在进行拖动时谁就不变。如果都带上了"＄"，在拖动时两个位置都不能变(图 7-43)。

图 7-43

2. 公式创建

公式是由用户自定设计并结合常量数据、单元格引用、运算符等元素进行数据处理和计算的算式。用户使用公式是为了有目的地计算结果，因此 Excel 的公式必须(且只能)返回值。

下面的表达式就是一个简单的公式实例。

＝(C2＋D3)×5

从公式的结构来看，构成公式的元素通常包括等号、常量、引用和运算符等元素。其中，等号是不可或缺的。但在实际应用中，公式还可以使用数组、Excel 函数或名称(命名公式)来进行运算。

如果在某个区域使用相同的计算方法，用户不必逐个编辑函数公式，这是因为公式具有可复制性。如果希望在连续的区域中使用相同算法的公式，可以通过"双击"或"拖动"单元格右下角的填充柄进行公式的复制。如果公式所在单元格区域并不连续，还可以借助"复制"和"粘贴"功能来实现公式的复制。

下面我们就通过具体实例来了解公式。数据表中展示了某公司 4 月所有产品的销售情况，现在我们就可以通过使用公式计算总销售额。在 E21 单元格中输入"=D21×C21"回车即可得到总销售额金额。然后使用填充的方式将其他产品计算出来。如图 7-44。

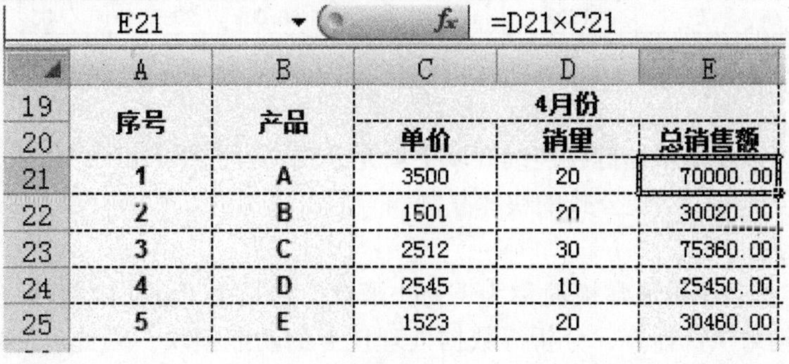

	E21			f_x	=D21×C21	
▲	A	B	C	D	E	
19	序号	产品	4月份			
20			单价	销里	总销售额	
21	1	A	3500	20	70000.00	
22	2	B	1501	20	30020.00	
23	3	C	2512	30	75360.00	
24	4	D	2545	10	25450.00	
25	5	E	1523	20	30460.00	

图 7-44

这是我们在平时使用到最简单的公式应用。如果我们想要计算数据表中的利润金额。我们通常的办法是在 H21 单元格中输入公式："＝G21×F21×0.2"。这样我们就可以计算出利润金额。如图 7-45。

			H21		▼	f_x	=G21×F21×0.2		
	A	B	C	D	E	F	G	H
19	序号	产品	4月份			5月份		销售利润
20			单价	销量	总销售额	单价	销量	
21	1	A	3500	20	70000.00	3056	30	18336.00
22	2	B	1501	20	30020.00	2023	30	12138.00
23	3	C	2512	30	75360.00	2075	40	16600.00
24	4	D	2545	10	25450.00	3034	20	12136.00
25	5	E	1523	20	30460.00	2089	30	12534.00

图 7-45

但如果在计算利润时忘记了利润率的话，计算也就无法实现。但可以通过定义单元格名称来帮我们实现。将利润率写在单元格中，选中此单元格，此时可以看到在名称框中显示的行号列表，可以自己定义名称，在地址栏中输入"利润率"，然后回车。如图 7-46。

利润率	▼	f_x	0.2
A	B	C	D

图 7-46

定义好名称后，在输入公式的时候就可以直接输入中文名称，这样，也可以进行计算了。例如在 H21 单元格中输入："＝G21×F21×利润率"，此时可以看到已经计算出来的结果。如图 7-47。

			H21		▼	f_x	=G21×F21× 利润率		
	A	B	C	D	E	F	G	H
19	序号	产品	4月份			5月份		销售利润
20			单价	销量	总销售额	单价	销量	
21	1	A	3500	20	70000.00	3056	30	18336.00
22	2	B	1501	20	30020.00	2023	30	12138.00
23	3	C	2512	30	75360.00	2075	40	16600.00
24	4	D	2545	10	25450.00	3034	20	12136.00
25	5	E	1523	20	30460.00	2089	30	12534.00

图 7-47

在这里还可以使用快捷键在连续区域中填充公式：当选择 H21：H25 区域后，再按下"Ctrl＋D"组合键可以实现公式的快速复制。

3. 函数使用

Excel 的工作表函数通常被简称为 Excel 函数，它是由 Excel 内部预先定义并按照特定的顺序、结构来执行计算、分析等数据处理任务的功能模块。因此，Excel 函数也常被称为"特殊公式"。与公式一样，Excel 函数的最终返回结果为值。

Excel 函数只有唯一的名称且不区分大小写，它决定了函数的功能和用途。

Excel 函数通常是由函数名称、左括号、参数、半角逗号和右括号构成。如 SUM（A1：A10，B1：B10）。另外有一些函数比较特殊，它仅由函数名和成对的括号构成，因为这类函数没有参数，如 NOW 函数、RAND 函数。

在 Excel 2010 中我们可以找到公式标签，看到其中有很多函数的类型，当进行函数输入的时候，可以从中进行查找(7-48)。

图 7-48

下面就通过具体的实例来看一下函数的应用。例如这张工资表，现在需要计算出所有办公室人员的基本工资总和。如图 7-49。

	A	B	C	D	E	F	G
1	部门	姓名	基本工资	奖金	住房基金	保险费	实发工资
2	办公室	陈鹏	800.00	700.00	130.00	100.00	1270.00
3	人事处	胡海涛	613.00	600.00	100.00	100.00	1013.00
4	财务处	连威	800.00	700.00	130.00	100.00	1270.00
5	办公室	王卫平	685.00	700.00	100.00	100.00	1185.00
6	统计处	沈克	613.00	600.00	100.00	100.00	1013.00
7	办公室	张晓寰	685.00	600.00	100.00	100.00	1085.00
8	办公室	杨宝春	613.00	600.00	100.00	100.00	1013.00
9	人事处	王川	613.00	700.00	100.00	100.00	1113.00
10	后勤处	林海	685.00	700.00	130.00	100.00	1155.00
11	后勤处	刘学燕	613.00	700.00	100.00	100.00	1013.00
12	人事处	许东东	800.00	700.00	130.00	100.00	1270.00
13	人事处	艾芳	685.00	700.00	100.00	100.00	1185.00
14	统计处	庄凤仪	800.00	700.00	130.00	100.00	1270.00
15	人事处	王小明	613.00	600.00	100.00	100.00	1013.00
16	统计处	沈奇峰	685.00	600.00	100.00	100.00	1085.00
17	统计处	岳晋生	613.00	600.00	100.00	100.00	1013.00
18							

图 7-49

此时可以使用 SUMIF 函数进行计算。在单元格中输入："= SUMIF（A2：A17，'办公室'，C2：C17）"，回车即可得到所有办公室基本工资的总和。在函数公式中，A2：A17 是要计算的单元格区域，"办公室"是定义的条件，C2：C17 是用于求和计算的实际单元格区域。如图 7-50。

fx	=SUMIF(A2:A17,"办公室",C2:C17)		
H	I	J	K
	部门	基本工资	
	办公室	2783	

图 7-50

7.3 常用信息管理软件简介

目前，国内应用的工程造价软件有北京广联达软件、中科院 PKPM 软件、鲁班软件、清华斯维尔软件、神机软件及一些地方性公司及使用方自主开发的软件等，各种造价软件的介绍及比较见表 7-1。

各种造价软件介绍及比较   表 7-1

工程软件公司	开发平台	优势	不足	市场占有率
广联达	自主平台	在造价软件领域是产品线及功能最齐全的；开发实力最强；渠道铺设广，共计 32 家分公司、6 家子公司，有全国定额库；重视教育培训领域，在造价师、预算员群体中口碑好，有形成行业实施标准的趋势	由于专注于造价软件，其关注领域比 PKPM 窄	计价和算量软件排名
PKPM	自主平台	建设部制定清单计价软件的提供商，唯一一家提供工程全过程、全方位、多层次、多领域软件产品的公司；以结构设计软件见长，市占率 95% 以上；有全国定额库	更专注于设计软件及建筑企业 ERP。综合营销战略方面存不足	
鲁班软件	CAD平台	美国国际风险基金的支持；可以使用构件向导方便地完成钢筋输入工作	只有算量软件较强	算量软件排名靠前
清华斯维尔	CAD平台	具有一些特殊功能，如可视化检验功能具有预防多算、少扣、纠正异常错误、排除统计出错等用途	平台受限	
神机软件	CAD平台	同类软件中成立较早的公司；在清单实施前能进行充分的本地化；分公司、销售网络遍布全国	计价软件较强	计价软件排名靠前
地方性公司重庆鹏业河北新奔腾公司		本地化程度好；和当地建设部门关系建设较好	无法开展全国业务	在当地具有一定的市占率
使用方自主开发的软件		一般存在于设计院、规划研究院等单位，适用性较好	大多不存在开发能力，多用 Excel 和 VB 编写，功能简单，不适合商业化、大项目应用	消亡趋势

由上表可见，广联达的工程造价软件在市场上处于强势地位，是覆盖全国的工程造价软件厂商。公司产品正在逐渐成为行业事实标准。技术上广联达也领先于其他造价软件厂商，是采用自主开发平台的极少数厂商之一，并且广联达的平台能够支持各地不同的要求。在造价软件领域，广联达的产品线最为全面，形成互相支持的竞争强势。

由于广联达预算软件内容多并且繁琐，因此本节只介绍定额计价软件、工程量清单编制软件及工程量清单计价软件部分内容。

计价软件

7.3.1 定额计价软件

定额计价软件操作流程：

启动软件→新建文件→工程概况→实体项目→措施项目→独立费→人、材、机汇总→计价程序→报表。

1. 软件的启动

单击：开始→程序→广联达软件→广联达——招投标整体解决方案→广联达清单计价GBQ V3.0→登录后确定。

2. 新建预算文件

单击新建向导→选择计价形式，如定额计价（图 7-51）→下一步→选择所用的定额（图 7-52）→选择地区类别→下一步→打开子目费用文件→选择费用模板（图 7-53）→选择专业子目费用模板（图 7-54）→打开→选择取费类别（图 7-55）→打开→根据需要选择综合单价取费（或不选用工料单价法）→下一步→输入工程名称→完成，进入定额预算文件编制。

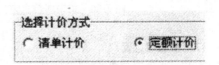

图 7-51 选择计价方式窗口

图 7-52 选择定额窗口

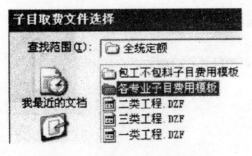

图 7-53 选择子目费用模板窗口

图 7-54 选择专业子目费用模板窗口

3. 工程概况

如图 7-56 所示，分别打开预算信息、工程信息、工程特征、计算信息，输入相关内容，系统自动完成工程总说明中工程概况的有关内容。

除了系统提供的常规工程信息之外，还可以根据工程的具体特点增加信息项。

方法：在左边导航栏页面任意位置单击鼠标右键，弹出窗口如图 7-57 所示，添加或插入信息项即可。

图 7-55　选择子目取费类别窗口

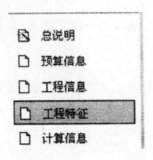

图 7-56　总说明信息窗口

图 7-57　添加信息窗口

4. 实体项目

(1)实体项目界面基本操作

单击左边窗口的实体项目，弹出如图 7-58 所示窗口。

	编号	类别	名称及规格	单位	工程量	工程量表达式	单价	人工单价	材料单价
	整个项目				1	1	0.00		
*1								0.00	0.00

图 7-58　实体项目预算书窗口

1）预算书设置

单击窗口上方的"预算书设置"，将公共属性选定后确认(一般不需要调整设置)。

2）预算书页面设置

单击鼠标右键(或单击菜单栏实体项目)→页面设置，出现如图 7-59 所示对话框。

① 预算书设置格式

用来设置预算书不同项目的背景色、字体色、字形、大小。上方是设置格式，中间是格式工具栏，下方是设置效果预览。

② 设置显示列

设置概预算表中显示的列，操作窗口右上的单选框，改变下方列表的显示内容，要使

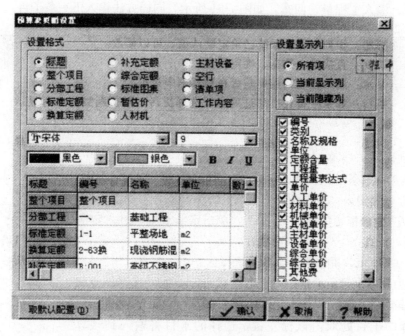

图 7-59 预算书设置对话框

预算表中显示某列，单击列标题前的小方框，使之出现"√"，表明选中。设置完毕确认即可。

3）列属性设置操作

单击列名称，进入列属性设置窗口，如图 7-60 所示。

① 标题：指列名称，系统已给定默认值，可以修改。

② 宽度：直接输入数据，确定列宽。

③ 显示：用来控制当前列是否在预算书中显示。

④ 折行：如果字符长度超过列宽，选择折行，可折断到另一行显示，不选择，则被其后的列遮挡。

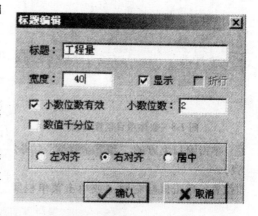

图 7-60 列属性设置对话框

⑤ 小数位数有效：用来控制显示是否需要小数，如果此项不选择，小数位数变灰，无法操作。

⑥ 小数位数：确定列数据保留的小数位数，系统自动四舍五入。

设置完毕确认即可。

（2）定额子目输入

1）直接输入

在整个项目下方输入定额编号，如输入定额子目"1-31"，按回车键，该子目自动进入预算表中，输入工程量，回车，如图 7-61 所示。同样方法输入下一条子目。

	编号	类别	名称及规格	单位	工程量	工程量表达式	单价	合价
	整个项目				1	1	85.05	85.05
1	1-31	定	平整场地	100m²	1.5	150	56.70	85.05
*2								

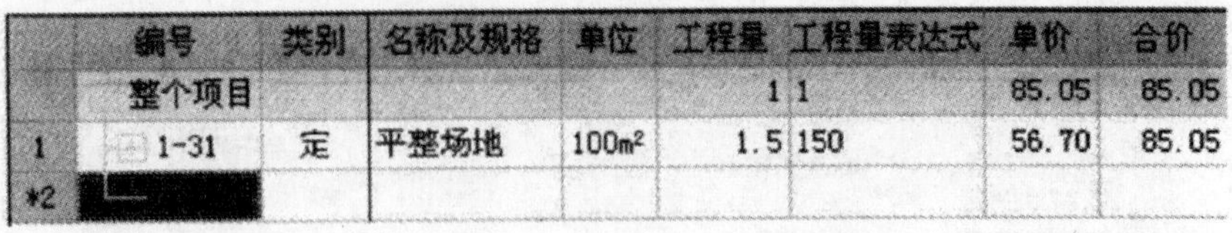

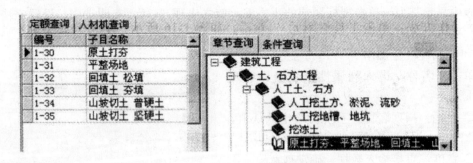

图 7-61　直接输入窗口

2）查询输入

分定额查询、条件查询和人材机查询。

① 定额查询输入：单击预算书页面上方工具条“查询窗口▼”右侧的下拉三角图标，如图 7-62 所示，单击定额查询，进入定额查询窗口。

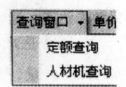

如图 7-63 所示，屏幕右边为章节选择区。单击节点“+”号，“+”号变为“-”号，下级节点展开，单击节点处书本图标或章节文字，书本图标变为翻开状态，屏幕左边窗口自动显示具体子目。在选择的子目处双击鼠标左键，选择的子目将输入到预算书中。

图 7-62　查询窗口

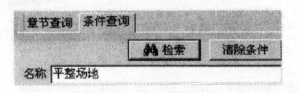

图 7-63　章节查询窗口

② 按条件查询子目

单击图 7-63 中的“条件查询”，如图 7-64 所示，在输入框中输入已知条件，单击“检索”按钮，系统能快速查询出符合条件的子目供选择。

图 7-64　条件查询窗口

③ 人材机查询

如图 7-65 所示，单击“人材机查询”，进入人材机查询窗口。同定额查询类似，窗口右边为人材机类别树形图，左边是具体材料，操作右边额类别树形图，在左边双击需要的人工或材料即可。

图 7-65　人材机查询窗口

3）补充子目输入

在编号栏中输入"B：定额号"，例如"B：1—1"，表示补充一条子目 1—1，子目名称和内容自行输入，直接输入单价不参与取费；也可输入人工单价、材料单价、机械单价，组成补充子目单价，参与取费。

（3）工程量输入

1）直接输入工程量

在工程量表达式列，可以直接输入工程量数据或工程量表达式，输入的工程量或工程量表达式计算结果放在工程量列。

2）表达式输入

如果计算过程较为复杂，可以输入多个相关联的表达式来计算工程量，方法是：在工程量表达式栏单击鼠标左键，单击" "，进入表达式编辑窗口，输入表达式后，单击"确定"，计算结果返回给工程量。

3）图元公式输入

有些计算工程量的常用的公式，软件用图形表示出来，只要输入相应的参数，系统会自动计算出工程量。

操作方法：单击工具栏图元" f_x "，如图 7-66 所示，单击公式类别右侧下拉三角"▼"，选择公式种类。

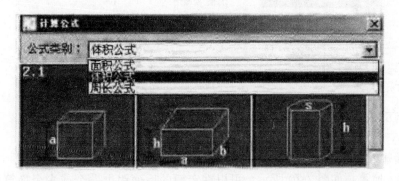

图 7-66　图元公式窗口

双击选中图形后进入公式选择对话框，如图 7-67 所示，输入相应的参数后，确定即可。

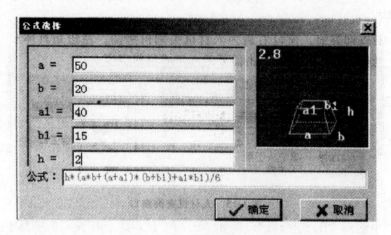

图 7-67 图元公式编辑对话框

（4）预算换算处理

1）标准换算

换算方法：选中需要换算的项目，单击表格上方工具栏中的"属性窗口"，如图 7-68、图 7-69 所示，单击"标准换算"，单击"▼"，当前子目可换算的内容全部显示出来，选择后确定即可。

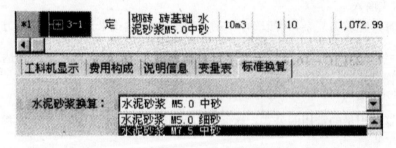

图 7-68 定额换算窗口（一）

图 7-69 定额换算窗口（二）

2）直接输入换算

直接输入换算，如图 7-70 所示，可以在定额的后面跟上一个或多个换算信息来进行换算，预算书类别以"换"作标识，区别定额子目。格式如下：

① 如 1—109□×9：表示子目人工、材料、机械同时乘系数 9。

② 如 1—108□＋□1—109□×9：表示子目 1—108 的含量加子目 1—109 的含量乘以

9 倍，合并为新子目。

编号	类别	名称及规格
□整个项目		
3-1 HZF1-0379 ZF1-0381	换	砌砖 砖基础 水泥砂浆 M7.5 中砂
4-3 HZF1-0029 ZF1-0030	换	现浇钢筋混凝土 带形基础 钢筋混凝土 现浇中砂碎石40mmC25
1-109 ×9	换	机械运土方 运距20km以内 每增加1000m（单价*9）
1-108 + 1-109×9	换	机械运土方 运距20km以内 1000m
7-23 R*1.2,J×1.2,HZF1-0028 ZF1-0005	换	垫层 混凝土（用于基础垫层：现浇中砂碎石15mmC10）
8-31	定	卷材及防水涂料屋面 防水层 聚氨酯防水涂膜 二遍1.6mm厚
8-32 *2	换	卷材及防水涂料屋面 防水层 聚氨酯防水涂膜 每增减0.1mm厚（单价*2）

图 7-70　直接换算窗口

③ 如 7—23□R×1.2：表示人工费乘 1.2 系数，子目工日数变为换算前的 1.2 倍。"R" 表示人工费，"C" 表示材料费，"J" 表示机械费。

④ 如 7—23□J+15.6：表示子目机械费增加 15.6 元。

⑤ 如 7—23□C-16.8：表示子目材料费减少 16.8 元。

注意：换算信息和子目之间必须有一个空格 "□" 分隔，多个换算信息之间必须用逗号 "，" 分隔。

3）取消换算

不管用何种方式换算，均可取消，回到换算前的状态。选择子目→单击右键→取消换算。

（5）预算书整理

1）子目排序

单击主菜单 "实体项目" →排序整理→ 子目排序或点击页面工具条中子目排序图标 ""，系统将弹出窗口，选择 "是"，预算书中的子目将按定额中编排的顺序由小至大排列。

2）分部整理

具体如下：

① 自定义分部。

根据工程实际自行定义分部序号及名称，常用于变更结算如地下工程、结构工程、装饰工程等。

操作顺序：单击主菜单 "实体项目" →插入→插入分部，软件在光标后插入黄色分部，类别列以 "部" 作标识。在编号列输入分部序号，在名称与规格列输入分部名称，输入完成后需要将属于此分部的子目全部选中，单击实体项目→降级，使其成为此分部的下一级，即完成了分部的设置工作。

② 自动添加分部

点击页面工具条中分部整理图标 ""，弹出窗口，选择 "☑ 自动添加章节标题"，单击 "确定"，系统将按定额的章节号生成分部序号，以章节标题作为分部名称，按章节汇总；

不选取此项，则只按定额号排序，不添加标题。

注意：删除自定义分部进行的操作是不可逆的，不能恢复，若无法确认，建议执行此操作前先保存文件。

3）预算合并

点击页面工具条中预算合并图标"⋻⋲"，弹出提示对话框，单击"确定"，相同子目合并，同一分部内的相同定额号的子目工程量相加。

（6）属性窗口的其他应用

属性窗口如图7-71所示。

1）工料机显示

同定额表中的人材机消耗量。

2）说明信息

主要是和该项目对应的该章节的文字说明部分和工程量计算规则。

工料机显示 │ 说明信息 │ 变量表 │ 标准换算

图 7-71　属性窗口

5. 措施项目

（1）施工技术措施项目

窗体中的黄色部分项目可以用定额子目组成费用。操作如下：首先选择要组价的施工技术措施项目所在的行，然后单击表格上方的"组价内容"，如图7-72所示。

序号	名称	单位	类别
一	施工技术措施项目		部
1	脚手架费	项	定
2	模板工程费	项	定

图 7-72　组价内容窗口

定额子目输入可以直接输入，也可通过"定额查询"功能输入，如图7-73所示。详细操作同实体项目。

	编号	类别	名称及规格	单位	工程量	工程量表达式	单价	合价
B1	1	部	脚手架费	项	1	1	10,434.70	10,434.70
1	12-36	定	综合脚手架 多层建筑 混合结构 高度在15m以内 3000m²以内	100m²	10	1000	1,043.47	10,434.70

图 7-73　技术措施项目输入窗口

（2）施工组织措施项目

施工组织措施项目定额子目输入操作同施工技术措施项目，但工程量不需要输入，默认为1，软件自动按计价程序规则计取费用，如图7-74所示。

6. 独立费

主要是指单独计入的非取费项目。如图7-75所示，在费用名称、数量、单价处直接

查询窗口 ▾ 属性窗口

	编号	类别	名称及规格	单位	工程量	工程量表达式	单价	合价
B7	1	部	冬雨季施工增加费	项	1	1	139.95	139.95
*8	18-1	定	一般土建工程施工组织措施费 冬雨季施工增加费	%	1	1	139.95	139.95

图 7-74　施工组织措施项目输入窗口

输入即可。

	序号	名称	单位	数量	单价	合价	是否合计行
1		合计				1000.00	☑
2	1	配合费				1000.00	☐
*3	1.1	脚手架配合费	项	1.00	1000.00	1000.00	☐

图 7-75　独立费输入窗口

7. 人材机汇总

通过人材机汇总，进行差价的调整。

基本操作：

(1) 单击窗口左侧人材机汇总，在下方菜单中选择材料表，设置材料输出标记，如图 7-76 所示，用来控制材料是否需要输出到报表中，打勾表示输出，不打勾表示不输出。改变的方法是用鼠标单击该列的复选框。

全部人材机汇总 ▾ ☑ 只显示输出材料　市场价文件:

	代号	名称	型号规格	单位	数量	预算价	市场价	价差	价差合计	输出标记	市场价锁定
3	BB1-0101	水泥	32.5(混凝土用)	t	.6.120	240.000	230.000	-10.000	-161.200	☑	☐
4	BB1-0101	水泥	32.5(砂浆用)	t	).3416	240.000	230.000	-10.000	-3.416	☑	☐

图 7-76　输出标记窗口

(2) 在表格上方选择“只显示输出材料”，在表格“市场价”一栏中输入市场价即可。

(3) 市场价锁定：有些工程，在签订合同时，甲乙双方就一些主要材料价格已达成协议，确定好价格，结算时按协议调整价差，对于这些材料，可直接输入价格，其他双方未确定的材料价格，如果希望通过选择信息价载入，同时不希望清除掉自行输入的内容，可以点击锁定市场价列，使小方框中出现“√”，这样执行载入市场价功能时就不会用信息价替换。

8. 计价程序

点击左侧窗口的“计价程序”，即进入取费表窗口。

(1)自动取费

如果使用新建向导建立单位工程预算文件，并输入工程信息，软件自动根据信息选择费用文件，计算出各项金额。一般土建、土石方、桩的费用率和利润率是不同的，只要核对取费基数与费率的正确性便可完成取费工作。如果取费表中没有桩的项目，应将其删除。

(2) 选择费用模板

单击工具栏载入文件"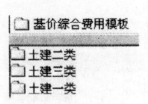"图标，显示如图 7-77 所示窗口。

1) 工料单价法费用模板

如图 7-78 所示，可通过选择土建类别，调整费用率和利润率。

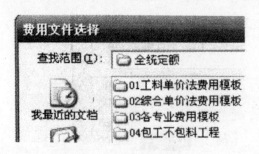

图 7-77　定额费用模板　　　　　　图 7-78　工料单价法费用模板

2) 各专业费用模板

即将一般土建、土石方、桩分别计算。

3) 综合单价法费用模板

如图 7-79 所示，适用于完全按 2003 定额综合单价计价的工程，其费用类别同定额。

	序号	费用名称	取费基数	费用说明	费率(%)	费用金额	是否合计行
*1	一	直接、措施性成本	ZJF	工程预算书合计		11,084.66	☐
2	二	造价调整				0.00	☐
3	三	规费	F1:F2	[1~2]	0.22	24.39	☐
4	四	其他项目费	QTXMF	独立费合计		100,000.00	☐
5	五	税金	F1:F4	[1~4]	3.45	3,833.26	☐
6	六	工程造价	F1:F5	[1~5]		114,942.31	☑

图 7-79　综合单价法费用模板

9. 报表

单击左边窗口的"报表"，即切换到报表页面。

(1) 报表预览

窗口左侧为报表名称列表，选择要查看的报表，窗口右侧出现报表界面，即可预览报表。

(2) 报表打印

点击系统工具条打印机图标"⊟"，系统弹出如图 7-80 所示对话框。

对话框上方是报表选项单选框，系统默认显示所有表，在报表名称左边的小方框中点击鼠标，框中出现"√"，表示打印此表，切换单选框到已选表，单击"打印"即可。

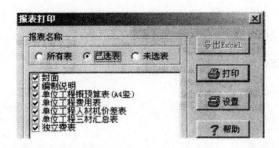

表7-80 报表打印对话框

（3）报表编辑

如果报表需要修改，可单击报表编辑的图标"■"，弹出"■■ **报表数据加工**"窗口，在需要修改处单击，选中后，再单击鼠标左键，进入可编辑状态，修改完成后回车，单击菜单栏"文件"，如图7-81所示，单击"退出"即可。

（4）报表导出

将报表中的数据及报表格式导出到 Excel 格式。

方法是：在报表预览窗体中单击鼠标右键，选择"导出到 Excel"，系统弹出窗口，更改路径，选择存放 Excel 格式报表文件的位置，指定文件名称，点击"保存"，系统启动 Excel 选件向其传送数据。

图7-81 编辑窗口

10. 数字建筑

数字建筑主要用于网上查询材料市场价格。

7.3.2 工程量清单编制软件

软件操作流程为：启动软件→新建文件→工程概况→分部分项工程量清单→措施项目清单→其他项目清单→报表。

1. 软件的启动

开始→程序→广联达软件→广联达——招投标整体解决方案→广联达清单计价 GBQ V3.0→登录后确定。

2. 新建预算文件

单击"新建向导"→选择计价方式（清单计价）→选择类型（工程量清单）→下一步→通过下拉三角选择清单规则、定额及其地区类别→下一步→输入工程名称→完成，进入清单编制。

3. 工程概况

分别打开预算信息、工程信息、工程特征、计算信息，如图7-82所示，直接输入相关内容，自动完成工程总说明中工程概况的有关内容。

除了系统提供的常规工程信息之外，还可以根据工程的具体特点增加工程描述信息项。

方法：在左栏导航页面任意位置单击右键，弹出菜单，如图7-83所示，添加或插入信息项即可。

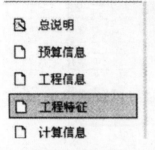

图 7-82　总说明窗口　　　　　　　图 7-83　信息增减窗口

4. 分部分项工程量清单

单击左边窗口的分部分项工程量清单，系统弹出如图 7-84 所示窗口。

图 7-84　清单编辑窗口

（1）清单编号的输入

1）直接输入

在编号栏中直接输入清单编号，如 010101003，则该清单项直接进入分部分项工程量清单表中。一般土建可输入 1-1-3（清单编码的第 4、6、9 位数）。

2）查询输入

点击分部分项工程量清单表上方工具栏中的"　查询窗口▼　"，出现清单查询的窗口如图 7-85 所示。

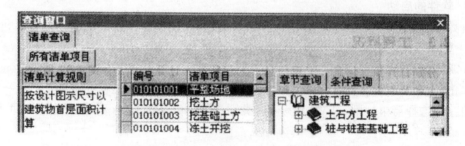

图 7-85　清单查询输入窗口

左边窗口是"查询清单计算规则"，右边窗口是"查询清单"，中间窗口是清单查询的结果。选取时，用鼠标双击需要的清单项或者按回车键均可。

查询方式

① 按章节查询

在查询窗口的树状目录中，找到需查询的清单项所在的章节，在中间窗口中会显示查询的结果，然后将清单选中双击即可。

② 按条件查询

在查询窗口的查询条件中可以按清单的编号和清单的名称查询，查询结果在中间的窗口中显示。

(2) 特征项目（名称及规格）输入

点击分部分项工程量清单表上方工具栏中的"属性窗口"。

弹出的窗口中，左边是"工程内容"和"特征项目"，如图 7-86 所示，输入或在下拉三角中选择该清单项特征值，选择是否输出。

右边窗口是"附加内容"和"显示格式"，如图 7-87 所示，选择附加内容（项目特征）及显示格式（换行），点击"刷新"。

	编号	类别	名称及规格	单位	工程量
	整个项目				1
*1	010101003001	项	挖基础土方	m³	1

工程内容　特征项目　说明信息　变量表

	名称	单位	特征值	是否输出
*1	土壤类别		三类土 ▼	☑
2	基础类型		条形基础	☑
3	垫层底宽、底面积		2.4M	☑
4	挖土深度		2.0M	☑
5	弃土运距		15KM	☑

图 7-86　特征输入窗口

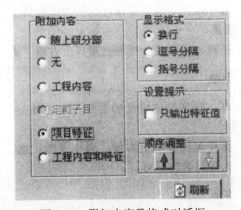

图 7-87　附加内容及格式对话框

点击"刷新"后的页面如图 7-88 所示，可双击"…"进行修改。

	编号	类别	名称及规格	单位	工程量
	整个项目				1
*1	010101003001	项	挖基础土方 1. 土壤类别：三类土 2. 基础类型：条形基础 3. 垫层底宽2.4M 4. 挖土深度：2.0M 5. 弃土运距：15KM	m³	1

图 7-88　项目特征对话框

（3）工程量输入

1）直接输入工程量

在工程量表达式列，直接输入工程量数据或工程量表达式即可。

2）图元公式输入工程量

对比较复杂图形的工程量计算，可通过单击"f_x"，利用图元公式输入工程量。

（4）清单存档

在需要存档的清单项处单击鼠标右键，单击保存清单项，选择要存放的章节，并输入存档清单编码，清单编码的前 9 位不允许修改，可以修改的只有后 3 位。点击"确认"，即完成保存工作。

（5）清单调用

对于项目特征基本相同的清单项，可通过调用已经保存的存档清单，快速完成操作。方法是：点击页面工具栏中的"存档清单查询"，保存的清单在窗口列出来，双击需要的清单项后，选择"是"，程序自动格式化清单编号，即可完成项目特征基本相同的清单项，个别需要修改的，可通过双击"…"进行修改。

（6）"容/特"的应用

所有清单项目特征输入完成后，可通过窗口上方的"容/特"进行转换。

5. 措施项目清单

输入相关内容即可，除了系统提供的常规项目之外，还可以根据工程的具体情况增加项目。

方法：在右栏页面任意位置单击右键，弹出菜单，选择出入定额组价行或插入费用组价行，输入项目名称即可。

6. 其他项目清单

根据招标情况，在预留金和材料购置费的取费基数一栏输入金额即可。

7. 报表

单击左侧报表，根据需要打印即可。

报表的修改和导出同 7.3.1 所述的内容相同。

7.3.3　工程量清单计价软件

1. 文件类型的转换

将清单文件转换为清单计价文件：单击工具栏中的"工程量"清单，弹出如图 7-89 所示对话框，选择工程量清单计价形式（标底或投标），点击"确定"。

图 7-89　预算类型转换对话框

2. 分部分项工程量清单计价

（1）子目输入

1）子目直接输入

在清单项下输入消耗量定额：先用鼠标右键单击清单项，在弹出的菜单上选择插入子项，然后在编号栏处输入定额号及实际的工程量。

2）子目指引输入

点击工具栏中的"属性窗口"，将工程内容的窗口在下方显示出来，如图 7-90 所示，每一条工作都匹配有相应的指引子目，在相应的工作内容上点击鼠标右键，弹出菜单，点击"选择指引项目"，出现指引子目选择的窗口；选择需要的子目，点击"选择"或双击需要的子目即可。

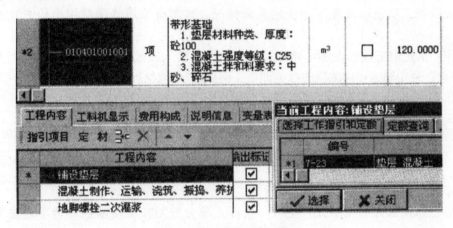

图 7-90　子目指引输入窗口

3）子目查询输入

如图 7-91 所示，点击工具栏中查询窗口右侧的"▼"按钮，单击"定额查询"，将定额查询的窗口在下方显示出来，用鼠标双击需要的定额或者按回车键即可。

（2）定额工程量输入

根据定额规定的计量单位输入实际计算的工程量即可。

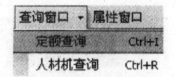

3. 措施项目清单计价

（1）定额子目费用组价

窗体中的黄色部分项目，类别为"部"，这些项目可以用定额子目组成费用。

图 7-91　子目查询输入窗口

操作如下：首先选择要组价的措施项目所在的行，然后用鼠标左键单击表格上方的"组价内容"，如图 7-92 所示。

编号	类别	名称	单位	数量	综合单价
B2 ⊟5	部	夜间施工	项	1	0.00
2					

图 7-92　定额子目费用窗口

定额子目输入可以直接输入，如图 7-93 所示。也可通过"定额查询"功能输入。详细操作同分部分项工程量清单。

| B2 | ☐ 5 | | 部 | 夜间施工 | 项 | | 1 | 1789.25 | 1789.25 |
| *2 | └☐ 18-2 | | 定 | 一般土建工程施工组织措施费 夜间施工增加费 | % | | 1 | 1789.25 | 1789.25 |

图 7-93　定额子目费用输入窗口

（2）普通费用组价

措施项目清单计价的编制，应考虑多种因素，除工程本身的因素外，还涉及水文、气象、环境保护、安全以及施工企业的实际情况。该类可采用普通费用组价方式，直接输入。

操作：首先单击鼠标左键，插入普通费用行，输入编号、费用名称、单位，然后在"计算基数"列中输入相应款项的数值即可。例如，"环境保护费"共计 58470 元，直接在计算基数列中输入"58470"即可，类别以费的形式出现，如图 7-94 所示。

| *20 | 12 | 环境保护费 | | 项 | 费 | 58470 | | 58,470.00 |

图 7-94　普通费用组价直接输入窗口

4. 其他项目清单计价

一般超标人部分费用不允许更改，投标人部分费用在取费基数和费率处输入数据即可。

5. 人材机汇总

单击"人材机汇总"，可查看人工、材料、机械的费用汇总情况。

6. 计价程序

单击"计价程序"，弹出费用计算窗口如图 7-95 所示，系统自动计算含税造价。

序号	费用名称	取费基数	费用说明	费率(%)	费用金额	是否合计行
一、	分部分项工程量清单计价合计	ZJF	分部分项工程量清单合计		1,204,490.84	☐
二、	措施项目清单计价合计	QTCSF	措施项目清单合计		17,592.59	☐
三、	其他项目清单计价合计	QTXMF	其他项目合计		55,200.00	☐
四、	规费	F1:F3	[1～3]	0.22	2,810.02	☐
五、	税金	F1:F4	[1～4]	3.45	44,163.22	☐
	含税工程造价	F1:F5	[1～5]		1,324,256.67	☑

图 7-95　计价程序窗口

7. 报表

单击左侧报表，根据需要打印即可。

报表的修改和导出同本章 7.3.1 所述的内容相同。

7.4 建筑信息模型(BIM)技术简介

建筑信息模型(Building Information Modeling)技术是以建筑工程项目的各项相关信息数据作为模型的基础,进行建筑模型的建立,它具有可视化,协调性,模拟性,优化性和可出图性五大特点。

1. 可视化

可视化即"所见所得",对于建筑行业来说,BIM 实现了可视化,将以往线条式的构件形成三维的立体实物图形展示在人们的面前;现在建筑业也有效果图,但是效果图并不是通过构件的信息自动生成的,缺少了同构件之间的互动性和反馈性,BIM 的可视化是一种同构件之间形成互动性和反馈性的可视,在 BIM 建筑信息模型中,可视化的结果不仅可以用来效果图的展示及报表的生成,项目设计、建造、运营过程中的沟通、讨论、决策都能在可视化的状态下进行。

2. 协调性

在设计时,往往由于各专业设计师之间的沟通不到位,而出现各种专业之间的碰撞问题,例如市政给排水、燃气等各专业中的管道在进行布置时,由于施工图纸是绘制在各自的施工图纸上的,施工过程中,可能在布置管线时正好在此处有其他管线在此妨碍,这就是施工中常遇到的碰撞问题。BIM 建筑信息模型可在设计阶段对各专业的碰撞问题进行协调,生成协调数据提供出来。当然 BIM 的协调作用也并不只是能解决各专业间的碰撞问题,它还可以解决例如:电梯井布置与其他设计布置及净空要求之协调,防火分区与其他设计布置之协调,地下排水布置与其他设计布置之协调等。

3. 模拟性

模拟性并不是只限于模拟设计出的建筑物模型,还可以模拟无法在真实世界中进行操作的事物。BIM 可以对设计上需要进行模拟的一些东西进行模拟实验,例如:节能模拟、紧急疏散模拟、日照模拟、热能传导模拟等;在招投标和施工阶段可以进行 4D 模拟(三维模型加项目的发展时间),也就是根据施工的组织设计模拟实际施工,从而来确定合理的施工方案来指导施工。同时还可以进行 5D 模拟(基于 3D 模型的造价控制),从而来实现成本控制;后期运营阶段可以模拟日常紧急情况的处理方式的模拟,例如地震人员逃生模拟及消防人员疏散模拟等。

4. 优化性

事实上整个设计、施工、运营的过程就是一个不断优化的过程,复杂程度高到一定程度,参与人员本身的能力无法掌握所有的信息,必须借助一定的科学技术和设备的帮助。BIM 及与其配套的各种优化工具提供了对复杂项目进行优化的可能。目前基于 BIM 的优化可以做下面的工作:①项目方案优化:把项目设计和投资回报分析结合起来,设计变化对投资回报的影响可以实时计算出来;这样业主对设计方案的选择就不会主要停留在对形状的评价上,而更多的可以使得业主知道哪种项目设计方案更有利于自身的需求。②特殊项目的设计优化:例如裙楼、幕墙、屋顶、大空间到处可以看到异型设计,这些内容看起来占整个建筑的比例不大,但是占投资和工作量的比例和前者相比却往往要大得多,而且通常也是施工难度比较大和施工问题比较多的地方。

5. 可出图性

BIM 并不是为了出设计院所出的建筑设计图纸及一些构件加工的图纸，而是通过对建筑物进行了可视化展示、协调、模拟、优化以后，可以帮助业主出如下图纸：①综合管线图（经过碰撞检查和设计修改，消除了相应错误以后）；②综合结构留洞图（预埋套管图）；③碰撞检查侦错报告和建议改进方案。

由于 BIM 提供的信息能协助决策者作出准确的判断，同时相比于传统绘图方式，在设计初期能大量地减少设计错误，避免后继承造厂商所犯的错误。计算机系统能用碰撞检测的功能，能够满足国内建筑市场的特色需求，BIM 将会给国内建筑行业带来一次巨大变革。

第8章　工程建设相关法律法规基础

8.1　工程建设相关法律法规简介(节选)

8.1.1　《中华人民共和国建筑法》

第五条　从事建筑活动应当遵守法律、法规，不得损害社会公共利益和他人的合法权益。

第十五条　建筑工程的发包单位与承包单位应当依法订立书面合同，明确双方的权利和义务。

第二十九条　建筑工程总承包单位可以将承包工程中的部分工程发包给具有相应资质条件的分包单位；但是，除总承包合同中约定的分包外，必须经建设单位认可。施工总承包的，建筑工程主体结构的施工必须由总承包单位自行完成。

建筑工程总承包单位按照总承包合同的约定对建设单位负责；分包单位按照分包合同的约定对总承包单位负责。总承包单位和分包单位就分包工程对建设单位承担连带责任。

第四十八条　建筑施工企业应当依法为职工参加工伤保险缴纳工伤保险费。鼓励企业为从事危险作业的职工办理意外伤害保险，支付保险费❶。

8.1.2　《中华人民共和国合同法》

第二条　本法所称合同是平等主体的自然人、法人、其他组织之间设立、变更、终止民事权利义务关系的协议。

婚姻、收养、监护等有关身份关系的协议，适用其他法律的规定。

第九条　当事人订立合同，应当具有相应的民事权利能力和民事行为能力。

当事人依法可以委托代理人订立合同。

第十二条　合同的内容由当事人约定，一般包括以下条款：

(一)当事人的名称或者姓名和住所；

(二)标的；

(三)数量；

(四)质量；

(五)价款或者报酬；

(六)履行期限、地点和方式；

---

❶　本条是 2011 年 4 月 22 日人大常委会修改通过并于 2011 年 7 月 1 日施行的条文——编者注。

（七）违约责任；

（八）解决争议的方法。

当事人可以参照各类合同的示范文本订立合同。

第六十条　当事人应当按照约定全面履行自己的义务。

当事人应当遵循诚实信用原则，根据合同的性质、目的和交易习惯履行通知、协助、保密等义务。

8.1.3 《中华人民共和国招标投标法》

第三条　在中华人民共和国境内进行下列工程建设项目包括项目的勘察、设计、施工、监理以及与工程建设有关的重要设备、材料等的采购，必须进行招标：

（一）大型基础设施、公用事业等关系社会公共利益、公众安全的项目；

（二）全部或者部分使用国有资金投资或者国家融资的项目；

（三）使用国际组织或者外国政府贷款、援助资金的项目。

前款所列项目的具体范围和规模标准，由国务院发展计划部门会同国务院有关部门制订，报国务院批准。

法律或者国务院对必须进行招标的其他项目的范围有规定的，依照其规定。

第四条　任何单位和个人不得将依法必须进行招标的项目化整为零或者以其他任何方式规避招标。

第五条　招标投标活动应当遵循公开、公平、公正和诚实信用的原则。

第十条　招标分为公开招标和邀请招标。

公开招标，是指招标人以招标公告的方式邀请不特定的法人或者其他组织投标。

邀请招标，是指招标人以投标邀请书的方式邀请特定的法人或者其他组织投标。

第四十一条　中标人的投标应当符合下列条件之一：

（一）能够最大限度地满足招标文件中规定的各项综合评价标准；

（二）能够满足招标文件的实质性要求，并且经评审的投标价格最低；但是投标价格低于成本的除外。

第六十六条　涉及国家安全、国家秘密、抢险救灾或者属于利用扶贫资金实行以工代赈、需要使用农民工等特殊情况，不适宜进行招标的项目，按照国家有关规定可以不进行招标。

8.1.4 《安全生产法》

第三条　安全生产管理，坚持安全第一、预防为主的方针。

第四条　生产经营单位必须遵守本法和其他有关安全生产的法律、法规，加强安全生产管理，建立、健全安全生产责任制度，完善安全生产条件，确保安全生产。

第二十一条　生产经营单位应当对从业人员进行安全生产教育和培训，保证从业人员具备必要的安全生产知识，熟悉有关的安全生产规章制度和安全操作规程，掌握本岗位的安全操作技能。未经安全生产教育和培训合格的从业人员，不得上岗作业。

第二十三条　生产经营单位的特种作业人员必须按照国家有关规定经专门的安全作业培训，取得特种作业操作资格证书，方可上岗作业。

第四十六条　从业人员有权对本单位安全生产工作中存在的问题提出批评、检举、控告；有权拒绝违章指挥和强令冒险作业。生产经营单位不得因从业人员对本单位安全生产工作提出批评、检举、控告或者拒绝违章指挥、强令冒险作业而降低其工资、福利等待遇或者解除与其订立的劳动合同。

8.1.5 《中华人民共和国消防法》

第五条　任何单位、个人都有维护消防安全、保护消防设施、预防火灾、报告火警的义务。任何单位、成年公民都有参加有组织的灭火工作的义务。

第十条　按照国家工程建筑消防技术标准需要进行消防设计的建筑工程，设计单位应当按照国家工程建筑消防技术标准进行设计，建设单位应当将建筑工程的消防设计图纸及有关资料报送公安消防机构审核；未经审核或者经审核不合格的，建设行政主管部门不得发给施工许可证，建设单位不得施工。经公安消防机构审核的建筑工程消防设计需要变更的，应当报经原审核的公安消防机构核准；未经核准的，任何单位、个人不得变更。按照国家工程建筑消防技术标准进行消防设计的建筑工程竣工时，必须经公安消防机构进行消防验收；未经验收或者经验收不合格的，不得投入使用。

第十一条　建筑构件和建筑材料的防火性能必须符合国家标准或者行业标准。公共场所室内装修、装饰根据国家工程建筑消防技术标准的规定，应当使用不燃、难燃材料的，必须选用依照产品质量法的规定确定的检验机构检验合格的材料。

8.1.6 《中华人民共和国环境保护法》

第六条　一切单位和个人都有保护环境的义务，并有权对污染和破坏环境的单位和个人进行检举和控告。

第二十四条　产生环境污染和其他公害的单位，必须把环境保护工作纳入计划，建立环境保护责任制度；采取有效措施，防治在生产建设或者其他活动中产生的废气、废水、废渣、粉尘、恶臭气体、放射性物质以及噪声、振动、电磁波辐射等对环境的污染和危害。

第三十一条　因发生事故或者其他突然性事件，造成或者可能造成污染事故的单位，必须立即采取措施处理，及时通报可能受到污染危害的单位和居民，并向当地环境保护行政主管部门和有关部门报告，接受调查处理。

可能发生重大污染事故的企业事业单位，应当采取措施，加强防范。

8.1.7 《中华人民共和国劳动法》

第三条　劳动者享有平等就业和选择职业的权利、取得劳动报酬的权利、休息休假的权利、获得劳动安全卫生保护的权利、接受职业技能培训的权利、享受社会保险和福利的权利、提请劳动争议处理的权利以及法律规定的其他劳动权利。

第十六条　劳动合同是劳动者与用人单位确立劳动关系、明确双方权利和义务的协议。建立劳动关系应当订立劳动合同。

第七十八条　解决劳动争议，应当根据合法、公正、及时处理的原则，依法维护劳动争议当事人的合法权益。

8.1.8 《中华人民共和国劳动合同法》

第三条 订立劳动合同，应当遵循合法、公平、平等自愿、协商一致、诚实信用的原则。

依法订立的劳动合同具有约束力，用人单位与劳动者应当履行劳动合同约定的义务。

第七条 用人单位自用工之日起即与劳动者建立劳动关系。用人单位应当建立职工名册备查。

第八条 用人单位招用劳动者时，应当如实告知劳动者工作内容、工作条件、工作地点、职业危害、安全生产状况、劳动报酬，以及劳动者要求了解的其他情况；用人单位有权了解劳动者与劳动合同直接相关的基本情况，劳动者应当如实说明。

第十条 建立劳动关系，应当订立书面劳动合同。

已建立劳动关系，未同时订立书面劳动合同的，应当自用工之日起一个月内订立书面劳动合同。

用人单位与劳动者在用工前订立劳动合同的，劳动关系自用工之日起建立。

第十二条 劳动合同分为固定期限劳动合同、无固定期限劳动合同和以完成一定工作任务为期限的劳动合同。

8.1.9 《中华人民共和国民事诉讼法》自 2013 年 1 月 1 日起施行

第二条 中华人民共和国民事诉讼法的任务，是保护当事人行使诉讼权利，保证人民法院查明事实，分清是非，正确适用法律，及时审理民事案件，确认民事权利义务关系，制裁民事违法行为，保护当事人的合法权益，教育公民自觉遵守法律，维护社会秩序、经济秩序，保障社会主义建设事业顺利进行。

第三条 人民法院受理公民之间、法人之间、其他组织之间以及他们相互之间因财产关系和人身关系提起的民事诉讼，适用本法的规定。

第七条 人民法院审理民事案件，必须以事实为根据，以法律为准绳。

第十三条 民事诉讼应当遵循诚实信用原则。

当事人有权在法律规定的范围内处分自己的民事权利和诉讼权利。

第十四条 人民检察院有权对民事诉讼实行法律监督。

第五十五条 对污染环境、侵害众多消费者合法权益等损害社会公共利益的行为，法律规定的机关和有关组织可以向人民法院提起诉讼。

第六十三条 证据包括：

（一）当事人的陈述；

（二）书证；

（三）物证；

（四）视听资料；

（五）电子数据；

（六）证人证言；

（七）鉴定意见；

（八）勘验笔录。

证据必须查证属实，才能作为认定事实的根据。

8.1.10 《建设工程质量管理条例》

第四章 施工单位的质量责任和义务

第二十五条 施工单位应当依法取得相应等级的资质证书，并在其资质等级许可的范围内承揽工程。

第二十六条 施工单位对建设工程的施工质量负责。

施工单位应当建立质量责任制，确定工程项目的项目经理、技术负责人和施工管理负责人。

建设工程实行总承包的，总承包单位应当对全部建设工程质量负责；建设工程勘察、设计、施工、设备采购的一项或者多项实行总承包的，总承包单位应当对其承包的建设工程或者采购的设备的质量负责。

第二十七条 总承包单位依法将建设工程分包给其他单位的，分包单位应当按照分包合同的约定对其分包工程的质量向总承包单位负责，总承包单位与分包单位对分包工程的质量承担连带责任。

第二十八条 施工单位必须按照工程设计图纸和施工技术标准施工，不得擅自修改工程设计，不得偷工减料。

施工单位在施工过程中发现设计文件和图纸有差错的，应当及时提出意见和建议。

第二十九条 施工单位必须按照工程设计要求、施工技术标准和合同约定，对建筑材料、建筑构配件、设备和商品混凝土进行检验，检验应当有书面记录和专人签字；未经检验或者检验不合格的，不得使用。

第三十条 施工单位必须建立、健全施工质量的检验制度，严格工序管理，作好隐蔽工程的质量检查和记录。隐蔽工程在隐蔽前，施工单位应当通知建设单位和建设工程质量监督机构。

第三十一条 施工人员对涉及结构安全的试块、试件以及有关材料，应当在建设单位或者工程监理单位监督下现场取样，并送具有相应资质等级的质量检测单位进行检测。

第三十二条 施工单位对施工中出现质量问题的建设工程或者竣工验收不合格的建设工程，应当负责返修。

第三十三条 施工单位应当建立、健全教育培训制度，加强对职工的教育培训；未经教育培训或者考核不合格的人员，不得上岗作业。

第四十条 在正常使用条件下，建设工程的最低保修期限为：

（一）基础设施工程、房屋建筑的地基基础工程和主体结构工程，为设计文件规定的该工程的合理使用年限；

（二）屋面防水工程、有防水要求的卫生间、房间和外墙面的防渗漏，为5年；

（三）供热与供冷系统，为2个采暖期、供冷期；

（四）电气管线、给排水管道、设备安装和装修工程，为2年。

其他项目的保修期限由发包方与承包方约定。

建设工程的保修期，自竣工验收合格之日起计算。

第四十一条 建设工程在保修范围和保修期限内发生质量问题的，施工单位应当履行保修义务，并对造成的损失承担赔偿责任。

第八章　罚则

第五十四条　违反本条例规定，建设单位将建设工程发包给不具有相应资质等级的勘察、设计、施工单位或者委托给不具有相应资质等级的工程监理单位的，责令改正，处 50 万元以上 100 万元以下的罚款。

第六十四条　违反本条例规定，施工单位在施工中偷工减料的，使用不合格的建筑材料、建筑构配件和设备的，或者有不按照工程设计图纸或者施工技术标准施工的其他行为的，责令改正，处工程合同价款 2％以上 4％以下的罚款；造成建设工程质量不符合规定的质量标准的，负责返工、修理，并赔偿因此造成的损失；情节严重的，责令停业整顿，降低资质等级或者吊销资质证书。

第六十五条　违反本条例规定，施工单位未对建筑材料、建筑构配件、设备和商品混凝土进行检验，或者未对涉及结构安全的试块、试件以及有关材料取样检测的，责令改正，处 10 万元以上 20 万元以下的罚款；情节严重的，责令停业整顿，降低资质等级或者吊销资质证书；造成损失的，依法承担赔偿责任。

第六十六条　违反本条例规定，施工单位不履行保修义务或者拖延履行保修义务的，责令改正，处 10 万元以上 20 万元以下的罚款，并对在保修期内因质量缺陷造成的损失承担赔偿责任。

第六十七条　工程监理单位有下列行为之一的，责令改正，处 50 万元以上 100 万元以下的罚款，降低资质等级或者吊销资质证书；有违法所得的，予以没收；造成损失的，承担连带赔偿责任：

（一）与建设单位或者施工单位串通，弄虚作假、降低工程质量的；

（二）将不合格的建设工程、建筑材料、建筑构配件和设备按照合格签字的。

第六十八条　违反本条例规定，工程监理单位与被监理工程的施工承包单位以及建筑材料、建筑构配件和设备供应单位有隶属关系或者其他利害关系承担该项建设工程的监理业务的，责令改正，处 5 万元以上 10 万元以下的罚款，降低资质等级或者吊销资质证书；有违法所得的，予以没收。

第六十九条　违反本条例规定，涉及建筑主体或者承重结构变动的装修工程，没有设计方案擅自施工的，责令改正，处 50 万元以上 100 万元以下的罚款；房屋建筑使用者在装修过程中擅自变动房屋建筑主体和承重结构的，责令改正，处 5 万元以上 10 万元以下的罚款。

有前款所列行为，造成损失的，依法承担赔偿责任。

第七十条　发生重大工程质量事故隐瞒不报、谎报或者拖延报告期限的，对直接负责的主管人员和其他责任人员依法给予行政处分。

第七十一条　违反本条例规定，供水、供电、供气、公安消防等部门或者单位明示或者暗示建设单位或者施工单位购买其指定的生产供应单位的建筑材料、建筑构配件和设备的，责令改正。

第七十二条　违反本条例规定，注册建筑师、注册结构工程师、监理工程师等注册执业人员因过错造成质量事故的，责令停止执业 1 年；造成重大质量事故的，吊销执业资格证书，5 年以内不予注册；情节特别恶劣的，终身不予注册。

第七十三条　依照本条例规定，给予单位罚款处罚的，对单位直接负责的主管人员和其他直接责任人员处单位罚款数额5%以上10%以下的罚款。

第七十四条　建设单位、设计单位、施工单位、工程监理单位违反国家规定，降低工程质量标准，造成重大安全事故，构成犯罪的，对直接责任人员依法追究刑事责任。

第七十五条　本条例规定的责令停业整顿，降低资质等级和吊销资质证书的行政处罚，由颁发资质证书的机关决定；其他行政处罚，由建设行政主管部门或者其他有关部门依照法定职权决定。

依照本条例规定被吊销资质证书的，由工商行政管理部门吊销其营业执照。

第七十六条　国家机关工作人员在建设工程质量监督管理工作中玩忽职守、滥用职权、徇私舞弊，构成犯罪的，依法追究刑事责任；尚不构成犯罪的，依法给予行政处分。

第七十七条　建设、勘察、设计、施工、工程监理单位的工作人员因调动工作、退休等原因离开该单位后，被发现在该单位工作期间违反国家有关建设工程质量管理规定，造成重大工程质量事故的，仍应当依法追究法律责任。

8.1.11　《建设工程安全生产管理条例》

第三条　建设工程安全生产管理，坚持安全第一、预防为主的方针。

第四条　建设单位、勘察单位、设计单位、施工单位、工程监理单位及其他与建设工程安全生产有关的单位，必须遵守安全生产法律、法规的规定，保证建设工程安全生产，依法承担建设工程安全生产责任。

第四章　施工单位的安全责任

第二十条　施工单位从事建设工程的新建、扩建、改建和拆除等活动，应当具备国家规定的注册资本、专业技术人员、技术装备和安全生产等条件，依法取得相应等级的资质证书，并在其资质等级许可的范围内承揽工程。

第二十一条　施工单位主要负责人依法对本单位的安全生产工作全面负责。施工单位应当建立健全安全生产责任制度和安全生产教育培训制度，制定安全生产规章制度和操作规程，保证本单位安全生产条件所需资金的投入，对所承担的建设工程进行定期和专项安全检查，并做好安全检查记录。

施工单位的项目负责人应当由取得相应执业资格的人员担任，对建设工程项目的安全施工负责，落实安全生产责任制度、安全生产规章制度和操作规程，确保安全生产费用的有效使用，并根据工程的特点组织制定安全施工措施，消除安全事故隐患，及时、如实报告生产安全事故。

第二十二条　施工单位对列入建设工程概算的安全作业环境及安全施工措施所需费用，应当用于施工安全防护用具及设施的采购和更新、安全施工措施的落实、安全生产条件的改善，不得挪作他用。

第二十三条　施工单位应当设立安全生产管理机构，配备专职安全生产管理人员。

专职安全生产管理人员负责对安全生产进行现场监督检查。发现安全事故隐患，应当及时向项目负责人和安全生产管理机构报告；对违章指挥、违章操作的，应当立即制止。

专职安全生产管理人员的配备办法由国务院建设行政主管部门会同国务院其他有关部门制定。

第二十四条 建设工程实行施工总承包的，由总承包单位对施工现场的安全生产负总责。总承包单位应当自行完成建设工程主体结构的施工。总承包单位依法将建设工程分包给其他单位的，分包合同中应当明确各自的安全生产方面的权利、义务。总承包单位和分包单位对分包工程的安全生产承担连带责任。

分包单位应当服从总承包单位的安全生产管理，分包单位不服从管理导致生产安全事故的，由分包单位承担主要责任。

第二十五条 垂直运输机械作业人员、安装拆卸工、爆破作业人员、起重信号工、登高架设作业人员等特种作业人员，必须按照国家有关规定经过专门的安全作业培训，并取得特种作业操作资格证书后，方可上岗作业。

第二十六条 施工单位应当在施工组织设计中编制安全技术措施和施工现场临时用电方案，对下列达到一定规模的危险性较大的分部分项工程编制专项施工方案，并附具安全验算结果，经施工单位技术负责人、总监理工程师签字后实施，由专职安全生产管理人员进行现场监督：

（一）基坑支护与降水工程；

（二）土方开挖工程；

（三）模板工程；

（四）起重吊装工程；

（五）脚手架工程；

（六）拆除、爆破工程；

（七）国务院建设行政主管部门或者其他有关部门规定的其他危险性较大的工程。

对前款所列工程中涉及深基坑、地下暗挖工程、高大模板工程的专项施工方案，施工单位还应当组织专家进行论证、审查。

本条第一款规定的达到一定规模的危险性较大工程的标准，由国务院建设行政主管部门会同国务院其他有关部门制定。

第二十七条 建设工程施工前，施工单位负责项目管理的技术人员应当对有关安全施工的技术要求向施工作业班组、作业人员作出详细说明，并由双方签字确认。

第二十八条 施工单位应当在施工现场入口处、施工起重机械、临时用电设施、脚手架、出入通道口、楼梯口、电梯井口、孔洞口、桥梁口、隧道口、基坑边沿、爆破物及有害危险气体和液体存放处等危险部位，设置明显的安全警示标志。安全警示标志必须符合国家标准。

施工单位应当根据不同施工阶段和周围环境及季节、气候的变化，在施工现场采取相应的安全施工措施。施工现场暂时停止施工的，施工单位应当做好现场防护，所需费用由责任方承担，或者按照合同约定执行。

第二十九条 施工单位应当将施工现场的办公、生活区与作业区分开设置，并保持安全距离；办公、生活区的选址应当符合安全性要求。职工的膳食、饮水、休息场所等应当符合卫生标准。施工单位不得在尚未竣工的建筑物内设置员工集体宿舍。

施工现场临时搭建的建筑物应当符合安全使用要求。施工现场使用的装配式活动房屋应当具有产品合格证。

第三十条 施工单位对因建设工程施工可能造成损害的毗邻建筑物、构筑物和地下管线等，应当采取专项防护措施。

施工单位应当遵守有关环境保护法律、法规的规定，在施工现场采取措施，防止或者减少粉尘、废气、废水、固体废物、噪声、振动和施工照明对人和环境的危害和污染。

在城市市区内的建设工程，施工单位应当对施工现场实行封闭围挡。

第三十一条　施工单位应当在施工现场建立消防安全责任制度，确定消防安全责任人，制定用火、用电、使用易燃易爆材料等各项消防安全管理制度和操作规程，设置消防通道、消防水源，配备消防设施和灭火器材，并在施工现场入口处设置明显标志。

第三十二条　施工单位应当向作业人员提供安全防护用具和安全防护服装，并书面告知危险岗位的操作规程和违章操作的危害。

作业人员有权对施工现场的作业条件、作业程序和作业方式中存在的安全问题提出批评、检举和控告，有权拒绝违章指挥和强令冒险作业。

在施工中发生危及人身安全的紧急情况时，作业人员有权立即停止作业或者在采取必要的应急措施后撤离危险区域。

第三十三条　作业人员应当遵守安全施工的强制性标准、规章制度和操作规程，正确使用安全防护用具、机械设备等。

第三十四条　施工单位采购、租赁的安全防护用具、机械设备、施工机具及配件，应当具有生产（制造）许可证、产品合格证，并在进入施工现场前进行查验。

施工现场的安全防护用具、机械设备、施工机具及配件必须由专人管理，定期进行检查、维修和保养，建立相应的资料档案，并按照国家有关规定及时报废。

第三十五条　施工单位在使用施工起重机械和整体提升脚手架、模板等自升式架设设施前，应当组织有关单位进行验收，也可以委托具有相应资质的检验检测机构进行验收；使用承租的机械设备和施工机具及配件的，由施工总承包单位、分包单位、出租单位和安装单位共同进行验收。验收合格的方可使用。

《特种设备安全监察条例》规定的施工起重机械，在验收前应当经有相应资质的检验检测机构监督检验合格。

施工单位应当自施工起重机械和整体提升脚手架、模板等自升式架设设施验收合格之日起 30 日内，向建设行政主管部门或者其他有关部门登记。登记标志应当置于或者附着于该设备的显著位置。

第三十六条　施工单位的主要负责人、项目负责人、专职安全生产管理人员应当经建设行政主管部门或者其他有关部门考核合格后方可任职。

施工单位应当对管理人员和作业人员每年至少进行一次安全生产教育培训，其教育培训情况记入个人工作档案。安全生产教育培训考核不合格的人员，不得上岗。

第三十七条　作业人员进入新的岗位或者新的施工现场前，应当接受安全生产教育培训。未经教育培训或者教育培训考核不合格的人员，不得上岗作业。

施工单位在采用新技术、新工艺、新设备、新材料时，应当对作业人员进行相应的安全生产教育培训。

第三十八条　施工单位应当为施工现场从事危险作业的人员办理意外伤害保险。

意外伤害保险费由施工单位支付。实行施工总承包的，由总承包单位支付意外伤害保险费。意外伤害保险期限自建设工程开工之日起至竣工验收合格止。

第七章　法律责任

第六十一条　违反本条例的规定，施工起重机械和整体提升脚手架、模板等自升式架设设施安装、拆卸单位有下列行为之一的，责令限期改正，处 5 万元以上 10 万元以下的罚款；情节严重的，责令停业整顿，降低资质等级，直至吊销资质证书；造成损失的，依法承担赔偿责任：

（一）未编制拆装方案、制定安全施工措施的；

（二）未由专业技术人员现场监督的；

（三）未出具自检合格证明或者出具虚假证明的；

（四）未向施工单位进行安全使用说明，办理移交手续的。

施工起重机械和整体提升脚手架、模板等自升式架设设施安装、拆卸单位有前款规定的第（一）项、第（三）项行为，经有关部门或者单位职工提出后，对事故隐患仍不采取措施，因而发生重大伤亡事故或者造成其他严重后果，构成犯罪的，对直接责任人员，依照刑法有关规定追究刑事责任。

第六十二条　违反本条例的规定，施工单位有下列行为之一的，责令限期改正；逾期未改正的，责令停业整顿，依照《中华人民共和国安全生产法》的有关规定处以罚款；造成重大安全事故，构成犯罪的，对直接责任人员，依照刑法有关规定追究刑事责任：

（一）未设立安全生产管理机构、配备专职安全生产管理人员或者分部分项工程施工时无专职安全生产管理人员现场监督的；

（二）施工单位的主要负责人、项目负责人、专职安全生产管理人员、作业人员或者特种作业人员，未经安全教育培训或者经考核不合格即从事相关工作的；

（三）未在施工现场的危险部位设置明显的安全警示标志，或者未按照国家有关规定在施工现场设置消防通道、消防水源、配备消防设施和灭火器材的；

（四）未向作业人员提供安全防护用具和安全防护服装的；

（五）未按照规定在施工起重机械和整体提升脚手架、模板等自升式架设设施验收合格后登记的；

（六）使用国家明令淘汰、禁止使用的危及施工安全的工艺、设备、材料的。

第六十三条　违反本条例的规定，施工单位挪用列入建设工程概算的安全生产作业环境及安全施工措施所需费用的，责令限期改正，处挪用费用 20% 以上 50% 以下的罚款；造成损失的，依法承担赔偿责任。

第六十四条　违反本条例的规定，施工单位有下列行为之一的，责令限期改正；逾期未改正的，责令停业整顿，并处 5 万元以上 10 万元以下的罚款；造成重大安全事故，构成犯罪的，对直接责任人员，依照刑法有关规定追究刑事责任：

（一）施工前未对有关安全施工的技术要求作出详细说明的；

（二）未根据不同施工阶段和周围环境及季节、气候的变化，在施工现场采取相应的安全施工措施，或者在城市市区内的建设工程的施工现场未实行封闭围挡的；

（三）在尚未竣工的建筑物内设置员工集体宿舍的；

（四）施工现场临时搭建的建筑物不符合安全使用要求的；

（五）未对因建设工程施工可能造成损害的毗邻建筑物、构筑物和地下管线等采取专项防护措施的。

施工单位有前款规定第(四)项、第(五)项行为,造成损失的,依法承担赔偿责任。

第六十五条 违反本条例的规定,施工单位有下列行为之一的,责令限期改正;逾期未改正的,责令停业整顿,并处 10 万元以上 30 万元以下的罚款;情节严重的,降低资质等级,直至吊销资质证书;造成重大安全事故,构成犯罪的,对直接责任人员,依照刑法有关规定追究刑事责任;造成损失的,依法承担赔偿责任:

(一)安全防护用具、机械设备、施工机具及配件在进入施工现场前未经查验或者查验不合格即投入使用的;

(二)使用未经验收或者验收不合格的施工起重机械和整体提升脚手架、模板等自升式架设设施的;

(三)委托不具有相应资质的单位承担施工现场安装、拆卸施工起重机械和整体提升脚手架、模板等自升式架设设施的;

(四)在施工组织设计中未编制安全技术措施、施工现场临时用电方案或者专项施工方案的。

第六十六条 违反本条例的规定,施工单位的主要负责人、项目负责人未履行安全生产管理职责的,责令限期改正;逾期未改正的,责令施工单位停业整顿;造成重大安全事故、重大伤亡事故或者其他严重后果,构成犯罪的,依照刑法有关规定追究刑事责任。

作业人员不服管理、违反规章制度和操作规程冒险作业造成重大伤亡事故或者其他严重后果,构成犯罪的,依照刑法有关规定追究刑事责任。

施工单位的主要负责人、项目负责人有前款违法行为,尚不够刑事处罚的,处 2 万元以上 20 万元以下的罚款或者按照管理权限给予撤职处分;自刑罚执行完毕或者受处分之日起,5 年内不得担任任何施工单位的主要负责人、项目负责人。

第六十七条 施工单位取得资质证书后,降低安全生产条件的,责令限期改正;经整改仍未达到与其资质等级相适应的安全生产条件的,责令停业整顿,降低其资质等级直至吊销资质证书。

8.1.12 《安全生产许可证条例》

第六条 企业取得安全生产许可证,应当具备下列安全生产条件:

(一)建立、健全安全生产责任制,制定完备的安全生产规章制度和操作规程;

(二)安全投入符合安全生产要求;

(三)设置安全生产管理机构,配备专职安全生产管理人员;

(四)主要负责人和安全生产管理人员经考核合格;

(五)特种作业人员经有关业务主管部门考核合格,取得特种作业操作资格证书;

(六)从业人员经安全生产教育和培训合格;

(七)依法参加工伤保险,为从业人员缴纳保险费;

(八)厂房、作业场所和安全设施、设备、工艺符合有关安全生产法律、法规、标准和规程的要求;

(九)有职业危害防治措施,并为从业人员配备符合国家标准或者行业标准的劳动防护用品;

(十)依法进行安全评价;

（十一）有重大危险源检测、评估、监控措施和应急预案；

（十二）有生产安全事故应急救援预案、应急救援组织或者应急救援人员，配备必要的应急救援器材、设备；

（十三）法律、法规规定的其他条件。

8.1.13 《建设项目环境保护管理条例》

第六条　国家实行建设项目环境影响评价制度。

建设项目的环境影响评价工作，由取得相应资格证书的单位承担。

第十六条　建设项目需要配套建设的环境保护设施，必须与主体工程同时设计、同时施工、同时投产使用。

8.1.14 《危险性较大的分部分项工程安全管理办法》

第二条　本办法适用于房屋建筑和市政基础设施工程(以下简称"建筑工程")的新建、改建、扩建、装修和拆除等建筑安全生产活动及安全管理。

第三条　本办法所称危险性较大的分部分项工程是指建筑工程在施工过程中存在的、可能导致作业人员群死群伤或造成重大不良社会影响的分部分项工程。危险性较大的分部分项工程范围见附件一。

危险性较大的分部分项工程安全专项施工方案(以下简称"专项方案")，是指施工单位在编制施工组织(总)设计的基础上，针对危险性较大的分部分项工程单独编制的安全技术措施文件。

第五条　施工单位应当在危险性较大的分部分项工程施工前编制专项方案；对于超过一定规模的危险性较大的分部分项工程，施工单位应当组织专家对专项方案进行论证。超过一定规模的危险性较大的分部分项工程范围见附件二。

第六条　建筑工程实行施工总承包的，专项方案应当由施工总承包单位组织编制。其中，起重机械安装拆卸工程、深基坑工程、附着式升降脚手架等专业工程实行分包的，其专项方案可由专业承包单位组织编制。

第七条　专项方案编制应当包括以下内容：

（一）工程概况：危险性较大的分部分项工程概况、施工平面布置、施工要求和技术保证条件。

（二）编制依据：相关法律、法规、规范性文件、标准、规范及图纸(国标图集)、施工组织设计等。

（三）施工计划：包括施工进度计划、材料与设备计划。

（四）施工工艺技术：技术参数、工艺流程、施工方法、检查验收等。

（五）施工安全保证措施：组织保障、技术措施、应急预案、监测监控等。

（六）劳动力计划：专职安全生产管理人员、特种作业人员等。

（七）计算书及相关图纸。

第八条　专项方案应当由施工单位技术部门组织本单位施工技术、安全、质量等部门的专业技术人员进行审核。经审核合格的，由施工单位技术负责人签字。实行施工总承包的，专项方案应当由总承包单位技术负责人及相关专业承包单位技术负责人签字。

不需专家论证的专项方案，经施工单位审核合格后报监理单位，由项目总监理工程师审核签字。

第十七条　对于按规定需要验收的危险性较大的分部分项工程，施工单位、监理单位应当组织有关人员进行验收。验收合格的，经施工单位项目技术负责人及项目总监理工程师签字后，方可进入下一道工序。

8.1.15　《最高人民法院关于审理建设工程施工合同纠纷案件适用法律问题的解释》

第一条　建设工程施工合同具有下列情形之一的，应当根据合同法第五十二条第（五）项的规定，认定无效：

（一）承包人未取得建筑施工企业资质或者超越资质等级的；

（二）没有资质的实际施工人借用有资质的建筑施工企业名义的；

（三）建设工程必须进行招标而未招标或者中标无效的。

第二条　建设工程施工合同无效，但建设工程经竣工验收合格，承包人请求参照合同约定支付工程价款的，应予支持。

第三条　建设工程施工合同无效，且建设工程经竣工验收不合格的，按照以下情形分别处理：

（一）修复后的建设工程经竣工验收合格，发包人请求承包人承担修复费用的，应予支持；

（二）修复后的建设工程经竣工验收不合格，承包人请求支付工程价款的，不予支持。

因建设工程不合格造成的损失，发包人有过错的，也应承担相应的民事责任。

第四条　承包人非法转包、违法分包建设工程或者没有资质的实际施工人借用有资质的建筑施工企业名义与他人签订建设工程施工合同的行为无效。人民法院可以根据民法通则第一百三十四条规定，收缴当事人已经取得的非法所得。

第五条　承包人超越资质等级许可的业务范围签订建设工程施工合同，在建设工程竣工前取得相应资质等级，当事人请求按照无效合同处理的，不予支持。

第六条　当事人对垫资和垫资利息有约定，承包人请求按照约定返还垫资及其利息的，应予支持，但是约定的利息计算标准高于中国人民银行发布的同期同类贷款利率的部分除外。

当事人对垫资没有约定的，按照工程欠款处理。

当事人对垫资利息没有约定，承包人请求支付利息的，不予支持。

8.1.16　《中华人民共和国刑法修正案》

第一百三十四条　【重大责任事故罪；强令违章冒险作业罪】在生产、作业中违反有关安全管理的规定，因而发生重大伤亡事故或者造成其他严重后果的，处三年以下有期徒刑或者拘役；情节特别恶劣的，处三年以上七年以下有期徒刑。强令他人违章冒险作业，因而发生重大伤亡事故或者造成其他严重后果的，处五年以下有期徒刑或者拘役；情节特别恶劣的，处五年以上有期徒刑。

第一百三十五条　【重大劳动安全事故罪；大型群众性活动重大安全事故罪】安全生

产设施或者安全生产条件不符合国家规定，因而发生重大伤亡事故或者造成其他严重后果的，对直接负责的主管人员和其他直接责任人员，处三年以下有期徒刑或者拘役；情节特别恶劣的，处三年以上七年以下有期徒刑。举办大型群众性活动违反安全管理规定，因而发生重大伤亡事故或者造成其他严重后果的，对直接负责的主管人员和其他直接责任人员，处三年以下有期徒刑或者拘役；情节特别恶劣的，处三年以上七年以下有期徒刑。

第一百三十七条　【工程重大安全事故罪】建设单位、设计单位、施工单位、工程监理单位违反国家规定，降低工程质量标准，造成重大安全事故的，对直接责任人员，处五年以下有期徒刑或者拘役，并处罚金；后果特别严重的，处五年以上十年以下有期徒刑，并处罚金。

第一百三十九条　【消防责任事故罪；不报、谎报安全事故罪】违反消防管理法规，经消防监督机构通知采取改正措施而拒绝执行，造成严重后果的，对直接责任人员，处三年以下有期徒刑或者拘役；后果特别严重的，处三年以上七年以下有期徒刑。

在安全事故发生后，负有报告职责的人员不报或者谎报事故情况，贻误事故抢救，情节严重的，处三年以下有期徒刑或者拘役；情节特别严重的，处三年以上七年以下有期徒刑。

8.2　建设施工合同的履约管理

8.2.1　建设施工合同履约管理的意义和作用

1. 建设施工合同的概念

建设工程施工合同是指发包方和承包方为完成建筑安装工程的建造工作，明确双方的权利义务关系而签订的协议。

2. 建设施工合同履约管理的意义

加强合同管理工作对于建筑施工企业以及发包方都具有重要的意义。

（1）加强合同管理是市场经济的要求

随着市场经济机制的不断发育和完善，要求政府管理部门打破传统观念束缚，转变政府职能，更多地应用法律、法规和经济手段调节和管理市场，而不是用行政命令干预市场；建筑施工企业作为建筑市场的主体，进行建设生产与管理活动，必须按照市场规律要求，健全和完善其内部各项管理制度，合同管理制度是其管理制度的核心内容之一。建筑市场机制的健全和完善，施工合同必将成为规范建筑施工企业和发包方经济活动关系的依据。加强建设施工合同的管理，是社会主义市场经济规律的必然要求。

（2）规范工程建设各方行为的需要

目前，从建筑市场经济活动及交易行为来看，工程建设的参与各方缺乏市场经济所必须的法制观念和诚信意识，不正当竞争行为时有发生，承发包双方合同自律行为较差，加之市场机制难以发挥应有的功能，从而加剧了建筑市场经济秩序的混乱。因此，必须加强建设工程施工合同的管理，规范市场主体的交易行为，促进建筑市场的健康稳定发展。

（3）建筑业迎接国际性竞争的需要

我国加入 WTO 后，建筑市场将全面开放。国外建筑施工企业将进入我国建筑市场，如果发包方不以平等市场主体进行交易，仍存在着盲目压价、压工期和要求垫支工程款，就会被外国建筑施工企业援引"非歧视原则"而引起贸易纠纷。由于我们不能及时适应国际市场规则，特别是对 FIDIC 条款的认识和经验不足，将造成我国的建筑施工企业丧失大量参与国际竞争的机会。同时，使我们的建筑施工企业认识不到遵守规则的重要性，造成巨大经济损失。因此，承发包双方应尽快树立国际化竞争意识，遵循市场规则和国际惯例，加强建设施工合同的规范管理，建立行之有效的合同管理制度。

3. 合同在建设项目管理中的地位和作用

建设项目管理过程中合同正在发挥越来越重要的作用，具体来讲，合同在建设项目管理过程中的地位和作用主要体现在如下 3 个方面：

(1) 合同是建设项目管理的核心和主线

任何一个建设项目的实施，都是通过签订一系列的承发包合同来实现的。通过对承包内容、范围、价款、工期和质量标准等合同条款的制订和履行，业主和建筑施工企业可以在合同环境下调控建设项目的运行状态。通过对合同管理目标责任的分解，可以规范项目管理机构的内部职能，紧密围绕合同条款开展项目管理工作。因此，无论是对建筑施工企业的管理，还是对项目业主本身的内部管理，合同始终是建设项目管理的核心。

(2) 施工合同是承发包双方权利和义务的法律基础

为保证建设项目的顺利实施，通过明确承发包双方的职责、权利和义务，可以明确承发包双方的责任风险，建设施工合同通常界定了承发包双方基本的权利义务关系。如发包方必须按时支付工程进度款，及时参加隐蔽工程验收和中间验收，及时组织工程竣工验收和办理竣工结算等。承包方则必须按施工图纸和批准的施工组织设计、组织施工，向业主提供符合约定质量标准的建筑产品等。合同中明确约定的各项权利和义务是承发包双方的最高行为准则，是双方履行义务、享有权利的法律基础。

(3) 建设施工合同是处理建设项目实施过程中发生的各种争执和纠纷的重要证据

由于建设项目具有建设周期长、合同金额大、参建单位众多和项目之间接口复杂等特点，所以在合同履行过程中，业主与建筑施工企业之间、不同建筑施工企业之间、总承包与分包之间以及业主与材料供应商之间不可避免地产生各种争执和纠纷。而处理这些争执和纠纷的主要尺度和依据应是承发包双方在合同中事先作出的各种约定和承诺，如合同的索赔与反索赔条款、不可抗力条款、合同价款调整变更条款等等。作为合同的一种特定类型，建设施工合同同样具有一经签订即具有法律效力的属性。所以，建设施工合同是处理建设项目实施过程中发生的各种争执和纠纷的重要证据。

8.2.2 目前建设施工合同履约管理中存在的问题

工程建设的复杂性决定了施工合同管理的艰巨性。目前我国建设市场有待完善，建设交易行为尚不规范，使得建设施工合同管理中存在诸多问题，主要表现为：

1. 合同双方法律意识淡薄

(1) 少数合同有失公平

由于目前建筑市场存在供求关系不平衡的现象，使得建设施工合同也存在着合同双方权利、义务不对等现象。从目前实施的建设施工合同文本看，施工合同中绝大多数条款是由发包方制定的，其中大多强调了承包方的义务，对业主的制约条款偏少，特别是对业主违约、赔偿等方面的约定也很不具体，缺少行之有效的处罚办法。这不利于施工合同的公平、公正履行，成为施工合同执行过程中发生争议较多的一个原因。

(2) 合同文本不规范

国家工商局和建设部为规范建筑市场的合同管理，制定了《建设工程施工合同示范文本》，以全面体现双方的责任、权利和风险。有些建设项目在签订合同时为了回避业主义务，不采用标准的合同文本，而采用一些自制的、不规范的文本进行签约。通过自制的、笼统的、含糊的文本条件，避重就轻，转嫁工程风险。有的甚至仍然采用口头委托和政府命令的方式下达任务，待工程完工后，再补签合同，这样的合同根本起不到任何约束作用。

有些虽然签的是《建设工程施工合同示范文本》，但是在合同示范文本的专用条款中将风险转嫁给建筑施工企业。

(3)"黑白合同"(又称"阴阳合同")充斥市场，严重扰乱了建筑市场秩序

有些业主以各种理由、客观原因，除按招标文件签订"白合同"(又称"阳合同")供建设行政主管部门审查备案外，私下与建筑施工企业再签订一份在实际施工活动中被双方认可的"黑合同"(又称"阴合同")，在内容上与原合同相违背，形成了一份违法的合同。这种工程承发包双方责任、利益不对等的"黑白合同"(又称"阴阳合同")，违反国家有关法律、法规，严重损害建筑施工企业的利益，为合同履行埋下了隐患，将直接影响工程建设目标的实现，进而给业主带来不可避免的损失。

(4) 建设施工合同履约程度低，违约现象严重

有些工程合同的签约双方都不认真履行合同，随意修改合同，或违背合同规定。合同违约现象时有发生，如：业主暗中以垫资为条件，违法发包；在工程建设中业主不按照合同约定支付工程进度款；建设工程竣工验收合格后，发包人不及时办理竣工结算手续，甚至部分业主已使用工程多年，仍以种种理由拒付工程款，形成建设市场严重拖欠工程款的顽症；建筑施工企业不按期依法组织施工，不按规范施工，形成延期工程、劣质工程等，严重扰乱了工程建设市场的管理秩序。

(5) 合同索赔工作难以实现

索赔是合同和法律赋予受损失者的权利，对于建筑施工企业来讲是一种保护自己、维护正当权益、避免损失、增加利润的手段。而建筑市场的过度竞争，不平等合同条款等问题，给索赔工作造成了许多干扰因素，再加上建筑施工企业自我保护意识差、索赔意识淡薄，导致合同索赔难以进行，受损害者往往是建筑施工企业。

(6) 借用资质或超越资质等级签订合同的情况普遍存在

有些不法建筑施工企业在自己不具备相应建设项目施工资质的情况下为了达到承包工程的目的，非法借用他人资质参加工程投标。并以不法手段获得承包资格，签订无效合同。一些不法建筑施工企业利用不法手段获得承包资质，专门从事资质证件租用业务，非法谋取私利，严重破坏了建筑市场的秩序。

(7) 违法转包、分包合同情况普遍存在

一些建筑施工企业为了获得建设项目承包资格，不惜以低价中标。在中标之后又将工程肢解后以更低价格非法转包给一些没有资质的小的施工队伍。这些建筑施工企业缺乏对承包工程的基本控制步骤和监督手段，进而对工程进度、质量造成严重影响。

2. 不重视合同管理体系和制度建设

一些建设项目不重视合同管理体系的建设，合同归口管理、分级管理和授权管理机制不健全，谁都可以签合同，合同管理程序不明确，或有制度不执行，该履行的手续不履行，缺少必要的审查和评估步骤，缺乏对合同管理的有效监督和控制。

3. 专业人才缺乏

这也是影响建设项目合同管理效果的一个重要因素。建设合同涉及内容多，专业面广，合同管理人员需要有一定的专业技术知识、法律知识和造价管理知识等。很多建设项目管理机构中，没有专业技术人员管理合同，或合同管理人员缺少培训，将合同管理简单地视为一种事务性工作。一旦发生合同纠纷，则会产生对建筑施工企业很不利的局面。

4. 不重视合同归档管理，管理信息化程度不高，合同管理手段落后

一些建设项目合同管理仍处于分散管理状态，合同的归档程序、要求没有明确规定，合同履行过程中没有严格监督控制，合同履行后没有全面评估和总结，合同管理粗放。有些建筑施工企业在发生合同纠纷后，有些重要的合同原件甚至发生缺失。很多单位合同签订仍然采用手工作业方式进行，合同管理信息的采集、存储加工和维护手段落后，合同管理应用软件的开发和使用相对滞后，没有按照现代项目管理理念对合同管理流程进行重构和优化，没能实现项目内部信息资源的有效开发和利用，建设项目合同管理的信息化程度偏低。

8.3 建设工程履约过程中的证据管理

8.3.1 民事诉讼证据的概述

1. 民事诉讼证据的概念

民事诉讼证据（以下称证据），是指能够证明案件真实情况的事实。在民事案件中，所谓事实是指发生在当事人之间的引起当事人权利义务的产生、变更或者消灭的活动。

2. 证据的特征

（1）客观性

证据是客观存在的事实材料，不以人的意志为转移。这一特征是证据最基本的特征，是证据的生命力所在。

《民事诉讼法》第7条规定："人民法院审理民事案件，必须以事实为根据，以法律为准绳。"但是，当事人的主张是否属实，是靠证据来证明的。

（2）关联性

证据必须与证明对象有客观的联系，能够证明被证明对象的一部分或全部。关联性是证据的重要特征，是证据材料成为证据的必备条件，与证明对象没有任何联系的，绝不能作为认定事实的证据。

（3）合法性

证据的合法性包含两层含义：

① 当法律对证据形式、证明方法有特殊要求时，必须符合法律的规定，如当事人欲证明房产权属的变更必须提供重新登记的房产权属证明（如房产证）。

② 对证据的调查、收集、审查须符合法定程序，否则不能作为定案的依据，如利用偷录、私拆他人信件等非法方式收集的证据就不符合法定程序。

上述 3 特征为证据的基本特征，证据材料必须同时具备这 3 个特征，才能作为判决的依据。

8.3.2　证据的分类

证据的分类是证据理论上（学理上）按不同的标准将证据分为不同的类别。目前来看，主要有本证与反证、直接证据与间接证据、原始证据与传来证据的分类。

1. 本证与反证——依据证据与证明责任之间的关系分类

本证，是指能够证明负有举证责任的一方当事人所主张的事实的证据；反证，是指能否定负有证明责任的一方当事人所主张事实的证据，反证的目的是提出证据否定对方提出的事实。例如，原告诉被告拖欠工程款而提出的合同和付款单是本证，被告提出已付工程款的付款单据为反证。

区分本证与反证的实际意义是为了在具体证据中落实证明责任，明确举证顺序，有利于法官衡量当事人的举证效果，从而依据证明责任作出裁判。

需要注意以下几点：

（1）该分类不是以原、被告的地位为标准，原告、被告都有可能提出反证，也都有可能提出本证。

（2）反证与证据反驳不同，两者最大的区别在于反证是提出证据否定对方所提出的事实；而证据反驳是不提出新的证据。

（3）反证是针对对方所提出的事实的反对，而不是对诉讼请求的反对。

2. 直接证据和间接证据——依据证据与案件事实的关系分类

直接证据是指能单独、直接证明案件主要事实的证据；间接证据是指不能单独、直接证明案件主要事实的证据。

直接证据的证明力一般大于间接证据。在没有直接证据时，从间接证据证明的事实可推导出待证事实，并且在很多情况下通过间接证据可发现直接证据，而在有直接证据时，间接证据可以印证直接证据。

3. 原始证据和传来证据——依据证据的来源分类

原始证据是直接来源于案件事实而未经中间环节传播的证据；传来证据是指经过中间环节辗转得来，非直接来源于案件事实的证据。原始证据的证明力一般大于传来证据。

8.3.3　证据的种类

证据的种类，是指民事诉讼法第 63 条所规定的 8 种证据形式，即：书证、物证、视听资料、电子数据、证人证言、当事人的陈述、鉴定结论、勘验笔录。以上证据必须查证属实，才能作为认定事实的根据。

1. 书证

书证，是指以文字、符号、图表所记载或表示的内容、含义来证明案件事实的证据。由于当事人在实施民事法律行为时，常采用书面形式，书证也就成为民事诉讼中最普遍应用的一种证据。对书证从不同的角度可以作以下分类：

（1）公文书和非公文书

书证按制作主体的不同可分为公文书和非公文书。公文书是国家机关及其公务人员在其职权范围内制作的或者由公信权限机构制作的文书，如：判决书、公证书、会计师事务所出具的验资报告等；非公文书是指公民个人、企事业单位和不具有公权力的社会团体制作的文书。

（2）处分性书证和报道性书证

这是根据书证的内容和民事法律关系的联系所作的分类。处分性书证是指确立、变更或终止一定民事法律关系内容的书证，如遗嘱、合同书等；报道性书证是指仅记载一定事实，但不具有使所记载的民事法律关系产生变动效果的书证，如日记、病历等。

（3）普通形式的书证和特殊形式的书证

根据书证是否需具备特定形式和履行特定手续可将书证分为普通形式的书证和特殊形式的书证。普通形式的书证是指不要求具备特定形式或履行一定手续的书证；特殊形式的书证是指法律规定必须具备某种形式或履行某种手续的书证。特殊形式的书证如不具备特定形式或履行特定手续，就不能产生证据效力。

2. 物证

物证是以其外部特征和物质属性，即以其存在、形状、质量等证明案件事实的物品。

3. 视听资料

视听资料是指利用录音带、录像带、光盘等反映的图像和音响以及电脑储存的资料来证明案件事实的证据。视听资料是利用现代科技手段记载法律事件和法律行为的，具有信息量大、形象逼真的特点，具有较强的准确性和真实性，但同时又容易被编造或伪造，因此法院在审理案件的过程中也加强了对资料真伪的辨别。

4. 证人证言

证人证言是证人向法院所作的能够证明案件情况的陈述。

5. 电子数据

电子数据，是指基于计算机应用、通信和现代管理技术等电子化技术手段形成包括文字、图形符号、数字、字母等的客观资料。

6. 当事人陈述

当事人陈述是指当事人就案件事实向法院所作的陈述。当事人陈述的内容可分为两种，一是对自己不利事实的陈述，包括承认对方主张的对自己不利事实的陈述和主动陈述对自己不利的事实；二是陈述对自己有利的事实。对于对当事人不利的陈述，视作当事人在诉讼中的承认，免除对方的证明责任；对当事人有利的陈述，应结合该案的其他证据，审查确定能否作为认定事实的证据。

7. 鉴定结论

鉴定结论是指鉴定人运用自己的专门知识，根据所提供的案件材料，对案件中的专门性问题进行分析、鉴别后作出的结论。民事诉讼中常见的鉴定结论有文书鉴定、医学鉴定、技术鉴定、工程造价鉴定等。

为保证鉴定结论的权威性、客观性和准确性，民事诉讼法规定应由法定鉴定部门鉴定，没有法定鉴定部门的，由法院指定。

8. 勘验笔录

勘验笔录是指法院为查明案件事实对有关现场和物品进行勘察检验所作的记录。

在民事诉讼中，有关物体因体积庞大或固定于某处无法提交法庭，有关现场也无法移至法庭，为获取这方面的证据，有必要进行勘验以便在法庭再现现场真相。勘验可由当事人申请进行，也可由法院依职权进行。勘验物品和现场时，勘验人员须出示法院的证件并邀请当地基层组织或有关单位派员参加。当事人或其成年家属应到场，拒不到场的不影响勘验的进行。有关单位和个人根据法院的通知有义务保护现场，协助勘验工作。勘验人员在制作笔录时应客观真实，不能把个人的分析判断记入笔录，否则就会同鉴定结论相混淆。勘验笔录应有勘验人、当事人和被邀请的人签名或盖章。当事人对勘验笔录有不同意见的，可以要求重新勘验，法庭认为当事人的要求有充分理由的，应当重新勘验。

8.3.4 证据的收集与保全

1. 证据收集的基本要求

《民事诉讼法》第 64 条第 1 款规定："当事人对自己提出的主张，有责任提供证据。"当事人的主张能否成立，取决于其举证的质量。可见，收集证据是一项十分重要的准备工作，根据法律规定和司法实践，收集证据应当遵守如下要求：

（1）为了及时发现和收集到充分、确凿的民事证据，在收集证据前应认真研究已有材料，分析案情，并在此基础上制定收集证据的计划，确定收集证据的方向、调查的范围和对象、应当采取的步骤和方法，同时还应考虑到可能遇到的问题和困难，以及解决问题和克服困难的办法等。

（2）收集证据的程序、方式必须符合法律规定。凡是收集证据的程序和方式违反法律规定的，如以贿赂的方式使证人作证的，或不经过被调查人同意擅自进行录音的等等，所收集到的材料一律不能作为证据来使用。

（3）收集证据必须客观、全面。

（4）收集证据必须深入、细致。实践证明，只有深入、细致地收集证据，才能把握案件的真实情况。

（5）收集证据必须积极主动、迅速，证据虽然是客观存在的事实，但可能由于外部环境或外部条件的变化而变化，如果不及时收集，就有可能灭失。

2. 在建筑施工的几个阶段如何做好证据的收集保管

（1）合同签订阶段

在协议书和通用条款中规定，对合同当事人双方有约束力的合同文件包括签订合同时已形成的文件和履行过程中构成对双方有约束力的文件两大部分。

① 订立合同时已形成的文件

a. 施工合同协议书；

b. 中标通知书；

c. 投标书及其附件；

d. 施工合同专用条款；

e. 施工合同通用条款；

f. 标准、规范及有关技术文件；

g. 图纸；

h. 工程量清单；

i. 工程报价单或预算书。

② 合同履行过程中形成的文件

合同履行过程中，双方有关工程的洽商、变更等书面协议或文件也构成对双方有约束力的合同文件，将其视为协议书的组成部分。

（2）开工阶段

① 合同（黑白合同）；

② 合同各项附件（尤其是最终报价文件、图纸等部分）：双方签字盖章；

③ 材料设备的到货检验资料；

④ 材料设备使用前的检验资料。

（3）履约过程

① 施工许可证；

② 甲方要求延期开工的函件；

③ 回填土的证据、土方外运的证据；

④ 租用发电设备等的证据；

⑤ 甲方要求暂停施工的证据；

⑥ 施工配合等非乙方原因导致工期或质量问题的证据；

⑦ 会议记录；

⑧ 验收记录；

⑨ 证明付款条件满足的证据（主体钢构初验合格后付 20%、结算款、保修款）；

⑩ 停水停电及工期顺延的证据；

⑪ 等待施工指令的证据；

⑫ 固定甲方违约的证据；

⑬ 甲方要求设计变更的证据；

⑭ 甲供材料或甲方指定材料、设备、配件的证据——工期和质量责任；

⑮ 竣工报告的提交证据；

⑯ 工程交付使用的证据；

⑰ 区分房屋质量责任的证据。

寻找有实力的分包队伍是指寻找经过合法工商登记的企业，而非个人，涉及产品质量及分包工程质量赔偿的追偿、工伤责任、管理费的合法性。寻找分包还应注意：分包应经过业主同意业主指定分包或材料供应商，应留下书面证据，这涉及质量责任的承担。

（4）竣工结算阶段

① 竣工结算报告（某房产项目施工合同纠纷案）；

② 竣工结算报告的提交证据、对方签收证据；

③ 工程联络单。

3. 证据的保全

证据保全是指法院对有可能灭失或以后难以取得、对案件有证明意义的证据，根据诉讼参加人的申请或依职权采取措施，预先对证据加以固定和保护的制度。广义上的证据保全还包括诉讼外的保全，指公证机关根据申请，采取公证形式来保全证据。

证据保全可发生在诉讼开始前，也可发生在诉讼过程中。在诉讼开始前法院不依职采取保全措施。对证人证言，一般采用笔录或录音的方式；对书证应尽可能提取原件，如确有困难，可采用复印、拍照等方式保全。法院采取保全措施所收集的证据是否可用作认定事实的根据，应在质证认证后方能确定。

8.3.5　证明过程

1. 举证和举证期限

举证是当事人将收集的证据提交给法院。当事人一般在一审时在举证期限内可随时提出证据，在二审或再审时可提出新的证据。

举证期限是指当事人应当在法定期间内提出证据，逾期将承担证据失效或其他不利后果的诉讼期间制度。

2. 质证

质证是指在法庭上当事人就所提出的证据进行辨认和质对，以确认其证明力的活动。质证是当事人实现诉权的重要手段，是法院认定事实的必经程序，未经庭审质证的证据，不得作为定案的根据。质证作为证明的重要内容，是贯彻民事诉讼辩论原则、公开原则的具体化，是庭审活动的核心内容。通过质证，可以辨明证据的真伪，排除与待证事实无关的证据，确认证据证明力的大小。

质证的对象包括所有的证据材料，无论是当事人提供的，还是法院调查收集的，都必须经过质证，未经质证的证据不得作为定案依据。

3. 认证

认证是指法官在听取双方当事人对证据材料的说明、质疑和辩驳后，对证据材料作出采信与否的认定，是对当事人举证、质证的评价与认定。认证的主体是合议庭或独任庭的法官，认证的内容是确认证据材料能否作为定案的依据，认证的方法有逐一认证、分组认证和综合认证3种，认证的时间一般是当庭认证，认证的结果包括有效、无效和暂时不认定。

根据最高法院的司法解释，认证时应注意以下问题：

（1）一方当事人提出的证据，若对方认可或不予反驳，则可以确认其证明力；若对方举不出相应的证据反驳，则可结合全案情况对该证据予以认定。对方对同一事实分别举出相反的证据，但都没有足够理由否定对方证据的，应分别对当事人提出的证据进行审查，并结合其他证据综合认定。

（2）在判断数个证据效力时应注意：

① 物证、历史档案、鉴定结论、勘验笔录或经过公证、登记的书证，其证明力一般高于其他书证、视听资料和证人证言等；

② 证人提供的对与其有亲属关系或其他密切关系的一方当事人有利的证言，其证明力低于其他证人证言；

③ 原始证据的证明力大于传来证据。

（3）下列证据不能单独作为定案的依据：

① 未成年人所作的与其年龄和智力水平不相当的证言；

② 与一方当事人有亲属关系的证人出具的对该当事人有利的证言；

③ 没有其他证据印证并有疑点的视听资料；

④ 无法与原件、原物核对的复印件、复制品。

（4）当事人在庭审质证时对证据表示认可，庭审后又反悔，但提不出相应证据的，不得推翻已认定的证据。

（5）有证据证明持有证据的一方当事人无正当理由拒不提供，若对方主张该证据的内容不利于证据持有人，可以推定该主张成立。

8.4　建设工程变更及索赔

8.4.1　工程量

1. 工程量的概念

工程量是指以物理计量单位或自然计量单位表示的分项工程的实物计算。工程量计算是确定工程造价的主要依据，也是进行工程建设计划、统计、施工组织和物资供应的参考依据。

2. 工程量的作用

在投标的过程中，投标人是根据招标文件提供的工程量清单所规定的工作内容和工程量编制标书并报价。中标后，建筑施工单位与中标的投标单位根据招投标文件签订建设工程施工合同。合同中的工程造价即为投标所报的单价与工程量的乘积。如单价是闭口价的合同中，招标文件仅列出工程量清单，建筑施工企业在投标时，则以招标单位提供的工程量清单报价。工程量的计算在整个建设工程招投标、合同履行、竣工后的价款结算时都是必不可少的，是确定工程造价的主要依据。

3. 工程量的性质

工程量的性质只是单纯的量的概念，不涉及价格的因素。

8.4.2　工程量签证

1. 工程量签证的概念

工程量签证是指承发包双方在建设工程施工合同履行过程中因设计变更等因素导致工程量发生变化，由承发包双方达成的意思表示一致的协议，或者是按照双方约定（如建设工程施工合同、协议、会议纪要、来往函件等书面形式）的程序确认工程量。

2. 工程量签证的形式

工程量签证分为两种形式：

（1）建设工程施工合同履行过程中因设计变更及其他原因导致工程量变化，由承发包双方达成的意思表示一致的协议。

根据《合同法》第13条的规定："当事人订立合同，采取要约、承诺方式。"

《合同法》第14条规定："要约是希望和他们订立合同的意思表示，该意思表示应当符合下列规定：①内容具体确定；②表明经受要约人承诺，要约人即受该意思表示约束。"

在建设工程施工合同履行中，建筑施工企业遇到因设计变更或其他原因导致工程量发生变化，应当以书面形式向发包人提出确认因设计变更或其他原因导致工程量变化而需要增加的工程量。

（2）双方对于工程量变更的签证程序已作事先约定，如通过建设工程施工合同、协议或补充协议、会议纪要、来往函件等书面形式所作的约定。

3. 工程量签证的法律性质

工程量签证的性质根据上述表现形式可以分为两种：

（1）在第一种表现形式下的签证性质，首先，是一份协议，是一份补充合同。既然是一份协议，根据合同自治原则，只要不属于《合同法》第 52～54 条规定的情形，签证对承发包双方都具有法律约束力。其次，签证还是一份直接的原始证据，是直接作为结算的证据，换句话说，对施工企业而言，签证就是钱。

（2）在第二种表现形式下的签证是对工程量确认的特殊程序，它不适用关于《合同法》中关于无效及可撤销的规定。

8.4.3 工程索赔

1. 工程索赔的概念

工程索赔指的是建筑施工企业在合同履行过程中，按照发包人的指令和通知进入施工现场后，一旦遇到了不具备开工的条件（如三通一平未完成、动拆迁未完成、规划需要修改等情况）、工程量增加、设计变更、工期延误以及合同约定的可以调整单价的材料价格上涨等，在发包人拒绝签证的情况下，建筑施工企业应在合同约定的期限内进入索赔程序进行索赔。工程索赔是工程合同承发包双方中的任何一方因未能获得按合同约定支付的各种费用，以及对顺延工期、赔偿损失的书面确认，在约定期限内向对方提出索赔请求的一种权利。

2. 工程索赔应符合的条件

工程索赔应符合以下条件：

（1）甲方不同意签证或不完全签证的情况。

（2）在双方约定的期限内提出。

（3）在索赔时要有确凿、充分的证据。

当一方向另一方提出索赔时，要有正当索赔理由，且有索赔事件发生时的有效证据。如，发包人未能按合同约定履行自己的各项义务；发包人发生错误；应由发包人承担责任的其他情况；造成工期延误和承包人不能及时得到合同价款及承包人的其他经济损失。

8.5 建设工程工期及索赔

8.5.1 建设工程的工期

1. 工期的概念

根据《建设工程施工合同（示范文本）》的有关规定，工期是指发包方、建筑施工企业在协议书中约定，按总日历天数（包括法定节假日）计算的承包天数。建设工程工期控制的最终目的是确保建设项目按预定的时间动用或提前交付使用，建设工程进度控制的总目标是建设工期。

工期控制是监理工程师的主要任务之一。由于在工程建设过程中存在着许多影响工期的因素，这些因素往往来自不同的部门和不同的时期，它们对建筑工程工期产生着复杂的影响。因此，工期控制人员必须事先对影响建设工程工期的各种因素进行调查分析，预计它们对建设工程进度的影响程度，确定合理的工期控制目标，编制可行的工期计划，使工程建设工作始终按计划进行。

但不管工期计划的周密程度如何，其毕竟是人们的主观设想，在其实施过程中，必然会因为新情况的产生、各种干扰因素和风险因素的作用而发生变化，使人们难以执行原定的工期计划。为此，应将实际情况与计划安排进行对比，从中得出偏离计划的信息，然后在分析偏差及其产生原因的基础上，通过采取组织、技术、合同、经济等措施，维持原计划，使之能正常实施。如果采取措施后不能维持原计划，则需要对原工期计划进行调整或修正，再按新的工期计划实施。这样在工期计划的执行过程中进行不断的检查和调整，以保证建设工程工期得到有效控制。

2. 影响工期的因素

由于建设工程具有规模庞大、工程结构与工艺技术复杂、建设周期长及相关单位多等特点，决定了建设工程工期将受到许多因素的影响。要想有效控制建设工程工期，就必须对影响工期的有利因素和不利因素进行全面、细致的分析和预测。这样，一方面可以促进对有利因素的充分利用和对不利因素的妥善预防；另一方面也便于事先制定预防措施，事中采取有效对策，事后进行妥善补救，以缩小实际工期与计划工期的偏差，实现对建设工程工期的主动控制和动态控制。

影响工期的因素很多，如人为因素，技术因素，设备、材料及构配件因素，机具因素，资金因素，水文、地质与气象因素，以及其他自然与社会环境等方面的因素。其中，人为因素是最大的干扰因素。从产生的根源看，有的来源于建设单位及其上级主管部门；有的来源于勘察设计、施工及材料、设备供应单位；有的来源于政府、建设主管部门、有关协作单位和社会；有的来源于各种自然条件；也有的来源于建设监理单位本身。在工程建设过程中，大致可分成以下几种：

（1）资金因素：业主资金投入不足的原因造成工期延缓或停滞的现象最多，比如因拖欠设计费用而造成部分图纸无法交付施工企业付诸实施等，这就属于资金因素的影响。还有因为业主投资项目市场空间变小，业主将资金投资方向临时转移等。

（2）社会因素：是否符合国家的宏观投资方向、是否及时取得了国家强制办理的批件及许可证，因这类问题延缓停滞也是较多的一种；外单位临近工程施工干扰；节假日交通、市容整顿的限制；临时停水、停电、断路等。

（3）管理因素：业主、施工单位自身的计划管理问题，没有一个很好的计划，工程管理推着干、出现安全伤亡事故、出现重大质量事故、特种设备到使用前才想起来采购……这类问题属于管理问题。再如有些部门提出各种申请审批手续的延误，参加工程建设的各个单位、各个专业、各个施工过程之间交接在配合上发生矛盾等。

（4）业主因素：如业主使用要求改变而进行设计变更；应提供的施工场地条件不能及时提供或所提供的场地不能满足工程正常需要；不能及时向施工承包单位或材料供应商付款等。

（5）自然环境因素：如复杂的工程地质条件；不明的水文气象条件；地下埋藏文物的保护、处理；洪水、地震、台风等不可抗力等。

8.5.2　建设工程的竣工日期及实际竣工时间的确定

《最高人民法院关于审理建设工程施工合同纠纷案件适用法律问题的解释》规定，当事人对建设工程实际竣工日期有争议的，按照以下情形分别处理：建设工程经竣工验收合格的，以竣工验收合格之日为竣工日期；建筑施工企业已经提交竣工验收报告，发包方拖延验收的，以建筑施工企业提交验收报告之日为竣工日期；建设工程未经竣工验收，发包方擅自使用的，以转移占有建设工程之日为竣工日期。

8.5.3　建设工程停工的情形

建设工程能否如期完成，将直接影响到合同双方的切身利益，并将关系到其他一系列合同是否能够顺利履行。比如房地产开发经营项目的建筑工程不能按期完工，则商品房的预售合同也将难以按约履行，这必然又会牵涉到许多购房人的利益是否能得到切实保护。因此，建筑工程的工期是十分重要的。

建设工程工期纠纷的原因主要表现在以下几个方面：

（1）合同对工期的约定脱离实际，不符合客观规律。

每一个建筑工程项目的工期长短都必然取决于工程量的大小、工程等级和建筑施工企业的综合实力等多种因素。而有些建筑承包企业为了承揽工程的需要，通常以短工期取胜，建筑发包方又未充分考虑客观规律，致使双方约定的工期本身就存在极大的不合理性，实际履行起来就难免产生纠纷。

（2）工程建筑施工企业的综合实力欠缺，无论是施工管理，还是技术水平上都不能跟上工程进度的需要，致使合同中双方约定的工期难以切实保证。

（3）建设发包方没有按约提供施工必须的勘察、设计条件或者提供的资料不够准确，也会造成建筑工程的延期交付，并引发纠纷。

（4）建设发包方不能按约提供原材料、设备、场地、资金等，也是施工企业不能按约交付并导致纠纷的原因。

由于不同的原因所导致的工程工期延误，其所产生的法律责任及承担主体是各不相同的。为此，我国法律法规对此都作出了明确的规定。

1.《合同法》有关工程工期可能引起索赔的规定

（1）《合同法》第二百七十八条规定，隐蔽工程在隐蔽以前，建筑施工企业应当通知发包方检查。发包方没有及时检查的，建筑施工企业可以顺延工程工期，并有权要求赔偿停工、窝工等损失。

（2）《合同法》第二百八十条规定，勘察、设计的质量不符合要求或者未按照期限提交勘察、设计文件拖延工期，造成发包方损失的，勘查人、设计人应当继续完善勘察、设计，减收或者免收勘察、设计费并赔偿损失。

（3）《合同法》第二百八十一条规定，因施工人的原因致使建设工程质量不符合约定的，发包方有权要求施工人在合理期限内无偿修理或者返工、改建。经过修理或者返工、改建后，造成逾期交付的，施工人应当承担违约责任。

（4）《合同法》第二百八十三条规定，发包方未按照约定的时间和要求提供原材料、设备、场地、资金、技术资料的，建筑施工企业可以顺延工程工期，并有权要求赔偿停工、窝工等损失。

（5）《合同法》第二百八十四条规定，因发包方的原因致使工程中途停建、缓建的，发包方应当采取措施弥补或者减少损失，赔偿建筑施工企业因此造成的停工、窝工、倒运、机械设备调迁、材料和构件积压等损失和实际费用。

2. 《建设工程施工合同(示范文本)》对有关工程工期可能引起索赔的规定

（1）《建设工程施工合同(示范文本)》第八条关于发包方未能完成其义务，造成延误，赔偿建筑施工企业损失的规定。

发包方未能履行合同8.1款各项义务，导致工期延误或给建筑施工企业造成损失的，发包方赔偿建筑施工企业有关损失，顺延延误的工期。

（2）《建设工程施工合同(示范文本)》第十一条关于发包方因其自身原因，推迟工作的规定：因发包方原因不能按照协议书约定的开工日期开工，工程师应以书面形式通知建筑施工企业，推迟开工日期。发包方赔偿建筑施工企业因延期开工造成的损失，并相应顺延工期。

（3）《建设工程施工合同(示范文本)》第十二条关于因发包方原因暂停施工的规定。

工程师认为确有必要暂停施工时，应当以书面形式要求建筑施工企业暂停施工，并在提出要求后48小时内提出书面处理意见。建筑施工企业应当按工程师要求停止施工，并妥善保护已完工程。建筑施工企业实施工程师作出的处理意见后，可以书面形式提出复工要求，工程师作出的处理意见后，可以书面形式提出复工要求，工程师应当在48小时内给予答复。工程师未能在规定时间内提出处理意见，或收到建筑施工企业复工要求后48小时内未予答复，建筑施工企业可自行复工。因发包方原因造成停工的，由发包方承担所发生的追加合同价款，赔偿建筑施工企业由此造成的损失，相应顺延工期；因建筑施工企业原因造成停工的，由建筑施工企业承担发生的费用，工期不予顺延。

8.5.4 工期索赔

1. 工期索赔概述

在工程施工中，常常会发生一些未能预见的干扰事件使施工不能顺利进行，使预定的施工计划受到干扰，造成工期延长，这样，对合同双方都会造成损失。施工单位提出工期索赔的目的通常有两个：

（1）免去或推卸自己对已产生的工期延长的合同责任，使自己不支付或尽可能不支付工期延长的罚款；

（2）进行因工期延长而造成的费用损失的索赔，对已经产生的工期延长。

建设单位一般采用两种解决办法：一是不采取加速措施，工程仍按原方案和计划实施，但将合同期顺延；二是指令施工单位采取加速措施，以全部或部分弥补已经损失的工期。

如果工期延缓责任不是由施工单位造成，而建设单位已认可施工单位工期索赔，则施工单位还可以提出因采取加速措施而增加的费用索赔。

工期索赔一般采用分析法进行计算，其主要依据合同规定的总工期计划、进度计划，以及双方共同认可的对工期修改文件，调整计划和受干扰后实际工程进度记录，如施工日记、工程进度表等。施工单位应在每个月底以及在干扰事件发生时，分析对比上述资料，以发现工期拖延以及拖延原因，提出有说服力的索赔要求。

2. 索赔的分类

（1）按照干扰事件可以分为：工期拖延索赔；不可预见的外部障碍或条件索赔；工程变更索赔；工程中止索赔；其他索赔（如货币贬值、物价上涨、法令变化、建设单位推迟支付工程款引起索赔）等。

（2）按合同类型索赔可以分为：总承包合同索赔；分包合同索赔；合伙合同索赔；劳务合同索赔；其他合同索赔等。

（3）按索赔要求可以分为：工期索赔；费用索赔等。

（4）按索赔起因索赔可以分为：建设单位违约索赔；合同错误索赔；合同变更索赔；工程环境变化索赔；不可抗力因素索赔等。

（5）按索赔的处理方式索赔可以分为：单元项索赔；总索赔等。

8.6 建设工程质量

8.6.1 建设工程质量概述

1. 建设工程质量的定义

质量是由一群组合在一起的固有特性组成，这些固有特性是指能够满足顾客及其他相关方面的要求的特性，并由其满足要求的程度加以表征。

建设工程作为一种特定的产品，除具有一般产品共有的质量，如性能、寿命、可靠性、安全性、经济性等满足社会需要的使用价值及其属性外，还有自己特定的内涵。

建设工程质量是指土木工程、建筑工程、线路、管道和设备安装工程及装修工程的新建、扩建和改建的工程特性满足发包方需要的，符合国家法律、法规、技术规范标准、设计文件及合同约定的综合特性。

2. 建设工程质量的特点

建设工程质量的特点是由建设工程本身和建设生产的规律性决定的。建设工程（产品）及其生产的规律：一是产品的固定性，生产的流动性；二是产品多样性，生产的单件性；三是产品形体庞大，高投入，生产周期长，具有风险性；四是产品的社会性，生产的外部约束性。正是由于上述建设工程的规律而形成了工程质量本身有以下特点。

（1）稳定性不强

不像一般工业产品的生产那样，有固定的生产流水线、有规范化的生产工艺和完善的检测技术、有成套的生产设备和稳定的生产环境，建筑生产的具有单件、流动的特性，所以工程质量就不够稳定。与此同时，由于影响工程质量的偶然性因素和系统性因素比较多，其中任何一个因素产生变动，都会影响工程质量的稳定性。如设计计算失误、材料规格品种使用错误、施工方法不当、操作未按规程进行、机械设备过度磨损或发生故障等等，都可能会发生质量问题，产生系统因素的质量变异，造成工程质量事故或瑕疵。为此，要加强建设工程质量的稳定性，要把质量波动控制在偶然性因素范围内。

（2）隐蔽性较强

建设工程工程量比较大，施工周期比较长，在施工过程中，分项工程交接多、隐蔽工程多，因此质量存在隐蔽性。若在施工中不及时进行质量检查，而只是事后仅从表面上检查，就很难发现内在的质量问题，这样就容易产生判断错误。

（3）影响因素众多

一般情况下，如决策、设计、材料、机具设备、施工方法、施工工艺、技术措施、人员素质、工期、工程造价等，这些因素都会直接或间接地影响工程项目质量，因此，建设工程质量受到多种因素的综合影响。

（4）验收的局限性

一般工业产品可以通过将产品拆卸、解体来检查其内的质量，或对不合格零部件予以更换等方式来判断产品质量。工程项目建成后就无法进行工程内在质量的检验，发现隐蔽的质量缺陷。因此，工程项目的验收存在一定的局限性。这就要求工程质量控制要重视事先、事中控制，以预防为主，防患于未然。

3. 影响建设工程质量的因素

影响工程质量的因素很多，但归纳起来主要有三个方面，即物的因素、人的因素和环境的因素等。

（1）物的因素

物的因素主要包括材料的因素和机械的因素。

工程材料是工程建设的物质条件之一，它泛指构成工程实体的各类建筑材料、构配件、半成品等。工程材料选用是否合理、产品是否合格、材料是否经过检验、保管使用是否得当等等，都将直接影响建设工程的结构刚度和强度，影响外表及观感，影响工程的使用功能，影响工程的使用安全，因此材料的因素是工程质量的基础。

机械设备大致可以分为两类：一是指组成工程实体及配套的工艺设备和各类机具，它们构成建筑设备安装工程或工业设备安装工程的组成部分，形成完整的使用功能，如电梯、泵机、通风设备等。二是指施工过程中使用的各类机具设备，简称施工机具设备，它们是施工生产的手段，如大型垂直与横向运输设备、各类操作工具、各种施工安全设施、各类测量仪器和计量器具等。机具设备对工程质量也有重要的影响，工程用机具设备的产品质量优劣，直接影响工程使用功能质量。施工机具设备的类型是否符合工程施工特点，性能是否先进稳定，操作是否方便安全等，都将会影响工程项目的质量。

（2）人的因素

人的因素主要包括人的专业素质和人所运用的工艺方法。

人是工程项目建设的决策者、管理者、操作者，是工程项目建设过程中的活动主体，人的活动贯穿了工程建设的全过程，如项目的规划、决策、勘察、设计和施工。人员的素质，即人的文化水平、技术水平、决策能力、管理能力、组织能力、作业能力、控制能力、身体素质及职业道德等，都将直接和间接地对规划、决策、勘察、设计和施工的质量产生影响，而规划是否合理，决策是否正确，设计是否符合所需要的质量功能，施工能否满足合同、规范、技术标准的需要等，都将对工程质量产生不同程度的影响，所以人员素质是影响工程质量的一个重要因素。因此，建筑行业实行经营资质管理和各类专业人员持证上岗制度显得尤为重要。

建设工程工艺方法包括技术方案和组织方案，它是指施工现场采用的施工方案，前者如施工工艺和作业方法，后指如施工区段空间划分及施工流向顺序、劳动组织等。在工程施工中，施工方案是否合理，施工工艺是否先进，施工操作是否正确，都将对工程质量产生重大的影响。大力推进采用新技术、新工艺、新方法，不断提高工艺技术水平，是保证质量稳定提高的有力措施。

(3) 环境的因素

环境因素是指在建设项目工程施工过程中对工程质量特性起重要作用的环境因素，包括：工程技术环境，如工程地质、水文、气象等；工程作业环境，如施工环境作业面大小、防护设施、通风照明和通信条件等；工程管理环境，主要指工程实施的合同结构与管理关系的确定，组织体制及管理制度等；周边环境，如工程邻近的地下管线、建（构）筑物等，环境条件往往对工程质量产生特定的影响。改进作业条件，把握好技术环境，加强环境管理，辅以相关必要措施，是控制环境对建设项目工程质量影响的重要保证。

8.6.2 建设工程质量纠纷的处理原则

1. 由于建筑施工企业的原因出现的质量纠纷

(1) 关于建设工程质量不符合约定的界定

这里的"约定"是指发包方和建筑施工企业之间关于工程建设具体质量标准的约定，一般通过签订《建设工程施工合同》等书面文件的形式表现出来。

《中华人民共和国建筑法》第3条规定："建筑活动应当确保建筑工程质量和安全，符合国家的建筑工程安全标准"，第52条第一款规定："建筑工程勘察、设计、施工的质量必须符合国家有关建筑工程安全标准的要求，具体管理办法由国务院规定"，以及国务院制订的《建设工程质量管理条例》的相关规定，我们可以清楚知道，建设工程质量达到安全标准是国家法律和行政法规的强制性规定，发包方和建筑施工企业之间关于工程建设具体质量标准的约定只能等于或者高于国家的规定。

因此，建设工程质量不符合约定是指由建筑施工企业承建的工程质量不符合《建设工程施工合同》等书面文件对工程质量的具体要求，这些具体要求必须等于或者高于国家对于建设工程质量的规定，否则"约定"无效，建设工程质量仍然使用国家制订的有关标准。

(2) 质量不符合约定的责任应由建筑施工企业承担

建筑施工企业承建工程，其最基本、最重要的责任，就是质量责任，这也是法律对建筑施工企业的强制性要求。建筑施工企业交付给发包方的工程，如果不符合他们之间关于质量标准的约定，在没有不可抗力或者其他正当事由等抗辩理由的，建筑施工企业就应当承担相应的工程质量责任。

依据《中华人民共和国合同法》第281条之规定："因施工人的原因致使建设工程质量不符合约定的，发包人有权要求施工人在合理期限内无偿修理或者返工、改建。"

因此，在出现此种质量问题时，应发包方的要求，建筑施工企业就必须在合理期限内无偿修理或者返工、改建。如果承包方拒绝修理或者返工、改建的，依据《最高人民法院关于审理建设工程施工合同纠纷案件适用法律问题的解释》第十一条之规定："因承包人的过错造成建设工程质量不符合约定，承包人拒绝修理、返工或者改建，发包人请求减少支付工程价款的，应予支持。"

2. 由于发包方过错出现的质量纠纷

（1）发包方的过错情形

建设工程是一项系统工程，要使其质量符合国家强制性要求，并达到发包方与建筑施工企业约定的标准，是方方面面互动的结果，而发包方作为建设单位，更是在其中扮演了举足轻重的角色。但是，在实践中，发包方往往会在下列方面出现过错：

① 发包方提供的设计本身存在缺陷，或者擅自更改设计图纸以致出现质量问题；

② 发包方提供或者指定购买的建筑材料、建筑购配件、设备不符合国家强制性标准；

③ 发包方违反国家关于分包的强制性规定或者《建设工程施工合同》中的约定，直接指定分包人分包专业工程。

（2）发包方过错出现的质量由此产生的责任依法应由发包方承担

发包方是建设工程的资金投入者，是工程建筑市场的原动力，同时由于建筑市场的施工竞争越来越激烈，发包方在建筑市场中就占据了优势地位，发包方往往借助自己的强势地位，忽视法律，漠视合同，因此上述过错行为在实践中经常出现。在发包方的上述过错行为导致了损害结果发生时，建筑施工企业没有过错的，则损害结果由发包方承担。

针对发包方的过错行为，我国的法律和行政法规都做了相应明确规定。

《中华人民共和国建筑法》第五十二条第一款规定："建筑工程勘察、设计、施工的质量必须符合国家有关建筑工程安全标准的要求，具体管理办法由国务院规定。"

《建设工程质量管理条例》第十四条按照合同约定，由发包方采购建筑材料、建筑构配件和设备的，发包方应当保证建筑材料、建筑构配件和设备符合设计文件和合同要求。

发包方不得明示或者暗示建筑施工企业使用不合格的建筑材料、建筑构配件和设备。《最高人民法院关于审理建设工程施工合同纠纷案件适用法律问题的解释》第十二条第一款之规定："发包人具有下列情形之一，造成建设工程质量缺陷，应当承担过错责任：①提供的设计有缺陷；②提供或者指定购买的建筑材料、建筑构配件、设备不符合强制性标准；③直接指定分包人分包专业工程。"

3. 建设工程未经验收发包方擅自使用的法律规定

（1）法律规定

《最高人民法院关于审理建设工程施工合同纠纷案件适用法律问题的解释》第十三条进行了明确的规定："建设工程未经竣工验收，发包人擅自使用后，又以使用部分质量不符合约定为由主张权利的，不予支持；但是承包人应当在建设工程的合理使用寿命内对地基基础工程和主体结构质量承担民事责任。"

（2）具体适用

依据上述法律，建筑施工企业要想否定发包方的主张，应当证明满足以下三个前提：

① 建设工程没有竣工，且尚未验收；

② 发包方擅自使用了建设工程；

③ 发包方以使用部分质量不符合约定为由，向建筑施工企业索赔。

对于此种情况，发包方向法院主张权利，法院是不予支持的，其损失应当由自己承担。

当然，建筑施工企业应当在建设工程的合理使用寿命内对地基基础工程和主体结构质量承担民事责任。

至于合理寿命，《民用建筑设计通则》GB 50352—2005 第 3.2.1 民用建筑的设计使用年限：1 类设计使用年限 5 年适用于临时性建筑；2 类设计使用年限 25 年适用于易于替换结构构件的建筑；3 类设计使用年限 50 年适用于普通建筑和构筑物；4 类设计使用年限 100 年适用于纪念性建筑和特别重要的建筑。

8.7 工程款纠纷

8.7.1 工程项目竣工结算及其审核

建设工程竣工结算是建筑施工企业所承包的工程按照建设工程施工合同所规定的施工内容全部完工交付使用后，向发包单位办理工程竣工后工程价款结算的文件。竣工结算编制的主要依据为：(1)施工承包合同补充协议，开、竣工报告书；(2)设计施工图及竣工图；(3)设计变更通知书；(4)现场签证记录；(5)甲、乙方供料手续或有关规定；(6)采用有关的工程定额、专用定额与工期相应的市场材料价格以及有关预结算文件等。

2014 年 2 月 1 日起施行的《建设工程施工发包与承包计价管理办法》第十八条对竣工结算做了规定：(1)承包方应当在工程完工后的约定期限内提交竣工结算文件。(2)国有资金投资建筑工程的发包方，应当委托具有相应资质的工程造价咨询企业对竣工结算文件进行审核，并在收到竣工结算文件后的约定期限内向承包方提出由工程造价咨询企业出具的竣工结算文件审核意见；逾期未答复的，按照合同约定处理，合同没有约定的，竣工结算文件视为已被认可。非国有资金投资的建筑工程发包方，应当在收到竣工结算文件后的约定期限内予以答复，逾期未答复的，按照合同约定处理，合同没有约定的，竣工结算文件视为已被认可；发包方对竣工结算文件有异议的，应当在答复期内向承包方提出，并可以在提出异议之日起的约定期限内与承包方协商；发包方在协商期内未与承包方协商或者经协商未能与承包方达成协议的，应当委托工程造价咨询企业进行竣工结算审核，并在协商期满后的约定期限内向承包方提出由工程造价咨询企业出具的竣工结算文件审核意见。(3)承包方对发包方提出的工程造价咨询企业竣工结算审核意见有异议的，在接到该审核意见后一个月内，可以向有关工程造价管理机构或者有关行业组织申请调解，调解不成的，可以依法申请仲裁或者向人民法院提起诉讼。发承包双方在合同中对本条第(1)项、第(2)项的期限没有明确约定的，应当按照国家有关规定执行；国家没有规定的，可认为其约定期限均为 28 日。

《最高人民法院关于审理建设工程施工合同纠纷案件适用法律问题的解释》第二十条规定："当事人约定，发包人收到竣工结算文件后，在约定期限内不予答复，视为认可竣工结算文件的，按照约定处理。承包人请求按照竣工结算文件结算工程价款的，应予支持。"

建筑施工企业在向建设方递交竣工结算报告的同时，应当同时递交完整的竣工结算文件。这些文件通常包括：

①发包施工合同及补充协议；②招标工程中标通知书；③施工图、施工组织设计方案和会审记录；④设计变更资料、现场签证及竣工图；⑤开工报告、隐蔽工程记录；⑥工程

进度表；⑦工程类别核定书；⑧特殊工艺及材料的定价分析；⑨工程量清单、钢筋翻样单；⑩工程竣工验收证明等。

建设方在对竣工结算报告审核时，必须依照施工过程中形成的上述文件加以审核。

如果建筑施工企业未能按期提供上述完整文件，建设方就有可能以此为由拖延决算，其责任在于建筑施工企业自身。

8.7.2　工程款利息的计付标准

近年来，建筑工程领域拖欠工程款问题越来越突出。我国政府为解决这一问题也采取了一些积极的措施。

司法部发布了《关于为解决建设领域拖欠工程款和农民工工资问题提供法律服务和法律援助的通知》（司发通［2004］159号），为解决该问题提供政策支持。《最高人民法院关于审理建设工程施工合同纠纷案件适用法律问题的解释》（以下简称《司法解释》）也自2005年1月1日起施行，为解决该问题提供了一定的法律依据。

《司法解释》第十七条规定：“当事人对欠付工程价款利息计付标准有约定的，按照约定处理；没有约定的，按照中国人民银行发布的同期同类贷款利率计息。”

依据该条《司法解释》，承、发包双方可以协商确定工程价款利息的计付标准，同时依据相关规定，不能高于同期同类贷款利率的四倍；如果双方对利息计算没有达成一致的，按照中国人民银行发布的同期同类贷款利率计息。因此，合同双方在约定时也应当参考相关利息计付的法律法规，否则计算标准约定过高也得不到法院的支持。需要强调的是，应付工程价款之日的确定应当引起承包人的足够重视，即应付工程价款之日的确定分建设工程交付之日、提交竣工结算文件之日和当事人起诉之日，在建设工程未交付和未依法结算的情况下，施工企业应当及时提起诉讼，以依法主张拖欠工程款的利息。

《司法解释》第十八条规定：“利息从应付工程价款之日计付。当事人对付款时间没有约定或者约定不明的，下列时间视为应付款时间：（1）建设工程已实际交付的，为交付之日；（2）建设工程没有交付的，为提交竣工结算文件之日；（3）建设工程未交付，工程价款也未结算的，为当事人起诉之日。”

建设工程作为发包方和建筑施工单位之间的合同标的，也是一种特殊的商品。依据我国民法买卖合同的生效要件，即为交付。《司法解释》实际上是根据建设工程施工合同的不同履行情况，把工程欠款利息的起算时间分成了三种情况：（1）建筑施工单位交付商品（建设工程），发包方就应当付款，拖延付款就应当产生利息；（2）建设工程因各种原因结算不下来而未交付的，为了促使发包人积极履行给付工程价款的主要义务，把建筑施工单位提交结算报告的时间作为工程价款利息的起算时间具有一定的合理性；（3）当事人因拖欠工程款纠纷起诉到法院，建筑施工单位起诉之日就是以法律手段向发包人要求履行付款义务之时，人民法院对其合法权益应予以保护。

《司法解释》第六条规定：“当事人对垫资和垫资利息有约定，承包人请求按照约定返还垫资及其利息的，应予支持，但是约定的利息计算标准高于中国人民银行发布的同期同类贷款利率的部分除外。当事人对垫资没有约定的，按照工程欠款处理。当事人对垫资利息没有约定，承包人请求支付利息的，不予支持。”也就是说，《司法解释》原则上认定垫资有效，但垫资利息双方有约定的情况下，承包人才可以请求支付利息。

《司法解释》第 14 条规定，当事人对建设工程实际竣工日期有争议的，按照下列情形分别处理：(1)建设工程经竣工验收合格的，以竣工验收合格之日为竣工日期；(2)承包人已经提交竣工验收报告，发包人拖延验收的，以承包人提交验收报告之日为竣工日期；(3)建设工程未经竣工验收，发包人擅自使用的，以转移占有建设工程之日为竣工日期。

8.7.3　违约金、定金与工程款利息

过去施工单位被拖欠的工程款常常不能足额收回，更不要说利息的问题，现在的"司法解释"对于被拖欠工程款的利息问题作出了明确的规定。从法理上讲，利息属于法定孳息，应当自工程款发生时起算，但由于建设工程是按形象进度付款的，许多案件难以确定工程欠款发生之日。为了统一拖欠工程价款的利息计付时间，维护合同双方的合法权益，《最高人民法院关于审理建设工程施工合同纠纷案件适用法律问题的解释》(以下简称《司法解释》)第 17 条和第 18 条分别规定了工程款利息的计算标准和起算时间。

1. 违约金

合同法第 114 条规定："当事人可以约定一方违约时应当根据违约情况向对方支付一定数额的违约金，也可以约定因违约产生的损失赔偿额的计算方法。约定的违约金低于造成的损失的，当事人可以请求人民法院或者仲裁机构予以增加；约定的违约金过分高于造成的损失的，当事人可以请求人民法院或者仲裁机构予以适当减少。当事人就迟延履行约定违约金的，违约方支付违约金后，还应当履行债务。"因此我们在签订合同时一定要对违约金作出明确的约定，便于发生纠纷时进行索赔。

2. 定金

定金指合同当事人为保证合同履行，由一方当事人预先向对方交纳一定数额的钱款。合同法第 115 条规定："当事人可以依照《中华人民共和国担保法》约定一方向对方给付定金作为债权的担保。债务人履行债务后，定金应当抵作价款或者收回。给付定金的一方不履行约定的债务的，无权要求返还定金；收受定金的一方不履行约定的债务的，应当双倍返还定金。"这就是我们通常说的定金罚则。第 116 条规定："当事人既约定违约金，又约定定金的，一方违约时，对方可以选择适用违约金或者定金条款。"《中华人民共和国担保法》第 90 条规定："定金应当以书面形式约定。当事人在定金合同中应当约定交付定金的期限。定金合同从实际交付定金之日起生效。"第 91 条规定："定金的数额由当事人约定，但不得超过主合同标的额的 20％。"

定金作为法定的担保形式，法律有其具体的要求：①形式要件，必须签定书面的形式；②数额的限定，定金的总额不得超过合同标的的 20％；③在选择赔偿时只能在定金和违约金中选其一。

3. 迟延付款违约金和利息

《司法解释》对当事人拖欠工程款利息作出了规定。但在实践中，常有合同没有约定逾期付款利息，而是约定"逾期付款违约金"，且该违约金通常要比银行利息高出许多，如何认定该违约金的性质与效力呢？

违约金与利息是两个不同性质的概念：第一，违约金在性质上是一种责任形式，是基于债权而产生的。而利息是物的法定孳息，具备物权的性质；第二，违约金基于对方的违约而存在，兼具补偿性和惩罚性，而利息基于对物的所有而取得，具有对物的收益性；第

三，通常合同中在约定迟延付款违约金的同时也约定了迟延交付违约金，这对双方都是一种约束，目的是为了保证合同的履行。而利息则固定的属债权方的收益权；第四，违约金的多少由双方约定，双方约定的违约金过高，守约方未遭受损失的，违约方可请求酌情降低违约金数额，但需对守约方的损失负举证责任。利息的多少也可以由双方约定，但不得超过法律规定，违约方对利息高低的合理性不负举证责任。

8.7.4　工程款的优先受偿权

优先受偿权是建筑施工企业的一个很重要的权利，充分运用建设工程价款的优先受偿权，可以保证工程款能及时收回。

《合同法》第 286 条规定："发包人未按照约定支付价款的，承包人可以催告发包人在合理期限内支付价款。发包人逾期不支付的，除按照建设工程的性质不宜折价、拍卖的以外，承包人可以与发包人协议将该工程折价，也可以申请人民法院将该工程依法拍卖，建设工程的价款就该工程折价或者拍卖的价款优先受偿。"2002 年 6 月 11 日《最高人民法院关于建设工程价款优先受偿权问题的批复》进一步明确了建设工程价款优先受偿权的适用范围、条件、期限等。

施工企业行使优先受偿权应掌握如下要点：

（1）行使优先受偿权的期限为 6 个月，自建设工程竣工之日或者建设工程合同约定的竣工之日起计算。施工企业可以与建设单位协议将工程折价或申请法院直接拍卖。

（2）优先受偿的建筑工程价款包括承包人为建设工程应当支付的工作人员报酬、材料款等实际支出的费用，不包括承包人因发包人违约所造成的损失，比如违约金。

（3）消费者交付购买商品房的全部或者大部分款项（50％以上）后，施工企业就该商品房享有的工程价款优先受偿权不得对抗买受人。

（4）建设单位逾期支付工程款，经施工企业催告后在合理期限内仍不支付，施工企业方能行使工程价款优先受偿权。催告的形式最好是书面的。

（5）建设工程性质必须适合于折价、拍卖。对学校、医院等以公益为目的的工程一般不在优先受偿范围之内。

8.8　建筑施工企业常见的刑事风险简析

8.8.1　刑事责任风险

刑事责任风险，是指具有刑事责任能力的人或者单位在生产及社会活动中面临的可能因为实施危害行为而触犯刑法并受到刑事制裁的危险。

刑事责任能力，是指行为人构成犯罪和承担刑事责任所必需的，行为人具备的刑法意义上辨认和控制自己行为的能力。我国刑法对刑事责任能力划分了 4 类：

（1）完全刑事责任能力。在我国刑法看来，凡是年满 18 周岁、精神和生理功能健全而智力与知识发展正常的人，都是完全刑事责任能力人。

（2）完全无刑事责任能力。一类是未达责任年龄的幼年人；另一类是因精神疾病而没有达到刑法要求的辨认或控制自己行为能力的人。按照我国刑法第 17 条、第 18 条规定，完全无刑事责任能力人为不满 14 周岁的人和行为时因精神疾病而不能辨认或者不能控制自己行为的人。

（3）相对无刑事责任能力。指行为人仅限于对刑法所明确规定的某些严重犯罪具有刑事责任能力，而对未明确限定的其他危害行为无刑事责任能力。例如我国刑法第 17 条第 2 款规定的已满 14 周岁不满 16 周岁的人。

（4）减轻刑事责任能力。是完全刑事责任能力和完全无刑事责任能力的中间状态，指因年龄、精神状况、生理功能缺陷等原因，而使行为人实施刑法所禁止的危害行为时，虽然具有责任能力，但其辨认或者控制自己行为的能力较完全责任能力有一定程度的减弱、降低的情况。我国刑法对此规定有 4 种情况：①已满 14 周岁不满 18 周岁的未成年人因年龄而不具备完全刑事责任能力；②又聋又哑的人可能不具备完全刑事责任能力；③盲人也可能不具备完全刑事责任能力；④尚未完全丧失辨认或者控制自己行为能力的精神病人不具备完全的刑事责任能力。

刑法上所谓的危害行为，是指在人的意志或者意识支配下实施的危害社会的行为。其外在表现是人的行为，这样的一个行为是受意志或意识来支配的，并且在法律上对社会有危害的行为。因此，只有这样的危害行为才可能由刑法来调整。但是如果人的无意志和无意识的行为，即使客观上造成损害，也不是刑法上的危害行为。这些无意志和无意识的行为主要有：①人在睡梦中或精神错乱状态下的行为。譬如梦游时的行为，又或者间歇性精神病人在精神病发作期间的行为，这些都是属于无意志和无意识的行为，这样的行为即使在客观上损害了社会，也不该被认定为危害行为。②人在不可抗力作用下的行为。这种情况下的行为并不表现人的意志，甚至恰恰相反，是违背人的意志的。譬如建筑施工过程中，吊车操作员在操作中因为地震而无法正常操控吊车，导致施工人员伤亡的。这里吊车操作员造成施工人员伤亡的行为就是因为不可抗力导致的，因此不能认定为刑法中的危害行为。我国刑法第 16 条明确规定：行为在客观上虽然造成了损害结果，但是不是出于故意或者过失，而是由于不能抗拒或者不能预见的原因所引起的，不是犯罪。③人在身体受强制情况下的行为。这种情况下的行为是违背行为者的主观意志的，客观上他对这种强制行为也是无法排除的，这样的行为同样不能被认为是刑法意义上的危害行为。

危害行为可以归纳为两种基本表现形式，即作为与不作为。作为是指行为人实施的违反禁止性规范的行为，也即法律禁止做而去做。不作为是指行为人负有实施某种行为的特定法律义务，能够履行而不履行的行为。

刑事风险是客观存在的，只要具有相应的刑事责任能力，就会面临刑事风险，建筑施工企业也不例外。

8.8.2　建筑施工企业常见的刑事风险

在市场经济中，企业存在的目的就是为了取得最大经济效益。建筑施工企业也是如此。在一个完全竞争的市场，每个企业是凭借自己真正的实力来进行竞争的，在中国这个建筑市场还很不完善的情况下，尤其是存在行业垄断、地区封锁以及行政干预的情况，完全竞争根本无法做到，建筑企业为了获得更多的利益，为了获得建筑工程承包业务往往会采取一些非正常手段，这样的一些方法可能会为其带来一定的利益，但却是存在极大的风险。同时一些建筑施工企业在建筑施工过程中，片面追求经济利益，忽视安全措施，安全生产规章制度形同虚设，导致建筑施工安全事故高发；甚至有些建筑施工企业在施工过程中，偷工减料，降低工程质量。这些行为轻者要承担民事、行政责任，重者可能被追究刑事责任。

1. 重大责任事故罪

刑法第一百三十四条：在生产、作业中违反有关安全管理的规定，因而发生重大伤亡事故或者造成其他严重后果的，处三年以下有期徒刑或者拘役；情节特别恶劣的，处三年以上七年以下有期徒刑。

强令他人违章冒险作业，因而发生重大伤亡事故或者造成其他严重后果的，处五年以下有期徒刑或者拘役；情节特别恶劣，处五年以上有期徒刑。

2. 重大劳动安全事故罪

第一百三十五条：安全生产设施或者安全生产条件不符合国家规定，因而发生重大伤亡事故或者造成其他严重后果的，对直接负责的主管人员和其他直接责任人员，处三年以下有期徒刑或者拘役；情节特别恶劣的，处三年以上七年以下有期徒刑。

重大劳动安全事故罪也是建筑施工企业常见的刑事风险。这主要是由于建筑市场竞争十分激烈，一些建筑施工企业为节省费用，减少开支，用于安全生产的设备、器材就能省则省，能拖就拖，从而导致安全隐患增加，大大增加了安全事故发生的可能性。

3. 工程重大安全事故罪

第一百三十七条：建设单位、设计单位、施工单位、工程监理单位违反国家规定，降低工程质量标准，造成重大安全事故的，对直接责任人员，处五年以下有期徒刑或者拘役，并处罚金；后果特别严重的，处五年以上十年以下有期徒刑，并处罚金。

本罪的主体是建设单位、设计单位、施工单位、工程监理单位中，对建筑质量安全负有直接责任的人员。客体是建筑工程质量标准的规定以及公众的生命、健康和重大公私财产的安全。客观表现为，违反国家规定，降低工程质量标准，造成重大安全事故的行为。

4. 串通投标罪

第二百二十三条：投标人相互串通投标报价，损害招标人或者其他投标人利益，情节严重的，处三年以下有期徒刑或者拘役，并处或者单处罚金。

投标人与招标人串通投标，损害国家、集体、公民的合法权益的，依照前款规定处罚。

招标与投标是市场经济条件下，在发包工程、采购原材料、器材、机械设备等比较重要的民事、经济活动中，经常采用的有组织的市场交易活动。按照我国的法律规定，投标竞标必须在公平竞争的原则下进行，不允许投标人之间、投标人与招标人之间事先串通投标，否则就会损害其他人或者国家、集体的利益。所谓情节严重是指具有下列情形之一：损害招标人、投标人或者国家、集体、公民的合法利益，造成的直接经济损失数额在50万元以上的；对其他投标人、招标人等投标活动的参加人采取威胁、欺骗等手段的；虽未达到上述数额标准，但因串通投标，受过行政处罚2次以上，又串通投标的。

5. 行贿罪

第三百八十九条：为谋取不正当利益，给予国家工作人员以财物的，是行贿罪。

在经济往来中，违反国家规定，给予国家工作人员以财物，数额较大的，或者违反国家规定，给予国家工作人员以各种名义的回扣、手续费的，以行贿论处。

因被勒索给予国家工作人员以财物，没有获得不正当的利益，不是行贿。

第三百九十条：对犯行贿罪的，处五年以下有期徒刑或者拘役；因行贿谋取不正当利益，情节严重的，或者使国家利益遭受重大损失的，处五年以上十年以下有期徒刑；情节特别严重的，处十年以上有期徒刑或者无期徒刑，可以并处没收财产。

行贿人在被追诉前主动交代行贿行为的，可以减轻处罚或者免除处罚。

行贿罪的特征：

（1）本罪的客体是国家工作人员的职务廉洁性。

（2）本罪的客观方面表现为行为人给予国家工作人员财物的行为。

（3）本罪的主体是一般主体，凡是年满16周岁具有刑事责任能力的自然人均能构成本罪的主体。

（4）本罪主观方面是直接故意，即具有谋取不正当利益的目的。

8.8.3　建筑施工企业刑事风险的特点

建筑施工企业的行业特点，决定了它所面临的刑事风险始终贯穿于其经营行为过程中。从招投标开始，直至工程结束。

建筑施工企业刑事风险的特点：

（1）高技术风险诱发刑事风险。当前我国正处于城镇化进程快速发展时期，与此同时，过去很少涉及的跨海、长距离地下、高原等恶劣环境中施工的工程，以及各种大体量、超高层等高技术含量的工程比例越来越高，随之而来的施工技术风险也越来越突出。这类工程往往对项目设计、施工方案组织等技术要求非常高，稍有不慎极易导致项目投资、施工周期和质量、安全等方面的问题。比如，在城市地下轨道交通的建设方面，上海、广州等地都出现过不同程度的地铁工程事故。在这些技术要求高的工程当中，极容易诱发刑事风险。

（2）建筑业从业人员素质低。现阶段我国建筑施工行业施工作业人员中农民工占大多数，由于绝大部分农民工的文化知识和安全操作技能水平较低，劳务输出地的劳动技能培训落后，农民工进城基本上处于刚放下锄头即拿砖刀、刚放下草帽即戴上安全帽的粗放劳动型。虽然各级主管部门和各建筑施工企业相继出台一些政策、办法和措施，但由于违章作业等农民工自身问题引起的安全生产责任事故仍频频发生，使建筑行业成为安全事故高发行业。这些人员给建筑施工企业的安全管理带来很大的难度。

（3）建筑业市场不成熟，行政干预较多。《招标投标法》颁布的主要作用是加强建设工程招投标的管理，维护建设市场的正常秩序，保护当事人的合法权益，防止行政干预，但有的地方或部门对本地或本系统企业提供便利条件，而对外地企业、非本系统企业则以种种方式设置障碍，排除或限制他们参加投标；一些有着这样那样特殊权力的部门，凭借其职权，或是向业主"推荐"承包队伍，或是向总包企业"推荐"分包队伍，干预工程的发包承包。如，个别地方和单位以招商引资为借口，采取"先开工建设，再补办手续"的形式，直接干预插手招投标，不按正常招标程序执行。又如，各级各种开发区进行封闭式开发管理，有关部门难以监管，对开发区内的建设工程项目不进行招投标或不公开进行招投标。这样就导致建筑施工企业为能得到施工工程，不惜铤而走险，采取各种手段，于是贿赂大行其道，串通投标也屡见不鲜。

（4）资质挂靠现象多。挂靠是串标哄抬工程的根源，挂靠造成了竞争的不公平，也给工程质量带来隐患。挂靠现象的存在直接导致非法围标，施工队伍通过挂靠多家企业，明为公平投标，实为独家操作，哄抬工程造价，以达到高价中标的目的，不仅给国家造成了很大的经济损失，从另一方面造成了建筑市场的混乱，造成守法经营的企业无法正常参与竞争。挂靠的施工队伍中标后，片面追求经济利益，忽视安全生产，忽视工程质量，偷工减料，是导致"豆腐渣"工程的重要原因。很大一部分重大责任事故、重大劳动安全事故、工程重大安全事故的背后都有挂靠的影子。

（5）低价投标、分包转包普遍。由于总承包商和中间承包商层层分包，层层收取管理费，导致一线施工队伍的利润减少，由此引发不少问题，导致工程质量、劳动安全事故发生的概率增加。

8.8.4　建筑施工企业刑事风险的防范

建筑施工企业刑事风险可以从以下方面进行防范：

（1）严格按照设计要求、技术标准施工，建立施工项目质量保证体系，建筑施工企业组织定期、不定期的质量检查，结合不合格品控制和纠正预防措施程序，找出工程实体质量问题和管理工作中的存在问题，提出改进工作的具体措施，并在下一阶段工作中加以改进提高和在下阶段的工作总结时进行检验，确保工程质量。

（2）建立、健全安全生产责任制度、安全审核制度、安全检查制度、安全教育制度，并切实保证制度的正常运行。施工现场的办公、生活区及作业场所和安全防护用具、机械设备、施工机具及配件符合有关安全生产法律、法规、标准和规程的要求，大力推广应用促进安全生产的科技产品，提高项目施工的科技含量，对现场使用的一些陈旧、过期设备实行强制性的淘汰。

同时加强对农民工的技能培训，提高他们的安全生产技能，加强安全意识教育，只有广大农民工更多地掌握预防事故的知识和技能，才能更好地防止事故的发生。

（3）在市场竞争中，规范经营、遵章守法，注意自我约束和自我保护，通过提高自身的软硬件增强竞争力，抵制串通投标、围标。规范分包行为，不分包给无资质、挂靠资质的施工队伍，加强对分包施工的质量、安全监督。

第9章　职业道德与职业标准

9.1　职业道德概述

9.1.1　职业道德的基本概念

道德是以善恶为标准，通过社会舆论、内心信念和传统习惯来评价人的行为，调整人与人之间以及个人与社会之间相互关系的行为规范的总和。只涉及个人、个人之间、家庭等的私人关系的道德，称为私德；涉及社会公共部分的道德，称为社会公德。

1. 道德与法纪的区别和联系

遵守道德是指按照社会道德规范行事，不做损害他人的事。遵守法纪是指遵守纪律和法律，按照规定行事，不违背纪律和法律的规定条文。法纪与道德既有区别也有联系。它们是两种重要的社会调控手段，自人类进入文明社会以来，任何社会在建立与维持秩序时，都必须借助于这两种手段。遵守道德与遵守法纪是这两种规范的实现形式，两者是相辅相成、相互促进、相互推动的。

(1)法纪属于制度范畴，而道德属于社会意识形态范畴。道德侧重于自我约束，是行为主体"应当"的选择，依靠人们的内心信念、传统习惯和社会舆论发挥其作用和功能，不具有强制力；而法纪则侧重于国家或组织的强制，是国家或组织制定和颁布，用以调整、约束和规范人们行为的权威性规则。

(2)遵守法纪是遵守道德的最低要求。道德可分为两类：第一类是社会有序化要求的道德，是维系社会稳定所必不可少的最低限度的道德，如不得暴力伤害他人、不得用欺诈手段谋取利益、不得危害公共安全等；第二类是那些有助于提高生活质量、增进人与人之间紧密关系的原则，如博爱、无私、乐于助人、不损人利己等。第一类道德通常会上升为法纪，通过制裁、处分或奖励的方法得以推行。而第二类道德是对人性较高要求的道德，一般不宜转化为法纪，需要通过教育、宣传和引导等手段来推行。法纪是道德的演化产物，其内容是道德范畴中最基本的要求，因此遵纪守法是遵守道德的最低要求。

(3) 遵守道德是遵守法纪的坚强后盾。首先，法纪应包含最低限度的道德，没有道德基础的法纪，是一种"恶法"，是无法获得人们的尊重和自觉遵守的。其次，道德对法纪的实施有保障作用，"徒善不足以为政，徒法不足以自行"，执法者职业道德的提高，守法者的法律意识、道德观念的加强，都对法纪的实施起着推动的作用。再者，道德对法纪有补充作用，有些不宜由法纪调整的，或本应由法纪调整但因立法的滞后而尚"无法可依"的，道德约束往往起到了补充作用。

2. 公民道德的主要内容

公民道德主要包括社会公德、职业道德和家庭美德三个方面：

（1）社会公德。社会公德是全体公民在社会交往和公共生活中应该遵循的行为准则，涵盖了人与人、人与社会、人与自然之间的关系。在现代社会，公共生活领域不断扩大，人们相互交往日益频繁，社会公德在维护公众利益、公共秩序和保持社会稳定方面的作用更加突出，成为公民个人道德修养和社会文明程度的重要表现。以文明礼貌、助人为乐、爱护公物、保护环境、遵纪守法为主要内容的社会公德，旨在鼓励人们在社会上做一个好公民。

（2）职业道德。职业道德是所有从业人员在职业活动中应该遵循的行为准则，涵盖了从业人员与服务对象、职业与职工、职业与职业之间的关系。随着现代社会分工的发展和专业化程度的增强，市场竞争日趋激烈，整个社会对从业人员职业观念、职业态度、职业技能、职业纪律和职业作风的要求越来越高。以爱岗敬业、诚实守信、办事公道、服务群众、奉献社会为主要内容的职业道德，旨在鼓励人们在工作中做一个好建设者。

（3）家庭美德。家庭美德是每个公民在家庭生活中应该遵循的行为准则，涵盖了夫妻、长幼、邻里之间的关系。家庭生活与社会生活有着密切的联系，正确对待和处理家庭问题，共同培养和发展夫妻爱情、长幼亲情、邻里友情，不仅关系到每个家庭的美满幸福，也有利于社会的安定和谐。以尊老爱幼、男女平等、夫妻和睦、勤俭持家、邻里团结为主要内容的家庭美德，旨在鼓励人们在家庭里做一个好成员。

党的十八大对未来我国道德建设也做出了重要部署。强调要坚持依法治国和以德治国相结合，加强社会公德、职业道德、家庭美德、个人品德教育，弘扬中华传统美德，弘扬时代新风，指出了道德修养的"四位一体"性。"十八大"报告中"推进公民道德建设工程，弘扬真善美、贬斥假恶丑，引导人们自觉履行法定义务、社会责任、家庭责任，营造劳动光荣、创造伟大的社会氛围，培育知荣辱、讲正气、作奉献、促和谐的良好风尚"，强调了社会氛围和社会风尚对公民道德品质的塑造；"深入开展道德领域突出问题专项教育和治理，加强政务诚信、商务诚信、社会诚信和司法公信建设"，突出了"诚信"这个道德建设的核心。

3. 职业道德的概念

所谓职业道德，是指从事一定职业的人们在其特定职业活动中所应遵循的符合职业特点所要求的道德准则、行为规范、道德情操与道德品质的总和。职业道德是对从事这个职业所有人员的普遍要求，它不仅是所有从业人员在其职业活动中行为的具体表现，同时也是本职业对社会所负的道德责任与义务，是社会公德在职业生活中的具体化。每个从业人员，不论是从事哪种职业，在职业活动中都要遵守职业道德，如教师要遵守教书育人、为人师表的职业道德；医生要遵守救死扶伤的职业道德；企业经营者要遵守诚实守信、公平竞争、合法经营职业道德等。具体来讲，职业道德的涵义主要包括以下八个方面：

（1）职业道德是一种职业规范，受社会普遍的认可。

（2）职业道德是长期以来自然形成的。

（3）职业道德没有确定形式，通常体现为观念、习惯、信念等。

（4）职业道德依靠文化、内心信念和习惯，通过职工的自律来实现。

（5）职业道德大多没有实质的约束力和强制力。

（6）职业道德的主要内容是对职业人员义务的要求。

（7）职业道德标准多元化，代表了不同企业可能具有不同的价值观。

（8）职业道德承载着企业文化和凝聚力，影响深远。

9.1.2 职业道德的基本特征

职业道德是从业人员在一定的职业活动中应遵循的、具有自身职业特征的道德要求和行为规范。根据《中华人民共和国公民道德建设实施纲要》，我国现阶段各行各业普遍使用的职业道德的基本内容包括"爱岗敬业、诚实守信、办事公道、服务群众、奉献社会"。上述职业道德内容具有以下基本特征：

1. 职业性

职业道德的内容与职业实践活动紧密相连，反映着特定职业活动对从业人员行为的道德要求。每一种职业道德都只能规范本行业从业人员的执业行为，在特定的职业范围内发挥作用。由于职业分工的不同，各行各业都有各自不同特点的职业道德要求。如医护人员有以"救死扶伤"为主要内容的职业道德，营业员有以"优质服务"为主要内容的职业道德。建设领域特种作业人员的职业道德则集中体现在"遵章守纪，安全第一"上。职业道德总是要鲜明地表达职业义务、职业责任以及职业行为上的道德准则，反映职业、行业以至产业特殊利益的要求；它往往表现为某一职业特有的道德传统和道德习惯，表现为从事某一职业的人们所特有的道德心理和道德品质。甚至形成从事不同职业的人们在道德品貌上的差异。如人们常说，某人有"军人作风"、"工人性格"等等。

2. 继承性

在长期实践过程中形成的职业道德内容，会被作为经验和传统继承下来。即使在不同的社会经济发展阶段，同样一种职业，虽然服务对象、服务手段、职业利益、职业责任有所变化，但是职业道德基本内容仍保持相对稳定，与职业行为有关的道德要求的核心内容将被继承和发扬，从而形成了被不同社会发展阶段普遍认同的职业道德规范。如"有教无类"、"学而不厌，诲人不倦"，从古至今都是教师的职业道德。

3. 多样性

不同的行业和不同的职业，有不同的职业道德标准，且表现形式灵活，涉及范围广泛。职业道德的表现形式总是从本职业的交流活动实际出发，采用制度、守则、公约、承诺、誓言、条例，以至标语口号之类来加以体现，既易于为从业人员所接受和实行，而且便于形成一种职业的道德习惯。

4. 纪律性

纪律也是一种行为规范，但它是介于法律和道德之间的一种特殊的规范。它既要求人们能自觉遵守，又带有一定的强制性。就前者而言，它具有道德色彩；就对后者而言，又带有一定的法律色彩。就是说，一方面遵守纪律是一种美德，另一方面，遵守纪律又带有强制性，具有法令的要求。例如，工人必须执行操作规程和安全规定；军人要有严明的纪律等。因此，职业道德有时又以制度、章程、条例的形式表达，让从业人员认识到职业道德又具有纪律的约束性。

9.1.3 职业道德建设的必要性和意义

在现代社会里，人人都是服务对象，人人又都为他人服务。社会对人的关心、社会的安宁和人们之间关系的和谐，是同各个岗位上的服务态度、服务质量密切相关的。在构建和谐社会的新形势下，大力加强社会主义的职业道德建设，具有十分重要的意义，一个人对社会贡献的大小，主要体现在职业实践中。

1. 加强职业道德建设，是提高职业人员责任心的重要途径

行业、企业的发展有赖于好的经济效益，而好的经济效益源于好的员工素质。员工素质主要包含知识、能力、责任心三个方面，其中责任心即是职业道德的体现。职业道德水平高的从业人员其责任心必然很强，因此，职业道德能促进行业企业的发展。职业道德建设要把共同理想同各行各业、各个单位的发展目标结合起来，同个人的职业理想和岗位职责结合起来，这样才能增强员工的职业观念、职业事业心和职业责任感。职业道德要求员工在本职工作中不怕艰苦，勤奋工作，既讲团结协作，又争个人贡献，既讲经济效益，又讲社会效益。

在现代社会里，各行各业都有它的地位和作用，也都有自己的责任和权力。有些人凭借职权钻空子，谋私利，这是缺乏职业道德的表现。加强职业道德建设，就要紧密联系本行业本单位的实际，有针对性地解决存在的问题。比如，建筑行业要针对高估多算、转包工程从中渔利等不正之风，重点解决好提高质量、降低消耗、缩短工期、杜绝敲诈勒索和拖欠农民工工资等问题；商业系统要针对经营商品以次充好、以假乱真和虚假广告等不正之风，重点解决好全心全意为顾客服务的问题；运输行业要针对野蛮装卸、以车谋私和违章超载等不正之风，重点解决好人民交通为人民的问题。当职业人员的职业道德修养提升了，就能做到干一行，爱一行，脚踏实地工作，尽心尽责地为企业为单位创造效益。

2. 加强职业道德建设，是促进企业和谐发展的迫切要求

职业道德的基本职能是调节职能。它一方面可以调节从业人员内部的关系，即运用职业道德规范约束职业内部人员的行为，促进职业内部人员的团结与合作，加强职业、行业内部人员的凝聚力。如职业道德规范要求各行各业的从业人员，都要团结、互助、爱岗、敬业、齐心协力地为发展本行业、本职业服务。另一方面，职业道德又可以调节从业人员和服务对象之间的关系，用来塑造本职业从业人员的社会形象。

企业是具有社会性的经济组织，在企业内部存在着各种复杂的关系。这些关系既有相互协调的一面，也有矛盾冲突的一面，如果解决不好，将会影响企业的凝聚力。这就要求企业所有的员工都应从大局出发，光明磊落、相互谅解、相互宽容、相互信赖、同舟共济，而不能意气用事、互相拆台。总之，要求职工必须具有较高的职业道德觉悟。

现在，各行各业从宏观到微观都建立了经济责任制，并与企业、个人的经济利益挂钩，从业者的竞争观念、效益观念、信息观念、时间观念、物质利益观念、效率观念都很强，这使得各行各业产生了新的生机和活力。但另一方面，由于社会观念的相对转弱，又往往会产生只顾小集体利益，不顾大集体利益；只顾本企业利益，不顾国家利益；只顾个人利益，不顾他人利益；只顾眼前利益，不顾长远利益等问题。因此，加强职业道德建设，教育员工顾大局、识大体，正确处理国家、集体和个人三者之间的关系，防止各种旧思想、旧道德对员工的腐蚀就显得尤为重要。要促进企业内部党政之间、上下级之间、干群之间团结协作，使企业真正成为一个具有社会主义精神风貌的和谐集体。

3. 加强职业道德建设，是提高企业竞争力的必要措施

当前市场竞争激烈，各行各业都讲经济效益，这就促使企业的经营者在竞争中不断开拓创新。但行业之间为了自身的利益，会产生很多新的矛盾，形成自我力量的抵消，使一些企业的经营者在竞争中单纯追求利润、产值，不求质量，或者以次充好、以假乱真，不顾社会效益，损害国家、人民和消费者的利益。这只能给企业带来短暂的收益，当企业失去了消费者的信任，也就失去了生存和发展的源泉，难以在竞争的激流中不倒。在企业中加强职业道德建设，可使企业在追求自身利润的同时，创造社会效益，从而提升企业形象，赢得持久而稳定的市场份额；同时，可使企业内部员工之间相互尊重、相互信任、相互合作，从而提高企业凝聚力。如此，企业方能在竞争中稳步发展。

现阶段的企业，在人财物、产供销方面都有极大的自主权。但粗放型经济增长方式在建设、生产、流通等各个领域，突出表现为管理水平低、物资消耗高、科技含量低、资金周转慢、经济效益差，新旧经济体制的转变已进入了交替的胶着状态，旧经济体制在许多方面失去了效应，而新经济体制还没有完全建立起来。同时，人们在认识上缺乏科学的发展观念。解决这些问题，当然要坚定不移地推进改革，进一步完善经济、法制、行政的调节机制，但运用道德手段来调节和规范企业及员工的经济行为也是合乎民心的极其重要的工作。因此，随着改革的深入，人们的道德责任感应当加强而不是削弱。

4. 加强职业道德建设，是个人健康发展的基本保障

市场经济对于职业道德建设有其积极一面，也有消极的一面，它的自发性、自由性、注重经济效益的特性，诱惑一些人"一切向钱看"，唯利是图，不择手段追求经济效益，从而走上不归路，断送前程。通过加强职业道德建设，提高从业人员的道德素质，使其树立职业理想，增强职业责任感，形成良好的职业行为。当从业人员具备职业道德精神，将职业道德作为行为准则时，就能抵抗物欲诱惑，而不被利益所熏心，脚踏实地在本行业中追求进步。在社会主义市场经济条件下，弄虚作假、以权谋私、损人利己的人不但给社会、国家利益造成损害，自身发展也会受到影响，只有具备"爱岗敬业、诚实守信、办事公道、服务群众、奉献社会"职业道德精神的从业人员，才能在社会中站稳脚跟，成为社会的栋梁之材，在为社会创造效益的同时，也保障了自身的健康发展。

5. 加强职业道德建设，是提高全社会道德水平的重要手段

职业道德是整个社会道德的主要内容，它一方面涉及每个从业者如何对待职业，如何对待工作，同时也是一个从业人员的生活态度、价值观念的表现，是一个人的道德意识和道德行为发展到成熟阶段的体现，具有较强的稳定性和连续性。另一方面，职业道德也是一个职业集体甚至一个行业全体人员的行为表现，如果每个行业、每个职业集体都具备优良的道德，那么对整个社会道德水平的提高就会发挥重要作用。

9.2 建设行业从业人员的职业道德

对于建设行业从业人员来说，一般职业道德要求主要有忠于职守、热爱本职，质量第一、信誉至上，遵纪守法、安全生产，文明施工、勤俭节约，钻研业务、提高技能等内容，这些都需要全体人员共同遵守。对于建设行业不同专业、不同岗位从业人员，还有更加具有针对性和更加具体的职业道德要求。

9.2.1 一般职业道德要求

1. 忠于职守，热爱本职

一个从业人员不能尽职尽责，忠于职守，就会影响整个企业或单位的工作进程。严重的还会给企业和国家带来损失，甚至还会在国际上造成不良影响。因此，应当培养高度的职业责任感，以主人翁的态度对待自己的工作，从认识上、情感上、信念上、意志乃至习惯上养成"忠于职守"的自觉性。

（1）忠实履行岗位职责，认真做好本职工作

岗位责任一般包括：岗位的职能范围与工作内容；在规定的时间内完成的工作数量和质量。忠实履行岗位职责是国家对每个从业人员的基本要求，也是职工对国家、对企业必须履行的义务。

（2）反对玩忽职守的渎职行为

玩忽职守，渎职失责的行为，不仅影响企事业单位的正常活动，还会使公共财产、国家和人民的利益遭受损失，严重的将构成渎职罪、玩忽职守罪、重大责任事故罪，而受到法律的制裁。作为一个建设行业从业人员，就要从一砖一瓦做起，忠实履行自己的岗位职责。

2. 质量第一、信誉至上

"质量第一"就是在施工时要对建设单位（用户）负责，从每个人做起，严把质量关，做到所承建的工程不出次品，更不能出废品，争创全优工程。建筑工程的质量问题不仅是建筑企业生产经营管理的核心问题，也是企业职业道德建设中的一个重大课题。

（1）建筑工程的质量是建筑企业的生命

建筑企业要向企业全体职工，特别是第一线职工反复地进行"百年大计，质量第一"的宣传教育，增强执行"质量第一"的自觉性，同时要"奖优罚劣"，严格制度，检查考核。

（2）诚实守信、实践合同

信誉，是信用和名誉两者在职业活动中的统一。一旦签订合同，就要严格认真履行，不能"见利忘义"，"取财无道"，不守信用。"信招天下客，誉从信中来"，企业生产经营要真诚待客，服务周到，产品上乘，质量良好，以获得社会肯定。

建设行业职工应该从我做起，抓职业道德建设，抓诚信教育，使诚实守信成为每个建筑企业的精神，成为每个建筑职工进行职业活动的灵魂。

3. 遵纪守法，安全生产

遵纪守法，是一种高尚的道德行为，作为一个建筑业的从业人员，更应强调在日常施工生产中遵守劳动纪律。自觉遵守劳动纪律，维护生产秩序，不仅是企业规章制度的要求，也是建筑行业职业道德的要求。

严格遵守劳动纪律，要求做到：听从指挥，服从调配，按时、按质、按量完成上级交给的生产劳动任务；保证劳动时间，不迟到、不早退、不旷工，遵守考勤制度；认真执行岗位责任制和承包责任制，坚守工作岗位，不玩忽职守，在施工劳动中精力要集中，不"磨洋工"，不干私活，不拉扯闲谈开玩笑，不做与本职工作无关的事；要文明施工、安全生产，严格遵守操作规程，不违章指挥、违章作业；做遵纪守法、维护生产秩序的模范。

4. 文明施工、勤俭节约

文明施工就是坚持合理的施工程序，按既定的施工组织设计，科学地组织施工，严格地执行现场管理制度，做到经常性的监督检查，保证现场整洁，工完场清，材料堆放整齐，施工秩序良好。

勤俭就是勤劳俭朴，节约就是把不必使用的节省下来。换句话说，一方面要多劳动、多学习、多开拓、多创造社会财富；另一方面又要俭朴办企业，合理使用人力、物力、财力，精打细算，节省开支、减少消耗，降低成本、提高劳动生产率，提高资金利用率，严格执行各项规章制度，避免浪费和无谓的损失。

5. 钻研业务，提高技能

当前，我国建立了社会主义市场经济体制，建筑企业要在优胜劣汰的竞争中立于不败之地，并保持蓬勃的生机和活力，从内因来看，很大程度上取决于企业是否拥有现代化建设所需要的各种适用人才。企业要实现技术先进、管理科学、产品优良，关键是要有人才优势。企业的职工素质优劣（包括文化、科学、技术、业务水平的高低，政治思想、职业道德品质的好坏）往往决定了企业的兴衰。科学技术越进步，人才在生产力发展中的作用也就越大，作为建设行业从业人员，要努力学习先进技术和专门知识，了解行业发展方向，适应新的时代要求。

9.2.2 个性化职业道德要求

在遵守一般职业道德要求的基础上，建设行业从业人员还应遵守各自的特殊、详细职业道德要求。为进一步加强建筑业社会主义精神文明建设，提高全行业的整体素质，树立良好的行业形象，一九九七年九月，中华人民共和国建设部建筑业司组织起草了《建筑业从业人员职业道德规范（试行）》，并下发施行。其中，重点对项目经理、工程技术人员、管理人员、工程质量监督人员、工程招标投标管理人员、建筑施工安全监督人员、施工作业人员的职业道德规范提出了要求。

对于项目经理，重点要求有：强化管理，争创效益，对项目的人财物进行科学管理；加强成本核算，实行成本否决，厉行节约，精打细算，努力降低物资和人工消耗。讲求质量，重视安全，加强劳动保护措施，对国家财产和施工人员的生命安全负责，不违章指挥，及时发现并坚决制止违章作业，检查和消除各类事故隐患。关心职工，平等待人，不拖欠工资，不敲诈用户，不索要回扣，不多签或少签工程量或工资，搞好职工的生活，保障职工的身心健康。发扬民主，主动接受监督，不利用职务之便谋取私利，不用公款请客送礼。用户至上，诚信服务，积极采纳用户的合理要求和建议，建设用户满意工程，坚持保修回访制度，为用户排忧解难，维护企业的信誉。

对于工程技术人员，重点要求有：热爱科技，献身事业，不断更新业务知识，勤奋钻研，掌握新技术、新工艺。深入实际，勇于攻关，不断解决施工生产中的技术难题提高生产效率和经济效益。一丝不苟，精益求精，严格执行建筑技术规范，认真编制施工组织设计，积极推广和运用新技术、新工艺、新材料、新设备，不断提高建筑科学技术水平。以身作则，培育新人，既当好科学技术带头人，又做好施工科技知识在职工中的普及工作。严谨求实，坚持真理，在参与可行性研究时，协助领导进行科学决策；在参与投标时，以合理造价和合理工期进行投标；在施工中，严格执行施工程序、技术规范、操作规程和质量安全标准。

对于管理人员，重点要求有：遵纪守法，为人表率，自觉遵守法律、法规和企业的规章制度，办事公道。钻研业务，爱岗敬业，努力学习业务知识，精通本职业务，不断提高工作效率和工作能力。深入现场，服务基层，积极主动为基层单位服务，为工程项目服务。团结协作，互相配合，树立全局观念和整体意识，遇事多商量、多通气，互相配合，互相支持，不推、不扯皮，不搞本位主义。廉洁奉公，不谋私利，不利用工作和职务之便吃拿卡要。

对于工程质量监督人员，重点要求有：遵纪守法，秉公办事，贯彻执行国家有关工程质量监督管理的方针、政策和法规，依法监督，秉公办事，树立良好的信誉和职业形象。敬业爱岗，严格监督，严格按照有关技术标准规范实行监督，严格按照标准核定工程质量等级。提高效率，热情服务，严格履行工作程序，提高办事效率，监督工作及时到位。公正严明，接受监督，公开办事程序，接受社会监督、群众监督和上级主管部门监督，提高质量监督、检测工作的透明度，保证监督、检测结果的公正性、准确性。严格自律，不谋私利，严格执行监督、检测人员工作守则，不在建筑业企业和监理企业中兼职，不利用工作之便介绍工程进行有偿咨询活动。

对于工程招标投标管理人员，重点要求有：遵纪守法，秉公办事，在招标投标各个环节要依法管理、依法监督，保证招标投标工作的公开、公平、公正。敬业爱岗，优质服务，以服务带管理，以服务促管理，寓管理于服务之中。接受监督，保守秘密，公开办事程序和办事结果，接受社会监督、群众监督及上级主管部门的监督，维护建筑市场各方的合法权益。廉洁奉公，不谋私利，不吃宴请，不收礼金，不指定投标队伍，不准泄露标底，不参加有妨碍公务的各种活动。

对于建筑施工安全监督人员，重点要求有：依法监督，坚持原则，宣传和贯彻"安全第一，预防为主"的方针，认真执行有关安全生产的法律、法规、标准和规范。敬业爱岗、忠于职守，以减少伤亡事故为本，大胆管理。实事求是，调查研究，深入施工现场，提出安全生产工作的改进措施和意见，保障广大职工群众的安全和健康。努力钻研，提高水平，学习安全专业技术知识，积累和丰富工作经验，推动安全生产技术工作的不断发展和完善。

对于施工作业人员，重点要求有：苦练硬功，扎实工作，刻苦钻研技术，熟练掌握本工作的基本技能，努力学习和运用先进的施工方法，练就过硬本领，立志岗位成才。热爱本职工作，不怕苦、不怕累，认认真真，精心操作。精心施工，确保质量，严格按照设计图纸和技术规范操作，坚持自检、互检、交接检制度，确保工程质量。安全生产，文明施工，树立安全生产意识，严格执行安全操作规程，杜绝一切违章作业现象。维护施工现场整洁，不乱倒垃圾，做到工完场清。不断提高文化素质和道德修养。遵守各项规章制度，发扬劳动者的主人翁精神，维护国家利益和集体荣誉，服务从上级领导和有关部门的管理，争做文明职工。

9.3 建设行业职业道德的核心内容

9.3.1 爱岗敬业

爱岗敬业，顾名思义就是认真对待自己的岗位，对自己的岗位职责负责到底，无论在任何时候，都尊重自己的岗位职责，对自己的岗位勤奋有加。

爱岗敬业是人类社会最为普遍的奉献精神，它看似平凡，实则伟大。一份职业，一个工作岗位，都是一个人赖以生存和发展的基本保障。同时，一个工作岗位的存在，往往也是人类社会存在和发展的需要。所以，爱岗敬业不仅是个人生存和发展的需要，也是社会存在和发展的需要。爱岗敬业是一种普遍的奉献精神。只有爱岗敬业的人，才会在自己的工作岗位上勤勤恳恳，不断地钻研学习，一丝不苟，精益求精，才有可能为社会为国家做出崇高而伟大的奉献。

热爱本职工作、热爱自己的单位。职工要做到爱岗敬业，首先应该热爱单位，树立坚定的事业心。只有真正做到甘愿为实现自己的社会价值而自觉投身这种平凡，对事业心存敬重，甚至可以以苦为乐、以苦为趣才能产生巨大的拼搏奋斗的动力。我们的劳动是平凡的，但求要求是很高的。人的一生应该有明确的工作和生活目标，为理想而奋斗虽苦然乐在其中，热爱事业，关心单位事业发展，这是每个职工都应具备的。

爱岗敬业需要有强烈的责任心。责任心是指对事情能敢于负责、主动负责的态度；责任心，是一种舍己为人的态度。一个人的责任心如何，决定着他在工作中的态度，决定着其工作的好坏和成败。如果一个人没有责任心，即使他有再大的能耐，也不一定能做出好的成绩来。有了责任心，才会认真地思考，勤奋地工作，细致踏实，实事求是；才会按时、按质、按量完成任务，圆满解决问题；才能主动处理好分内与分外的相关工作，从事业出发，以工作为重，有人监督与无人监督都能主动承担责任而不推卸责任。

9.3.2 诚实守信

诚实守信就是指言行一致，表里如一，真实无欺，相互信任，遵守诺言，信守约定，践行规约，注重信用，忠实地履行自己应当承担的责任和义务。诚实守信作为社会主义职业道德的基本规范，是和谐社会发展的必然要求，对推进社会主义市场经济体制建立和发展具有十分重要的作用。它不仅是建筑行业职工安身立命的基础，也是企业赖以生存和发展的基石。

在公民道德建设中，把"诚实守信"融入职业道德的各个领域和各个方面，使各行各业的从业人员，都能在各自的职业中，培养诚实守信的观念，忠诚于自己从事的职业，信守自己的承诺。对一个人来说，"诚实守信"既是一种道德品质和道德信念，也是每个公民的道德责任，更是一种崇高的"人格力量"，因此"诚实守信"是做人的"立足点"。对一个团体来说，它是一种"形象"，一种品牌，一种信誉，一个使企业兴旺发达的基础。对一个国家和政府来说，"诚实守信"是"国格"的体现，对国内，它是人民拥护政府、支持政府、赞成政府的一个重要的支撑；对国际，它是显示国家地位和国家尊严的象征，是国家自立自强于世界民族之林的重要力量，也是良好"国际形象"和"国际信誉"的标志。

"以诚实守信为荣，以见利忘义为耻"，是社会主义荣辱观的重要内容。市场经济是交换经济、竞争经济，又是一种契约经济。保证契约双方履行自己的义务，是维护市场经济秩序的关键。而"诚实守信"对保证市场经济沿着社会主义道路向前发展，有着特殊的指向作用。一些企业之所以能兴旺发达，在世界市场占有重要地位，尽管原因很多，但"以诚信为本"，是其中的一个决定的因素；相反，如果为了追求最大利润而弄虚作假、以次充好、假冒伪劣和不讲信用，尽管也可能得益于一时，但最终必将身败名裂、自食其果。在前一段时期，我国的一些地方、企业和个人，曾以失去"诚实守信"而导致"信誉扫地"，在经济上、形象上蒙受了重大损失。一些地方和企业，"痛定思痛"，不得不以更大的代价，重新铸造自己"诚实守信"形象，这个沉痛教训，是值得认真吸取的。

一个行业、一个企业的信誉，也就是它们的形象、信用和声誉，是指企业及其产品与服务在社会公众中的信任程度，提高企业的信誉主要靠产品的质量和服务质量，而从业人员职业道德水平高是产品质量和服务质量的有效保证。如江苏省的建筑队伍，由于素质过硬，吃苦耐劳、能征善战，狠抓工程质量、工程进度和安全生产，在全国建造了众多荣获鲁班奖的地标建筑，被誉为江苏建筑铁军。这支队伍在世博会的建设上再展风采，江苏建筑铁军凭借过硬的质量、创新的科技、可靠的信誉和一流的素质，成为世博会场馆建设的主力军。江苏建筑企业承接完成了英国馆、比利时馆、奥地利馆、阿曼馆、俄罗斯馆、沙特馆、爱尔兰馆、意大利馆和震旦馆、万科馆、气象馆、航空馆、H1 世博村酒店等 14 个世博会展馆和附属工程的总包项目，63 个分包项目，合同额计 28.8 亿元。江苏是除上海以外，承担场馆建设项目最多、工程科技含量最大、施工技术要求最高的省份，江苏铁军为国家再立新功。

9.3.3　安全生产

近年来，建筑工程领域对工程的要求由原来的三"控"（质量、工期、成本）变成"四控"（质量、工期、成本、安全），特别增加了对安全的控制，可见安全越来越成为建筑业一个不可忽视的要素。

安全，通常是指各种（指天然的或人为的）事物对人不产生危害、不导致危险、不造成损失、不发生事故、运行正常、进展顺利等状态，近年来，随着安全科学（技术）学科的创立及其研究领域的扩展，安全科学（技术）所研究的问题已不再仅局限于生产过程中的狭义安全内容，而是包括人们从事生产、生活以及可能活动的一切领域、场所中的所有安全问题，即称为广义的安全。这是因为，在人的各种活动领域或场所中，发生事故或产生危害的潜在危险和外部环境有害因素始终是存在的，即事故发生的普遍性不受时空的限制，只要有人和危害人身心安全与健康的外部因素同时存在的地方，就始终存在着安全与否的问题。换句话说，安全问题存在于人的一切活动领域中，伤亡事故发生的可能性始终存在，人类遭受意外伤害的风险也永远存在。

虽然目前我国已经建立了一套较为完整的建筑安全管理组织体系，建筑安全管理工作也取得了较为显著的成绩，但整体形势依然严峻。近十年来我国建筑业百亿元产值死亡率一直呈下降趋势，然而从绝对数上看死亡人数和事故发生数却一直居高不下。因此安全第一、预防为主、综合治理就成了建设行业一项十分重要的工作。

文明生产是指以高尚的道德规范为准则，按现代化生产的客观要求进行生产活动的行为，具体表现为物质文明和精神文明两个方面。在这里物质文明是指为社会生产出优质的符合要求的建筑或为住户提供优质的服务。精神文明体现出来的是建筑员工的思想道德素质和精神面貌。安全施工就是在施工过程中强调安全第一，没有安全的施工，随时都会给生命带来危害、给财产造成损失。文明生产、安全施工是社会主义文明社会对建筑行业的要求，也是建筑行业员工的岗位规范要求。

要达到文明生产、安全施工的要求，一些最基本的要求首先必须做到：

（1）相互协作，默契配合。在生产施工中，各工序、工种之间、员工与领导之间要发扬协作精神，互相学习，互相支援。处理好工地上土建与水电施工之间经常会出现的进度不一、各不相让的局面，使工程能够按时按质的完成。

（2）严格遵守操作规程。从业人员在施工中要强化安全意识，认真执行有关安全生产的法律、法规、标准和规范，严格遵守操作规程和施工程序，进入工地要戴安全帽，不违章作业，不野蛮施工，不乱堆乱扔。

（3）讲究施工环境优美，做到优质、高效、低耗。做到不乱排污水，不乱倒垃圾，不遗撒渣土，不影响交通，不扰民施工。

9.3.4 勤俭节约

勤俭节约是指在施工、生产中严格履行节省的方针，爱惜公共财物和社会财物以及生产资料。降低企业成本是指企业在日常工作中将成本降低，通过技术、提高效率、减少人员投入、降低人员工资或提高设备性能或批量生产等方法，将成本降低。作为建筑施工企业的施工员，必须要做到杜绝资源的浪费。资源是有限的，但人类利用资源的潜力是无限的，我们应该杜绝不合理的浪费资源现象的发生。在当今建筑施工企业竞争日益激烈的局面中，勤俭节约，降低成本是每一个从业人员都应该努力做到的。我们与公司的关系实质上是同舟共济，并肩前进的关系，只有每个员工都从自身做起，严格要求自己，我们的建筑施工企业才能不断发展壮大。

人才也是重要的社会资源，建筑企业要充分发挥员工的才能，让员工在合适的岗位上做出相应的业绩。企业更应当采取各种措施培养人才，留住人才，避免人才流动频繁。每一个员工也都应该关心本企业的发展，以积极向上的精神奉献社会。

9.3.5 钻研技术

技术、技巧、能力和知识是为职业服务的最基本的"工具"，是提高工作效率的客观需要，同时也是搞好各项工作的必要前提。从业人员要努力学习科学文化知识，刻苦钻研专业技术，精通本岗位业务。创新是人类发展之本，从业人员应该在实际中不断探索适于本职工作的新知识，掌握新本领，才能更好地获得人生最大的价值。

9.4 建设行业职业道德建设的现状、特点与措施

9.4.1 建设行业职业道德建设现状

1. 质量安全问题频发，敲响职业道德建设警钟。从目前我国建筑业总的发展形势来看，总体上各方面还是好的，无论是工程规模、业绩、质量、效益、技术等都取得了很大突破。虽然行业的主流是好的，但出现的一些问题必须引起人们的高度重视。因为，作为百年大计的建筑物产品，如果质量差，则损失和危害无法估量。例如 5.12 汶川大地震中某些倒塌的问题房屋，杭州地铁坍塌，上海、石家庄在建楼房倒塌事件，以及由于其他一些因为房屋质量、施工技术问题引发的工程事故频发，对建设行业敲响了职业道德建设

警钟。

2. 营造市场经济良好环境，急切呼唤职业道德。众所周知，一座建筑物的诞生需要有良好的设计、周密的施工、合格的建筑材料和严格的检验与监督。然而，在一段时间内许多设计不仅结构不合理、计算偏差，而且根本不考虑相关因素，埋下很大隐患；施工过程中秩序混乱；建筑材料伪劣产品层出不穷，人情关系和金钱等因素严重干扰建筑工程监督的严肃性。这一系列环节中的问题，使我国近几年的建筑工程质量事故屡见不鲜。影响建筑工程质量的因素很多，但是道德因素是重要因素之一，所以，新形势下的社会主义市场经济急切呼唤职业道德。

面对市场经济大潮，建筑企业逐渐从传统的计划经济体制中走了出来。面对市场竞争，人们要追求经济效益，要讲竞争手段。我国的建筑市场竞争激烈，特别是我国各省市发展不平衡，建筑行业的法规不够健全，在竞争中引发出一些职业道德病。每当我国大规模建设高潮到来时，总伴随着工程质量问题的增加。一些建筑企业为了拿到工程项目，使用各种手段，其中手段之一就是盲目压价，用根本无法完成工程的价格去投标。中标后就在设计、施工、材料等方面做文章，启用非法设计人员搞黑设计；施工中偷工减料；材料上买低价伪劣产品，最终，使建筑物的"百年大计"大大打了折扣。

搞社会主义市场经济，不仅要重视经济效益，也要重视社会效益，并且，这两种效益密不可分。一个建筑企业如果只重视经济效益，而不重视社会效益，最终必然垮台。实践证明，许多企业并不是垮在技术方面，而是垮在思想道德方面。我国的建筑业要振兴，必须大力加强建筑行业职业道德建设。否则，有可能给中华大地留下一堆堆建筑垃圾，建筑业的发展和繁荣最终成为一句空话。一个企业不仅要在施工技术和经营管理方面有发展，在企业员工职业道德建设方面也不可忽视。两个品牌建设都要创。我国的建筑业要振兴，必须大力加强建筑行业职业道德建设。否则，将会严重影响我们国家的社会主义经济建设的发展。

9.4.2 建设行业职业道德建设的特点

开展建设行业职业道德建设，要注意结合行业自身的特点。以建筑行业为例，职业道德建设具有以下几个方面特点：

1. 人员多、专业多、岗位多、工种多

我国建筑行业有着逾千万人员，40多个专业，30多个岗位，100多个职业工种。且众多工种的从业人员中，80%左右来自广大农村，全国各地都有，语言不一，普遍文化程度较低，基本上从业前没有受过专门专业的岗位培训教育，综合素质相对不高。对这些员工来讲应该积极参加各类教育培训、认真学习文化、专业知识、努力提高职业技能和道德素质。

2. 条件艰苦，工作任务繁重

建筑行业大部分属于露天作业、高空作业，有些工地差不多在人烟荒芜地带，工人常年日晒雨淋，生产生活场所条件艰苦，作业人员缺乏必要的安全作业生产培训，安全作业存在隐患，安全设施落后和不足，安全事故频发。随着经济社会的不断发展和国家社会越来越注重以人为本的理念，经济发达地区的企业对于现场工地人员的生活条件有了明显改善。同时对建筑行业中房屋的质量、工期、人员安全要求也更高，加强职业道德建设成为一项必要的内容。

3. 施工面大，人员流动性大

建筑行业从业人员的工作地点很难长期固定在一个地方，人员来自全国各地又流向全国各地，随着一个施工项目的完工，建设者又会转移到别的地方，可以说这些人是四海为家，随处奔波。很难长期定点接受一定的职业道德教育培训教育。

4. 各工种之间联系紧密

建筑行业职业的各专业、岗位和工种之间有一种承前启后的紧密联系。所有工程的建设，都是由多个专业、岗位、工种共同来完成的。每个职业所完成的每项任务，既是对上一个岗位的承接，也是对下一个岗位的延续，直到工程竣工验收。

5. 社会性

一座建筑物的完工，凝聚了多方面的努力，体现了其社会价值和经济价值。同时，建筑行业随着国民经济的发展，其行业地位和作用也越来越重要，行业发展关乎国计民生。建筑工程项目生产过程中，几乎与国民经济中所有部门都有协作关系，而且一旦建成为商品，其功能应满足社会的需要，满足国民经济发展的需要。建筑物只有在体现出自身的社会价值之后才能体现出自身的经济价值。

因此，开展建筑行业的职业道德建设，一定要联系上述特点，因地制宜地实施行业的职业道德建设。要以人为本，遵守职业道德规范，一切为了社会广大人民和子孙后代的利益，坚持社会主义、集体主义原则，发挥行业人员优秀品质，严谨务实，艰苦奋斗、团结协作，多出精品优质工程，体现其社会价值和经济价值。

9.4.3 加强建设行业职业道德建设的措施

职业道德建设是塑造建筑行业员工行业风貌的一个窗口，也是提高行业竞争力和发展势头的重要保证。职业道德建设涉及政府部门、行业企业、职工队伍等方方面面，需要齐抓共管，共同参与，各司其职，各负其责。

1. 发挥政府职能作用，加强监督监管和引导指导。政府各级建设主管部门要加强监督和引导，要重视对建设行业职业道德标准的建立完善，在行政立法上约束那些不守职业道德规范的员工，建立健全建设行业职业道德规范和制度。坚持"教育是基础"，编制相关教材，开展骨干培训，积极采用广播电视网络开展宣传教育。不但要努力贯彻实施建设部制定颁布的行业职业道德准则，有条件的可以下企业了解并制定和健全不同行业、工种、岗位的职业道德规范，并把企业的职业道德建设作为企业年度评优的重要参考内容。

2. 发挥企业主体作用，抓好工作落实和服务保障。企业要把员工职业道德建设作为自身发展的重要工作来抓，领导班子和管理者首先要有对职业道德建设重要性的充分认识，要起模范带头作用。企业领导应关注职业道德建设的具体工作落实情况，企业的相关部门要各负其责，抓好和布置具体活动计划，使企业的职业道德建设工作有序开展。

3. 改进教学手段，创新方式方法。由于目前建设行业特别是建筑行业自身的特点，建筑队伍素质整体上文化水平不是很高，大部分职工在接受文化教育能力有限。因此，在教育时要改进教学手段，创新方式方法，尽量采用一些通俗易懂的方法，防止生硬、呆板、枯燥的教学方式，努力营造良好的学习教育氛围，增加职工对职业道德学习的兴趣。可以采用报纸、讲演、座谈、黑板报、企业报、网络新闻电视传媒等多种有效的宣传教育形式，使职工队伍学习到更多的施工技术、科学文化、道德法律等方面知识。可以充分利用工地民工学校这样便捷教育场地，在时间和教育安排上利用员工工作的业余时间或集中专门培训；岗位业务培训和职业道德教育培训相结合；班前班后上岗针对性安全技术教育培训等。使广大员工受到全面有效的职业技能和职业道德教育学习，从而为行业员工队伍建设打好坚实基础。

4. 结合项目现场管理，突出职业道德建设效果。项目部等施工现场作为建设行业的第一线，是反映建设行业职业道德建设的窗口，在开展职业道德建设中要认真做好施工现场管理工作，做到现场道路畅通，材料堆放整齐，防护设备完备，周围环境整洁，努力创建安全文明样板工地，充分展示建设工地新形象。把提高项目工程质量目标、信守合同作为职业道德建设的一个重要一环，高度注重：施工前为用户着想；施工中对用户负责；完工后使用户满意。把它作为建设企业职业道德建设工作实践的重要环节来抓。

5. 开展典型性教育，发挥惩奖激励机制作用。在职业道德教育中，应当大力宣传身边的先进典型，用先进人物的精神、品质和风格去激发职工的工作热情。此外，应当在项目建设中建立惩奖激励机制。一个品质项目的诞生，离不开那些有着特别贡献的员工，要充分调动广大员工的积极性和主动性，激发其创新潜能和发挥其奉献精神，对优秀施工班组和先进个人实行物质精神奖励，作为其他员工的学习榜样。同时，对于不遵章守规、作风不良的应该曝光、批评，指出缺点错误，使其在接受教育中逐步改变原来的陈规陋习，得到正确的职业道德教育。

6. 倡导以人为本理念，改善职工工作生活环境。随着经济社会的发展，政府和社会对人的关心、关怀变的更加重视，确保广大职工有一个良好的工作生活环境，为他们解决生产生活方面的困难，如夏季的降温解暑工作，冬天供热保暖工作，每年春节、中秋等节假日的慰问、团拜工作，以及其他一些业余文化活动，使广大职工感觉到企业和社会对他们的关爱，更加热爱这份职业，更能在实现自身价值中充分展现职业道德风貌。

9.5　施工员职业标准

9.5.1　施工员的工作职责

1. 施工组织策划

（1）参与施工组织管理策划；

（2）参与制定管理制度。

2. 施工技术管理

（1）参与图纸会审、技术核定；

（2）负责施工作业班组的技术交底；

（3）负责组织测量放线、参与技术复核。

3. 施工进度成本控制

（1）参与制定并调整施工进度计划、施工资源需求计划，编制施工作业计划；

（2）参与做好施工现场组织协调工作，合理调配生产资源；落实施工作业计划；

（3）参与现场经济技术签证、成本控制及成本核算；

（4）负责施工平面布置的动态管理。

4. 质量安全环境管理

（1）参与质量、环境与职业健康安全的预控；

（2）负责施工作业的质量、环境与职业健康安全过程控制，参与隐蔽、分项、分部和单位工程的质量验收；

（3）参与质量、环境与职业健康安全问题的调查，提出整改措施并监督落实。

5. 施工信息资料管理

（1）负责编写施工日志、施工记录等相关施工资料；

（2）负责汇总、整理和移交施工资料。

9.5.2 施工员应具备的专业技能

1. 施工组织策划

能够参与编制施工组织设计和专项施工方案。

2. 施工技术管理

（1）能够识读施工图和其他工程设计、施工等文件；

（2）能够编写技术交底文件，并实施技术交底；

（3）能够正确使用测量仪器，进行施工测量。

3. 施工进度成本控制

（1）能够正确划分施工区段，合理确定施工顺序；

（2）能够进行资源平衡计算，参与编制施工进度计划及资源需求计划，控制调整计划；

（3）能够进行工程量计算及初步的工程计价。

4. 质量安全环境管理

（1）能够确定施工质量控制点，参与编制质量控制文件、实施质量交底；

（2）能够确定施工安全防范重点，参与编制职业健康安全与环境技术文件、实施安全和环境交底；

（3）能够识别、分析、处理施工质量缺陷和危险源；

（4）能够参与施工质量、职业健康安全与环境问题的调查分析。

5. 施工信息资料管理

（1）能够记录施工情况，编制相关工程技术资料；

（2）能够利用专业软件对工程信息资料进行处理。

9.5.3 施工员应具备的专业知识

1. 通用知识

（1）熟悉国家工程建设相关法律法规；

（2）熟悉工程材料的基本知识；

（3）掌握施工图识读、绘制的基本知识；

（4）熟悉工程施工工艺和方法；

（5）熟悉工程项目管理的基本知识。

2. 基础知识

（1）熟悉相关专业的力学知识；

（2）熟悉建筑构造、建筑结构和建筑设备的基本知识；

（3）熟悉工程预算的基本知识；

（4）掌握计算机和相关资料信息管理软件的应用知识；

（5）熟悉施工测量的基本知识。

3. 岗位知识

（1）熟悉与本岗位相关的标准和管理规定；

（2）掌握施工组织设计及专项施工方案的内容和编制方法；

（3）掌握施工进度计划的编制方法；

（4）熟悉环境与职业健康安全管理的基本知识；

（5）熟悉工程质量管理的基本知识；

（6）熟悉工程成本管理的基本知识；

（7）了解常用施工机械机具的性能。

参 考 文 献

[1] 中国建设教育协会. 建筑与市政工程施工现场专业人员职业标准 [M]. 北京：中国建筑工业出版社，2011.

[2] 纪迅，李云，陈曦. 施工员专业基础知识 [M]. 南京：河海大学出版社，2010.

[3] 杜爱玉，高会访，杜翠霞，等. 市政工程测量与施工放线一本通 [M]. 北京：中国建材工业出版社，2009.

[4] 张学宏主编. 建筑结构(第2版) [M]. 北京：中国建筑工业出版社，2003.

[5] 丁天庭主编. 建筑结构 [M]. 北京：高等教育出版社，2003.

[6] 叶刚. 施工员必读 [M]. 北京：中国电力出版社，2004.

[7] 楼丽凤主编. 市政工程建筑材料 [M]. 北京：中国建筑工业出版社，2003.

[8] 侯治国，周绥平主编. 建筑结构(第2版) [M]. 武汉：武汉理工大学出版社，2004.

[9] 王骏. 市政工程定额与预算 [M]. 北京：中国建筑工业出版社，2002.

[10] 于香梅主编. 计算机辅助工程造价 [M]. 北京：机械工业出版社，2008.

[11] 王骏. 市政工程定额与预算 [M]. 北京：中国建筑工业出版社，2002.